U0266340

普通高等教育"十一五"国家级规划教材

普通高等教育包装统编教材

包装计算机辅助设计

主　编　王德忠

副主编　张新昌

编　著　王德忠　张新昌　张华良

　　　　王　涛　刘小静　冯建华

　　　　姜东升　胡桂林　应　红

主　审　许文才　王志伟

文化发展出版社

Cultural Development Press

内容提要

　　《包装计算机辅助设计》是"普通高等教育'十一五'国家级规划教材"和"普通高等教育包装统编教材"中的一本。

　　本书在介绍了计算机辅助设计所涉及的计算机图形学理论与程序设计方法、图形变换方式及原理、几何设计理论与方法、AutoCAD及Pro/ENGINEER软件的使用方法及特点、应用和开发方法等知识的基础上，对CAD技术在运输包装、纸盒结构设计、包装机械设计等领域的应用进行了阐述，具有较强的理论性，适合作为包装高等院校相关课程教材，也可供从事包装科技工作的科研人员、设计人员、工厂技术人员参考。

图书在版编目（CIP）数据

包装计算机辅助设计／王德忠主编.—北京：文化发展出版社，2009.11

普通高等教育"十一五"国家级规划教材.普通高等教育包装统编教材

ISBN 978-7-80000-892-4

Ⅰ.包… Ⅱ.王… Ⅲ.包装－计算机辅助设计－高等学校－教材 Ⅳ.TB482-39

中国版本图书馆CIP数据核字（2009）第201981号

包装计算机辅助设计

主　　编：王德忠	副主编：张新昌	主　审：许文才　王志伟

策划编辑：陈媛媛

责任编辑：刘积英　　　　　　　　　　责任校对：郭　平

责任印制：孙晶莹　　　　　　　　　　责任设计：侯　铮

出版发行：文化发展出版社（北京市翠微路2号 邮编：100036）

网　　址：www.printhome.com　　　www.pprint.cn

经　　销：各地新华书店

印　　刷：北京泰山兴业印务有限责任公司

开　　本：787mm×1092mm　　1/16

字　　数：540千字

印　　张：22.375

印　　数：3001～4000

印　　次：2009年11月第1版　　2016年1月第2次印刷

定　　价：42.00元

ISBN：978-7-80000-892-4

◆ 如发现印装质量问题请与我社发行部联系　发行部电话：010-88275710

普通高等教育包装统编教材编审委员会委员名单

普通高等教育包装统编教材

序 言 一

在国家教育部的关心指导下，经过广大专家、学者、教师及出版社的共同努力，"普通高等教育包装统编教材"（以下简称"教材"）马上就要出版了。这不仅是中国教育界的一件大事，同时也是中国包装行业的一件喜事。值此，我代表中国包装行业，代表中国包装联合会，向参加教材编纂工作的全体专家、学者、教师表示热烈的祝贺，同时也对他们付出的辛勤劳动表示慰问。

本套教材是近20多年来为培养包装工业人才编纂的第三套全国包装统编教材。早在1985年，为推动我国包装工业的兴起和发展，在部分大专院校开辟了包装学科，编纂了一套十二本开拓性试用教材。1995年，为推进全国包装统编教材建设，又出版了一套十二本探索性统编教材。上述两套教材为培养我国包装工业的专业科技人才，促进我国包装工业的发展，提升我国包装工业的水平，发挥了积极的作用。

随着我国改革开放的不断深入和世界经济一体化的日益显现，我国包装工业的发展又遇到了新的机遇与挑战。为了满足人们不断攀升的物质文化需求，跟上包装工业产品、质量的更高要求，适应包装生产科学技术的日新月异，作为包装工业发展支撑点和后助力的包装教育，必须与时俱进，不断更新和升级，努力提高教育质量。在这种前提下，我们编纂了第三套教材。

这套教材具有以下三个特点：一是时代性。教材采集了大量当今国际、国内包装工业的科技发展现状和实例，以及当前科技研发的成果和学术观点，内容较为先进。二是科学性。教材以科学发展观为统领，从理论的高度，全面总结了包装工业发展的成功经验，我们可以从中得到启发和借鉴。同时还采取科学的态度，分析和判断了包装工业发展的趋势和方向，富有科学哲理性。三是实用性。教材紧紧扣住包装工业实际，并注意联系相关产业的基本知识和发展需求，便于理论联系实际，学以致用。教材的内容十分丰富，具有较强的指导性，必将对培养包装工业的高级专门人才发挥重要的作用。

发展教育事业，培育社会主义建设的现代化科技人才，是党中央、国务院一贯坚持的经济发展战略的重要组成部分。《国家中长期科学和技术发展规划纲要（2006～2020年)》的若干配套政策提出，要"充分发挥高等学校在自主创新中的重要作用。深化高等教育改革，调整高等教育结构，加强重点学科建设"。包装产业虽然属于配套产业，但它在保护工业和农副产品安全，提高产品的附加值以及改善人民群众物质文化生活等方面居于十分重要的地位。因此，加强包装学科的建设非常重要。

高等教育教学的三大基本建设是师资队伍、教材和实验室建设，教材是办学的基本条件之一。希望以第三套教材的出版为契机，进一步增强创新意识，加强教材编纂工作，提高教材的编纂质量，更好地把握时代脉搏，引领包装工业的科技前沿，为培育造就现代包装工业的生力军，为把我国早日建成包装强国，做出更新更大的贡献。

石美鹏

2006 年 6 月

序 言 二

　　高等教育教学的三大基本建设是师资队伍、教材和实验室建设，教材是办学的基本条件之一。

　　近20多年来，中国包装学科教育的兴起、发展，始终紧扣包装专业的教材建设。1985年开创的高等学校试用教材建设，出版一套12本开拓性教材；1995年起步全国包装统编教材建设，又出版一套12本探索性教材；跨入21世纪，2005年在中国包装联合会包装教育委员会与教育部包装工程专业教学指导分委员会联合组织、规划，全国包装教材编审委员会指导下，规划、出版新一套23本创新教材，称为第三套"普通高等教育包装统编教材"。这是一项极有意义、非常必要的基本建设工作，仅参加编著就调动了全国70多个单位的100多位学者、专家共同的智慧和劳动。印刷工业出版社、中国轻工业出版社、国防工业出版社和化学工业出版社等都非常热情地加盟这套教材的出版。全国包装教材编审委员会先后三次召开全体会议，组织学习教育部《关于"十五"期间普通高等教育教材建设与改革的意见》等有关教材建设的文件，认真研讨教材的规划、主编人选、大纲审查和内容协调。可以欣慰地看到，这套新世纪的教材，在原来出版的两套教材基础上有了很大提高和创新。整个建设过程反映了如下的特点：

　　一、参编积极性高。全国设置有包装工程专业的学校、研究所和企业十分关注新教材建设。中国包装联合会自始至终关心、支持这项工作。

　　二、教材的规划更趋成熟。对包装科学与技术的学科认识更加深刻，教材体系有较大更新和进步。

　　三、包装科学与技术学术气氛浓厚。许多紧跟科技进步的新成果和新的学术观点在教材中得到充实。

　　四、教材体系更符合教学实际。为各学校教学计划提供了有选择余地的系列教材。

　　值得特别提出的是教材建设非常注重继承和发扬第一、二套教材的成果，鼓励他们修改重版，并纳入到教材规划体系中来。非常重视教育部组织编著的国家级规划教材，例如陈洪教授主编的《包装防护原理与技术》、孙诚教授主编的《包装结构设计》、刘玉生教授主编的《包装工艺及设备》和许文才教授主编的《包装印刷及印后加工》等高等教育国家级"十五"规划教材，均纳入到整体教材体系中进行配套、协调编著。

可以深信，第三套全国包装统编教材的出版是包装高等教育教学中的一件有深远意义的大事，必将为包装教学质量的提高提供有利的条件，为包装科学与技术的学科发展起到积极的推动作用。

应该看到，科学技术的突飞猛进，教材建设还会面临不断更新、提高的进程。我希望为包装教材建设付出辛勤劳动的专家作者，继续探索、不断提升已有成果。更殷切地希望广大的读者、关心包装事业的有识之士都来关心和支持新兴的包装教育事业，为包装的明天，培养造就合格的、富有创新精神的高级专门人才。

普通高等教育包装统编教材编审委员会
2006 年 5 月

前　言

　　《包装计算机辅助设计》作为全国普通高校包装工程专业统编教材正式出版已有十年。十年来，随着计算机技术的飞速发展，CAD 技术不仅在包装领域的应用愈加普及和深入，而且该技术的内涵及应用水平又有新的发展和提高。因此，全国第三届包装教材编审委员会又将《包装计算机辅助设计》列为第三套全国包装工程专业统编教材，并于 2005 年 5 月在北京怀柔召开的包装教材编审委员会第三次会议上通过了该教材的编写大纲。2006 年 8 月，国家教育部下发文件（教高［2006］9 号），将本教材正式列入普通高等教育"十一五"国家级规划教材。

　　为了反映本学科领域的最新科研成果，以适应包装工程教育的发展需要，需对原教材的许多内容进行必要的更新、修改和大量补充。为此，由国内包装教育界的专家、学者在总结多年教学、科研实践的基础上，吸收国内外最新研究成果重新编著后，作为"十一五"国家级规划教材的新版本正式出版。

　　作为包装工程本科专业的专业基础性教材，本书编写的主要目的是使学生通过学习具备一定的开发专业软件的能力。因此，在编写中除了加强必要的CAD 基础知识和反映包装 CAD 的最新成果外，还适当地介绍了当今国际上通用的绘图软件——新版 AutoCAD、国际上流行的参数化设计软件——Pro/ENGI-NEER 三维 CAD/CAM/CAE 集成软件以及目前国内外应用较普遍的包装设计应用软件 Artios CAD 等。此外，还着重介绍了以 AutoCAD、Pro/ENGINEER 通用软件为平台的包装设计模块二次开发技术。考虑到多数院校包装工程专业计算机教学的实际状况，书中主要应用 TC 和 VB 两种高级编程语言进行开发和编程举例，以 VC 作为开发工具的"Pro/E 软件的二次开发"一节可作为选修内容，用"＊"号加注。

　　本书是根据全国包装教材编审委员会审定通过的"编写大纲"编写的，可作为包装工程本科专业"包装计算机辅助设计"课程的配套教材使用，也可以作为高职院校包装工程专业相应课程的教材，还可以供相关专业的研究生或企业工程技术人员参考。由于其中不少章节的内容相对独立，使用者可根据不同学时和不同教学对象加以选择。

　　全书共有十一章。第一章和第三章的第二、三节由王德忠教授编写，第二章由张华良、应红副教授编写，第五章由张新昌教授编写，第四章、第六章、第八章第一节由王涛副教授编写，第七章和第三章的第一、四节及第八章第二节由冯建华副教授编写，第九章由张华良副教授编写，第十章由刘小静、胡桂林副教授编写，第十一章由姜东升老师编写。全书由陕西科技大学王德忠教授主编，江南大学张新昌教授担任副主编并参加统稿，北京印刷学院许文才教授和暨南大学王志伟教授担任主审。

本书编辑刘积英、陈媛媛同志为本书的出版提出了不少宝贵意见，张艳华老师也为本书作了很多工作，在此一并表示谢意。

本书在写作过程中参考了大量文献资料，在此深表谢意。

由于作者水平有限，书中难免会有一些疏漏、不妥或错误之处，敬请同行和广大读者批评、指正。

编　者

2009 年 10 月

目　　录

第一章 CAD 概述

计算机辅助设计是计算机技术发展中逐步形成的一门集计算机科学、数学、信息科学和设计方法等学科最新科技成果的新兴交叉学科。由于计算机辅助设计充分利用了计算机强大的计算功能和高效的图形处理能力，能够对产品或工程对象进行辅助设计、分析和优化，彻底改变了传统的设计模式，所以也是当今在各个领域得到广泛应用的一项高新技术。目前，在包装行业中，CAD 技术已普遍应用于包装结构设计、包装装潢与造型设计、包装机械设计以及包装企业管理等领域。为了培养学生在包装领域内 CAD 的开发与应用能力，本教材将介绍包装 CAD 的相关基础知识和计算机在包装行业的应用两部分内容。

第一节 CAD 技术的发展及应用

一、计算机辅助相关技术的基本概念

1. 计算机辅助设计 CAD（Computer Aided Design）

CAD 即计算机辅助设计技术，由于该技术在不同时期、不同行业所实现的功能不同，对 CAD 技术的认识也有所不同。

以人工为基础的工程或产品的传统设计，一般要经过调查研究（资料检索）、拟定方案（方案构思）、分析计算（方案论证）、绘图及编制文件（方案表达）等一系列的反复过程。CAD 技术为设计人员提供了快速、有效的设计工具和手段，可完成设计过程中的建模、分析计算、结果描述、仿真和优化等任务，使设计人员摆脱繁重的设计计算和绘图工作，把更多的精力用到创造性的工作上。因此，CAD 技术就是研究运用计算机进行工程和产品设计与分析的理论和方法。它不仅涉及图形图像处理、数据的处理与管理、软件的设计等基础知识，而且涉及相关的专业知识。

2. 计算机辅助制造 CAM（Computer Aided Manufacture）

计算机辅助制造是指利用计算机帮助人们进行产品的制造。该技术是通过接口将计算机与相应的生产设备相连接，实现计算机系统对制造设备的控制，完成对生产的计划、管理、控制及操作等制造信息的处理。例如计算机控制下进行的机械零件的加工、集成电路的光刻、印刷电路的钻孔和纸盒模切版的开槽等都是采用 CAM 技术生产之实例。

3. 计算机绘图 CG 和计算机图形学（Computer Graphics）

计算机图形学是研究如何用计算机生成、处理和显示图形的理论与方法的一门学科，而计算机绘图则是应用图形学理论实现图形显示、图形处理，以及借助图形信息进行人机通信

的一门学科。所以计算机图形学和计算机绘图是研究与计算机图形处理技术的理论和实践相关的软硬件环境的科学。计算机图形处理技术的发展，不仅极大地提高了绘图效率，保证了绘图精度，而且减轻了工作强度，在工程设计和艺术创作领域彻底改变了传统的作业模式。

4. 计算机辅助工程 CAE（Computer Aided Engineering）

计算机辅助工程是 20 世纪 80 年代中期发展起来的技术，实际上它是 CAD/CAM 技术向纵深发展的必然结果。它包括工程设计和制造业信息化的所有方面，是有关产品设计、制造、工程分析、仿真、实验等信息处理，以及包括相关数据库和数据库管理系统在内的计算机辅助设计与生产的综合系统。CAE 技术的核心内容是工程优化设计。该技术的应用，能使大量繁杂的工程分析问题简单化，使复杂的过程层次化。目前，CAE 已成为人们从事创新设计的重要手段和工具。

5. 计算机辅助工艺设计 CAPP（Computer Aided Process Planning）

计算机辅助工艺设计就是利用计算机进行产品生产工艺的设计，也就是借助计算机完成毛坯的选择、工艺路线的制定、选定加工设备和工艺参数、计算工时定额、编制工艺文件等工作。CAPP 的实现，一方面能够减少生产准备时间、缩短生产周期、降低生产成本，也是实现 CAD/CAM 集成的关键。

6. 计算机辅助生产管理 CAP（Computer Aided Production）

CAP 就是利用计算机实现由原材料转变为产品的生产全过程管理。也就是为产品生产过程的管理所开发的生产数据处理系统、事务处理系统、办公自动化系统、决策支持系统、集成化管理系统等的统称。

7. 计算机集成制造系统 CIMS（Computer Integrated Manufacture System）

CIMS 是指对产品从构思、设计、加工制造，直到装配、出厂检验的全过程实行计算机控制的系统。它是 CAD/CAE/CAPP/CAM 技术的高度集成，它使设计与制作一体化，共享同一数据库，并能根据市场需要及时变更产品和工艺，以提高企业的竞争力。CIMS 是在新的生产组织理念指导下形成的新型生产管理模式，也是现代自动化技术的继续。

二、CAD 技术的发展过程

CAD 是 20 世纪 50 年代后期开始出现，经过半个多世纪飞速发展起来的高新技术，现已成为一门新兴的学科。当初的 CAD 系统仅为图板的代用品，是典型的二维计算机绘图技术，随着 CAD 技术的不断发展和广泛应用，其功能不断加强，从而在产品和工程设计领域引发了一场革命性变化。

CAD 技术的发展过程大致分为以下几个阶段：

1. 准备和酝酿时期（20 世纪 50～60 年代初）

1950 年美国麻省理工学院 MIT（Massachusetts Institute of Technology）研制出类似于示波器的图形设备"旋风一号"，可以显示简单图形；1958 年美国 Calcomp 公司和 Gerber 公司分别研制出滚筒式绘图仪和平板式绘图仪。在 20 世纪 50 年代，计算机仅仅用于科学计算，用机器语言编程，所配备的图形设备只有输出功能，当时的 CAD 技术还处于发展初期的被动式图形处理阶段。

2. 深入发展和进入应用时期（20 世纪 60 年代）

1962 年美国麻省理工学院林肯实验室的研究生 I. E. Sutherland 发表了题为"人机对话图形通信系统"的博士论文，首次提出了计算机图形学、交互技术、分层存储符号的数据结构等新思想，一年后，在实验室实现了该论文提出的设想。这一划时代的研究成果为 CAD 技术的深入发展和推广应用打下了坚实的理论基础，对 CAD 这一新兴学科的形成和走向成熟起到了至关重要的促进作用。

20 世纪 60 年代中期，美国一些大公司先后研发了 CAD 系统，例如，美国 IBM 公司面向市场先后推出了计算机绘图设备；美国通用汽车公司为设计汽车车身和外形而开发了 CAD - 1 系统。此间，图形输入板、大容量的磁盘存储器、光栅扫描显示器、光笔等许多商业化的图形输入输出设备相继出现，使 CAD 技术开始进入实际应用阶段。在这一时期，该技术主要应用于机械、电子领域，同时开始研究三维几何造型技术。

3．广泛使用时期（20 世纪 70 ~ 80 年代）

1970 年美国 Applicon 公司第一个推出了完整的 CAD 系统。此间，采用集成器件的计算机已经问世。随着电子器件集成度的迅速提高，使计算机的性能价格比也随之大幅度提升，市场上也出现了面向中小企业的 CAD/CAM 系统，一些商用软件已具备三维几何造型能力。在 20 世纪 70 年代末，美国的 CAD 工作站发展到 1.2 万套以上，使用人数超过 2.5 万；到 20 世纪 80 年代，图形系统和 CAD/CAM 工作站的销售量与日俱增，1988 年实际安装的 CAD 系统已达到 6.3 万套。当时，CAD 技术的发展出现了“从大型企业向中小型企业普及，从发达国家向发展中国家扩展，应用领域从产品设计向工程设计方面推广”的局面。

4．飞速发展时期（20 世纪 80 ~ 90 年代至今）

20 世纪 80 年代是 CAD 技术飞速发展时期，超大规模集成电路的出现，使计算机硬件成本大幅度下降，高分辨率彩色图形显示器、大型数字化仪、自动绘图机等外围设备品种齐全，已成系列产品，为推动 CAD 技术向高水平发展提供了必要的条件。这一期间，实体造型理论和几何造型方法日趋成熟，使 CAD 技术发生了质的飞跃。20 世纪 80 年代中期出现的参数化设计技术和 90 年代提出的变量化设计技术给设计者带来了极大方便，参数化技术的特点是基于特征、全尺寸约束、全数据相关、尺寸驱动设计和修改。而变量化技术是对参数化技术的改进，同时还保留原技术的优点，为 CAD 提供了更大的发展空间。

进入 20 世纪 90 年代以后至今，人们开始在 CAD、CAM、CAPP 等技术的基础上，致力于计算机集成制造系统 CIMS 的研究。为实现系统的集成，信息资源共享，产品设计制造和生产管理高度自动化，必须在 CAD/CAM 系统之间和系统内部实现统一的数据交换，于是又展开了标准接口的开发工作。同时面向对象技术 O - O（Object - Oriented）、并行工程方法 CE（Concurrent Engineering）、分布式环境技术及人工智能技术的研究，使 CAD 技术向更高水平发展。

三、CAD 技术的发展趋势

CAD 技术发展到今天，并没停留在单一模式、单一功能、单一领域的水平上，今后将进一步向标准化、集成化、智能化、网络化和并行化方向发展。此外，科学计算可视化、虚拟设计与制造等新技术的发展必将对 CAD 技术产生深远的影响。

1．标准化

从 1977 年由 SIGGRAPH 特别兴趣小组 GSPC 推出 CORE 图形标准以来，又先后出现了计算机图形接口 CGI（Computer Graphics Interface）、计算机图形文件标准 CGM（Computer Graphics Metafile）、计算机图形核心系统 GKS（Graphics Kernel System）、面向程序员层次的交互式图形标准 PHIGS（Programmers Hierarchical Interactive Graphics Standard）以及基本图

形转换 IGES（Initial Graphics Exchange Specification），使图形接口、图形功能日趋标准化。这些标准的制定和采用，为 CAD 技术的推广和移植，为信息资源共享起到了重要作用。

2．集成化

CAD 技术的集成化主要体现在以下三个方面：

（1）系统构成由过去单一功能变成多功能结合，将在更多的领域内出现由 CAD、CAM、CAP 等相互结合的计算机集成制造系统 CIMS。

（2）由于标准的统一，使原先需要手工编程的更多软件和算法，可固化到集成电路芯片的功能模块上实现其功能。

（3）多处理机并行处理技术在 CAD 中的大量使用，使工作速度成倍增加。

3．网络化

把不同地域、不同机种、不同运行环境的 CAD 系统，以网络的形式连接起来，已成为现代 CAD 发展的必然趋势。网络技术在 CAD 中普遍采用，有利于信息资源共享和管理，实现高效的协同化设计。

4．智能化

产品设计是一个复杂的综合分析和反复修改的过程，其中很多工作并非通过计算，而是需要反复思考、推理和判断来解决的创造性思维活动，要求设计人员必须具备多学科的专门知识与丰富的经验才能得到满意的设计结果。将人工智能 AI（Artifical Intelligent）和专家系统 ES（Expert System）技术应用于 CAD 中，将会大大提高自动化设计程度和产品的设计质量。

专家系统与 CAD 相结合形成了智能型 CAD（Intelligent CAD）系统。而专家系统实际上是一个或一组计算机程序，能以某一领域内人类专家的水平，解决该领域的难题，完成专门的、一般是困难的专业任务。如图 1-1 所示，一个专家系统一般由 6 个部分组成。其中数据库、知识库、

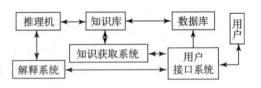

图 1-1　专家系统的组成

推理机和人机接口是必不可少的部分，解释和知识获取系统是增强功能的部分。

专家系统的工作特点是运用知识库的知识进行推理。这就要求一个专家系统不仅要能提供专家水平的建议和意见，而且当用户需要时能对系统本身行为做出解释，同时还要有知识获取功能。因此，知识获取、知识库和知识应用是构建专家系统的三个核心部分。

专家系统的功能主要依赖于大量的专家知识。要建立一个既好用、又完善的知识库，需从相关领域的专家那里获得知识即知识获取，然后按适当的数据结构正确描述所获得的知识并存入计算机，构成知识库。

人机接口是专家系统和用户通讯的部分。它既可以将来自用户的信息译成系统可接受的内部形式，又能把推理机推出的有用知识送达用户。

解释系统能对推理给出必要的解释。可帮助用户了解推理过程，及时发现知识库中的错误，以便系统的维护。

知识库与推理机相分离是专家系统的一个重要特征。系统在运行过程中允许对知识库的知识进行不断的修改和扩充，为此，知识获取系统能够提供必要的手段使机器自动实现知识获取。

5．并行化

并行工程又称为同步工程或并行设计，它是随着 CAD、CIMS 等技术的发展而提出的一种系统工程新方法。这种方法的思路就是对产品开发及其相关过程（包括制造过程和支持过程）进行并行、一体化设计的系统化工作模式。它要求产品开发人员在设计阶段就考虑产品在整个生产周期的所有要求，包括质量、成本、进度、用户要求等，争取更大限度地提高产品开发效率及一次成功率。

并行工程的关键是用并行设计方法代替串行设计方法。这两种设计方法的生命周期如图 1-2 所示。

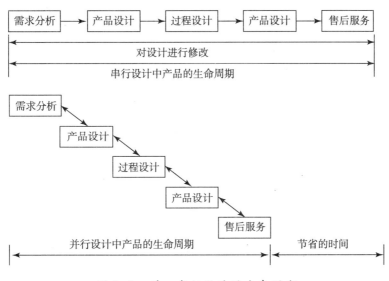

图 1-2　并、串行设计的生命周期

6．虚拟现实与 CAD 集成

CAD 是吸收新技术最快的技术领域之一，虚拟现实技术用于 CAD，使 CAD 技术在两方面得到提高：一是更逼真地看到正在设计的产品及其开发过程；二是提高 CAD 交互能力。该技术的应用，可实现可视化模拟，用以验证设计的正确性和可行性。此外还可以在设计阶段模拟零部件的装配过程，检查所用零部件是否合适。

CAD 技术的发展趋势除了以上介绍的六点以外，还要不断解决或提高发展中出现的问题，如建立协同设计系统时须解决的群体成员间多媒体信息传输问题、异构环境问题、人—机交互问题以及海量信息的存储、管理和检索问题，研发 CAD 系统时要解决的开放性问题，推广应用新 CAD 系统时要解决的安全可靠性问题等。

四、CAD 技术的应用

CAD 技术发展到今天，其应用范围已扩大到国民经济各个方面，已渗透到各个领域。在包装行业也得到广泛的应用。

1．CAD 技术的应用领域

（1）工程和产品设计

工程设计方面：在建筑、水利、电力、能源、交通运输、地质勘探等部门，CAD 技术已全面用于工程项目的设计。

产品设计方面：用 CAD 技术设计产品最先出现在机械、电子部门、造船、航空部门，后来延伸到航空航天、通信等高科技领域,现在已扩展到轻工、纺织、包装、服装等行业。

(2)仿真模拟和动画制作

可用 CAD 技术模拟机器人或机械手的运动环境;模拟机件的加工和装配过程;模拟飞机起降和船舶进出港姿态;模拟物体受力变形和破坏现象等。用三维图形图像处理技术还用来模拟对人体的医疗过程。

(3)信息处理及其可视化

在事务、技术等办公自动化管理工作中,采用 CAD 技术将统计的数据信息处理后绘成各种形式的图表(如直方表、扇形表等),既清晰又直观;用 CAD 技术将原始数据制作成地理地形图、矿藏分布图、气象图、人口密度图以及相关的等值线图、等位面图等,既方便又准确;在工程科技领域对各种类型的图形图像进行处理可以做到优质高效,如电子印刷等。

(4)计算机艺术设计

计算机艺术的进步,是对传统的艺术创作和表现手法的一场革命,CAD 技术已普遍用于艺术品制作,如各种图案、花纹、工艺造型设计以及传统的油画、国画和书法等;制作动画片、电影的特写镜头以及影视广告,还用于室内外环境设计等。

2.CAD 在包装领域的应用

CAD 技术在包装领域的推广应用虽然滞后于机械、电子等行业,但是发展至今已相当普及。工业发达国家已将 CAD 技术广泛应用于运输包装、销售包装、包装制品及包装机械的设计和制造。尤其在纸、塑料和玻璃包装容器、自动包装机、缓冲包装、包装艺术等设计方面的应用更加深入普遍。概括起来,CAD 在包装领域的应用主要是以下几方面:

(1)运输包装设计

主要应用于缓冲包装结构设计、堆码优化设计、运输包装容器的设计与制造等方面。已推出各种功能的运输包装 CAD 系统。

(2)销售包装设计

主要应用于包装装潢设计及印刷、包装容器的设计与制造等方面。如包装纸盒 CAD/CAM 系统、纸盒模切版 CAD/CAM 系统、各种包装装潢与造型等艺术设计软件以及包装印前处理系统等。

(3)包装机械设计

如包装机械 CAD/CAM 系统等。

(4)其他方面

如专业的包装结构有限元分析软件、包装实验模拟系统等。

第二节　CAD 系统的组成

一个完善的 CAD 系统应具备计算、存储、对话、输入和输出五大基本功能,这些功能可由计算机的硬件和软件两方面来保证,硬件和软件的协调搭配构成了完整的 CAD 系统。

一、CAD 系统的分类

CAD 系统的分类方法较多,按照系统中计算机及其外围设备的配置,CAD 系统可分为独立系统和网络系统。

1．独立系统

在独立系统中，根据所使用的处理机类型又分为以下两种：

（1）微型机 CAD 系统

以高档微型机为主机的单用户 CAD 系统是最基本的系统，其基本构成如图 1-3 所示。该系统价格低廉，使用方便，随着微机性价比的提升，系统的运算能力和图形处理能力也在不断提高。

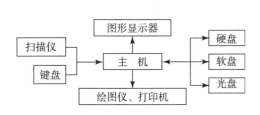

图 1-3　CAD 系统的基本硬件构成

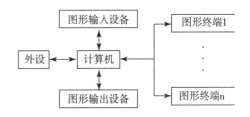

图 1-4　集中式 CAD 系统

（2）集中式 CAD 系统

该系统的结构如图 1-4 所示。一台主机，有若干个图形终端与其连接，系统虽能实现资源共享，但存在计算负荷增加，系统响应变慢等缺点。因该系统要求主机功能很强，故一次性投资大，使用起来却不够灵活，在 20 世纪 80 年代中期 CAD 工作站问世以前使用较多。

（3）CAD 工作站

这是一种单用户 CAD 系统，因有高质量的硬件和软件支持，所以保证了该系统的高性能和高效率，它具有与小型机相匹配的处理速度和能力，曾一度发展为 CAD 技术的主流产品。随着微型机 CAD 系统的硬、软件水平大幅度提高，二者的差别已逐步缩小甚至消失。

2．CAD 网络系统

如图 1-5 所示，将若干台分布在不同地理位置的单用户微型机 CAD 系统或 CAD 工作站，按照某种网络拓扑形式连接起来，形成开放式系统结构，具有运行速度快、内存容量大、图形功能强且能并行计算的特点。

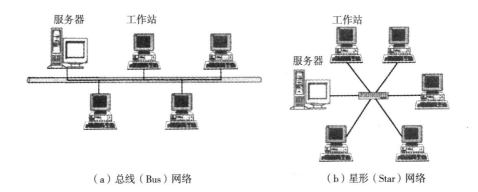

（a）总线（Bus）网络　　　　　　　　（b）星形（Star）网络

图 1-5　常见的网络拓扑形式

此外，若按系统的功能分类，CAD 系统一般分为通用 CAD 系统和专用 CAD 系统。前者使用范围广，配置的软、硬件比较丰富，而后者软件功能比较单一、硬件配置也比较简单；若按系统的应用领域分类，可将 CAD 系统分为机械 CAD、建筑 CAD、电子 CAD、工业设计

CAD、地图 CAD、纺织 CAD 和服装 CAD 等。

二、CAD 系统的硬件环境

作为 CAD 系统，其硬件如图 1-3 所示，包括计算机主机、CPU（Central Processing Unit）、常用的外围设备和图形输入输出设备等。

1. 主机

主机是控制和指挥整个系统并执行实际运算和逻辑分析的装置，是系统的核心。它包括中央处理机 CPU（Central Processing Unit）和内存储器（Memory）两部分。

（1）CPU

通常由控制器和运算器两个主要部分组成。控制器是计算机的"大脑"，指挥和协调完成由程序指令所规定的各种运算，其中包括接收数据和决定数据如何处理。运算器是用来执行指令要求的计算和逻辑操作。作算术计算时，输出结果是数据；作逻辑操作时，输出结果是"真"或"伪"。

（2）内存储器

简称内存，是用来存放指令、数据及运算的结果（含中间结果），可分为只读存储器（ROM）和随机存储器（RAM）两种。CPU 能够直接在随机存储器中存取信息，指挥和控制整个计算机的运行。

衡量主机的工作性能的指标主要有三项，即运算速度、字长和内存容量。

①运算速度。CPU 通常用每秒可执行的指令数目或进行浮点运算次数来衡量，其单位是 MI/S（每秒执行 100 万条指令）和 GI/S（每秒处理 10 亿条指令）以及 FLOP/S（每秒进行 100 万次浮点运算）。目前，CPU 的速度已达到 160GI/S 以上。用芯片的时钟频率来表示运算速度也是一种常见的方法，时钟频率越高，运算速度越快。

②字长。即 CPU 在一个指令周期内能从内存提取并进行处理的数据位数，字长越长，则计算能力越强，计算精度也越高。例如早期 80286 微处理器的字长是 16 位，如今 Pentium IV 等高性能微机字长为 64 位。

③内存容量。内存容量越大，主机所能容纳和处理的信息量就越大，系统的总体性能就越好。内存容量的最小单位为字节（Byte），每个字节由 8 位二进制数字组成。

人们往往根据以上三个技术指标把计算机分为大、中、小型和微型计算机。当前，由于微电子技术发展很快，不同类型的计算机之间已不存在固定不变的界限。

为了提高计算机的处理速度和能力，目前广泛采用多核（CPU）计算机。其中共享同一内存的多核计算机的结构如图 1-6 所示，各 CPU 分别具有内存的多核计算机的结构见图1-7。

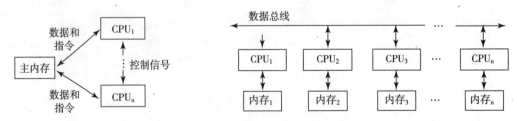

图 1-6　共享同一内存的多 CPU 计算机　　图 1-7　各 CPU 分别具有内存的多 CPU 计算机

2．外存储器

外存储器又简称为外存。虽然内存储器能直接和运算器、控制器交换信息，而且存取速度快，但是内存成本高，其容量还要受到 CPU 直接寻址能力的限制，且关机后内存 RAM 中的信息不能被保留。作为内存的外援，外存具有容量大、价格低，但存取速度相对较慢等特点，是用来存放大量暂时不用而等待调用的各类程序、数据的装置。

外存储器通常包括硬盘、软盘、光盘、U 盘等。

3．图形输入设备

在 CAD 作业中，不仅要求系统能够快速输入图形，而且要求能够以人机交互方式对输入的图形进行修改。因此，图形输入设备在 CAD 硬件系统中占有重要的位置。目前 CAD 系统常用的输入设备如下：

（1）键盘

键盘是 CAD 系统最基本的输入设备。键盘上除有数字键、字符键外，还有功能键和控制键。可用来输入控制命令、设计数据、程序文本等各种字符信息。系统工作时，常与其他图形输入输出设备配合使用。

（2）鼠标

鼠标是 CAD 系统中另一类主要输入设备。通过鼠标操作，控制屏幕上的光标移动，便能确定字符或图形的输入位置，实现其定位功能。此外，还可以实现选择功能，如选择菜单的选项，拾取图形目标对象等。

根据位移检测方式之不同，鼠标可分为机械式和光电式两大类，前者是应用机械原理，在其底部装有一只滚子，当鼠标在平面上移动时，滚子就旋转，与滚子相啮合的 x、y 两方向上的电位器就分别检测到两个正交方向的相对移动量。屏幕上的光标可根据鼠标的移动量进行移动；后者是应用光学原理，鼠标工作时，通过底部发送一束红色的光线照射到桌面上，然后根据桌面不同颜色或凹凸点的相对运动和反射来判断鼠标的运动，再根据鼠标移动的范围大小来改变光标的位置。

鼠标自发明以来，经历了近四十年的发展和演变。从早期的机械式鼠标到目前主流的光电式鼠标，再到中高端的激光鼠标，鼠标的每次变革在使用上都更加方便。随着人们对工作环境和操作便捷性的要求越来越高，无线鼠标的普及也被提到日程上来。

（3）扫描仪

扫描仪是直接把图形或图像信息转化为数字信息输入计算机、以像素形式进行存储表示的设备，由光源、透镜、感光元件和模数转换电路等基本部件组成。工作时，先对图像进行光扫描，感光元件（如 CCD 光电耦合器）则把光信号转换成模拟信号即电压，同时量化出像素的灰暗程度，再由模数转换电路把模拟信号转换成数字信号进行保存。

扫描仪的主要性能指标有表示扫描精度的光学分辨率，通常用每英寸长度上的点数即 dpi 来表示，此外还有表示扫描图像灰度层次范围的灰度级、表示扫描图像颜色深度范围的色彩位数，以及扫描幅面和扫描速度。多数扫描仪的分辨率在 300 ~ 2400dpi 之间，色彩位数有 4bit、8bit、24bit 等，灰度级多为 256 级，以 A4 和 A3 幅面为主。

（4）其他图形输入设备

在 CAD 系统中，可能还要用到其他图形输入设备，如数码相机、数字化仪、触摸屏及光笔等，由于篇幅有限，就不再详细介绍了。

9

4. 图形显示设备

图形显示器是 CAD 系统中最重要的硬件设备之一，主要用于图形显示和人机交互操作。作为系统的输入设备，可随时对用户的操作作出及时响应；作为输出设备，可将设计中的中间结果显示出来，以便用户修改、编辑。目前，交互式图形系统采用的主流显示器是光栅扫描显示器、液晶显示器。

（1）光栅扫描显示器

光栅扫描显示器的核心部分是阴极射线管 CRT（Cathode Ray Tube），图 1-8 是 CRT 的结构示意图。

当电子枪的阴极线圈被加热后，可发射电子，经加速电极加速、透镜聚焦，形成一条高速、精细的电子束，在水平和垂直偏转线圈控制下，使电子束产生 x 和 y 方向的偏转扫描，最后撞击到屏幕上的荧

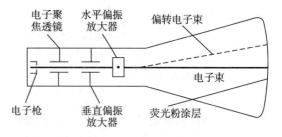

图 1-8　CRT 的原理简图

光涂层而发光，从而显示出字符和图形。这种显示器的工作原理与电视机相似，不同之处在于电视机是通过模拟信号形成屏幕上的图像，而光栅扫描显示器则由计算机产生的数字信号构成屏幕上的图像。

CRT 是通过不同颜色荧光物质的组合来显示彩色图形。显示屏上各个像素分别由红、绿、蓝呈三角形分布的荧光点共同组成，当某组荧光点被激励时，会发出 3 种不同强度的光，混合后即产生不同的颜色。如要显示彩色图形，必须赋予像素以不同的颜色和亮度。

衡量显示器性能的主要指标是分辨率和显示速度。沿水平和垂直方向单位长度上所能识别的最大光点数称之为分辨率，光点也称之为像素。分辨率越高，图形越清晰。常用的显示器分辨率为 1024×768 和 1280×1024。显示速度与显示器输出图形时采用的分辨率以及计算机本身处理图形的速度有关。要想获得无闪烁的画面，显示的内容必须以 30 ~ 100 次/秒的速率不断刷新。

（2）液晶显示器

液晶显示器 LCD（Liquid Crystal Display）是目前已普遍使用的显示器，它具有体积小、重量轻、省电、辐射低、易于携带等优点。液晶显示器的工作原理与 CRT 显示器大不相同。液晶是一种具有大分子结构的有机化合物，在一个有向电场作用下，分子将会沿电场方向有序地排列，这种现象叫极化。液晶显示器的每个像素是利用液晶这一物理特性，通电时导通，使光线容易通过液晶层；不通电时，液晶的排列则变得混乱，阻止光线通过液晶层；这样则形成透光时为白、不透光时为黑，字符就可以显示在屏幕上了。通过控制液晶层的极化电压来改变液晶层的极化方向，从而获得不同强度的反射光，进而表现出图像的灰度等级。

对于彩色液晶显示器，还要增加色彩过滤器，其结构和发光原理要比单色显示器复杂得多，在此就不多加介绍了。

液晶显示器的主要参数为：①亮度。是指显示器所能呈现的明亮程度，以烛光每平方米（cd/m^2）为单位。普及型液晶显示器的亮度一般都在 $250cd/m^2$。②对比度。是指明暗之间的亮度差，对比度越高，显示器还原画面的色彩层次感就越好，色阶过渡越细腻。目前，普及型液晶显示器的对比度都在 300:1 以上。③响应时间。是指液晶显示器对于输入信号的反应速度，也就是液晶由暗转亮或者是由亮转暗的反应时间，通常以毫秒（ms）为单位来计

算。若响应时间超过 40ms（＜1000÷40＝25 帧/秒），则会出现运动图像的迟滞现象，显然响应时间越短越好。④可视角度。是指能观看到可接收失真值的视线与屏幕法线的角度，亦即可以清楚看到影像的角度范围，单位为"度"。可视角度分为水平和垂直两个方向，目前最低的可视角度为120/100度（水平/垂直），最好能达到150/120度以上。⑤分辨率。是指单位面积显示像素的数量。液晶显示器的物理分辨率是固定不变的。目前市面上的13、14、15英寸液晶显示器的最佳分辨率都是 1024×768，17 英寸的最佳分辨率则为1280×1024。

5．图形输出设备

打印机和绘图仪等是人们最熟悉的图形输出设备。

（1）打印机

打印机通常分为四类，即点阵打印机、喷墨打印机、激光打印机和热敏打印机。由于针式打印机具有价格低、使用方便、打印成本低等优点，曾长期流行，终因其工作噪声大、打印速度慢和打印质量低、无法适应高质量、高速度的打印要求，已逐步被喷墨、激光、热敏打印机所取代。

①激光打印机。激光打印机是将激光扫描技术和电子成像技术相结合的打印设备。其内部有一个表面涂有光电导材料的硒鼓。硒鼓匀速旋转时，受程序控制，与打印数据相关的信息送至激光器后，会发射相应的激光束，激光束照射到硒鼓表面上，使受照射的部位感光产生静电荷，从而按照点阵组字的原理，在鼓面上构成了负电荷阴影。当鼓面经过带正电的墨粉时，感光部分就吸附上墨粉，然后将墨粉转印到纸上，纸上的墨粉经加热熔化而形成永久性的字符和图形。

②喷墨打印机。喷墨打印是将一种特制的墨水通过极细的喷嘴射喷到图纸上，生成所需图文的方法。目前广泛采用的压电式喷墨方式，其工作原理如图1-9所示。在打印头各喷嘴附近分别置有小压电晶体，根据程序指令，按所需的时间和位置要求在压电晶体上施加相应电压，使压电晶体产生微小变形，该变形对存于墨道里的墨水产生一个挤压力，从而使墨水从喷嘴中高速喷出，当电压释放、晶体恢复原形时，喷墨终止。

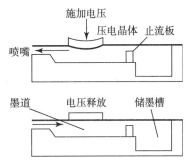

图 1-9 喷墨原理示意图

喷墨打印机的特点是绘图速度快、噪声低，输出质量和激光打印接近，但要求墨水的流动性好、吸附力强、化学性能稳定。

衡量喷墨打印机性能的指标是分辨率、打印速度和色彩调和能力。

③热敏打印机。也称为热升华打印机。该机打印头中有一排发热元件，工作时，在打印头与打印介质之间有一层色膜，当发热元件被通电加热，色膜上的固体染料就升华为气体，扩散到打印介质上则形成相应的图形。由于决定图形色彩和明暗度的染料扩散量与发热元件的温度有关，所以采用的逻辑电路需按像素的颜色值控制发热元件温度，同时还要控制进纸动作，这样，就能在整张纸上印出图形。

（2）自动绘图仪

绘图仪是 CAD 系统重要的图形输出设备，按照绘图方法之不同，分为笔式和非笔式两大类。

①笔式绘图仪。笔式绘图仪用绘图笔作为绘图工具，根据笔与纸的相对运动实现方法之

不同，笔式绘图仪可分为平台式和滚筒式两种。

平台式绘图仪的结构如图 1-10 所示。工作时，图纸固定在平台上不动，由两个步进（或伺服）电机在接收走步脉冲后，分别驱动笔架使绘图笔作 x、y 向的移动，完成画图动作。这种绘图仪的绘图精度相对较高，但占地面积大，价格也较高。

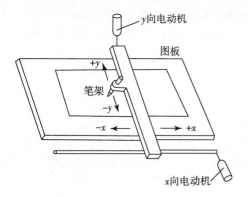

图 1-10　平台式绘图仪

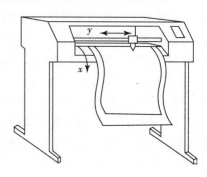

图 1-11　滚筒式绘图仪

滚筒式绘图仪的结构如图 1-11 所示，是由一个水平放置的滚筒和一个能够沿滚筒轴线移动的笔组成。绘图时，由两个步进（或伺服）电机分别带动绘图纸和绘图笔作 x 和 y 两方向的相对移动。这种绘图仪结构紧凑、价格相对便宜、适合绘制大型工程图，但作图精度相对较低。

笔式绘图仪只能绘制矢量线条，加之工作稳定性较差，是 20 世纪 90 年代中期以前使用的主流设备。

②非笔式绘图仪。这类绘图仪的特点是，不用绘图笔作图，而是采用喷墨绘图技术、静电绘图技术等。

喷墨绘图仪的工作原理和喷墨打印机完全一样，只是作图的幅面可以设计得很大，目前比较流行的有 A1 和 A0 两种尺寸规格。在结构形式上，喷墨绘图仪主要采取滚筒式结构。

静电绘图仪是一种光栅扫描设备，单色静电绘图仪的工作原理如图 1-12 所示。内部装有很多电极针的静电写头在绘图数据的控制下，通过写头电极针的作用，把图像信号转换到位于写头与母板电极之间的绘图纸上。带负电的纸经过墨水槽时，墨水中带正电的炭粉被吸到纸上便形成了图像。彩色静电绘图的原理与之基本相同，不过需要将纸往返几次分别套印品红、黄、青、黑四色，才能形成彩色图。

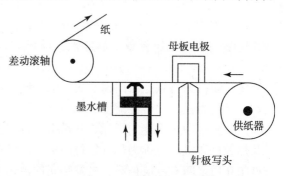

图 1-12　单色静电绘图仪的结构

因不同种类的绘图仪性能差别较大，在选购绘图仪时应从绘图速度、加速度、定位精度、重复精度以及作图幅面等方面全面考虑。

三、CAD 系统的软件组成

计算机软件是指控制计算机运行，并使计算机发挥最大功效的各种程序、数据及文档的集合。在 CAD 系统中，软件配置水平决定了整个 CAD 系统性能的优劣。因此硬件是 CAD

系统的物质基础，软件则是 CAD 系统的灵魂。从 CAD 系统的发展趋势来看，软件的地位越来越重要。

如图 1-13 所示，CAD 系统的软件从功能上大体上分为三个层次，即系统软件、支撑软件和应用软件。

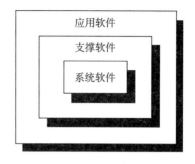

图 1-13　CAD 系统的软件组成

1．系统软件

系统软件的作用是合理调度计算机硬件资源并扩充计算机的功能。系统软件包括操作系统、高级语言编译系统、网络及网络通信系统等。目前常见的系统软件有：在计算机上流行的 Windows 系列操作系统、工作站上流行的 Unix 操作系统、苹果机上流行的 Mac 操作系统等；在计算机网络工程中有 NT 系列、Linux 和 NetWare 等网络软件；语言编译系统有 C/C++、Visual Basic、LISP、PASCAL、FORTRAN 等。

2．支撑软件

支撑软件是建立在系统软件基础上所开发的 CAD 所需的最基本软件，它不针对具体的使用对象，而是为用户提供工具或开发环境。这类软件一般从市场上购买。CAD 支撑软件主要包括：

（1）图形处理软件。如美国 Autodesk 公司开发的 AutoCAD 软件、国内开发的与 Auto-CAD 兼容的 CAXA 电子图板等。

（2）几何造型软件。主要品牌有 PTC 公司的 Pro/ENGINEER、SDRC 公司的 I-DEAS、EDS 公司的 Solid Edge 等。

（3）有限元分析软件。目前应用较普遍的此类软件是 SAP、ASKA、NASTRAN、ANSYS 等。

（4）优化设计软件。是将优化设计技术应用于工程或产品设计、以求最佳设计方案的软件，如专家系统等。

（5）数据库管理系统。目前较流行的数据库管理系统有 ORACLE、INGRES、SYBASE、FOX PRO 和 FORBASE 等。

（6）模拟仿真软件。包括动力学、运动学仿真软件、成型仿真软件和加工仿真软件等。如 ADAMS 机械系统动力学分析软件。

（7）文档制作软件。主要用于快速生成设计结果的各种报告、表格、文件、说明等，具有各种编辑功能，并支持汉字处理。

3．应用软件

应用软件是在系统软件、支撑软件的基础上，针对某一专门应用领域而研发的软件，亦称为专业软件。如模具设计软件、电器设计软件、机械零件设计软件、机床设计软件以及汽车、船舶、飞机、轻工、纺织等设计制造行业的专用软件均属于应用软件。

值得一提的是在包装行业，经过广大科技人员的艰苦努力，也成功地开发了一系列包装 CAD 应用软件。如日本的邦友公司、德国的 Impact 公司、比利时的 ESKO 公司以及我国的方正公司等开发的包装 CAD 软件已被普遍使用，这些软件都能实现纸箱、纸盒的结构设计和装潢设计，设计数据还能应用于 CAM 系统。

能否充分发挥 CAD 系统的功能，应用软件的开发十分重要，也是 CAD 从业人员的主要任务之一。

第三节　CAD 的基本方法

在 CAD 作业中，为提高设计效率和质量，通常使用如下一些技法。

一、CAD 的常用技法

1. 分层技术

CAD 系统一般都有分层功能。作业时可把设计对象中的图形、文本、尺寸等几何信息，按不同要求分别表示在不同的层上。各层之间可用编号或颜色加以区分，各层内容可任意修改，根据需要可对有关层的设计内容进行叠加，还可将某层内容复制到其他层上。

分层技术的运用，能使复杂的设计作业简单化、条理化，对提高设计效率非常有利。

2. 友好的用户界面

在 CAD 作业中，设计人员和计算机间需要随时交换信息，如输入参数、选择判断等。因此，要求系统必须具备人机交互功能。为此，有必要采用先进的菜单技术、窗口技术设计和制作友好的用户界面。

3. 标准图形库的应用

标准图形库是符合一定标准、在工程设计中经常被引用的若干不同种类的定型图的集合。设计时，可将库中的图形调出来，按设计要求对其尺寸、比例、颜色等进行修改后加以使用。图形库可根据需要随时添加和修改，还可以储存一些常用的定型图样、优秀设计图样，以备日后参考调用，从而有效地加快设计进度、提高设计质量、降低设计成本。

4. 图形、图像处理技术

为了方便设计绘图，CAD 系统一般都为图形、图像的编辑提供了丰富而又便捷的处理手段。除了能对图形、图像进行移动、旋转、缩放、镜像、删除、复制等基本操作外，还能利用"画笔"、"橡皮擦"、"剪刀"以及"调色板"等绘图工具进行修改。

5. 实体造型技术的应用

在传统设计的初期阶段，设计人员通常采用手绘立体图和人工制作的模型与相关人员交流、研讨设计方案，费时、费力，成本也高，如今借助计算机实体造型技术，可以模拟设计对象的逼真形象，实时修改某些结构尺寸等，再现修改后的结果，既方便，又节省资源。

二、CAD 的基本方法

如图 1-14 所示，传统的设计过程是一个反复交互过程。具体包括五个步骤：了解设计要求→方案设计→分析、计算和优化→评价→提供图纸文件。这些工作在 CAD 作业中体现在四个方面：建立模型、工程分析、设计审查与评价和自动绘图。

1. 建立模型

CAD 作业所涉及的数学模型大致分为以下两种：

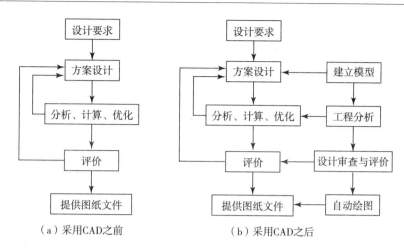

图 1-14 设计过程的比较

（1）与专业设计有关的数学模型

这类数学模型反映了设计对象诸参数之间的内在联系和相互制约的规律，是设计、分析、评价和修改方案的主要依据，也是保证设计获得成功的前提。例如在设计各种材质包装容器以及缓冲包装的结构时所使用的各种理论公式或经验公式皆属于专业数学模型，CAD作业的任务就是要合理地建立和求解此类模型。

（2）与 CAD 直接相关的模型

在 CAD 作业中，为提高设计效率和质量，需根据计算机本身的功能特点构建适合计算机处理的几何形状、数据结构和数据库的数学模型，此外，还要建立如有限元分析、优化设计、模拟仿真之类的求解工程设计问题的算法模型。

2．分析计算

（1）基本内容

针对所建立的数学模型，设计正确、合理的求解算法，编制相应的计算机程序，则是CAD分析计算的基本内容。就包装 CAD 而言，主要涉及以下三方面内容：

①力学性能的分析计算。运输包装容器在流通环境中要承受冲击、震动以及静压力。在设计容器时，要保证其强度和刚度，必须进行动态和静态的受力分析计算。

②形状特征的分析计算。由于绝大部分包装件在流通中都有固定的几何形态，因此，在包装制品的设计、加工和组装以及包装件堆码过程中，都涉及与几何模型相关的几何体形状特征的分析计算。其中有数值型数据运算问题，还有曲线、曲面的设计计算、几何造型方面的形状信息处理问题。

③设计方法的分析计算。主要是指设计中所涉及的分析计算，如优化设计、系统可靠性分析和设计等内容。

（2）基本分析方法

对 CAD 作业的数学模型进行分析的基本方法大体分为解析法和数值计算法两大类。

①解析法。是应用数学分析工具建立起来的分析方法。这种方法只能求解含少量未知数的简单数学模型，如分析计算轴、梁、柱之类的简单构件以及简单的板、壳类零件等。却很难求解较复杂的问题。

②数值计算法。是需用计算机求解各种数值解的分析方法。现代科技的发展提出了许多

无法用解析法解决的复杂数学问题，只有借助计算机来求解。常用的数值计算法有：方程求根、函数插值、数值积分、曲线拟合、微分方程求数值解以及有限差分等。

此外，CAD 作业中还涉及有限元分析、最优化设计、系统仿真等分析方法。例如，在设计瓦楞纸箱结构时，用有限元分析法可精确地计算出纸箱的承载能力；纸盒如何拼版省料则是一个典型的优化设计问题。

3．设计评价与自动绘图

CAD 作业完成后，设计结果能否达到预期要求，需经过专家审查论证。若不满意，则应修改设计模型，重新分析计算，直到满意为止。最后，通过自动绘图输出可指导生产的图纸文件。

三、采用 CAD 技术的相关说明

CAD 技术之所以被广泛地采用，是因为它具有下列优点：①CAD 技术具有自动绘图、高速而准确地运算等优良功能，不仅能减轻设计人员的劳动强度，而且能提高设计效率；②利用标准的数据库、图形库和应用软件所提供的优化设计、分析计算功能，可减少人为的设计误差，达到最佳设计效果；③利用 CAD 参数化设计技术，很容易实现系列化产品的设计，并能推动产品的标准化、系列化工作；④利用运动分析、有限元分析和动态仿真技术，可在设计阶段预估产品特性，尽早修改设计缺陷，缩短新产品调试周期，提高产品的可靠性；⑤可输出设计对象的数据文件，为 CAM 系统提供加工信息，有利于实现产品的 CAD、CAM 一体化。

基于以上原因，采用 CAD 技术可以提高设计质量，缩短设计周期，降低设计成本，加快产品的更新换代，增加产品的竞争力。

当然，CAD 技术也会给企业带来一定的问题，例如对工程技术人员的素质和技能要求较高，为购置计算机的软硬件、支付相关的技术培训、技术开发以及系统升级等费用所需的一次性投资较大，而且效益有一定的滞后期，必须综合考虑自身资金和人员的结构情况，寻求系统的最佳配置。

习　题

1．简述 CAD 技术的发展历程及发展趋势。
2．解释 CAD、CAM、CAPP、CAE、CAP 及 CIMS 的基本含义。
3．简述 CAD 系统有哪些常用的输入输出设备？
4．试述产品设计过程的主要环节，这些环节在 CAD 作业中体现在哪些步骤上？
5．试述 CAD 技术的优点以及采用 CAD 技术应注意哪些问题？

第二章　计算机绘图与程序设计

第一节　计算机图形学概述

前已述及，计算机图形学 CG 是研究用计算机生成、存储、处理和显示图形的理论与方法的一门新兴学科。简单地说，"图形"是计算机图形学的研究对象，"图形处理"则是计算机图形学的研究任务。

一、图形的描述

1．描述的具体对象

现在计算机所能处理的图形范围早已超出数学方法描述的图形，它既包括图，又包括形，具体包括下列内容：

（1）人类眼睛所看到的景物；

（2）用摄像机、录像机等装置获得的照片、图片；

（3）用绘图机或绘图工具绘制的工程图、设计图、方框图；

（4）各种人工美术绘画、雕塑品；

（5）用数学方法描述的图形（几何图形和代数方程或分析表达式所确定的图形）。

计算机图形学中的图形是指由点、线、面、体等几何元素和灰度、色彩、线型、线宽等非几何属性组成的图形。

2．描述方法

计算机表示图形的方法有两种：点阵法和参数法。

（1）点阵法

用具有灰度或色彩的点阵来表示图形的一种方法，它强调由哪些点组成，并具有什么灰度或色度。用矩阵 $P(i, j)$ 表示图像在 (X_i, Y_j) 处的灰度（$i = 1, 2, \cdots, n; j = 1, 2, \cdots, m$）。

（2）参数法

以计算机中所记录图形的形状参数来表示图形的一种方法。形状参数可以是描述其形状的方程的系数、线段的起点或终点等；属性参数则包括灰度、色彩、线型等非几何属性。

通常把参数法描述的图形叫做参数图或称为图形，而把点阵法描述的图形叫做像素图或称为图像（Image）。像素（Pixel）是图像的最小元素，也是图像可控制的最小单位。

二、计算机图形学的研究内容

计算机图形学的研究内容非常广泛，如图形硬件，图形标准，图形的生成、显示和输出，图形的变换，图形的组合、分解等运算。总之，计算机图形学主要研究和解决下列问题：

①如何用适当的硬件来实现图形处理功能；

②如何设计好图形软件；

③图形处理的数学模型即算法；

④如何解决实际应用中的图形处理问题。

三、坐标系

对图形的描述以及图形的输入和输出，都是在一定的坐标系下进行的。对于不同类型的图形在处理的不同阶段，需要采用不同的坐标系，以提高图形处理的效率和便于用户理解。图形核心系统 GKS 设置了三种不同的坐标系。

1. 用户坐标系 WC（World Coordinate）

这是专供应用程序使用的坐标系。人们在描述对象时，可能用极坐标系、球坐标系、直角坐标系等，用户原始应用的坐标系称为用户坐标系。由于一般图形处理系统中只能处理直角坐标系，因此必须把用户的非直角坐标系转化成直角坐标系。

2. 设备坐标系 DC（Device Coordinate）

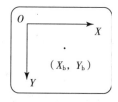

图 2-1 屏幕坐标

这是图形设备在处理图形时所使用的坐标系。各种图形设备均有各自的设备坐标系。图形的输出在设备坐标系下进行，接收无符号的整型数据。例如图 2-1 所示的屏幕坐标系，其坐标原点 O 通常在屏幕左上角，X 轴正方向向右，Y 轴正方向向下，坐标单位是栅格。坐标的刻度大小就是屏幕显示分辨率（显示线数，如 800×600，1024×800）。而平台式绘图仪的坐标原点则在平台左下角，X 轴正方向向右，Y 轴正方向向上，坐标单位是步距。

3. 规格化设备坐标系 NDC（Normalized Device Coordinate）

这是 GKS 内部使用的坐标系，它的取值范围在 $[0,1]$ 之间，这是一种既与设备无关也与应用无关的坐标系，应用程序可使用该坐标系来定义图形输出界面的位置。

4. 用户坐标系、规格化坐标系、设备坐标系之间的关系

GKS 只支持二维对象的图形处理，因此上述三个坐标系都是二维坐标系；GKS 通过两种坐标转换在三种坐标系间建立一一对应的关系，从而使应用程序在用户坐标系中所描述的对象的图形，能在特定的物理设备上正确地显示或绘制出来。下面介绍这两种变换。

如图 2-2 所示，已知用户坐标系中的一点 (X_W, Y_W)，现将该点的用户坐标变为规格化设备坐标，再由规格化设备坐标变为设备坐标（以下变换假设计算机显示器的分辨率为 800×600，则设备坐标系取值范围为 X：$0 \sim 799$；Y：$0 \sim 599$）。

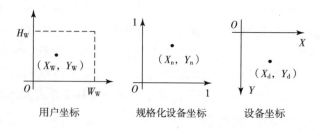

图 2-2 三种坐标系的关系

（1）由用户坐标变为规格化设备坐标（又称规范化坐标变换）

要将 WC 中所定义的几何物体各点的坐标转换成 NDC 坐标，其方法是在 WC 中定义一个矩形窗口（Window），在 NDC 中定义一个矩形视区（Viewport），通过窗口到视区的映射（平移变换和比例变换相结合）而达到目的；在执行窗口到视区变换的过程中，如果需要的话，落在视区外的图形部分均被裁剪掉。

该点的规格化坐标（X_n，Y_n）的表达式为：

$$\begin{cases} X_n = (X_W - X_{LW})/W_W \\ Y_n = (Y_W - Y_{bW})/H_W \end{cases} \quad (2-1)$$

式中：W_W，H_W 为用户坐标系的绘图范围；X_{LW}，Y_{bW} 为用户坐标系的原点坐标。

当用户坐标系原点坐标为（0，0）时，则规格化坐标系坐标为：

$$\begin{cases} X_n = X_W/W_W \\ Y_n = Y_W/H_W \end{cases} \quad (2-2)$$

（2）由规格化坐标变为设备坐标

将图形数据的 NDC 坐标转换为某个工作站设备坐标 DC 又称工作站坐标变换。工作站坐标变换是通过 NDC 空间的一个窗口（工作站窗口）映射到工作站视表面的一个视区（工作站视区）来实现的。与 NDC 变换不同，工作站坐标变换中 NDC 窗口与工作站视区的矩形形状必须相似，且 NDC 窗口之外的图形一定要被裁剪掉，不再显示出来。通常应用程序总是把显示器的整个屏幕（视表面）定义成工作站视区，而在 NDC 空间中定义一个尽量大的相似矩形作为工作站窗口。这样应用程序就可以把 NDC 空间当做物理设备的视表面，而不必再去关心工作站变换了。

因屏幕坐标系的原点在左上角，Y 坐标轴的正方向向下，若用户坐标系原点位于屏幕坐标系（X_0，Y_0）处，点（X_W，Y_W）的设备坐标为（X_d，Y_d），则：

$$\begin{cases} X_d = X_0 + 799 \times X_n = X_0 + 799[X_W/W_W] \\ Y_d = Y_0 - 599 \times Y_n = Y_0 + 599[Y_W/H_W] \end{cases} \quad (2-3)$$

式中：［ ］表示取整数。

第二节　直线和圆弧的插补原理

对于光栅扫描显示器而言，点是构成几何图形的最基本元素。这里的点是既有位置又有大小、其坐标值常取整数值的像素点，而不是只有位置没有大小，其坐标值可为任意实数值的几何点。如图 2-3 所示，用像素点表示直线或圆时，构成图形的像素点越能均匀地靠近其理想位置，画出的图形越平滑、准确。

根据绘图机的工作原理，每接收一个走步脉冲，画笔只能沿着水平（X）或竖直

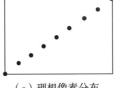
（a）理想像素分布

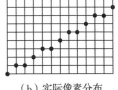
（b）实际像素分布

图 2-3　直线段的点生成

（Y）方向移动一个步距。当所绘的直线或曲线与画笔的走向不一致时，也需求出若干个靠近其理想位置而均匀分布的点，依次连成折线，以此取代所要画的图形。

由此可见，无论是在屏幕上还是用绘图机输出图形，作图原理是相同的，都需要按一定算法，在逼近画线的理想位置插入一些补充点。这就是下面要介绍的插补原理。

一、直线的插补运算

多数绘图机只提供 $+X$、$-X$、$+Y$ 和 $-Y$ 四个基本走步方向及抬笔、落笔的指令。对于其他方向的线段，都是以这四个基本走步方向用插补法逐次逼近。现在就以具备四个基本走步方向的绘图机为例，来阐述用逐点比较法对直线的插补运算。

图 2-4 中的线段 AB 是一条斜线，画笔只能用走折线的方法逼近其理想位置。画笔从 A 点开始分别沿 $+X$ 或 $+Y$ 方向依次走七步（距）才能到达终点 B。

1. 插补运算

画笔用走折线方法画直线时，若绘图机的作图精度一定，要减少逼近误差，通常采用插补运算优化走笔顺序。所谓插补，即在已知线段内插入一些补充点。根据所要画的线段，决定走笔顺序的计算过程叫插补运算。插补的算法很多，有正负法、微分分析法等，最常用的是逐点比较法。

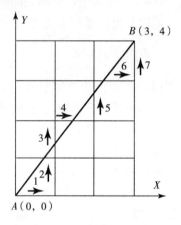

图 2-4 直线的插补

所谓逐点比较法，即画笔每走一步到达当前点后，就要和理想位置相比较并计算其偏差，根据偏差的正负决定下一步的走向，这样计算一点，比较一点，走一步，直到线段终点为止。

2. 直线的插补

（1）偏差计算的一般公式及走向判别

在图 2-5 中，已知直线 AB 的斜率为 $\mathrm{tg}\alpha = Y_B/X_B$，其倾角为 α。点 K（X_k, Y_k）是画笔的落点，连线 AK 的倾角为 α_k，对应的斜率是 $\mathrm{tg}\alpha_k = Y_k/X_k$。

$$\mathrm{tg}\alpha_k - \mathrm{tg}\alpha = \frac{X_B Y_k - Y_B X_k}{X_k X_B} \qquad (2-4)$$

式中，$\because X_k X_B > 0$　$\therefore \mathrm{tg}\alpha_k - \mathrm{tg}\alpha$ 与 $X_B Y_k - Y_B X_k$ 符号相同。

若 K 点偏差为 P_k，则计算 P_k 的一般公式为：

$$P_k = X_B Y_k - Y_B X_k \qquad (2-5)$$

为了判别画笔下一步的走向，在此作如下规定：

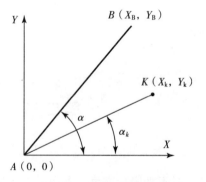

图 2-5 K 点偏差的计算

$P_k \geqslant 0$ 时，插补器发送一个 $+X$ 向的指令脉冲，画笔沿 $+X$ 方向移动一个步距；$P_k < 0$ 时，插补器发送一个 $+Y$ 向的指令脉冲，画笔沿 $+Y$ 方向移动一个步距。

画笔在移动过程中，其落点 K 相对于理想直线位置 AB 有以下三种情况：

①K 点在直线 AB 上

此时，$\alpha_k = \alpha$，$\mathrm{tg}\alpha_k - \mathrm{tg}\alpha = 0$，则有 $P_k = 0$，画笔应沿 $+X$ 方向移动一个步距。

②K 点在直线 AB 的下方

此时，$\alpha_k < \alpha$，$\text{tg}\alpha_k - \text{tg}\alpha < 0$，则有 $P_k < 0$，画笔应沿 $+Y$ 方向移动一个步距。

③K 点在直线 AB 的上方

此时，$\alpha_k > \alpha$，$\text{tg}\alpha_k - \text{tg}\alpha > 0$，则有 $P_k > 0$，画笔应沿 $+X$ 方向移动一个步距。

（2）偏差计算简化公式

若按式（2-5）计算落点的偏差，就要做减法和乘法运算，因计算机做加减法快于做乘除法，为了提高运算速度，下面介绍只做加、减运算的计算偏差的简化公式。

①$P \geq 0$

如图 2-6 所示，当 $P_M > 0$ 时，画笔由点 M（X_M，Y_M）沿 $+X$ 方向移动一步到达点 K（X_{M+1}，Y_M），K 点的新偏差 P_K 为：

$$P_K = X_B Y_K - Y_B X_K = X_B Y_M - Y_B(X_{M+1})$$

则有：
$$P_K = P_M - Y_B \qquad (2-6a)$$

由于 Y_B 是已知直线 AB 终点的 Y 坐标，所以 $P > 0$ 时，K 点新偏差等于前一点的偏差减去常数 Y_B。

②$P < 0$

同样，如图 2-7 所示，当 $P_M < 0$ 时，画笔由点 M（X_M，Y_M）沿 $+Y$ 方向移动一步到达点 K（X_M，Y_{M+1}），K 点的新偏差 P_K 为：

$$P_K = X_B Y_K - Y_B X_K = X_B(Y_{M+1}) - Y_B X_M$$

则有：
$$P_K = P_M + X_B \qquad (2-6b)$$

因式中 X_B 是已知直线 AB 终点的 X 坐标，所以当 $P < 0$ 时，K 点新偏差等于前一点的偏差加上常数 X_B。

从以上两式得知：只要根据前一点的偏差符号，利用该点的偏差和直线终点的一个坐标进行相加或相减运算，就可以递推出当前点的新偏差，从而简化了计算机的运算工作量。式（2-6a）和式（2-6b）则为直线插补计算偏差的简化公式。

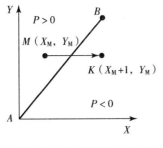

图 2-6　M 点偏差 >0 时

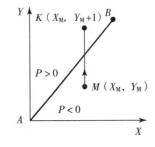

图 2-7　M 点偏差 <0 时

（3）其他象限的偏差计算及画笔走向的判别

若在二、三、四象限内画直线时，可化为第一象限内的直线插补问题来处理，具体方法如下：

①计算偏差公式不变，但画笔走向判别要作某些变化。例如第一象限内直线 AB 与第四象限内直线 AB' 关于 X 轴对称，取终点坐标的绝对值计算即可。

②画笔走向判别：P 值与画笔走向的关系用图 2-8 表示便于理解和记忆，一、二象限和三、四象限的示意图形对称于 Y 轴，一、四象限和二、三象限的示意图形对称于 X 轴。每组对称图形中，走步平行于对称轴时，二者走向相同；不平行于对称轴时，二者走向相反。

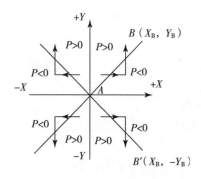

图 2-8　各象限内偏差计算及走向判别

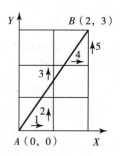

图 2-9　例题 2-1 插图

需要说明的是，用插补运算画出的锯齿状折线代替理想直线，因绘图机的步距小于 0.1mm，而直线的宽度大于 0.2mm 时，隐藏于图线内的锯齿形折线，肉眼已无法分辨，当然步距越小绘出的图形越光滑。

例 2-1　过原点在第一象限内画直线 OA，终点 A 的坐标是（2，3），单位为步距。试进行插补运算和判别画笔下一步走向。

用逐点比较法进行偏差计算并判别绘图机画笔走向，见表 2-1 所示。

表 2-1　偏差计算表

步序	偏差判别	画笔走向	偏差计算
起点			$P_0 = 0$
1	$P_0 = 0$	$+\triangle X$	$P_1 = P_0 - Y_A = 0 - 3 = -3$
2	$P_1 < 0$	$+\triangle Y$	$P_2 = P_1 + X_A = -3 + 2 = -1$
3	$P_2 < 0$	$+\triangle Y$	$P_3 = P_2 + X_A = 1$
4	$P_3 > 0$	$+\triangle X$	$P_4 = P_3 - Y_A = -2$
5	$P_4 < 0$	$+\triangle Y$	$P_5 = P_4 + X_A = 0$

二、圆弧的插补运算

用逐点比较法对圆弧进行插补的过程如图 2-10 所示，其指导思想也是在圆弧两端点 A、B 之间靠近圆弧理想位置插入一些点。用依次连成的折线代替圆弧。

1. 第一象限内顺时针画圆弧的偏差计算

（1）计算偏差的一般公式

设理想圆弧的半径为 R，画笔当前落点 N（X_N，Y_N）到圆心的距离是 R_N，则有：

$$R_N^2 = X_N^2 + Y_N^2$$

设 N 点的偏差值是 P_N，则：$P_N = R_N^2 - R^2$　（2-7）

为了判别画笔下一步的走向，在此作如下规定：$P_N \geq 0$ 时，插补器发送一个 $-Y$ 方向的指令脉冲，画笔沿 $-Y$ 方向移动一个步距；$P_N < 0$ 时，插补器发送一个 $+X$ 方向的指令脉冲，画笔沿 $+X$ 方向移动一个步距。

画笔在移动过程中，其落点 N 相对于理想圆弧 AB 位置有以下三种情况：

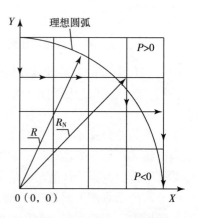

图 2-10　圆弧的插补

① $R_N > R$。此时画笔落点 N 在圆弧 AB 的外侧。

则有：$P_N = R_N^2 - R^2 > 0$，画笔应沿 $-Y$ 方向移动一个步距。

② $R_N = R$。这时画笔落点 N 在圆弧 AB 上。

则有：$P_N = 0$，画笔应沿 $-Y$ 方向移动一个步距。

③ $R_N < R$。此时画笔落点 N 在圆弧 AB 的内侧。

则有：$P_N < 0$，画笔应沿 $+X$ 方向移动一个步距。

（2）计算偏差的简化公式

对圆弧 AB 插补时，要在圆弧 A、B 两点之间插入若干点。画笔每走完一步，就要计算落点处的偏差，根据偏差的正负决定下一步的走向，直到圆弧终点为止。利用式（2-7）计算偏差的缺点，必须逐点进行平方和差的运算，相当烦琐。为了改善计算机运行条件，还要推出更简单的计算偏差简化公式。

① $P_M \geq 0$。如图 2-11 所示，当 $P_M > 0$ 时，画笔应由点 $M(X, Y)$ 沿 $-Y$ 方向移动一步到达点 $K(X, Y-1)$，K 点的新偏差为 P_K；

$$P_K = X^2 + (Y-1)^2 - R^2$$

则有：
$$P_K = P_M - 2Y + 1 \tag{2-8a}$$

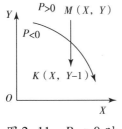

图 2-11　$P_M > 0$ 时

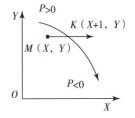

图 2-12　$P_M < 0$ 时

② $P_M < 0$。如图 2-12 所示，当 $P_M < 0$ 时，画笔由点 $M(X, Y)$ 沿 $+X$ 方向移动一步到达点 $K(X+1, Y)$，K 点的新偏差为 P_K；

则有：
$$P_K = P_M + 2X + 1 \tag{2-8b}$$

2. 第一象限内逆时针画圆弧的偏差计算

（1）$P_M \geq 0$。如图 2-13 所示，当 $P_M > 0$ 时，画笔应由点 $M(X, Y)$ 沿 $-X$ 方向移动一步到达点 $K(X-1, Y)$，K 点的新偏差为 P_K；

$$P_K = (X-1)^2 + y^2 - R^2$$

则有：
$$P_K = P_M - 2X + 1 \tag{2-9a}$$

（2）$P_M < 0$。如图 2-14 所示，当 $P_M < 0$ 时，画笔由点 $M(X, Y)$ 沿 $+Y$ 方向移动一步

图 2-13　$P_M > 0$ 时　　　　　　　　　图 2-14　$P_M < 0$ 时

到达点 K $(X, Y+1)$，K 点的新偏差为 P_K；

则有：
$$P_K = P_M + 2Y + 1 \qquad\qquad (2-9b)$$

从以上四个简化公式可以得出如下结论：利用前一点的偏差和它的一个坐标进行加减运算，就可以递推出当前点的偏差。

3. 其他象限内圆弧的偏差计算及画笔走向的判别

在第一、第二、第三、第四象限内分别按顺、逆时针画圆弧共有八种情况。其他象限的圆弧插补运算都是与第一象限内画对应的圆弧相比较得出偏差计算公式和确定画笔走向的。具体的处理是：

（1）计算偏差的一般公式不变（简化公式要作适当变化）；

（2）画笔走向的判别需作适当的调整。

四个象限内顺、逆时针画圆弧共八种情况的插补进给方向如图 2-15 所示。

例 2-2 如图 2-16 所示，在第一象限内逆时针画一段圆弧，起点 A $(3, 0)$，终点 B $(0, 3)$，单位为步距，试用逐点比较法进行插补运算并决定画笔走向。

按题目的要求作插补运算，结果如表 2-2 所示。

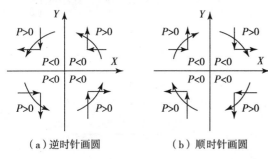

（a）逆时针画圆　　　（b）顺时针画圆

图 2-15　其他象限的圆弧插补及走向判别

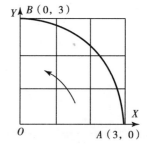

图 2-16　例题 2-2 插图

表 2-2　插补运算的偏差计算结果

步序	偏差判别	画笔走向	偏差计算
起点			$P_0 = 0$，$X = 3, Y = 0$
1	$P_0 = 0$	$-\triangle X$	$P_1 = P_0 - 2X + 1 = -5$，$X = 2, Y = 0$
2	$P_1 = -5$	$+\triangle Y$	$P_2 = P_1 + 2Y + 1 = -4$，$X = 2, Y = 1$
3	$P_2 = -4$	$+\triangle Y$	$P_3 = P_1 + 2Y + 1 = -1$，$X = 2, Y = 2$
4	$P_3 = -1$	$+\triangle Y$	$P_4 = P_1 + 2Y + 1 = 4$，$X = 2, Y = 3$
5	$P_4 = 4$	$-\triangle X$	$P_5 = P_0 - 2X + 1 = 1$，$X = 1, Y = 3$
6	$P_5 = 1$	$-\triangle X$	$P_6 = P_0 - 2X + 1 = 0$，$X = 0, Y = 3$

第三节 VB 语言图形程序设计（VB 绘图方法）

一、概述

Visual Basic 是由微软公司推出的一套完整的 Windows 下的软件开发工具，可用于开发 Windows 环境下的各类应用程序，是一种可视化、真正面向对象、采用事件驱动方式的结构化高级程序设计语言和工具的完美集成。它编程简单、方便、功能强大，具有与其他语言及环境的良好接口，不需要编程开发人员具备特别高深的专业知识，只要了解 Windows 的界面及其基本操作，就可以迅速上手。VB 在程序界面设计、多媒体开发方面更是独具优势。因此特别适合初学者和业余人员使用。

二、VB 绘图方法

在 Visual Basic 应用程序中，将一些图形添加在适当的场合可以起到意想不到的效果，既可以美化界面，又可以使信息表达得更直观。利用 VB 提供的有关图形显示控件和绘图方法可以很容易地完成各种图形编程工作，若将它们灵活地加以应用，还可以形成多种多样的变化效果。

1. 绘图纸（或称绘图板）

VB 的窗体和图片框控件，都可以用来作为绘图纸。在此必须了解一些基本的绘图知识。

（1）坐标系统

在 Visual Basic 中，每个对象都定位在存放它的容器内（可以是窗体或图片框等），每个容器都有一个默认的坐标系统。如窗体这个容器，窗体的左上角为坐标原点（0，0），往右为 + X 方向，向下为 + Y 方向。窗体本身的 Height 属性值包括了标题栏和垂直边框宽度，Width 属性值包括了水平边框宽度，实际可用宽度和高度可由 ScaleWidth 属性和 ScaleHeight 属性决定。

例如，需要窗体 form1 的宽度为 20，高度也为 20，只要在程序中加入如下代码即可：

form1. ScaleWidth = 20

form1. ScaleHeight = 20

构成一个坐标系需要的 3 个要素中，除了前面介绍的坐标原点和坐标轴方向以外，还有坐标轴的度量单位。坐标轴的度量单位由对象的 ScaleMode 属性来决定（有 8 种形式），表 2 - 3 给出了取不同属性值的设置说明。

表 2 - 3 ScaleMode 属性值及其说明

取 值	功 能 说 明	取 值	功 能 说 明
0	用户定义	4	字符
1	Twip（缇），默认值	5	英寸
2	磅	6	毫米
3	像素	7	厘米

容器还可以自定义坐标系统，在 Visual Basic 中可以通过 ScaleTop、ScaleLeft、Scale-Width、ScaleHeight 四个属性的直接设置或者通过 Scale 方法间接改变这四个属性来实现。

①ScaleTop 属性/ScaleLeft 属性/ScaleWidth 属性/ScaleHeight 属性

ScaleTop 属性和 ScaleLeft 属性用于指定容器对象的左上角坐标，默认值为（0，0）。若这两个属性值改变后，坐标系的新的坐标原点也就确定了，对象右下角的坐标为（ScaleLeft + ScaleWidth，ScaleTop + ScaleHeight）。根据左上角和右下角坐标的大小将自动确定坐标轴的正向。

例 2-3 有如下代码，试参看图 2-17 所示的运行结果，理解各属性设置。

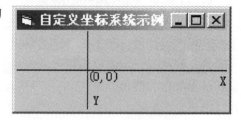

图 2-17　运行界面

```
Private Sub Form_Click（ ）
    Form1. ScaleLeft = -10
    Form1. ScaleTop = -10
    Form1. ScaleWidth = 30
    Form1. ScaleHeight = 20
    Line （-10，0）- （20，0）
    Line （0， -10）- （0，10）
    CurrentX = 0: CurrentY = 0: Print " （0，0）"
    CurrentX = 1: CurrentY = 6: Print " Y"
    CurrentX = 19: CurrentY = 1: Print " X"
End Sub
```

②Scale 方法

Scale 方法的调用格式如下：

［对象名.］Scale ［ （x1，y1）- （x2，y2）］

格式说明：（x1，y1）表示对象左上角坐标，（x2，y2）表示对象右下角坐标，Visual Basic 根据这两组坐标参数计算出 ScaleLeft、ScaleTop、ScaleWidth 和 ScaleHeight 四个属性的值。若参数默认时，则采用默认的坐标系。

例如，Form1. Scale （-10， -10）- （20，10）其坐标系统定义同例 2-3。

（2）定义颜色

Visual Basic 中，窗体和控件都有一些显示颜色的属性。背景色（BackColor）、前景色（ForeColor）、填充色（FillColor）是三个需要用到的颜色属性。

BackColor 是大部分控件拥有的属性，利用它可以改变控件的底色。ForeColor 表示在控件上打印（Print 方法）文字、画点（Pset 方法）、画线（Line 方法）、画圆（Circle 方法）等所得到的图形的颜色。

FillColor 表示在控件上绘制圆、方框等封闭曲线时的内部填充颜色。

Visual Basic 中的颜色是以十六进制数表示的，为便于用户直观地看出颜色和十六进制数的对应关系。Visual Basic 提供了一些颜色常量（如表 2-4）和颜色函数，方便用户设置出需要的颜色。

例如，要将 Shape 控件对象 Shape1 的前景色设置为红色，代码可写为：

Shape1. ForeColor = VbRed　　'用颜色常量表示

或：Shape1. ForeColor = &HFF　'用十六进制值表示

表 2 – 4　颜色常量

颜色常量	十六进制值	对应颜色	颜色常量	十六进制值	对应颜色
VbBlack	&H0	黑色	VbMagenta	&HFF00FF	品红
VbBlue	&HFF0000	蓝色	VbRed	&HFF	红色
VbCyan	&HFFFF00	青色	VbWhite	&HFFFFFF	白色
VbGreen	&HFF00	绿色	VbYellow	&HFFFF	黄色

此外，在程序运行时，也经常使用颜色函数 RGB 为控件设置颜色值，其格式如下：

RGB（r，g，b）

其中的三个参数 r，g，b 分别表示红、绿、蓝 3 种颜色，取值均在 0 ~ 255 之间。如果超过 255，也被看做 255。每种颜色都是由 3 种颜色调和而成。

例如，要将窗体 Form1 的背景色设置为绿色，代码可写为：

Form1．BackColor = RGB（0，255，0）

2．绘图笔的设置

在绘制图形时，经常要设置一些属性，来改变图形的外观样式，这就是所谓的绘图笔的设置。它需要确定四个基本属性。一是笔尖的粗细（DrawWidth 属性）；二是它的线型属性（DrawStyle 属性）；三是它的颜色属性（ForeColor 属性）；四是方式（DrawMode 属性）。下面以 DrawWidth 与 DrawStyle 属性为例加以说明，其他属性与此类似。

对于直线控件，通过设置 BorderWidth 属性可以改变线宽，通过设置 BorderStyle 属性可以改变线型。而使用绘图方法画线（Line）或画点（Pet）时，则须使用 DrawWidth 属性来改变线宽或点的大小，使用 DrawStyle 属性来改变线型。

DrawWidth 属性值以像素为单位，最小值（即默认值）为 1。DrawStyle 属性的取值和 DrawWidth 属性值紧密相关，而且和直线控件中的 BorderStyle 属性值的含义并不完全相同。当 DrawWidth 为默认值时，DrawStyle 属性为 0 ~ 6，有 7 种取值，即有 7 种线型（见图 2–18）；当 DrawWidth > 1 时，DrawStyle 属性值为 1 ~ 4，只能产生实线效果，DrawStyle 属性值为 6 时，所画的内实线仅当是封闭线时才能起作用。

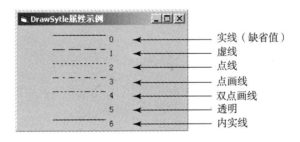

图 2–18　当 DrawWidth – 1 时，DrawStyle 属性的不同取值

3．常用的绘图方法

在 Visual Basic 6.0 中，可以使用 Print 方法和其他绘图方法绘制一些基本几何图形。

（1）Print 方法——绘制文本

最简单的绘图方法是 Print 方法，从当前点开始，在窗体或图片框控件上绘制文本。文本按控件当前字体和字号绘制，然后当前点移到文本末尾。

下列语句在图片框 Picture1 上显示字符串"用 VB 绘制文本"。

Picture1. Print "用 VB 绘制文本"

（2）Line 方法——画直线、矩形

该方法可以在窗体或图片框中绘制直线和矩形，格式如下：

［对象名.］Line［［Step］（x1，y1）］－［Step］（x2，y2）［，Color］［，B［F］］

各参数的含义见表 2-5。

表 2-5　Line 方法各参数的含义

［Step］	可选项。指定线的起点坐标，它相对于由 Current X 和 Current Y 属性提供的当前图形位置
（x1，y1）	可选项。直线或矩形的起点坐标。如果省略，线起始于由 Current X 和 Current Y 指示的位置
［Step］	可选项。指定相对于线的起点的终点坐标
（x2，y2）	直线或矩形的终点坐标
［Color］	可选项。画线时用的 RGB 颜色。如果它被省略，则使用 ForeColor 属性值。可用 RGB 函数或 QBColor 函数指定颜色
［B］	可选项。如果包括，则利用对角坐标画出矩形
［F］	可选项。如果使用了 B 选项，则 F 选项规定矩形以矩形边框的颜色填充。只有使用了 B 才可使用 F

例 2-4　Line 方法示例，运行界面如图 2-19 所示。

程序代码如下：

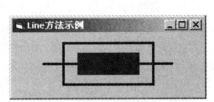

图 2-19　例 2-4 的运行界面

```
Private Sub Form_Click（ ）
    DrawWidth = 3
    Line（600，600）－（3200，600）
    Line（1300，400）－（2500，800），VbBlue，BF
    Line（1000，200）－（2800，1000），，B
End Sub
```

例 2-5　相对于当前点画红色直线。

DrawStyle = 1

DrawWidth = 3

Line－Step（200，0），RGB（255，0，0）

例 2-6　画一个蓝色填充的方框：

Line（100，400）－Step（500，500），RGB（0，0，255），BF

图 2-20　画蓝色填充方框

画图结果如图 2-20 所示。

（3）Circle 方法——画圆、椭圆、扇形、圆弧

该方法可以在窗体或图片框中绘制圆、椭圆等，格式如下：

［对象名.］Circle［Step］（x，y），半径［，Color］［，Start］［，End］［，Aspect］

其中：Step 参数和 Color 参数与 Line 方法相同。（x，y）参数用于表示圆心坐标。绘制圆弧和扇形时需要设置起始角 Start 参数和终止角 End 参数。当起始角、终止角取值在 0～

2π 时为圆弧，出现负值时为扇形，负号表示画圆心到圆弧的半径。对于椭圆，需通过 Aspect 参数指定椭圆的垂直半径与水平半径比，它可以是整数或浮点数，可以小于1，但是不能为负数，默认为1，即画圆。

下例在窗体上画两个椭圆，结果见图 2-21。

```
Private Sub Form_Click ( )
    ´画一个实心椭圆
    FillStyle = 0
    Circle (600, 1000), 800, , , , 3
    ´画一个空心椭圆
    FillStyle = 1
    Circle (1800, 1000), 800, , , , 1 / 3
End Sub
```

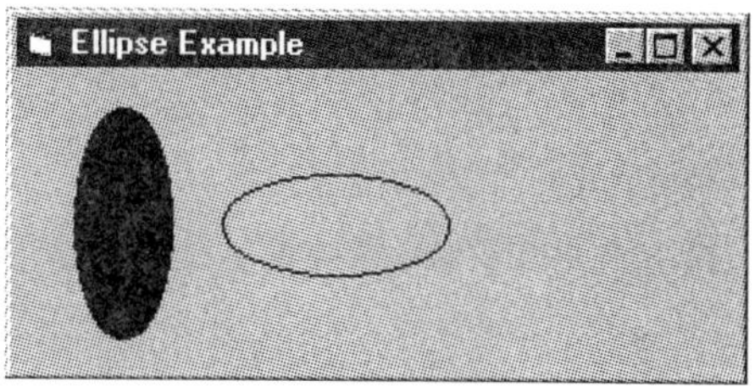

图 2-21　画椭圆

例 2-7　Circle 方法示例，运行界面如图 2-22 所示。

程序代码如下：

```
Private Sub Form_Click ( )
    DrawWidth = 2                              ´线宽为2
    Circle (600, 600), 400                     ´1 - 圆
    Circle (1800, 600), 400, , , , 0.5         ´2 - 椭圆
    Circle (3000, 600), 400, , 0, 3.14         ´3 - 圆弧
    Circle (4200, 800), 600, , -3.14 / 2, -3.14  ´4 - 扇形
End Sub
```

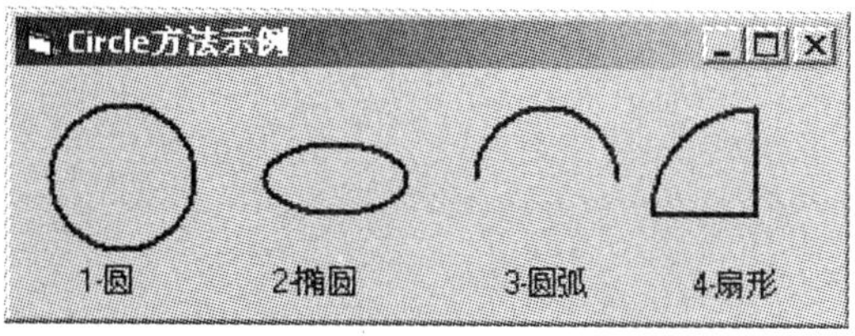

图 2-22　例 2-7 的运行界面

（4）Pset 方法——画点

该方法可以在窗体或图片框中绘制点，格式如下：

［对象名.］Pset［Step］（x, y）［, Color］

其中：参数（x, y）为所画点的坐标，其他参数与 Line 方法相同。

例 2-8　用 Pset 方法实现徒手画，运行界面如图 2-23 所示。

程序代码如下：

```
Dim flag As Boolean
Private Sub Form_Load ( )
    DrawWidth = 3                ´线宽为3
    ForeColor = RGB (1, 120, 0)
End Sub
```

图 2-23　徒手画界面

```
Private Sub Form_MouseDown（Button As Integer, Shift As Integer, x As Single, y As Single）
    flag = True                          '开始徒手画
End Sub
Private Sub Form_MouseMove（Button As Integer, Shift As Integer, x As Single, y As Single）
    If flag = True Then Pset（x, y）
End Sub
Private Sub Form_MouseUp（Button As Integer, Shift As Integer, y As Single, x As Single）
    flag = False                         '结束徒手画
End Sub
```

（5）Point 方法——取得指定点的颜色值

格式：Point（x, y）

例：取得图片框 Picture1 上（200, 300）处的颜色值，语句如下：

Picture1. Point（200, 300）

（6）PaintPicture 方法——复制图形文件的内容

该方法用于将窗体或图片框中的矩形区域的像素复制到另一个对象上，复制的图形文件的格式为：. bmp、. wmf、. emf、. cur、. ico 或 . dib。格式如下：

［对象名.］PaintPicture 传送源, x1, y1, w1, h1, x2, y2, w2, h2［, 组合模式］

格式说明如下：

①传送源参数可以是图片框或窗体，也可以是窗体的 Picture 属性。

②（x1, y1）是目标区域某顶点坐标；（x2, y2）是要复制的矩形区域的某顶点坐标。

③w1, h1 参数是目标区域的宽和高；w2, h2 参数是要复制的矩形区域的宽与高。

④组合模式参数表示对传送像素和现有像素进行逻辑与、逻辑或和逻辑非等操作。若省略，则将现有的像素替换成传送的像素。

⑤若要实现图片的水平翻转，则（x2, y2）为复制区域的右上角坐标，要传送的矩形区域宽 w2 为负值；若要实现图片的垂直翻转，则（x2, y2）为复制区域的左下角坐标，要传送的矩形区域高 h2 为负值。

例：把图片框 1 上的图片绘制到图片框 2 上，语句为：

Picture2. PaintPicture Picture1. Picture, 0, 0, 200, 200, , , , , VbSrcCopy

例 2 - 9 使用 Paintpicture 方法实现图片的水平和垂直翻转，运行界面如图 2-24 所示。

图 2-24　水平垂直翻转后的界面

程序代码如下：

```
Dim w As Integer, h As Integer
Private Sub Form_Load（）
```

Picture1. Picture = LoadPicture（App. Path + "\汽车.jpg"）

w = Picture1. Width

h = Picture1. Height

End Sub

Private Sub Command1_Click（ ）　　　　　　　'图片缩小一半并水平翻转

　　Picture2. PaintPicture Picture1, 0, 0, w / 2, h / 2, w, 0, − w, h

End Sub

Private Sub Command2_Click（ ）　　　　　　　'图片缩小一半并垂直翻转

　　Picture3. PaintPicture Picture1, 0, 0, w / 2, h / 2, 0, h, w, − h

End Sub

4. 实例

例 2 - 10 在安装应用程序时，会看到一个蓝色渐变的安装界面。如何实现不用贴图的方式（设置窗体的 Picture 属性），使单一的灰色界面变得更加生动，产生渐变彩色窗体。

解：（1）新建一个 Standard . EXE 工程；

（2）在窗体上放置一个 Label（Label1）控件，设置其 Caption 属性为"彩色窗体应用程序安装界面"，BackStyle 为 0 - Transparent，可以让窗体的背景透过来；

（3）编程（参见以下程序代码）；

（4）程序运行（按 F5 运行程序）；

效果如图 2-25 所示。

图 2-25　渐变彩色窗体

例 2 - 10 的程序代码如下：

Option Explicit

Private Sub ColorForm（ColorFrm As Form）

　　Dim i As Integer

　　Dim GradColor As Long

　　With ColorFrm

　　　. ScaleMode = 3　　　　　　　'坐标系统单位为 3 - Pixel（像素）

　　　. DrawStyle = 6　　　　　　　'线的风格（0 - 6），设为 Inside Solid

　　　. DrawWidth = 2　　　　　　　'线宽为 2

　　　. AutoRedraw = True　　　　　　'窗体自动重绘

　　End With

　　'画 64 个等高，颜色渐浅的方框

　　For i = 1 To 64

　　　GradColor = RGB（0, 0, 255 −（i * 4 − 1））　　　'蓝色颜色值每次减去 4

```
    ColorFrm. Line (0, ColorFrm. ScaleHeight * (i - 1) / 64) - (ColorFrm. Scale-
Width, _ColorFrm. ScaleHeight * i / 64), GradColor, BF
    Next i
End Sub

Private Sub Form_Load ( )
    ´设置 Label 控件的位置
    Label1. Left = (Form1. ScaleWidth - Label1. Width) / 2
End Sub

Private Sub Form_Resize ( )
    ´改变 Label 控件的位置
    Label1. Left = (Form1. ScaleWidth - Label1. Width) / 2
    Call ColorForm (Form1) ´调用过程
End Sub
```

第四节 C 语言图形程序设计

一、概述

C 语言介于高级语言和汇编语言之间，用途非常广泛。经过多年不断改进，功能越来越强。常用的编译软件系统有：Turbo C，Quick C，C + +，VC 等。

Turbo C 是一种广为接受的 C 语言编译工具，它不仅提供了丰富的文本模式函数，还提供了包含 70 多个图形函数的独立图形库。各种方式的函数都包含在库文件 graphics. lib 中，并嵌入在文件 graphics. h 中，除这两个文件外，这个图形软件包还包括图形设备驱动程序（＊. bgi）文件和几种笔画型字符模字体（＊. chr）文件。

二、C 语言图形函数与应用

C 语言有很强的图形功能，通过介绍 Turbo C 图形库中绘图函数，可以使大家了解 C 语言绘图程序的编制，为 C 语言开发绘图软件及 CAD 系统打下基础。Turbo C 图形函数包括图形系统控制、绘图及充填、屏幕及视窗管理、正文输出、颜色控制、错误处理、状态查询等函数类型。在调用函数之前，在程序首部，应写上#include "graphics. h" 等有关语句，表示连接图形函数库等。在编译、连接时，须将 Option/Linker/Graphics Libray 设置为 ON。当程序连接时，Linker 将自动把目标代码与 Turbo C 的图形库相连接。

1. 屏幕设置

屏幕设置主要包括：对图形系统初始化、选择显示器的图形显示模式及相应驱动软件、屏幕背景的颜色、图线的颜色、视窗大小和关闭图形系统等。

（1）图形系统初始化

在显示图形前，必须装入相应的图形驱动程序，以确定使用哪一种图形显示模式，这就是图形系统初始化的过程。不同的显示器适配器有不同的图形分辨率，即使是同一显示适配器，在不同模式下也有不同分辨率。因此，在作图之前，必须根据显示器适配器种类将显示器设置成为某种图形模式。若未设置图形模式，微机系统默认屏幕为文本模式（80 列，25行显示），此时，所有图形函数均不能工作。Turbo C 提供了专门的图形初始化函数。

①初始化设置——initgraph（ ）函数。函数的形式为：

initgraph（int ＊gdriver，int ＊gmode，char ＊path）；

作用：对图形系统进行初始化，装入相应的图形显示器驱动软件，选择显示模式（如分辨率的大小、可显示多少种颜色，存储图形的页数），并指明驱动软件存放在磁盘中的路径（如驱动器盘号，目录名等）。函数中参数 gdriver，gmode，path 含义如下：

gdriver：显示器的图形驱动程序，包含在扩展名为"bgi"的文件中，支持的图形适配器（显示器）如表 2-6 所示。可以选用符号（字母必须大写）或数值，通常用 DETECT，可自己根据硬件的测试结果，自动装入相应的驱动程序。

表 2-6　图形驱动程序支持的图形适配器

符号	数值	说　　明
DETECT	0	根据硬件测试结果，自动装入相应的驱动程序
CGA	1	CGA 显示器
MCGA	2	MCGA 显示器
EGA	3	EGA 显示器
EGA64	4	EGA64 显示器
EGAMONO	5	EGAMONO 显示器
IBM8514	6	IBM8514 显示器
HERCMONO	7	HERCMONO 显示器
ATT400	8	ATT400 显示器
VGA	9	VGA 显示器
PC3270	10	PC3270 显示器

gmode：图形显示模式，用分辨率表示。取值选取表 2－7 中的"图形模式"代号或"模式值"。

表 2-7　常用图形驱动器支持的图形显示模式

图形驱动器	图形模式	模式值	分辨率	颜色数	页数
CGA	CGAC0	0	320×200	4	1
	CGAC1	1	320×200	4	1
	CGAC2	2	320×200	4	1
	CGAC3	3	320×200	4	1
	CGAC4	4	640×200	2	1

续表

图形驱动器	图形模式	模式值	分辨率	颜色数	页数
MCGA	MCGAC0	0	320×200	4	1
	MCGAC1	1	320×200	4	1
	MCGAC2	2	320×200	4	1
	MCGAC3	3	320×200	4	1
	MCGAMED	4	640×200	2	1
	MCGAHI	5	640×480	2	1
EGA	EGALO	0	640×200	16	1
	EGAHI	1	640×350	16	2
EGA64	EGA64L0	0	640×200	16	1
	EGA64HI	1	640×350	4	1
EGAMONO	EGAMONOHI	0	640×350	2	1（2）
HERC	HERCMONOHI	0	720×348	2	2
ATT400	ATT400C0	0	320×200	4	1
	ATT400C1	1	320×200	4	1
	ATT400C2	2	320×200	4	1
	ATT400C3	3	320×200	4	1
	ATT400CMED	4	640×200	2	1
	ATT400CHI	5	640×350	2	1
VGA	VGALO	0	640×200	16	2
	VGAMED	1	640×350	16	2
	VGAHI	2	640×480	16	1
PC3270	PC3270HI	0	720×350	2	1
IBM8514	IBM8514L0	0	640×480	256	1
	IBM8514HI	1	1024×768	256	

path：包含有相应图形驱动程序的目录路径，即带有扩展名"．bgi"的驱动程序文件的路径，两端用""表示，若驱动文件在当前目录下，只需要用空""表示，否则应注明路径。

例如：

```
# include "graphics. h"
main（ ）
{
int driver, mode;
driver = DETECT;                    / * 规定显示器的类型 * /
```

```
mode = CGAC0；                            /＊规定图形模式 320×200＊/
inigraph（&driver，&mode，" "）；          /＊进行初始化＊/
…
}
```

这里，驱动程序 driver 用 DETECT 方式，让程序自动根据硬件测试的结果，装入相应的驱动程序。显示模式 mode 取 CGA0（分辨率为 320×200），驱动程序（BGI 文件）在当前目录下。

②detectgraph（ ）函数。在调用 initgraph（ ）初始化函数前，若驱动程序参数 driver 不用"DETECT"，也可以用硬件测试函数，格式：

detectgraph（int ＊gdriver，int ＊gmode）

该函数用于确定当前显示器的类型和最佳显示模式，即知所能支持的最高分辨率。

例如：

```
# include "graphics. h"
main（ ）
{
int driver，mode；
detectgraph（&driver，&mode）；/＊测试图形显示硬件配置，结果存放于 driver 和 mode
中＊/
printf（ "driver = d%"，"mode = d%"，driver，mode）；
}
```

程序运行后，将显示驱动程序支持的图形显示器的数值及显示模式。如：driver = 9，mode = 2，查表 2 - 6，表 2 - 7 可知，显示器为 VGA，显示模式为 VGAHI，分辨率为 640×480。

③graphdefaults（ ）函数。功能：图形系统恢复初始状态。

④getgraphmode（void）函数。功能：返回当前图形模式。

⑤getmoderange（int graphdriver，int ＊lowmode，int ＊highmode）函数。

功能：获得一个图形驱动程序可使用的图形模式范围。并把这些模式值放在由 lowmode 和 highmode 所指向的变量中。

⑥restorecrtmode（void）函数。功能：恢复屏幕在图形初始化前的模式，即关闭 init-graph（ ）函数所选定的图形模式，返回到调用 initgraph（ ）函数前的状态。

（2）颜色设置

①设置背景色——setbkcolor（ ）函数。函数的形式：

setbkcolor（int color）；

作用：将背景设置成 color 所指的颜色，可视为纸的颜色。参数 color 可以是数字（0～15），也可以是英文特征字（表示颜色英文单词如：RED，BLUE 等），参见表 2 - 8。默认值是 0，即黑色。如果想把背景色设置为红色可以这样写：

setbkcolor（RED）；或 setbkcolor（4）。

②设置画笔颜色——setcolor（ ）函数。

函数形式：setcolor（int color）；

作用：设置当前作图的颜色，即画笔的颜色，默认值是白色。

表 2-8　color 的有效值

数值	名字（特征字）	数值	名字（特征字）
0	BLACK（黑）	8	DARKGRAY（深灰）
1	BLUE（蓝）	9	LIGHTBLUE（淡蓝）
2	GREEN（绿）	10	LIGHTGREEN（淡绿）
3	CYAN（青）	11	LIGHTCYAN（淡青）
4	RED（红）	12	LIGHTRED（淡红）
5	MAGENTA（品红）	13	LIGHTMAGENTA（淡品红）
6	BROWN（棕）	14	YELLOW（黄）
7	LIGHTGRAY（淡灰）	15	WHITE（白）

③返回当前背景颜色——getbkcolor（）函数。函数形式：getbkcolor（）

④返回当前画笔颜色值——getcolor（）函数。函数形式：getcolor（）

⑤返回最大有效颜色值——getmaxcolor（）函数。函数形式：getmaxcolor（）

作用：返回当前屏幕模式下最大有效颜色值。在 EGA 模式下，getmaxcolor（）函数返回最大值为 15，说明用 getmaxcolor（）函数值在 0～15 有效，在 CGA 四色模式中，getmaxcolor（）函数参数值为 0～3 有效。

（3）坐标及画笔的位置

屏幕坐系的原点为左上角，向右为 X 坐标轴正方向，向下为 Y 坐标轴正方向；X，Y 的最大值由显示器的分辨率确定，如分辨率为 800×600；则 X 坐标最大值为 799，Y 坐标最大值为 599。

①在图形模式下，屏幕的最大 X，Y 坐标值可用以下函数确定。

函数：getmaxx（），用于获取屏幕最大 X 值。

函数：getmaxy（），用于获取屏幕最大 Y 值。

显示屏幕上最大 X 坐标值的语句，可写成：

printf（"Xmax = % d"，getmaxx（））；

同样，显示屏幕上最大 Y 坐标值的语句，可写成：

printf（"Ymax = % d"，getmaxy（））；

②画笔的位置，也就是当前光标的位置，其起始位置是坐标原点（0，0），在图形模式下不显示，但可用以下两个函数获得当前画笔的位置。

函数：getx（），返回画笔的 X 坐标。

函数：gety（），返回画笔的 Y 坐标。

程序中控制画笔的移动是抬笔移动过程，故在屏幕上不留痕迹。有以下两个函数：

moveto（int x，int y），使画笔抬笔移动到（x，y）处；

moverel（int dx，int dy），使画笔从当前位置（x，y）抬笔移动到（x + dx，y + dy）处，不画线。

（4）屏幕视窗处理

①设置当前屏幕视窗 setviewport（）函数。视窗指屏幕上显示的范围。视窗函数的作用是对视窗外的图形显示与否（剪裁）进行控制。

函数形式：setviewport（Xlu，Ylu, Xrd, Yrd, K）；

其中：Xlu，Ylu 为视窗左上角坐标，Xrd, Yrd 为视窗右下角坐标。$K=1$ 时，超过视窗的图线被自动剪裁，$K=0$ 时，超过视窗的图线不被剪裁。

用法举例：setviewport（20，20，250，250，1）；

在屏幕左上角坐标为（20，20），右下角坐标为（250，250）的矩形范围内的图形可以显示，这个范围外的图形被剪裁，不显示。

②clearviewport（ ）函数，功能：清除当前图形视窗。

③setactivepage（ ）函数，功能：设置图形输出活动页。

形式：setactivepage（int pagenume）；参数 pagenume 为活动页的值，缺省值为 0 页；

把图形显示到屏幕上，屏幕就是显示页。有的显示器有多图形页。在图形模式中，只有 EGA 和 VGA 图形卡的某些模式支持多图形页，如 2 页（分别叫 0 页，1 页）。当某页处在工作状态时，称作输出活动页，此时可以在活动页上绘制图形。非活动页上则不能绘制图形。

④setvisualpage（ ）函数，功能：设置可见图形页。

形式：setvisualpage（int pagenume）；参数 pagenume 为要显示的图形页的值。该函数的作用是显示指定图形页的图形。

例 2 − 11　如果要画两幅图，然后分别交替显示。

其步骤为：

a. 设置活动页 0，画第一张图（如画矩形）；

b. 设置活动页 1，画第二张图（如画圆）；

c. 设置可见页 0，显示第 0 页图形；

d. 设置可见页 1，显示第 1 页图形；

e. 使 c 与 d 交替显示。

其程序为：

```
# include "graphics. h"
# include "stdio. h"
main（ ）
    ｛int driver, mode;
    detectgraph（&driver, &mode）;
    inigraph（&driver, &mode, " "）;
    cleardevice（ ）;                  /* 清屏 */
    setbkcolor（3）;                   /* 设置背景色为青色 */
    setcolor（4）;                     /* 设置图线为红色 */
    setactivepage（0）;                /* 设置图形输出活动页为 0 */
    bar（50, 50, 200, 200）;           /* 画一个矩形 */
    setactivepage（1）;                /* 设置活动页为 1 */
    circle（200, 200, 50）;            /* 画一个圆 */
loop: setvisualpage（0）;              /* 设置可见页为 0 */
    getch（ ）;                        /* 暂停 */
    setvisualpage（1）;                /* 设置可见页为 1 */
    if（getch（ ） = "s"）exit（0）;     /* 当输入 s 时，交替显示结束 */
```

```
    goto loop;                          / * 循环语句 */
    closegraph ( );                     / * 关闭图形模式 */
}
```

程序中的 getch ( ) 起"暂停"的作用，使图形"停住"，按任意键后，则显示另一幅图。

⑤void getimage (int x1, int y1, int x2, int y2, void * mapbuf) 函数；

void putimage (int x, int y, void * mapbuf, int op) 函数；

unsined imagesize (int x1, int y1, int x2, int y2) 函数。

功能：以上三个函数用于将屏幕上的图像复制到内存，然后再将内存中的图像送回到屏幕上，首先通过函数 imagesize ( ) 测试要保存左上角为（x1, y1）、右下角为（x2, y2）的图形屏幕区域内的全部内容需要多少个字节，然后再给 mapbuf 分配一个所测字节内存空间的指针。通过调用 getimage ( ) 函数就可将该区域内的图像保存在内存中，需要时可用 putimage ( ) 将该图像输出到左上角为点（x, y）的位置上，其中 putimage ( ) 函数中的参数 op 值规定如何释放内存中图像，该参数的定义参见表 2-9。

对于 imagesize ( ) 函数，只能返回字节数小于 64kB 的图像区域，否则将会出错，出错时返回 -1。

本节介绍的函数在图像动画处理、菜单设计技巧中非常有用。

表 2-9 putimage ( ) 函数中的参数 op 值及含义

符号常数	数值	含　　义
COPY_ PUT	1	复制
XOR_ PUT	1	与屏幕图像异或的复制
OR_ PUT	2	与屏幕图像或后复制
AND_ PUT	3	与屏幕图像与后复制
NOT_ PUT	4	复制反相的图形

（5）关闭图形系统

函数形式：closegraph ( )，功能：关闭图形显示模式。

使屏幕由图形显示模式返回文本显示模式，并释放用以保存图形驱动器所有图形方式所占的内存。

这条语句应放在程序中绘图结束之后。

2. 绘图函数及应用

用 Turbo C 绘图也是通过调用函数来实现的。绘制图形的函数包括点、直线、圆、圆弧、椭圆、矩形、多边形，充填、写文字及动画等。

在 Turbo C 中，屏幕上显示的图形，其坐标系是这样设定的：坐标原点在屏幕的左上角，向右为 X 的正方向，向下为 Y 的正方向。X，Y 方向所能显示的最大像素，可由显示器的分辨率来确定，根据 initgraph ( ) 函数中所取驱动器及显示模式，可以查表，也可以用确定屏幕上 X，Y 最大值的函数来确定。

（1）画点的函数

①putpixel ( ) 函数

形式：putpixel（int x，int y，int c）；其中：x，y 为点坐标，c 为颜色，可用数字（如 4 等）或特征字英文（如 red 等）。

功能：在点（x，y）处，以颜色 c 显示一个点。

例如：putpixel（160，60，4）；表示在点（160，60）处显示一个红点。

②getpixel（x，y）函数

功能：返回（x，y）点颜色值。

例如：getpixel（10，20）；表示获取（10，20）位置的颜色值。

（2）画直线的函数

①moveto（x，y）函数。功能：从当前位置移到点（x，y）处，但不画线。

②lineto（x，y）函数。功能：从当前位置（点）画线到点（x，y）处，点（x，y）变为当前位置。

例如：moveto（100，100）；lineto（200，200）。

③line（x1，y1，x2，y2）函数。功能：在点（x1，y1）与点（x2，y2）之间连线，当前的位置不变，即如果原当前位置在（x1，y1）处，当前位置仍在点（x1，y1）处。

形式：line（int x1，int y1，int x2，int y2）

例如：line（50，80，100，80）；表示从点（50，80）到点（100，80）画线，这是一段水平线。

④moverel（）函数。功能：用相对坐标移动当前位置，不画线。

形式：moverel（int dx，int dy）；dx，dy 为 x 与 y 方向的增量。

⑤linerel（）函数。功能：从当前位置以相对坐标增量画线。

形式：linerel（int dx，int dy）；dx，dy 为 x 与 y 方向的增量。当前位置用相对坐标增量画线移动到指定位置。

（3）画多边形的函数

①rectangle（）函数。功能：画空心矩形。

形式：rectangle（int x1，int y1，int x2，int y2）；其中：（x1，y1）为矩形左上角坐标，（x2，y2）为矩形右下角坐标。

②bar（）函数。功能：画实心矩形。

形式：bar（int x1，int y1，int x2，int y2）。

其中：（x1，y1）为矩形左上角坐标，（x2，y2）为矩形右下角坐标，以当前的填充方式和颜色，画出一个矩形块，但不画出轮廓线。

③长方体 bar3d（）函数。功能：画实心长方体。

形式：bar3d（int x1，int y1，int x2，int y2，int depth，int topflag）。

其中：（x1，y1）为侧面矩形左上角坐标，（x2，y2）为侧面矩形右下角坐标，depth 为长方体在垂直于屏幕方向上的深度，topflag 为 1 时画出长方体的三维顶部，topflag 为 0 时不画出顶部。

例：bar3d（300，250，350，320，10，1）。

④drawpoly（）函数。功能：画多边形。

形式：drawpoly（int numpoints，int ＊ polypoints）。

其中：numpoints 为多边形的顶点数，各顶点坐标（xi，yi）依次存放于第二个参数 polypoints 所表示的数组中，若第一个点的坐标与最后一个点的坐标相同，则画出封闭的多边形，否则画出的是一个多边折线。使用时要注意点与点的连接顺序。

例 2 - 12　六边形的程序。

```
# include "graphics. h"
# include "stdio. h"
main ( )
    { int driver, mode;
     detectgraph (&driver, &mode);
     inigraph (&driver, &mode,"");
     int ps [7 * 2] = {140, 60, 150, 70, 170, 70, 180, 60, 170, 50, 150, 50,
140, 60};
     cleardevice ( );                /* 清屏 */
     setbkcolor (1);                 /* 设置背景色为蓝色 */
     setcolor (4);                   /* 设置图线为红色 */
     drawpoly (7, ps)
     getch ( );                      /* 暂停 */
     closegraph ( );                 /* 关闭图形模式 */
    }
```

⑤ fillpoly ( ) 函数。功能：画实心多边形。

形式：fillpoly (int numpoints, int * polypoints)。

其中：参数含义与 drawpoly ( ) 函数相同。

功能：以当前的填充方式和颜色，画出一个实心多边形。

（4）画圆弧、椭圆的函数

①圆 circle ( ) 函数。功能：画圆。

形式：circle (int x, int y, int radius)。

其中：(x, y) 为圆心坐标，radius 为半径。

例如：circle (100, 100, 20)。

②圆弧 arc ( ) 函数。功能：画圆弧。

形式：arc (int x, int y, int stangle, int endangle, int radius)；其中：(x, y) 为圆心坐标，radius 为半径，stangle 为圆弧起始角（0°~360°，0°表示的位置是自圆心沿 +X 轴的方向），endangle 为圆弧终止角，逆时针方向画圆弧。

③实心扇形 pieslice ( ) 函数。功能：画实心扇形。

形式：pieslice (int x, int y, int stangle, int endangle, int radius)；其参数含义参见 arc 函数。

④椭圆 ellipse ( ) 函数。功能：画椭圆。

形式：ellipse (int x, int y, int stangle, int endangle, int xradius, int yradius)；其参数含义参见 arc 函数。xradius 为 X 方向的轴半径，yradius 为 Y 方向的轴半径。

画椭圆时，从起始角 stangle 到终止角 endangle 按逆时针方向画椭圆。

例 2 - 13　下面的作图程序，使用了一些绘图函数。

```
# include "graphics. h"
# include "stdio. h"
```

```
# include "math. h"
main( )
  { int driver, mode;
    double d = 3. 14159265/180;
    detectgraph(&driver,&mode);
    inigraph(&driver,&mode,"");
    int x, y, p[6 * 2] = {38,49,69,26,84,73,184,65,72,3,38,49};
    setbkcolor(3);                              /* 设置背景色为青色 */
    setcolor(1);                                /* 设置图线为蓝色 */
    cleardevice( );                             /* 清屏 */
    arc(20,20,0,120,10);
    getch( );
    moveto(20,20);
    linerel(10,0); moveto(20,30);               /* 画(20,20)到(30,20)直线 */
    linerel(10 * sin(30 * d), -10 * cos(30 * d));/* 画扇形边框 */
    getch( );
    circle(150,130,80);                         /* 画一圆周 */
    getch( );
    moveto(150,50); linerel(0,180);             /* 画(150,50)到(150,230)直线 */
    getch( );
    line(300,10,300,180);                       /* 画(300,10)到(300,180)直线 */
    getch( );
    rectangle(40,160,90,180);                   /* 画一条长方形线 */
    getch( );
    setcolor(2);                                /* 改变画笔为绿色 */
    drawpoly (6, p);                            /* 画一个五边形 */
    getch( );                                   /* 暂停 */
    closegraph( );                              /* 关闭图形模式 */
  }
```

（5）线型函数

①setlinestyle（ ）函数。功能：设置当前的线型类型、粗细（或叫宽度）。

形式：setlinestyle（int linestyle, unsigned upattern, int thickness）。

其中：linestyle 为线型代号（码），线型的代号及意义见表2－10。

表2－10 线型的代号说明

代号名	代号	说　　明
SOLID – LINE	0	实线 ————
DOTTEN – LINE	1	点线 ············
CENTER – LINE	2	中心线 —— · —— · ——

续表

代号名	代号	说　明
DASHED – LINE	3	虚线 ————————
USERBIT – LINE	4	用户定义线型

thickness 为线型粗细，Turbo C 提供的控制线型的函数可将宽度设置为一点宽或三点宽，默认值是一个像素宽的实线，thickness 的取值如表 2 – 11 所示。

表 2 – 11　线型粗细的代号说明

代号名	代码	说　明
NORM – WIDTH	1	一个像素宽
THICK – WIDTH	3	三个像素宽

upattern 为模式参数。只有当线型 linestyle 取 USERBIT – LINE（或 4）时，自定义线型起作用，此时 upattern 用 16 位模式表示。模式中每一位相当于一个像素，当某一位等于 1 时，这一个位置上的像素打开，即显示一个点。如 0101100110110011，在值为 1 时显示点，为 0 时不显示。

例如：setlinestyle（4，OXFF1F，1）；

表示程序中这条语句后的线型按用户定义的，以 OXFF1F 模式绘出细线（1 个像素），显示结果为虚线。

当 linestyle 不取 USERBIT – LINE（或 4）时，模式参数 upattern 可写任意值，但不起作用。

②getlinestyle（　）函数。

作用：将当前线型、模式和宽度（linestyle，upattern，thickness）信息填写入由 lineinfo 所指向的结构中。

③setwritemode（　）函数。

形式：setwritemode（int mode）；

当 mode = 0 时，用重画的方式画线，即所画之处原来的信息重写了。

当 mode = 1 时，将画线的信息与原来所画之处的信息进行异或（XOR）操作。

例如：

```
# include "graphics. h"
# include "stdio. h"
# include "math. h"
main（　）
    { int driver, mode;
    double d = 3. 14159265/180;
    detectgraph（&driver, &mode）;
    inigraph（&driver, &mode, "　"）;
    int x, y, p [2 * 6] = {38, 49, 69, 26, 84, 73, 184, 65, 72, 3, 38, 49};
    setbkcolor（3）;                            /* 设置背景色为青色*/
```

```
        cleardevice ( );                                    /* 清屏 */
        setlinestyle (CENTER - LINE, 0, THICK - WIDTH);     /* 中心线、3 像素宽线 */
        setcolor (2);                                       /* 设置图线为绿色 */
        getch ( );
        moveto (20, 20); linerel (10, 0);                   /* 画 (20, 20) 到 (30, 20) 直线 */
        moveto (20, 30);
        linerel (10 * sin (30 * d), -10 * cos (30 * d));    /* 画扇形边框 */
        fillpoly (6, p);                                    /* 画一多边形并充填之 */
        getch ( );
        setwritemode (1);                                   /* 规定 mode = 1, 异或 */
        setlinestyle (SOLID - LINE, 0, NORM - WIDTH);       /* 实线、1 像素宽线 */
        getch ( );
        line (50, 60, 290, 60);                             /* 第一次异或操作, 画一条直线 */
        getch ( );
        line (50, 60, 290, 60);                             /* 第二次异或操作, 直线消失了 */
        getch ( );                                          /* 暂停 */
        closegraph ( );                                     /* 关闭图形模式 */
    }
```

（6）填充函数

①setfillstyle ( ) 函数。

形式：setfillstyle (int pattern, int color);

其中：pattern 为填充模式（或剖面符号的代号，或数值）如表 2-12 所示。color 为剖面符号的颜色代号。

表 2-12　填充模式代号

符号	值	含　义	图样（数字为值）
EMPTY - FILL	0	用背景色充填	
SOLID - FILL	1	实充填	
LINE - FILL	2	用线 "—" 充填	
LTSLASH - FILL	3	用斜杠充填（阴影线）	
SLASH - FILL	4	用粗斜杠充填（阴影线）	
BKSLASH - FILL	5	用粗反斜杠充填（阴影线）	
LTBKSLASH - FILL	6	用反斜杠充填（阴影线）	
HATCH - FILL	7	网格线充填	
XHATCH - FILL	8	斜网格线充填	
INTERLEAVE - FILL	9	隔点充填	
WIDE - DOT - FILL	10	稀疏点充填	
CLOSE - DOT - FILL	11	密集点充填	
USER - FILL	12	用户定义的模式	

功能：选择填充符号或剖面符号的类型和颜色，与函数 bar，bar3d，fillpoly，floodfill 和 pieslice 等联合使用，以填充一个封闭的区域，给封闭图形画剖面符号。

例如：setfillstyle（3，4）；表示用红色的斜杠（阴影线）填充图形。

例 2－14 绘制六边形并用斜杠阴影线填充。

```
# include "graphics. h"
# include "stdio. h"
# include "math. h"
main（ ）
    ｛ int driver, mode;
    detectgraph（&driver, &mode）;
    inigraph（&driver, &mode," "）;
    int p［2*6］＝｛140, 60, 150, 70, 170, 70, 180, 60, 170, 50, 150, 50｝;
    setbkcolor（3）;              /* 设置背景色为青色*/
    setcolor（5）;                /* 设置图线为品红色*/
    cleardevice（ ）;            /* 清屏 */
    setfillstyle（3, 4）;         /* 用红色斜杠（阴影线）充填图形*/
    fillpoly（6, p）;            /* 画六边形并充填 */
    getch（ ）;                  /* 暂停 */
    closegraph（ ）;            /* 关闭图形模式 */
    ｝
```

②floodfill（ ）函数；功能：对封闭区域充填。

形式：floodfill（x，y，c）。

其中：x，y 为填充区域内任一点坐标，c 为填充区域边界颜色。

功能：对指定的区域填充。

例 2－15 在扇形内填充绿色的斜杠阴影线。

```
# include "graphics. h"
# include "stdio. h"
# include "math. h"
main（ ）
    ｛ int driver, mode;
    detectgraph（&driver, &mode）;
    inigraph（&driver, &mode," "）;
    cleardevice（ ）;            /* 清屏 */
    setfillstyle（3, 2）;         /* 用绿色斜线 "/" 充填图形*/
    pieslice（200, 200, 30, 120, 20）; /*画扇形并充填 */
    getch（ ）;                  /* 暂停 */
    closegraph（ ）;            /* 关闭图形模式 */
    ｝
```

③Sector（ ）函数；功能：画一椭圆并充填。

形式：sector（int x，int y，int stangle，int endangle，int xradius，int yradius）；其参数含义

参见 ellipse 函数。

例 2 - 16　在椭圆弧内填充绿色的斜杠阴影线。

```
# include "graphics. h"
# include "stdio. h"
# include "math. h"
main ( )
   { int driver, mode;
    detectgraph (&driver, &mode);
    inigraph (&driver, &mode," ");
    cleardevice ( );                    /* 清屏 */
    setfillstyle (3, 2);                /* 用绿色斜线 "/" 充填图形 */
    sector (300, 200, 0, 350, 30, 60);  /* 画一椭圆并充填 */
    getch ( );                          /* 暂停 */
    closegraph ( );                     /* 关闭图形模式 */
   }
```

3. 图形模式下文本的输出

（1）设置字体大小，用 settextstyle ( ) 函数。

形式：settextstyle (int font, int direction, int charsize)。

其中：font 为字体类型，缺省值为 8×8 位点阵字体，font 的值为表 2 - 13 中之一。

表 2 - 13　图形模式下字体类型

类型名	值	说明
DEFAULT - FONT	0	8×8 位点阵字体
TRIPLEX - FONT	1	三重矢量字体
SMALL - FONT	2	小号矢量字体
SANS - SERIF - FONT	3	无衬线矢量字体
GOTHIC - FONT	4	哥特矢量字体

矢量字体文件的扩展名为 .CHR，每次只能调用一种字体。

direction 为字符显示的方向。缺省值为 HORIZ - DIR（或 0），对应水平方向从左到右显示；取值 VERT - DIR（或 1），垂直方向，从下到上显示。

charsize 为字符的大小。取值由 0 ~ 10，值越大字符也越大。

例如：charsize = 1，将 8×8 位点阵字显示成 8×8 位像素矩阵；

charsize = 2，将 8×8 位点阵字显示成 16×16 位像素矩阵；

其余依此类推。

例如：设置字体为无衬线矢量字体，水平方向书写，字体大小为 5 号。可编写语句：

settextstyle (SANS - SERIF - FONT, HORIZ - DIR, 5)；或 settextstyle (3, 0, 5)。

（2）在指定位置写字符，用 outtextxy ( ) 函数。

形式：outtextxy (int x, int y, "字符串")。

功能：在屏幕 (x, y) 上显示字符串。字符串的两端应加双撇号。

例如：语句：outtextxy（100，100，"CG"）；在（100，100）处显示"CG"。

（3）在当前位置写字符，用 outtext（ ）函数。

形式：outtext（"字符串"）。

功能：在屏幕上当前位置，以当前所设置的字体类型、方向、大小显示字符串。字符串的两端应加双撇号。

习　题

1. 自行设计一种把用户坐标系的一点 P 变换到屏幕坐标系中的一点 P 的算法，并用程序实现。

2. 编写把屏幕坐标系中一点 P 变换成规格化坐标系中的一点 P 的程序。

3. 有一台 IBM 微机，其显示器的分辨率为 800×600，如何将用户坐标的图形显示在屏幕上？

4. 画第一象限内直线 OA（见图 2-26），起点 O 是原点，终点 A 的坐标为（6，5），单位是步距。①用逐点比较法进行插补运算并判别画笔走向；②编写画该直线段的程序。

5. 按顺时针画图 2-27 中的圆弧 AB，起点是 A（0，6），终点是 B（6，0），单位是步距。①用逐点比较法进行插补运算并判别画笔走向；②编写画该直线段的程序。

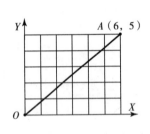

图 2-26　习题 2.4 插图

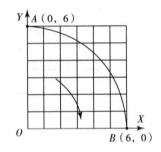

图 2-27　习题 2.5 插图

6. 利用 VB 绘图命令编写绘制红色渐变的安装界面，产生渐变彩色窗体。

7. 用 Turbo C 绘图函数画一粗实线围成的扇形，并用"///"线填充，然后改变画笔颜色，再画一实心方块和一空心半圆。

8. 取圆心（100，100），半径分别为 20，50 画圆，内侧圆涂色，并将图存入缓冲器，然后在右上角（200，100）位置再显示。

9. 编写立方体及立方体上部加顶的程序。

10. 编一视窗在（120，50）～（520，100），圆心在（320，100），半径取 20，30，……100 的程序。

第三章　图形变换

在 CAD 作业中，常常要用轴测图、透视图和多面视图等表示设计对象。为全面了解设计对象，可对图形作平移、旋转、缩放等几何变换，甚至可对静态图形通过快速变换而获得动态变化。因此，几何变换是图形处理中应用最普遍的基础内容之一。

图形变换是指对图形的几何信息经过几何变换后产生新的图形。因线框图形可用一系列顶点的点集来描述，所以通常以点的变换为基础，只要把图形的一系列顶点作几何变换后，连接新的顶点系列就能得到新的图形。

图形变换有两种方式：一种是图形不动而坐标系变动，该图形在新坐标系下具有新的坐标值；另一种是坐标系不动而图形变动，变动后的图形其坐标值要发生变化。其实，二者变换的本质完全相同，下面介绍的图形变换皆采用第二种变换方式。

第一节　二维图形的几何变换

一、几何变换原理

二维图形的几何变换包括平移、旋转、比例三种基本变换，以点的变换为基础，可形成对复杂图形的各种组合变换。平面内一点 $p(x, y)$ 经变换得到新的位置 $p^*(x^*, y^*)$ 后，点的新、旧位置坐标关系可用数学解析式表示。

1. 平移变换

如图 3-1（a）所示，平面内一点 $p(x, y)$ 沿 X、Y 方向分别平移距离 L、M 后到达新的位置 $p^*(x^*, y^*)$，则平移变换的关系式为：$x^* = x + L$，$y^* = y + M$

平面图形的平移变换情况见图 3-1（b）。

2. 比例变换

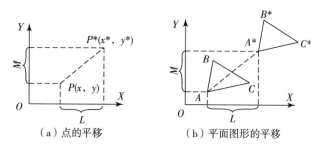

（a）点的平移　　　　（b）平面图形的平移

图 3-1　图形的平移变换

若点的位置坐标 x、y 分别乘以 a 和 d，则获得新点的坐标 x^*、y^*（见图 3-2），此变换称为比例变换。比例变换的关系式为：$x^* = ax$，$y^* = dy$，式中 a、d 分别为 X、Y 方向的比例因子。

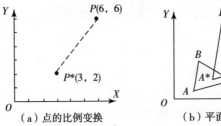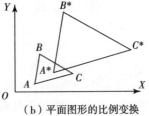

（a）点的比例变换　　　　（b）平面图形的比例变换

图 3-2　比例变换

3. 旋转变换

图形在二维平面内绕坐标原点旋转某一角度生成新的图形（见图 3-3），这种变换叫做旋转变换。若平面内一点 $p(x, y)$ 绕坐标原点旋转 θ 角后到达新的位置 $p^*(x^*, y^*)$，则旋转变换的关系式为：

$$x^* = x\cos\theta - y\sin\theta, \qquad y^* = x\sin\theta + y\cos\theta$$

式中 θ 为旋转角，规定逆时针旋转时转角为正角，反之为负角。

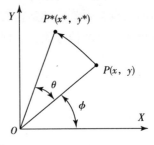

图 3-3　点绕原点的旋转

二、几何变换的矩阵表示法

在图形处理时，往往要对一个图形进行各种变换，除了能够用数学解析法实现几何变换外，还可以采用计算机易于实现的矩阵表示法来进行。

1. 变换矩阵

二维平面内任意一点 $p(x, y)$，其位置坐标可表示为一个行向量 $[x\ y]$，该行向量与一个 2×2 阶的矩阵 T 相乘，可实现 p 点的几何变换。

令 $T = \begin{bmatrix} a & b \\ c & d \end{bmatrix}$，则，$[x\ y] \begin{bmatrix} a & b \\ c & d \end{bmatrix} = [ax + cy \quad bx + dy] = [x^* \quad y^*]$

P 点变换后的新坐标为：$x^* = ax + cy$，$y^* = bx + dy$

T 即为变换矩阵，改变 T 中的相关元素值，可实现图形的比例、旋转、对称等变换。

2. 齐次坐标

由于 2×2 变换矩阵 T 中无法引入平移常数，故不能进行平移变换，为弥补这一缺憾，以便计算机统一处理，需引入齐次坐标概念。所谓齐次坐标表示法就是用 $n + 1$ 维向量来表示一个 n 维向量的方法。

二维平面内一点 $[x, y]$ 的齐次坐标通常表示为 $[Hx\ Hy\ H]$，其中 $H \neq 0$。任意一个二维点都可以用多组齐次坐标表示。如点 $[5\ 6]$ 可表示为 $[5\ 6\ 1]$，$[10\ 12\ 2]$ 等。

当 $H = 1$ 时，点 (x, y) 的齐次坐标为 $[x\ y\ 1]$，这是该点齐次坐标 $[X\ Y\ H]$ 的标准化形式。其中 x、y 坐标值不变，仅增加一个附加坐标 1，在几何意义上相当于把发生在三维空间的变换限制在 $H = 1$ 的平面内。

若由一点的齐次坐标求该点的直角坐标时，只要将齐次坐标标准化即可：

$$[X\ Y\ H] \longrightarrow [X/H\ Y/H\ 1] = [x\ y\ 1]$$

采用齐次坐标表示法后，二维图形的几何变换矩阵可用 3×3 阶矩阵 T_{2D} 表示：

$$T_{2D} = \begin{bmatrix} a & b & p \\ c & d & q \\ L & M & s \end{bmatrix}$$

从变换功能上 T_{2D} 可分成四个部分。其中 a、b、c、d 可使图形产生比例、旋转、对称和错切变换；L、M 产生平移变换；p、q 产生透视投影变换；s 产生全比例变换。

3. 二维基本变换

（1）平移变换

平移变换的具体情况参见图 3–1。产生平移变换的变换矩阵为 $T = \begin{bmatrix} 1 & 0 & 0 \\ 0 & 1 & 0 \\ L & M & 1 \end{bmatrix}$。平面内

任一点 $P(x, y)$ 的变换结果为：$[x\ \ y\ \ 1]\ T = [x+L\ \ y+M\ \ 1] = [x^*\ \ y^*\ \ 1]$。$L$、$M$ 分别为 x、y 方向的平移量。

（2）旋转变换

二维平面内一点 (x, y) 绕坐标原点逆时针旋转 θ 角，其新坐标 (x^*, y^*) 为：

$$[x\ \ y\ \ 1] \begin{bmatrix} \cos\theta & \sin\theta & 0 \\ -\sin\theta & \cos\theta & 0 \\ 0 & 0 & 1 \end{bmatrix} = [x\cos\theta - y\sin\theta\ \ \ x\sin\theta + y\cos\theta] = [x^*\ \ y^*\ \ 1]$$

令 $T = \begin{bmatrix} \cos\theta & -\sin\theta & 0 \\ \sin\theta & \cos\theta & 0 \\ 0 & 0 & 1 \end{bmatrix}$，$T$ 为二维旋转变换矩阵。

例 3–1 对图 3–4 中的 $\triangle ABC$ 分别进行绕坐标原点旋转 $\pm 90°$ 的变换。

① 绕原点逆时针旋转 $90°$ 的变换矩阵为：

$T = \begin{bmatrix} 0 & 1 & 0 \\ -1 & 0 & 0 \\ 0 & 0 & 1 \end{bmatrix}$，$\triangle ABC$ 变换后的新坐标为：

$$\begin{matrix} A \\ B \\ C \end{matrix}\begin{bmatrix} 3 & -1 & 1 \\ 4 & 1 & 1 \\ 2 & 1 & 1 \end{bmatrix} T = \begin{bmatrix} 1 & 3 & 1 \\ -1 & 4 & 1 \\ -1 & 2 & 1 \end{bmatrix}\begin{matrix} A_1 \\ B_1 \\ C_1 \end{matrix}$$

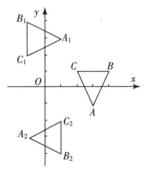

图 3–4　$\triangle ABC$ 绕原点的旋转变换

② 绕原点顺时针旋转 $90°$，其变换矩阵为：

$T_1 = \begin{bmatrix} 0 & -1 & 0 \\ 1 & 0 & 0 \\ 0 & 0 & 1 \end{bmatrix}$，此三角形变换的结果为：$\begin{matrix} A \\ B \\ C \end{matrix}\begin{bmatrix} 3 & -1 & 1 \\ 4 & 1 & 1 \\ 2 & 1 & 1 \end{bmatrix} T_1 = \begin{bmatrix} -1 & -3 & 1 \\ 1 & -4 & 1 \\ 1 & -2 & 1 \end{bmatrix}\begin{matrix} A_2 \\ B_2 \\ C_2 \end{matrix}$

（3）比例变换

以坐标原点为中心（基准点）的比例变换矩阵为：$T = \begin{bmatrix} a & 0 & 0 \\ 0 & d & 0 \\ 0 & 0 & 1 \end{bmatrix}$。点 (x, y) 变换后

的新坐标为 (x^*, y^*)：$[x \quad y \quad 1] T = [ax \quad dy \quad 1] = [x^* \quad y^* \quad 1]$

式中，a，d 分别为 x，y 方向的缩放系数。

①当 $a = d$ 时，图形在 x，y 方向上按等比例放大或缩小。其中，

$a = d = 1$ 时，为恒等变换，即图形不变；

$a = d > 1$ 时，图形沿 x，y 方向等比例放大；

$0 < a = d < 1$ 时，图形沿 x，y 方向等比例缩小。

②当 $a \neq d$ 时，图形在 x，y 方向作不同的比例变换后产生畸变。如图 3-5 所示，$\triangle ABC$

的变换过程如下：$\begin{array}{c} A \\ B \\ C \end{array} \begin{bmatrix} 1 & 1 & 1 \\ 3 & 1 & 1 \\ 1 & 3 & 1 \end{bmatrix} \begin{bmatrix} 4 & 0 & 0 \\ 0 & 2 & 0 \\ 0 & 0 & 1 \end{bmatrix} = \begin{bmatrix} 4 & 2 & 1 \\ 12 & 2 & 1 \\ 4 & 6 & 1 \end{bmatrix} \begin{array}{c} A^* \\ B^* \\ C^* \end{array}$

（4）对称变换

对称变换亦称为反射变换，只要将图形的对应坐标变号，就能产生对称于 x 轴、对称于 y 轴或对称于原点的图形。

①关于 x 轴的对称变换。其变换矩阵为：

$T = \begin{bmatrix} 1 & 0 & 0 \\ 0 & -1 & 0 \\ 0 & 0 & 1 \end{bmatrix}$。

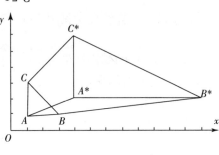

图 3-5　图形的畸变

点 (x, y) 变换后的新坐标为：

$[x \quad y \quad 1] T = [x \quad -y \quad 1] = [x^* \quad y^* \quad 1]$

②关于 y 轴的对称变换。其变换矩阵为：$T = \begin{bmatrix} -1 & 0 & 0 \\ 0 & 1 & 0 \\ 0 & 0 & 1 \end{bmatrix}$

③关于坐标原点的对称变换。对应的变换矩阵为：$T = \begin{bmatrix} -1 & 0 & 0 \\ 0 & -1 & 0 \\ 0 & 0 & 1 \end{bmatrix}$

例 3 - 2　对图 3-5 中的 $\triangle ABC$ 作关于 y 轴的对称变换。

对 x 轴对称变换后的新坐标为：$\begin{array}{c} A \\ B \\ C \end{array} \begin{bmatrix} 1 & 1 & 1 \\ 3 & 1 & 1 \\ 1 & 3 & 1 \end{bmatrix} \begin{bmatrix} -1 & 0 & 0 \\ 0 & 1 & 0 \\ 0 & 0 & 1 \end{bmatrix} = \begin{bmatrix} -1 & 1 & 1 \\ -3 & 1 & 1 \\ -1 & 3 & 1 \end{bmatrix} \begin{array}{c} A_1 \\ B_1 \\ C_1 \end{array}$

（5）错切变换

错切变换是指图形沿着 x 轴或 y 轴的方向产生错移变形，其变换矩阵为：$T = \begin{bmatrix} 1 & d & 0 \\ b & 1 & 0 \\ 0 & 0 & 1 \end{bmatrix}$。对点 (x, y) 进行错切变换的结果如下：

$[x \quad y \quad 1] T = [x + by \quad y + dx \quad 1] = [x^* \quad y^* \quad 1]$

有三种情况：

①图形沿 x 方向错切。当 $d = 0$ 时，$x^* = x + by$，$y^* = y$。因图形的 y 坐标不变，x 坐标依赖于初始坐标 (x, y) 作线性变化，故图形将产生沿 x 方向的错切变形。如图 3-6 所示，

正方形 $ABCD$ 错切变换的结果如下:

$$\begin{matrix}A\\B\\C\\D\end{matrix}\begin{bmatrix}0 & 0 & 1\\3 & 0 & 1\\3 & 3 & 1\\0 & 3 & 1\end{bmatrix}\begin{bmatrix}1 & 0 & 0\\2/3 & 1 & 0\\0 & 0 & 1\end{bmatrix}=\begin{bmatrix}0 & 0 & 1\\3 & 0 & 1\\5 & 3 & 1\\2 & 3 & 1\end{bmatrix}\begin{matrix}A^*\\B^*\\C^*\\D^*\end{matrix}$$

显然，$b>0$ 时，图形沿 $+x$ 方向错切，反之沿 $-x$ 方向错切。

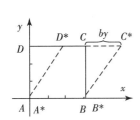

图 3-6 图形沿 x 方向错切

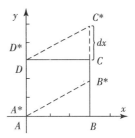

图 3-7 图形沿 y 方向错切

②图形沿 y 方向错切。当 $b=0$ 时，$x^*=x$，$y^*=y+dx$。图形将沿 y 方向错切变形。若 $d>0$，则图形沿 $+y$ 方向错切（见图 3-7）；若 $d<0$，则沿 $-y$ 方向错切。

③当 $b\neq0$ 且 $d\neq0$ 时，$x^*=x+by$，$y^*=y+dx$，图形将沿 x、y 两个方向产生错切变形。

4．二维复合变换

在实际应用中，一般需要对图形连续进行多次的基本变换才能达到目的。这些基本变换可组成一个称之为复合变换的复杂变换。复合变换矩阵 T 可由每次发生的基本变换矩阵依次相乘求得：

$$T=T_1\cdot T_2\cdot T_3\cdots$$

需要强调的是，基本变换矩阵的使用必须满足相关条件，基本变换中的旋转、比例变换均以坐标原点为中心，而对称变换的对称轴必须是坐标轴。由于复合变换不具备上述条件，故不能直接使用基本变换矩阵来处理。

（1）绕任意点旋转

图形绕坐标原点以外的任意点 C（x_c，y_c）逆时针旋转 θ 角（见图 3-8）的变换；可通过以下几个基本变换来实现。

①将旋转中心 C 平移到坐标原点，其变换矩阵为：$T_1=\begin{bmatrix}1 & 0 & 0\\0 & 1 & 0\\-x_c & -y_c & 1\end{bmatrix}$

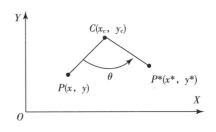

图 3-8 P 点绕 C 点旋转 θ 角

②使图形绕坐标原点旋转 θ 角（$\theta>0$），其变换矩阵为：$T_2=\begin{bmatrix}\cos\theta & \sin\theta & 0\\-\sin\theta & \cos\theta & 0\\0 & 0 & 1\end{bmatrix}$

③再将旋转中心平移回原处，变换矩阵为：$T_3=\begin{bmatrix}1 & 0 & 0\\0 & 1 & 0\\x_c & y_c & 1\end{bmatrix}$

此复合变换的矩阵为：

$$T = T_1 \cdot T_2 \cdot T_3 = \begin{bmatrix} 1 & 0 & 0 \\ 0 & 1 & 0 \\ -x_c & -y_c & 1 \end{bmatrix} \begin{bmatrix} \cos\theta & \sin\theta & 0 \\ -\sin\theta & \cos\theta & 0 \\ 0 & 0 & 1 \end{bmatrix} \begin{bmatrix} 1 & 0 & 0 \\ 0 & 1 & 0 \\ x_c & y_c & 1 \end{bmatrix}$$

$$= \begin{bmatrix} \cos\theta & \sin\theta & 0 \\ -\sin\theta & \cos\theta & 0 \\ (1-\cos\theta)\, x_c + y_c \sin\theta & (1-\cos\theta)\, y_c - x_c \sin\theta & 1 \end{bmatrix}$$

点 p （x, y）旋转后的新坐标求法如下：$\begin{bmatrix} x & y & 1 \end{bmatrix} \cdot T = \begin{bmatrix} x^* & y^* & 1 \end{bmatrix}$。

（2）对任意直线的对称变换

设平面图形对任意直线 $Ax + By + C = 0$ 作对称变换（见图 3-9）。

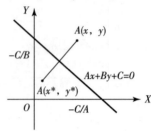

图 3-9　A 点对任意直线的对称变换

由于此变换的对称轴是一般位置直线而非坐标轴，故不能通过一次基本变换就实现。该直线在 X、Y 轴上的截距分别为 $-C/A$ 和 $-C/B$，直线的斜率为 $\mathrm{tg}\alpha = -A/B$。对该直线的对称变换可通过以下变换步骤来实现：

①将直线沿 x 轴平移 C/A，使其通过坐标原点，其变换矩阵为：$T_1 = \begin{bmatrix} 1 & 0 & 0 \\ 0 & 1 & 0 \\ C/A & 0 & 1 \end{bmatrix}$

②让直线绕原点顺时针旋转 α 角与 X 轴重合，实现该步骤的变换矩阵为：

$$T_2 = \begin{bmatrix} \cos\alpha & -\sin\alpha & 0 \\ \sin\alpha & \cos\alpha & 0 \\ 0 & 0 & 1 \end{bmatrix}$$

③让图形作关于 X 轴的对称变换，其变换矩阵为：$T_3 = \begin{bmatrix} 1 & 0 & 0 \\ 0 & -1 & 0 \\ 0 & 0 & 1 \end{bmatrix}$

为了使对称轴返回原处，必须使之作上述变换的逆变换。为此，

④将对称轴绕原点逆时针旋转 α 角，其变换矩阵为：$T_4 = \begin{bmatrix} \cos\alpha & \sin\alpha & 0 \\ -\sin\alpha & \cos\alpha & 0 \\ 0 & 0 & 1 \end{bmatrix}$

⑤再使对称轴沿 X 轴平移 $-C/A$，使之回到原来位置，该变换矩阵为：$T_5 = \begin{bmatrix} 1 & 0 & 0 \\ 0 & 1 & 0 \\ -C/A & 0 & 1 \end{bmatrix}$

综合上述 5 步，此复合变换矩阵为：

$$T = T_1 \cdot T_2 \cdot T_3 \cdot T_4 \cdot T_5 = \begin{bmatrix} \cos2\alpha & \sin2\alpha & 0 \\ \sin2\alpha & -\cos2\alpha & 0 \\ \dfrac{C}{A}(\cos2\alpha - 1) & \dfrac{C}{A}\sin2\alpha & 1 \end{bmatrix}$$

点 A （x, y）变换后的新坐标求法如下：$\begin{bmatrix} x & y & 1 \end{bmatrix} T = \begin{bmatrix} x^* & y^* & 1 \end{bmatrix}$

（3）变换顺序对复合变换结果的影响

由于矩阵的乘法运算不遵守交换律，所以在复合变换中，连续变换的顺序一般不能变，否则会得到不同的结果。

例 3－3　如图 3-10 所示，先将 △ABC 绕原点顺时针旋转 90°后，再进行平移（$L = -60, M = 0$）；若将变换顺序颠倒，试比较两种情况下的变换结果。

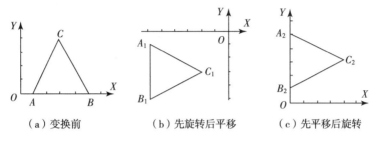

（a）变换前　　　　　（b）先旋转后平移　　　　（c）先平移后旋转

图 3-10　不同变换顺序产生的结果

① 将 △ABC 先旋转后平移，其复合变换矩阵为：

$$T_1 = \begin{bmatrix} 0 & -1 & 0 \\ 1 & 0 & 0 \\ 0 & 0 & 1 \end{bmatrix} \begin{bmatrix} 1 & 0 & 0 \\ 0 & 1 & 0 \\ -60 & 0 & 1 \end{bmatrix} = \begin{bmatrix} 0 & -1 & 0 \\ 1 & 0 & 0 \\ -60 & 0 & 1 \end{bmatrix}$$

△ABC 变换的结果是：$\begin{array}{c} A \\ B \\ C \end{array} \begin{bmatrix} 10 & 0 & 1 \\ 50 & 0 & 1 \\ 30 & 40 & 1 \end{bmatrix} T_1 = \begin{bmatrix} -60 & -10 & 1 \\ -60 & -50 & 1 \\ -20 & -30 & 1 \end{bmatrix} \begin{array}{c} A_1 \\ B_1 \\ C_1 \end{array}$

② 将 △ABC 先平移后旋转，复合变换矩阵为：

$$T = \begin{bmatrix} 1 & 0 & 0 \\ 0 & 1 & 0 \\ -60 & 0 & 1 \end{bmatrix} \begin{bmatrix} 0 & -1 & 0 \\ 1 & 0 & 0 \\ 0 & 0 & 1 \end{bmatrix} = \begin{bmatrix} 0 & -1 & 0 \\ 1 & 0 & 0 \\ 0 & 60 & 1 \end{bmatrix}$$

△ABC 变换后的结果是：$\begin{array}{c} A \\ B \\ C \end{array} \begin{bmatrix} 10 & 0 & 1 \\ 50 & 0 & 1 \\ 30 & 40 & 1 \end{bmatrix} T = \begin{bmatrix} 0 & 50 & 1 \\ 0 & 10 & 1 \\ 40 & 30 & 1 \end{bmatrix} \begin{array}{c} A_2 \\ B_2 \\ C_2 \end{array}$

由此可见，改变基本变换的顺序，一般会影响复合变换的结果。

第二节　平面图案的程序设计

目前，计算机在艺术设计中的应用已十分广泛，一些看似复杂、难度很大的图案，利用计算机作业却变得轻而易举，并能多次复制，有时只要改变程序中的个别参数的值，可使输出的图形千变万化。作为二维图形坐标变换的应用，下面介绍平面图案中线画图形绘制程序的设计方法。

一、基本形及其程序设计

无论是古老的装饰图案，还是近代的抽象图案，很多图案都是由相同图形的重复构成的。构成整体图案的单位图形叫做基本形或基本纹样。作为基本形的主题，可以是多边形、圆之类的几何形图案，也可以是表现花、草、虫、鱼等动植物以及模仿太阳、闪电等自然现象的自然形图案。由于计算机具有高速、准确的运算能力，所以在图案设计中，除广泛使用直线和圆、椭圆、摆线、三叶玫瑰线等规则曲线外，自由曲线的应用也很多。图 3-11 和图 3-12 分别用三次 B 样条曲线和直线构成的图案。

图 3-11　用三次 B 样条曲线绘制的熊猫图案　　　　图 3-12　正方形螺旋图案

例 3-4　图 3-13（a）所示的图案由三叶玫瑰线构成，试设计该图案的作图程序。

①图形分析：该图案由三组三叶玫瑰线构成，每组由内向外含有 5 条曲线，任一组曲线每次绕中心旋转 40°，都可以得到其余两组。

②数学模型：参见图 3-13（b），三叶玫瑰线的极坐标方程为：$R = A\sin(3t)$

式中，A 是与叶长有关的参数，t 为极角。曲线上一点 p 的直角坐标表达式为：

$$x = A\sin(3t)\cos t$$

$$y = A\sin(3t)\sin t$$

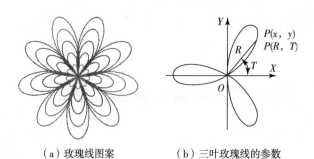

（a）玫瑰线图案　　　　　　（b）三叶玫瑰线的参数

图 3-13　由三叶玫瑰线构成的图案

因图形中心与坐标原点重合，故 p 点绕中心旋转 dt 角后的屏坐标 x_2、y_2 为：

$$[x \quad y \quad 1] \begin{bmatrix} \cos(dt) & -\sin(dt) & 0 \\ -\sin(dt) & -\cos(dt) & 0 \\ x_0 & y_0 & 1 \end{bmatrix} = [x_2 \quad y_2 \quad 1]$$

即：$x_2 = x_0 + x\cos(dt) - y\sin(dt)$

$y_2 = y_0 - x\sin(dt) - y\cos(dt)$

式中，x_0、y_0 为图形中心的屏坐标。

③作图程序：由三叶玫瑰线组成的图案，其 C 和 VB 语言作图程序分别如下：

```c
/* 三叶玫瑰线 C 语言作图程序 */
#include "math. h"
#include "graphics. h"
main ()
{int cl;
float pi = 3. 14159, x0 = 320, y0 = 200;
float dt, c, s, a, t, r, y, x, x2, y2;
int gdriver = DETECT, gmode;
initgraph (&gdriver, &gmode,"C:\\tc")
cleardevice ();
setbkcolor (0)
for (dt = 0; dt < = 1. 1 * pi/2; dt = dt + 2 * pi/9)
    {cl = 6; c = cos (dt); s = sin (dt);
    for (a = 40; a < = 200; a = a + 40)
        {setcolor (cl);
        for (t = 0; t < = 2 * pi; t = t + pi/50)
        /* 计算点的坐标并作图 */
            {r = a * sin (3 * t); x = r * cos (t); y = r * sin (t);
            x2 = x0 + x * c - y * s; y2 = y0 - (x * s + y * c);
            if (t = = 0)
                {putpixel (x2, y2, 2); moveto (x0, y0);}
            else lineto (x2, y2);
            }
        cl = cl - 1;
        }}
    getch ();
    closegraph ();
}
```

下面是 VB 作图代码：

```
Option Explicit
Private Sub Form_Load ()
    Dim cl As Integer
    Dim x0, y0 As Double
```

```
Dim dt, c, s, a, t, r, y, x, x2, y2 As Double
Form1. Scale (0, 0) - (500, 500)
Form1. DrawWidth = 3
Form1. BackColor = RGB (255, 255, 255)
Form1. ForeColor = RGB (0, 0, 0)
x0 = Form1. ScaleWidth / 2: y0 = Form1. ScaleHeight / 2: cl = 6
For dt = 0 To 1.1 * 3.14159 Step 2 * 3.14159 / 9
    c = cos (dt) : s = sin (dt) : cl = 6
  For a = 40 To 200 Step 40
    For t = 0 To 2 * 3.14159 Step 3.14159 / 50
      r = a * sin (3 * t) : y = r * sin (t) : x = r * cos (t)
      x2 = x0 + x * c - y * s: y2 = y0 - (x * s + y * c)
      If t = 0 Then
        Form1. Line (x2, y2) - (x2, y2), QBColor (cl)
      Else
        Form1. Line - (x2, y2), QBColor (cl)
      End If
    Next t
    cl = cl - 1
  Next a
Next dt
Form1. Show
End Sub
```

例3-5 设计正方形螺旋图案（见图3-14）的作图程序。

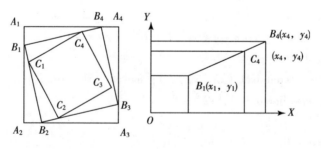

图3-14 正方形螺旋图案的算法

①图形分析：正方形螺旋图案是由正方形一边旋转一边缩小所构成的图形，其旋转方向有左、右旋之分，该图案可以由外向内画，也可以由内向外画，下面介绍由外向内的画法。

②数学模型：令最外侧正方形 $A_1A_2A_3A_4$ 的上下两边与 X 轴平行，内侧正方形4个顶点通过外层正方形的顶点按逆时针转向、分别沿对应边移动 $1/n$ 边长得到，这样内侧正方形的顶点坐标为：

$$x'_4 = x_4 + (x_1 - x_4)/n$$
$$y'_4 = y_4 + (y_1 - y_4)/n$$

式中，x'_4、y'_4 是内侧正方形顶点 C_4 的坐标，x_1、y_1 和 x_4、y_4 分别为正方形 $B_1 B_2 B_3 B_4$ 的两个顶点 B_1 和 B_4 的坐标。

内侧正方形其余三个顶点 C_1、C_2、C_3 的坐标算法与顶点 C_4 完全相同。

③作图程序：正方形螺旋图案 C 和 VB 语言的作图程序分别如下：

```c
/* 正方形螺旋图案 C 语言作图程序 */
#include "graphics. h"
main ( )
    {float x0, y0, x1, y1, x2, y2, x3, y3, x4, y4, p1, q1;
    int n, a = 90;
    int gdriver = DETECT, gmode;
    initgraph (&gdriver, &gmode, "c:\\tc");      /* 图形系统初始化 */
    cleardevice ( ); setcolor (3);               /* 清屏、设置作图颜色 */
    x0 = 320; y0 = 200;
    x1 = x0 - a; y1 = y0 - a; x2 = x0 - a; y2 = y0 + a;
    x3 = x0 + a; y3 = y0 + a; x4 = x0 + a; y4 = y0 - a; n = 1;
L190: line (x1, y1, x2, y2); line (x2, y2, x3, y3);
      line (x3, y3, x4, y4); line (x4, y4, x1, y1);
    p1 = x1; q1 = y1;
    x1 = x1 + (x2 - x1) /10; y1 = y1 + (y2 - y1) /10;
    x2 = x2 + (x3 - x2) /10; y2 = y2 + (y3 - y2) /10;
    x3 = x3 + (x4 - x3) /10; y3 = y3 + (y4 - y3) /10;
    x4 = x4 + (p1 - x4) /10; y4 = y4 + (q1 - y4) /10;
    if (n = = 15) goto L420;
    else n = n + 1; goto L190;
L420: getch ( );              /* 暂停 */
    closegraph ( );           /* 关闭图形系统 */
}
```

下面是 VB 作图代码：

```vb
Option Explicit
Private Sub Form_Load ( )
  Dim n, a, cl As Integer
  Dim x0, y0, y1, y2, y3, y4, x1, x2, x3, x4, p1, q1 As Double
  Form1. Scale (0, 0) - (500, 500)
  Form1. DrawWidth = 3
  Form1. BackColor = RGB (255, 255, 255)
  Form1. ForeColor = RGB (0, 0, 0)
  Form1. AutoRedraw = True
  x0 = Form1. ScaleWidth / 2
  y0 = Form1. ScaleHeight / 2
  cl = 3: a = 90
```

```
    x1 = x0 - a: y1 = y0 - a: x2 = x0 - a: y2 = y0 + a
    x3 = x0 + a: y3 = y0 + a: x4 = x0 + a: y4 = y0 - a
    For n = 1 To 14
        Form1. Line (x1, y1) - (x1, y1), QBColor (cl)
        Form1. Line - (x2, y2), QBColor (cl)
        Form1. Line - (x3, y3), QBColor (cl)
        Form1. Line - (x4, y4), QBColor (cl)
        Form1. Line - (x1, y1), QBColor (cl)
        p1 = x1: q1 = y1
        x1 = x1 + (x2 - x1) / 10: y1 = y1 + (y2 - y1) / 10
        x2 = x2 + (x3 - x2) / 10: y2 = y2 + (y3 - y2) / 10
        x3 = x3 + (x4 - x3) / 10: y3 = y3 + (y4 - y3) / 10
        x4 = x4 + (p1 - x4) / 10: y4 = y4 + (q1 - y4) / 10
    Next n
    Form1. Show
    End Sub
```

二、完整图案的程序设计

完整图案种类很多，例如能体现和谐美感的对称图案（图3-15），呈放射状、极易形成视觉中心的辐射状图案（图3-16），基本形重复时，其形状、大小逐渐变化，能给人富有节奏、韵律自然美感的渐变图案（图3-17）、具有含蓄、变幻莫测之感的波纹图案（图3-18）以及能产生统一整齐视觉形式的棋盘分布图案（图3-19）等都是常见的完整图案。各种完整图案就其构成规律而言，有重复、近似、渐变、变异、对比等，计算机建模时可用适当的几何变换来实现。现以棋盘式分布图案为例说明完整图案作图程序的设计方法。

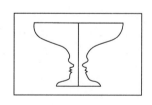

图3-15　"鲁宾杯"图案

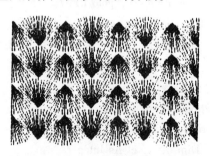

图3-16　"扇子"图案

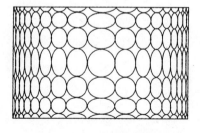

图3-17　"网眼"图案

图3-18　"波纹"图案

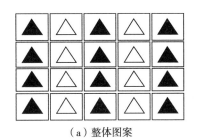

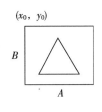

（a）整体图案　　　　（b）基本形

图 3-19　由三叶玫瑰线构成的整体图案　　图 3-20　由正三角形构成的整体图案

1. 棋盘式分布图案的种类

棋盘式分布图案原指将瓷砖、铺石等排列成某一图案的意思。它广泛使用重复这一构成形式，重复中，基本形的形状始终不变叫绝对重复；基本形的大小、方向或相对位置等发生变化的重复叫相对重复。图案中的骨骼线可以出现，也可以不出现或出现一部分。

常用的棋盘式分布图案中，有规则棋盘式分布图案和准规则棋盘式分布图案。前者也叫镶嵌图案，它是把一种正多边形（正方形或正六边形）沿着前、后、左、右方向排列起来作为骨骼而形成的图案；后者是由两种以上的正多边形排列起来而构成的图案。

2. 棋盘式分布图案的程序结构

图 3-20 是以内部填色的正三角形为基本形、按绝对重复构成的整体图案。基本形沿纵、横二方向排列时，每行的颜色均按品红（色码为 5）和绿（色码为 2）两色相间的规律变化。为使基本形沿 x、y 两方向均匀排开，须用二重循环程序结构，画基本形程序部分作为内循环的循环体，具体结构形式如下：

```
for (i = 1; i < = m; i + +)          /* i、j 分别控制图案中的行和列 */
   {for (j = 1; j < = m; j + +)
      {
         ⋮ 画图案要素
         x₀ = x₀ + A;                /* 换列：图案元素在 x 向平移 A */
      }
      x₀ = A₀; y₀ = y₀ + B;         /* 换行：图案元素在 x 向要回到初始位置，在 y
向要平移 B */
   }
```

3. 色彩变更的程序设计

（1）两种颜色（红：c = 4，蓝：c = 1）交替变更时，则用：if（c = 4）c = 1；else c = 4；

（2）当颜色按其代码由小（1）到大（7）依次变化时，则用：if（c = 7）c = 1；else c = c + 1；

（3）色码在一定范围内（如 3~7）任意选择时，可用随机函数：c = random（5）+3。

例 3 - 6　设计图 3-19 所示的规则棋盘式分布图案的作图程序。

（1）图形分析。这是由均布的多叶玫瑰线构成的规则棋盘式分布图案，基本形是 4 条不同颜色、由内向外逐渐放大的一组八叶玫瑰线。

（2）数学模型。多叶玫瑰线的方程为：

$$x = A\cos(Bt) \cdot \cos(t) \qquad\qquad y = A\cos(Bt) \cdot \sin(t)$$

式中，参数 A 与叶长有关，t 为极角，B 值决定叶数，当 B 取偶数时，叶数为 $2B$。

  （3）作图程序。该图案的 C 和 VB 语言作图程序分别如下：

```
/* 多叶玫瑰线构成完整图案的 C 语言作图程序 */
#include "graphics. h"
#include "math. h"
#define PI 3. 14159
main ( )
    {int g, cl, x0, y0, i, j, k, m, b=4, nx=3, ny=2;
    float r, a, t, x, gx, y, gy;
    int gdriver = DETECT, gmode;
    initgraph (&gdriver, &gmode, "c:\\tc");
    cleardevice ( );
    g=0; x0=100; y0=100;
    for (m=1; m<=ny; m++)
        {for (i=1; i<=nx; i++)
          {cl=6;
          for (a=20; a<=80; a=a+15)
              {setcolor (cl);
              for (t=0; t<=2.01*PI; t=t+PI/60)
                  {r=a*cos (b*t); x=r*cos (t); y=r*sin (t);
                  gx=x0+x; gy=y0-y;
                  if (g=1) goto L250;
                  moveto (gx, gy);
L250:                   lineto (gx, gy);
                  g=1;
                  }
              g=0; cl=cl-1;
              }
          x0=x0+170;
          }
      x0=100; y0=y0+170;
    }
    getch ( );
    closegraph ( );
    }
```

下面是该图案的 VB 代码：

```
Option Explicit
Private Sub Form_Load ( )
    Dim g, cl, x0, y0, i, j, k, m, b, nx, ny As Integer
    Dim r, a, t, y, gx, x, gy As Double
```

```
Form1. Scale (0, 0) - (600, 500)
Form1. DrawWidth = 3
Form1. BackColor = RGB (255, 255, 255)
Form1. ForeColor = RGB (0, 0, 0)
Form1. AutoRedraw = True
g = 0：nx = 3：ny = 2：x0 = 100：y0 = 200：b = 4
For i = 1 To ny
  For j = 1 To nx
    cl = 6
      For a = 20 To 80 Step 15
        For t = 0 To 2.01 * 3.14159 Step 3.14159 / 60
          r = a * cos (b * t)：x = r * cos (t)：y = r * sin (t)
          gx = x0 + x：gy = y0 - y
          If g = 1 Then
            Form1. Line - (gx, gy), QBColor (cl)
          Else
            Form1. Line (gx, gy) - (gx, gy), QBColor (cl)
          End If
          g = 1
        Next t
        g = 0：cl = cl - 1
      Next a
      x0 = x0 + 170
    Next j
    x0 = 100：y0 = y0 + 170
  Next i
Form1. Show
End Sub
```

例 3 - 7 设计图 3-21 （a） 所示的准规则棋盘式分布图案的作图程序

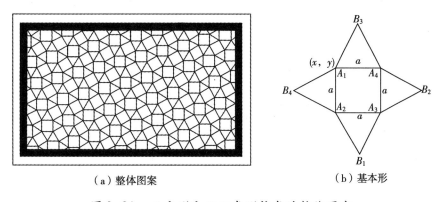

（a）整体图案　　　　　　　（b）基本形

图 3-21　正方形和正三角形构成的整体图案

（1）图形分析。该图案是由正方形和正三角形共同组成的准规则棋盘式分布图案，可采用不同的画法。下面介绍一种画法的程序设计。

该图案可视为由图 3-21（b）所示的基本形沿着"水平"和"竖直"两方向依次排列而成。这里的"水平"方向实际上有点儿偏向右上方，"竖直"方向稍微向右下方倾斜。

（2）数学模型。若基本形中的正方形和正三角形的边长为 a、正方形右上角顶点 A_1 的坐标为 (x, y)，则正方形其余 3 个顶点的坐标为：A_2 $(x, y+a)$，A_3 $(x+a, y+a)$，A_4 $(x+a, y)$；基本形另外 4 个顶点坐标为：B_1 $(x+a/2, y+a+\frac{\sqrt{3}}{2}a)$，$B_2$ $(x+a+\frac{\sqrt{3}}{2}a, y+a/2)$，$B_3$ $(x+a/2, y-\frac{\sqrt{3}}{2}a)$，$B_4$ $(x-\frac{\sqrt{3}}{2}a, y+a/2)$。

图案中各图形要素之间的相对位置见图 3-22，若各图形要素的基准点皆为对应正方形的左上顶点，则同一行相邻二图案要素基准点的坐标差为：$\Delta x = a + \frac{\sqrt{3}}{2}a$，$\Delta y = -\frac{a}{2}$。

同一列相邻二图形要素的基准点之间坐标差为：$\Delta x_1 = \frac{a}{2}$，$\Delta y = a + \frac{\sqrt{3}}{2}a$。

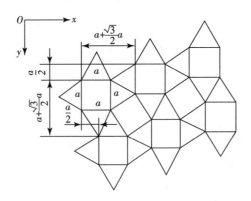

图 3-22　各图案要素之间的相对位置关系

在整个图案中，第 M $(M = 0, 1, \cdots)$ 行第 N $(N = 0, 1, \cdots)$ 列的图形要素的基准点坐标可用下式计算：

$$x = x_0 + (a + \frac{\sqrt{3}}{2}a)N + \frac{a}{2}M \qquad y = y_0 + (a + \frac{\sqrt{3}}{2}a)M - \frac{a}{2}N$$

（3）作图程序。该图案的 C 作图程序如下：

```
/ * 两种正多边形构成完整图案的 C 语言作图程序 * /
#include "graphics. h"
#include "math. h"
int aaa（gx, gy, g）           / * 作图子函数 * /
int g;
float gx, gy;
{if（gx < =0 || gx > =639 || gy < =0 || gy > =399）{g=0; goto L7;}
    if（g=1）goto L550;
    moveto（gx, gy）;
```

```
L550：lineto (gx, gy);
    g = 1;
L7：return (g);
main ( )                 /* 主函数 */
    {int a = 30, b, g = 0, m, n, c = 0, x0 = 30, y0 = 60, gx1, gy1;
    float s, x, y, gx, gy;
    b = a/2; s = sqrt (3;)
    int gdriver = DETECD, gmode;
    initgraph (&gdriver, &gmode, "c:\\tc");
    cleardevice ( );
    for (m = -1; m < =8; m = m + 1)
        {for (n = -2; n < =11; n = n + 1)
            {c = c + 1; if (c > =7) c = 1;
            setcolor (c); /* 设置图案要素作图色 */
            x = x0 + n * b * (2 + s) + m * b; y = y0 - n * b + m * b * (2 + s); /* 求图
案要素基准点屏坐标 */
                if (x < 0 || x > 600 || y < 0 || y > 370) {g = 0; goto L210;}
            gx = x; gy = y; gx1 = x + a; gy1 = y + a;
            rectangle (gx, gy, gx1, gy1);
    L210：gx = x + b; gy = y + a + b * s; g = aaa (gx, gy, g);
            gx = x; gy = y + a; g = aaa (gx, gy, g);
            gx = x - b * s; gy = y + b; g = aaa (gx, gy, g);
            gx = x; gy = y; g = aaa (gx, gy, g);
            gx = x + b; gy = y - b * s; g = aaa (gx, gy, g);
            gx = x + a; gy = y; g = aaa (gx, gy, g);
            gx = x + a + b * s; gy = y + b; g = aaa (gx, gy, g);
            gx = x + a; gy = y + a; g = aaa (gx, gy, g);
            }}
    setfillstyle (SOLID - FILL, 13); /* 设置边框充填颜色 */
    bar (0, 0, 639, 30); bar (609, 0, 639, 399);
    bar (0, 368, 639, 399); bar (0, 0, 30, 399);
    setfillstyle (SOLID - FILL, 14); /* 设置外边框充填颜色 */
    bar (0, 0, 639, 16); bar (624, 0, 639, 399);
    bar (0, 382, 639, 399); bar (0, 0, 15, 399);
    getch ( );
    closegraph ( );
    }
```

下面是该图案的 VB 作图代码：

```
Option Explicit
    Dim s, x, y, gx, gy As Double
```

```
    Dim g, a, b, m, n, c, x0, y0, gx1, gy1 As Integer
Private Sub Form_Load ( )
  Form1. Scale (0, 0) - (1000, 1000)
  Form1. DrawWidth = 3
  Form1. BackColor = RGB (255, 255, 255)
  Form1. ForeColor = RGB (0, 0, 0)
  Form1. AutoRedraw = True
  x0 = 30: y0 = 60: s = Sqr (3): a = 30: b = a / 2
  g = 0: c = 1
  For m = -1 To 8
    For n = -2 To 11
        c = c + 1
        If c > = 7 Then c = 1
        x = x0 + n * b * (2 + s) + m * b: y = y0 - n * b + m * b * (2 + s)
        If x < 0 Or x > 619 Then
        g = 0
        ElseIf y < 0 Or y > 399 Then
        g = 0
        Else
          gx = x: gy = y : gx1 = x + a: gy1 = y + a:
            If gy1 < 399 Then
            Form1. Line (gx, gy) - (gx1, gy1), QBColor (c), B
            End If
          End If
        gx = x + b: gy = y + a + b * s: Call sub500
        gx = x: gy = y + a: Call sub500
        gx = x - b * s: gy = y + b: Call sub500
        gx = x: gy = y: Call sub500
        gx = x + b: gy = y - b * s: Call sub500
        gx = x + a: gy = y: Call sub500
        gx = x + a + b * s: gy = y + b: Call sub500
        gx = x + a: gy = y + a: Call sub500
      Next n
    Next m

  Form1. Line (0, 0) - (639, 30), QBColor (6), BF
  Form1. Line (609, 0) - (639, 399), QBColor (6), BF
  Form1. Line (0, 368) - (639, 399), QBColor (6), BF
  Form1. Line (0, 0) - (30, 399), QBColor (6), BF
  Form1. Line (0, 0) - (639, 16), QBColor (3), BF
```

Form1. Line (624, 0) – (639, 399), QBColor (3), BF

Form1. Line (0, 382) – (639, 399), QBColor (3), BF

Form1. Line (0, 0) – (15, 399), QBColor (3), BF

Form1. Show

End Sub

Private Sub sub500 ( )

  If gx < 0 Or gx > 639 Or gy < = 0 Or gy > = 399 Then

    g = 0

  ElseIf g = 1 Then

    Form1. Line – (gx, gy), QBColor (c)

    g = 1

  Else

    Form1. Line (gx, gy) – (gx, gy), QBColor (c)

    Form1. Line – (gx, gy), QBColor (c)

    g = 1

  End If

End Sub

第三节　三维图形的几何变换

从数学原理上看，三维图形的几何变换可视为二维图形变换的扩展，二者的基本原理相同。所以也可以用一个适当的变换矩阵对三维图形进行各种几何变换。

一、三维变换矩阵

在二维图形的变换中，使用了齐次坐标，将二维齐次坐标概念推广到三维空间，则三维空间某一点 (x, y, z) 的齐次坐标可表示为 $[x, y, z, 1]$ 或 $[X\ Y\ Z\ H]$，若该点变换后的新坐标为 (x^*, y^*, z^*)，则变换的关系式为：$[x\ \ y\ \ z\ \ 1]\ T \Rightarrow [x^*\ \ y^*\ \ z^*\ \ 1]$，式中 T 为 4×4 变换矩阵：

$$T = \begin{bmatrix} a & d & g & \vdots & p \\ b & e & h & \vdots & q \\ c & f & i & \vdots & r \\ \cdots & \cdots & \cdots & & \cdots \\ l & m & n & \vdots & s \end{bmatrix}$$

将这个方阵 T 分为4块，每个子矩阵对图形的变换作用如下：

$[l\ \ m\ \ n]$ 可对图形进行平移变换；

$\begin{bmatrix} a & d & g \\ b & e & h \\ c & f & i \end{bmatrix}$ 可对图形进行比例、反射、旋转和错切变换；

$[p \quad q \quad r]^T$ 可对图形进行透视变换；

$[s]$ 可对图形进行全比例变换。

二、三维基本变换

1. 比例变换

空间某一点 (x, y, z) 以原点为中心，按一定的比例进行放大或缩小，此变换叫比例

变换。其变换矩阵为：$T_b = \begin{bmatrix} a & 0 & 0 & 0 \\ 0 & e & 0 & 0 \\ 0 & 0 & i & 0 \\ 0 & 0 & 0 & 1 \end{bmatrix}$

则变换过程为：

$$[x \quad y \quad z \quad 1]T_b = [ax \quad ey \quad iz \quad 1] = [x^* \quad y^* \quad z^* \quad 1]$$

由此可见，变换矩阵主对角线上的元素 a、e、i 分别是 x、y、z 方向的比例因子。

若 $a = e = i$，各向比例因子相等，图形产生等比例缩放变换；

若 a、e、i 互不相等，因图形各向缩放比例不同，所以图形会发生畸变；

若 a、e、i 皆为 1，$s \neq 1$，可使图形产生全比例变换，其变换过程为：

$$[x \quad y \quad z \quad 1]\begin{bmatrix} 1 & 0 & 0 & 0 \\ 0 & 1 & 0 & 0 \\ 0 & 0 & 1 & 0 \\ 0 & 0 & 0 & s \end{bmatrix} = [x \quad y \quad z \quad s] \Rightarrow [x/s \quad y/s \quad z/s \quad 1] = [x^* \quad y^* \quad z^* \quad 1]$$

若 $s > 1$，图形产生等比例缩小变换。

若 $0 < s < 1$，图形产生等比例放大变换。

例 3 - 8 对单位立方体（见图3-23）进行比例变换，X、Y、Z 向的比例因子分别为 2，0.5，1。

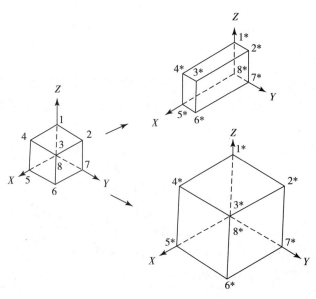

图 3-23　立方体的比例变换

根据已知条件，该变换矩阵为：$T = \begin{bmatrix} 2 & 0 & 0 & 0 \\ 0 & 0.5 & 0 & 0 \\ 0 & 0 & 1 & 0 \\ 0 & 0 & 0 & 1 \end{bmatrix}$

则有：$\begin{array}{c} 1 \\ 2 \\ 3 \\ 4 \\ 5 \\ 6 \\ 7 \\ 8 \end{array} \begin{bmatrix} 0 & 0 & 1 & 1 \\ 0 & 1 & 1 & 1 \\ 1 & 1 & 1 & 1 \\ 1 & 0 & 1 & 1 \\ 1 & 0 & 0 & 1 \\ 1 & 1 & 0 & 1 \\ 0 & 1 & 0 & 1 \\ 0 & 0 & 0 & 1 \end{bmatrix} \begin{bmatrix} 2 & 0 & 0 & 0 \\ 0 & 0.5 & 0 & 0 \\ 0 & 0 & 1 & 0 \\ 1 & 0 & 0 & 1 \end{bmatrix} = \begin{bmatrix} 0 & 0 & 1 & 1 \\ 0 & 0.5 & 1 & 1 \\ 2 & 0.5 & 1 & 1 \\ 2 & 0 & 1 & 1 \\ 2 & 0 & 0 & 1 \\ 2 & 0.5 & 0 & 1 \\ 0 & 0.5 & 0 & 1 \\ 0 & 0 & 0 & 1 \end{bmatrix} \begin{array}{c} 1^* \\ 2^* \\ 3^* \\ 4^* \\ 5^* \\ 6^* \\ 7^* \\ 8^* \end{array}$

以上变换结果见图 3-23。

若对单位立方体施以全比例变换（$s = 0.5$），其变换过程完全相同，不过必须将变换后的齐次坐标标准化，才能得到变换后的直角坐标。学生可自己练习。

2. 错切变换

错切变换是指图形沿 x、y、z 三轴方向产生错移变形，该变换是画斜轴测图的基础。其 4×4 变换矩阵中，主对角线上各元素为 1，第 4 行和第 4 列的其余元素都为 0，即：

$$T_c = \begin{bmatrix} 1 & d & g & 0 \\ b & 1 & h & 0 \\ c & f & 1 & 0 \\ 0 & 0 & 0 & 1 \end{bmatrix} 。$$

对点 $P(x, y, z)$ 进行错切变换的过程如下：

$$\begin{bmatrix} x & y & z & 1 \end{bmatrix} T_c = \begin{bmatrix} x+by+cz & dx+y+fz & gx+hy+z & 1 \end{bmatrix} = \begin{bmatrix} x^* & y^* & z^* & 1 \end{bmatrix}$$

3. 平移变换

三维图形的平移变换是指在空间沿三轴方向的移动所产生的变换，三维平移变换矩阵

为：$T_p = \begin{bmatrix} 1 & 0 & 0 & 0 \\ 0 & 1 & 0 & 0 \\ 0 & 0 & 1 & 0 \\ l & m & n & 1 \end{bmatrix}$，点 (x, y, z) 的变换结果为：

$$\begin{bmatrix} x & y & z & 1 \end{bmatrix} \cdot T_p = \begin{bmatrix} x+l & y+m & z+n & 1 \end{bmatrix} = \begin{bmatrix} x^* & y^* & z^* & 1 \end{bmatrix}$$

由此可见，l、m、n 分别为沿 X、Y、Z 三轴方向的平移量。

4. 反射（对称）变换

三维图形基本变换中的反射变换只是讨论以三个坐标平面为对称平面的变换。只要改变 4×4 单位矩阵中有关列元素的符号，即可得到相应的反射变换矩阵。

对 xoy、yoz、xoz 坐标面的反射变换矩阵分别为：

$$T_{xy} = \begin{bmatrix} 1 & 0 & 0 & 0 \\ 0 & 1 & 0 & 0 \\ 0 & 0 & -1 & 0 \\ 0 & 0 & 0 & 1 \end{bmatrix} \quad T_{yz} = \begin{bmatrix} -1 & 0 & 0 & 0 \\ 0 & 1 & 0 & 0 \\ 0 & 0 & 1 & 0 \\ 0 & 0 & 0 & 1 \end{bmatrix} \quad T_{xz} = \begin{bmatrix} 1 & 0 & 0 & 0 \\ 0 & -1 & 0 & 0 \\ 0 & 0 & 1 & 0 \\ 0 & 0 & 0 & 1 \end{bmatrix}$$

例 3 - 9 求三棱锥 $S - ABC$（见图 3-24）对 XOZ 平面的反射变换结果。

三棱锥对 XOZ 平面反射后各顶点坐标为：

$$
\begin{matrix}
S \\ A \\ B \\ C
\end{matrix}
\begin{bmatrix}
4 & 3 & 4 & 1 \\
2 & 2 & 0 & 1 \\
6 & 3 & 0 & 1 \\
5 & 5 & 0 & 1
\end{bmatrix}
\begin{bmatrix}
1 & 0 & 0 & 0 \\
0 & -1 & 0 & 0 \\
0 & 0 & 1 & 0 \\
0 & 0 & 0 & 1
\end{bmatrix}
=
\begin{bmatrix}
4 & -3 & 4 & 1 \\
2 & -2 & 0 & 1 \\
6 & -3 & 0 & 1 \\
5 & -5 & 0 & 1
\end{bmatrix}
\begin{matrix}
S^* \\ A^* \\ B^* \\ C^*
\end{matrix}
$$

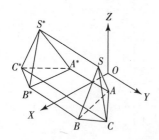

图 3-24　三维图形的反射变换

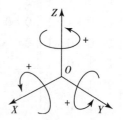

图 3-25　三维旋转变换中 θ 角的符号

5. 旋转变换

三维基本变换中的旋转变换是指空间立体绕三根坐标轴旋转的变换，如图 3-25 所示，转角 θ 的正负按右手定则决定。

（1）绕 X 轴旋转 θ 角。其变换矩阵为：$T_x = \begin{bmatrix} 1 & 0 & 0 & 0 \\ 0 & \cos\theta & \sin\theta & 0 \\ 0 & -\sin\theta & \cos\theta & 0 \\ 0 & 0 & 0 & 1 \end{bmatrix}$

点 (x, y, z) 的变换关系式为：

$$\begin{bmatrix} x & y & z & 1 \end{bmatrix} \cdot T_x = \begin{bmatrix} x & y\cos\theta - z\sin\theta & y\sin\theta + z\cos\theta & 1 \end{bmatrix} = \begin{bmatrix} x^* & y^* & z^* & 1 \end{bmatrix}$$

可见，空间点绕 X 轴旋转时，该点的 X 坐标始终不变，只是其余两个坐标变化，基于同样理由很容易写出下面的旋转变换矩阵。

（2）绕 Y 轴旋转 θ 角。此变换矩阵为：$T_y = \begin{bmatrix} \cos\theta & 0 & -\sin\theta & 0 \\ 0 & 1 & 0 & 0 \\ \sin\theta & 0 & \cos\theta & 0 \\ 0 & 0 & 0 & 1 \end{bmatrix}$

（3）绕 Z 轴旋转 θ 角。其变换矩阵为：$T_z = \begin{bmatrix} \cos\theta & \sin\theta & 0 & 0 \\ -\sin\theta & \cos\theta & 0 & 0 \\ 0 & 0 & 1 & 0 \\ 0 & 0 & 0 & 1 \end{bmatrix}$

三、三维复合变换

与二维图形的复合变换相同，三维复合变换也可以通过三维基本变换的组合来实现。三维复合变换也要注意基本变换的顺序，否则会出现错误的变换结果。

1. 绕过原点的任意轴旋转 θ 角的变换

如图 3-26 所示，ON 是通过原点的任意轴线，其方向数为 a、b、c，空间一点 P（x, y, z）绕 ON 轴旋转 θ 角到达 p^*（x^*, y^*, z^*），其变换关系为：

$$[x^* \quad y^* \quad z^* \quad 1] = [x \quad y \quad z \quad 1] T_R$$

其中，T_R 是待求的变换矩阵。

T_R 的求法是，使 ON（P 点随同）分别绕 X、Y 轴旋转适当的角度与 Z 轴重合，再让 P 点绕 Z 轴旋转 θ 角，然后再作上述的逆变换，使 ON 轴回到原来位置，P 点也随之到达最终位置 p^*。

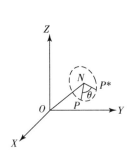

图 3-26　绕过原点任意轴的旋转变换

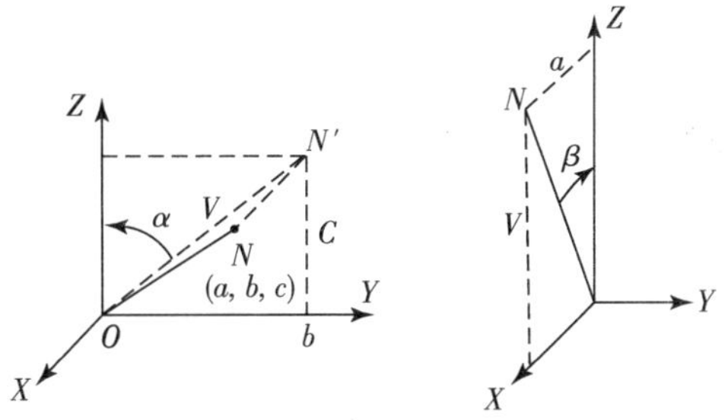

（a）绕 X 轴旋转 α 角　　（b）绕 Y 轴旋转 β 角

图 3-27　ON 轴经两次旋转与 Z 轴重合

（1）如图 3-27（a）所示，将平面 NON' 绕 X 轴逆时针旋转 α 角，α 是 ON 在 YOZ 平面上的投影 ON' 与 Z 轴的夹角，则：

$$T_1 = \begin{bmatrix} 1 & 0 & 0 & 0 \\ 0 & \cos\alpha & \sin\alpha & 0 \\ 0 & -\sin\alpha & \cos\alpha & 0 \\ 0 & 0 & 0 & 1 \end{bmatrix}$$

其中，$\cos\alpha = c/v$，$\sin\alpha = b/v$，$v = \sqrt{c^2 + b^2}$

（2）再让 ON 轴绕 Y 轴顺时针旋转 β 角与 Z 轴重合，则有：$T_2 = \begin{bmatrix} \cos\beta & 0 & \sin\beta & 0 \\ 0 & 1 & 0 & 0 \\ -\sin\beta & 0 & \cos\beta & 0 \\ 0 & 0 & 0 & 1 \end{bmatrix}$

为了求出 $\cos\beta$ 和 $\sin\beta$ 的值，则令 $u = |\overrightarrow{ON}| = \sqrt{a^2 + b^2 + c^2}$

$\overrightarrow{ON}$ 可设为单位矢量，则有 $u = 1$，$\cos\beta = v/u = v$，$\sin\beta = a/u = a$

（3）使 P 点绕 Z 轴旋转 θ 角，其变换矩阵为：$T_3 = \begin{bmatrix} \cos\theta & \sin\theta & 0 & 0 \\ -\sin\theta & \cos\theta & 0 & 0 \\ 0 & 0 & 1 & 0 \\ 0 & 0 & 0 & 1 \end{bmatrix}$

（4）使 ON 轴绕 Y 轴逆时针旋转 β 角，则有：$T_4 = \begin{bmatrix} \cos\beta & 0 & -\sin\beta & 0 \\ 0 & 1 & 0 & 0 \\ \sin\beta & 0 & \cos\beta & 0 \\ 0 & 0 & 0 & 1 \end{bmatrix}$

（5）再使 ON 轴绕 X 轴顺时针旋转 α 角，则有：$T_5 = \begin{bmatrix} 1 & 0 & 0 & 0 \\ 0 & \cos\alpha & -\sin\alpha & 0 \\ 0 & \sin\alpha & \cos\alpha & 0 \\ 0 & 0 & 0 & 1 \end{bmatrix}$

$$\therefore T_R = T_1 T_2 T_3 T_4 T_5$$

2. 绕任意轴旋转 θ 角的变换

若点 $P(x, y, z)$ 绕过任意点 $K(x_0, y_0, z_0)$、方向数分别为 a、b、c 的轴旋转 θ 角时，该变换可通过以下三步实现：

（1）使 K 点平移到坐标原点，图形随之平移；

（2）使图形绕过坐标原点的任意轴（平移后的 ON 轴）旋转 θ 角；

（3）将旋转轴再平移到原来位置，旋转后的图形也随之平移。

此复合变换矩阵应为：$T = \begin{bmatrix} 1 & 0 & 0 & 0 \\ 0 & 1 & 0 & 0 \\ 0 & 0 & 1 & 0 \\ -x_0 & -y_0 & -z_0 & 1 \end{bmatrix} T_R \begin{bmatrix} 1 & 0 & 0 & 0 \\ 0 & 1 & 0 & 0 \\ 0 & 0 & 1 & 0 \\ x_0 & y_0 & z_0 & 1 \end{bmatrix}$

第四节　形体的投影变换

将三维形体变为二维图形表示的过程叫投影变换。下面介绍与形体的三视图、轴测图和透视图相关的投影变换。

一、正投影变换

空间立体通过矩阵变换而获得国家标准规定的 3 个基本视图（主视图、俯视图和左视图）或 6 个投影视图的绘图信息，这种变换称之为正投影变换。如图 3-28（a）所示，在 $O-XYZ$ 直角坐标系中，与正立投影面 V、水平投影面 H 和侧立投影面 W 相对应的三个坐标面分别为：XOZ 平面、XOY 平面和 YOZ 平面。

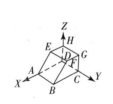 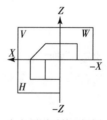 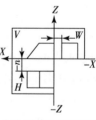

（a）立体与三面投影体系　（b）三视图的展平方法　（c）展平后的三视图　（d）平移后的三视图

图 3-28　立体三视图的变换过程

1. 主视图变换矩阵

将立体向 V 面（$y = 0$）作正投影可获得其主视图。投影后因立体上所有点的 y 坐标均为 0，仅保留 X、Y 轴两个方向上的坐标，所以将 4×4 单位矩阵的第二列元素变为 0，即为主视图变换矩阵。

$$T_V = \begin{bmatrix} 1 & 0 & 0 & 0 \\ 0 & 0 & 0 & 0 \\ 0 & 0 & 1 & 0 \\ 0 & 0 & 0 & 1 \end{bmatrix}$$

2．俯视图变换矩阵

如图 3-28（b）所示，将立体向 H 面（$z=0$）作正投影，然后使 H 面投影先绕 X 轴旋转 $-90°$，再沿 Z 方向平移 $-n$ 距离，可获得与主视图共面、且有一定间隔的俯视图。则有：

$$T_H = \begin{bmatrix} 1 & 0 & 0 & 0 \\ 0 & 1 & 0 & 0 \\ 0 & 0 & 0 & 0 \\ 0 & 0 & 0 & 1 \end{bmatrix} \begin{bmatrix} 1 & 0 & 0 & 0 \\ 0 & 0 & -1 & 0 \\ 0 & 1 & 0 & 0 \\ 0 & 0 & 0 & 1 \end{bmatrix} \begin{bmatrix} 1 & 0 & 0 & 0 \\ 0 & 1 & 0 & 0 \\ 0 & 0 & 1 & 0 \\ 0 & 0 & -n & 1 \end{bmatrix} = \begin{bmatrix} 1 & 0 & 0 & 0 \\ 0 & 0 & -1 & 0 \\ 0 & 0 & 0 & 0 \\ 0 & 0 & -n & 1 \end{bmatrix}$$

3．左视图变换矩阵

参见图 3-28（d），将立体向 W 面（$x=0$）作正投影，然后将 W 面投影绕 Z 轴旋转 $90°$，再沿 X 方向平移 $-l$ 距离，得左视图。则有：

$$T_W = \begin{bmatrix} 0 & 0 & 0 & 0 \\ 0 & 1 & 0 & 0 \\ 0 & 0 & 1 & 0 \\ 0 & 0 & 0 & 1 \end{bmatrix} \begin{bmatrix} 0 & 1 & 0 & 0 \\ -1 & 0 & 0 & 0 \\ 0 & 0 & 1 & 0 \\ 0 & 0 & 0 & 1 \end{bmatrix} \begin{bmatrix} 1 & 0 & 0 & 0 \\ 0 & 1 & 0 & 0 \\ 0 & 0 & 1 & 0 \\ -l & 0 & 0 & 1 \end{bmatrix} = \begin{bmatrix} 0 & 0 & 0 & 0 \\ -1 & 0 & 0 & 0 \\ 0 & 0 & 1 & 0 \\ -l & 0 & 0 & 1 \end{bmatrix}$$

例 3-10 已知图 3-28（a）所示的立体各顶点坐标，求该立体的主、俯、左三视图的二维绘图信息，并使各视图之间的距离为 20。

根据题意，此立体顶点集坐标矩阵为：$A = \begin{bmatrix} 40 & 0 & 0 & 1 \\ 40 & 20 & 0 & 1 \\ 0 & 20 & 0 & 1 \\ 0 & 0 & 0 & 1 \\ 20 & 0 & 20 & 1 \\ 20 & 20 & 20 & 1 \\ 0 & 20 & 20 & 1 \\ 0 & 0 & 20 & 1 \end{bmatrix} \begin{matrix} A \\ B \\ C \\ D \\ E \\ F \\ G \\ H \end{matrix}$

主、俯、左三个视图的变换矩阵分别为：

$$T_V = \begin{bmatrix} 1 & 0 & 0 & 0 \\ 0 & 0 & 0 & 0 \\ 0 & 0 & 1 & 0 \\ 0 & 0 & 0 & 1 \end{bmatrix} \quad T_H = \begin{bmatrix} 1 & 0 & 0 & 0 \\ 0 & 0 & -1 & 0 \\ 0 & 0 & 0 & 0 \\ 0 & 0 & -20 & 1 \end{bmatrix} \quad T_W = \begin{bmatrix} 0 & 0 & 0 & 0 \\ -1 & 0 & 0 & 0 \\ 0 & 0 & 1 & 0 \\ -20 & 0 & 0 & 1 \end{bmatrix}$$

（1）求主视图中各顶点坐标：

$$A_V = A \cdot T_V = \begin{bmatrix} 40 & 0 & 0 & 1 \\ 40 & 20 & 0 & 1 \\ 0 & 20 & 0 & 1 \\ 0 & 0 & 0 & 1 \\ 20 & 0 & 20 & 1 \\ 20 & 20 & 20 & 1 \\ 0 & 20 & 20 & 1 \\ 0 & 0 & 20 & 1 \end{bmatrix} \begin{bmatrix} 1 & 0 & 0 & 0 \\ 0 & 0 & 0 & 0 \\ 0 & 0 & 1 & 0 \\ 0 & 0 & 0 & 1 \end{bmatrix} = \begin{bmatrix} 40 & 0 & 0 & 1 \\ 40 & 0 & 0 & 1 \\ 0 & 0 & 0 & 1 \\ 0 & 0 & 0 & 1 \\ 20 & 0 & 20 & 1 \\ 20 & 0 & 20 & 1 \\ 0 & 0 & 20 & 1 \\ 0 & 0 & 20 & 1 \end{bmatrix} \begin{matrix} A_1 \\ B_1 \\ C_1 \\ D_1 \\ E_1 \\ F_1 \\ G_1 \\ H_1 \end{matrix}$$

（2）求俯视图、左视图中各顶点坐标：

$$A_{\mathrm{H}} = A \cdot T_{\mathrm{H}} = \begin{bmatrix} 40 & 0 & -20 & 1 \\ 40 & 0 & -40 & 1 \\ 0 & 0 & -40 & 1 \\ 0 & 0 & -20 & 1 \\ 20 & 0 & -20 & 1 \\ 20 & 0 & -40 & 1 \\ 0 & 0 & -40 & 1 \\ 0 & 0 & -20 & 1 \end{bmatrix} \begin{matrix} A_2 \\ B_2 \\ C_2 \\ D_2 \\ E_2 \\ F_2 \\ G_2 \\ H_2 \end{matrix} \qquad A_{\mathrm{W}} = A \cdot T_{\mathrm{W}} = \begin{bmatrix} -20 & 0 & 0 & 1 \\ -40 & 0 & 0 & 1 \\ -40 & 0 & 0 & 1 \\ -20 & 0 & 0 & 1 \\ -20 & 0 & 20 & 1 \\ -40 & 0 & 20 & 1 \\ -40 & 0 & 20 & 1 \\ -20 & 0 & 20 & 1 \end{bmatrix} \begin{matrix} A_3 \\ B_3 \\ C_3 \\ D_3 \\ E_3 \\ F_3 \\ G_3 \\ H_3 \end{matrix}$$

图 3-29 是按以上获得的二维图形信息所绘制的立体三视图。

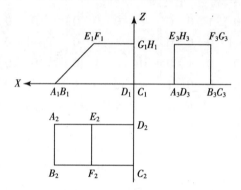

图 3-29　按立体二维信息所绘的三视图

二、正轴测投影变换

如图 3-30 所示，将空间立体绕 Z 轴正向旋转 θ 角，然后再绕 X 轴反向旋转 φ 角，经两次旋转后的立体向 V 面（XOZ 平面）正投影，即获得它的正轴测投影图。其变换矩阵为：

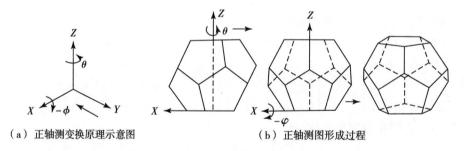

（a）正轴测变换原理示意图　　　　　　（b）正轴测图形成过程

图 3-30　正轴测图的形成

$$T = \begin{bmatrix} \cos\theta & \sin\theta & 0 & 0 \\ -\sin\theta & \cos\theta & 0 & 0 \\ 0 & 0 & 1 & 0 \\ 0 & 0 & 0 & 1 \end{bmatrix} \begin{bmatrix} 1 & 0 & 0 & 0 \\ 0 & \cos\varphi & -\sin\varphi & 0 \\ 0 & \sin\varphi & \cos\varphi & 0 \\ 0 & 0 & 0 & 1 \end{bmatrix} \begin{bmatrix} 1 & 0 & 0 & 0 \\ 0 & 0 & 0 & 0 \\ 0 & 0 & 1 & 0 \\ 0 & 0 & 0 & 1 \end{bmatrix} = \begin{bmatrix} \cos\theta & 0 & -\sin\theta\cos\varphi & 0 \\ -\sin\theta & 0 & -\cos\theta\sin\varphi & 0 \\ 0 & 0 & \cos\varphi & 0 \\ 0 & 0 & 0 & 1 \end{bmatrix}$$

式中，θ，φ 均大于 0。

矩阵中只要任意给出 θ，φ 角的一组值，就可以得到一种正轴测图。若固定 φ 角，不断变化 θ 角，就可以得到立体绕 Z 轴旋转的各个画面，经过适当的图形处理，很容易实现其旋转过程的动态显示。

正等测和正二测轴测图是两种最常用的正等测图。前者手工绘制相对简便，后者立体感较好，但用计算机绘制时，二者作图难度没有差别，只是变换矩阵中的元素值不同而已。

1. 正等测变换矩阵

正等测轴测图中，沿 X、Y、Z 三轴的轴向变形系数相等，对应的旋转角 θ、φ 应为：$\theta = 45°$，$\varphi = 35°16'$。代入矩阵 T，便得到正等测轴测图的变换矩阵为：

$$T_{正等} = \begin{bmatrix} 0.7071 & 0 & -0.4082 & 0 \\ -0.7071 & 0 & -0.4082 & 0 \\ 0 & 0 & 0.8165 & 0 \\ 0 & 0 & 0 & 1 \end{bmatrix}$$

2. 正二测变换矩阵

正二测轴测图的 X 和 Z 轴的轴向变形系数相等，Y 轴的轴向变形系数为其一半，对应的旋转角 θ、φ 应为：$\theta = 20°42'$，$\varphi = 19°28'$。代入矩阵 T，便获得正二测轴测图的变换矩阵：

$$T_{正二} = \begin{bmatrix} 0.9354 & 0 & -0.1178 & 0 \\ -0.3535 & 0 & -0.3118 & 0 \\ 0 & 0 & 0.9428 & 0 \\ 0 & 0 & 0 & 1 \end{bmatrix}$$

例 3 - 11 已知图 3-31 中所示的三棱锥各顶点坐标，求其正等测、正二等测轴测图中各顶点的坐标。

按题意三棱锥各顶点坐标可表示为 4×4

矩阵 A：$A = \begin{bmatrix} 30 & 0 & 0 & 1 \\ 15 & 20 & 0 & 1 \\ 0 & 0 & 0 & 1 \\ 15 & 10 & 20 & 1 \end{bmatrix} \begin{matrix} A \\ B \\ C \\ S \end{matrix}$

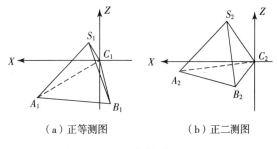

（a）正等测图　　　　（b）正二测图

图 3-31　三棱锥的正轴测图

三棱锥各顶点的正等测轴测图坐标为：

$$A \cdot T_{正等} = \begin{bmatrix} 21.2 & 0 & -12.2 & 1 \\ -3.5 & 0 & -14.3 & 1 \\ 0 & 0 & 0 & 1 \\ 3.5 & 0 & 6.1 & 1 \end{bmatrix} \begin{matrix} A_1 \\ B_1 \\ C_1 \\ S_1 \end{matrix}$$

三棱锥各顶点正二测轴测图的坐标为：

$$A \cdot T_{正二} = \begin{bmatrix} 28.1 & 0 & -3.5 & 0 \\ 7 & 0 & -8 & 0 \\ 0 & 0 & 0 & 0 \\ 10.5 & 0 & 14 & 1 \end{bmatrix} \begin{matrix} A_2 \\ B_2 \\ C_2 \\ S_2 \end{matrix}$$

图 3-31（a）、3-31（b）是根据变换后所获得的二维坐标信息分别画出的三棱锥正等测和正二测轴测图。

三、斜轴测投影变换矩阵

斜轴测图是用斜平行投影方法得到的一种立体图。在斜平行投影中，投影平面一般取坐标平面，相互平行的投射线倾斜于投影平面。

1．斜轴测投影的坐标变换关系式

图 3-32 所示的图形是正方体的斜轴测投影图。由于立体的前表面与投影面平行，故其投影反映实形。显然 X 轴、Y 轴的变形系数均为 1，轴间角为 90°，至于 Z 轴的投影位置及变形系数与斜平行投影的方向有关。

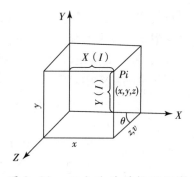

若该立体共有 n 个顶点，第 i 个顶点 A_i（$i = 1$，2，…n）的坐标为 $x(i)$，$y(i)$，$z(i)$，对应的轴测投影坐标为 $X(i)$，$Y(i)$，z 轴与 x 轴的夹角为 θ，z 轴向变形系数为 r，则有如下坐标变换关系式：

图 3-32 正方体的斜轴测投影

$$X(i) = x(i) - z(i) \cdot r \cdot \cos\theta$$
$$Y(i) = y(i) - z(i) \cdot r \cdot \sin\theta$$

2．斜轴测投影变换矩阵

上述坐标变换关系式可写成矩阵形式：

$$[x \quad y \quad z \quad 1] \begin{bmatrix} 1 & 0 & 0 & 0 \\ 0 & 1 & 0 & 0 \\ -r\cos\theta & -r\sin\theta & 0 & 0 \\ 0 & 0 & 0 & 1 \end{bmatrix} = [x - zr\cos\theta \quad -zr\sin\theta \quad 0 \quad 1] = [X \quad Y \quad 0 \quad 1]$$

因此，斜轴测投影的变换矩阵为：

$$T_{斜轴测} = \begin{bmatrix} 1 & 0 & 0 & 0 \\ 0 & 1 & 0 & 0 \\ -r\cos\theta & -r\sin\theta & 0 & 0 \\ 0 & 0 & 0 & 1 \end{bmatrix}$$

斜等测和斜二等测是两种常用的斜轴测图，二者的变换矩阵也容易求得。

（1）斜等测变换矩阵

当 $\theta = 45°$、$r = 1$ 时，产生斜等测投影，其变换矩阵为：

$$T_{斜等测} = \begin{bmatrix} 1 & 0 & 0 & 0 \\ 0 & 1 & 0 & 0 \\ -0.707 & -0.707 & 0 & 0 \\ 0 & 0 & 0 & 1 \end{bmatrix}$$

（2）斜二测变换矩阵

当 $\theta = 45°$、$r = 0.5$ 时，产生斜二测投影，其变换矩阵为：

$$T_{斜二测} = \begin{bmatrix} 1 & 0 & 0 & 0 \\ 0 & 1 & 0 & 0 \\ -0.354 & -0.354 & 0 & 0 \\ 0 & 0 & 0 & 1 \end{bmatrix}$$

四、透视投影变换

透视图是一种与人们视觉观察效果比较一致的立体图，它是用中心投影法绘制的单面投影图。如图 3-33 所示，投影面 F 置于投影中心 e 与空间物体三角形 ABC 之间，投影线 eA、eB、eC 与画面 F 的交点 a、b、c 分别是 $\triangle ABC$ 对应顶点的透视投影，$\triangle abc$ 则是原 $\triangle ABC$ 的透视投影图。

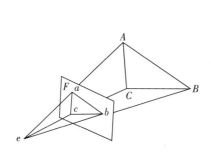

图 3-33 三角形物体的透视投影

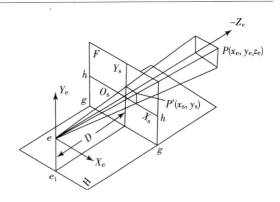

图 3-34 点的透视投影

1．透视的基本概念和术语

空间点 P 的透视投影情况如图 3-34 所示，图中：

视点 e，即投影中心。

画面 F，即透视投影面。

视心 O_s，从视点 e 向画面 F 作垂线的垂足。

视距 D，视点 e 到画面 F 的垂直距离。

视点坐标系 $e-X_eY_eZ_e$，是以视点 e 为坐标原点、Z_e 轴与画面 F 垂直的直角坐标系。

画面坐标系 $O_s-X_sY_s$，在画面 F 内所建立的以视心 O_s 为坐标原点、X_s 和 Y_s 轴分别平行于 X_e、Y_e 轴的二维直角坐标系。

2．透视的分类

任何一束平行线若与投影平面不平行，其透视投影不再平行，则会交于一点称之为灭点，在坐标轴上的灭点叫主灭点。主灭点数和投影平面切割坐标轴的数量是对应的。如投影平面仅切割 z 轴，则 z 轴是投影平面的法线，因而只在 z 轴上有一个主灭点，而平行于 x 轴或 y 轴的直线与投影平面也平行，故无灭点。

透视投影按主灭点的个数可分为三种：

（1）单灭点透视（平行透视）

指画面平行于立体的主要平面时所得到的透视投影图，见图 3-35（a）。

（2）双灭点透视（成角透视）

指画面与立体的主要平面成一定的角度（常取 20°～30°）时得到的透视投影图，见图 3-35（b）。

（3）三灭点透视

指画面与确定立体位置的坐标系三根轴均不平行时获得的透视投影图，见图 3-35（c）。

3．透视图的变换矩阵

（1）点的透视变换矩阵

在图 3-34 中，点 P（X_e，Y_e，Z_e）在

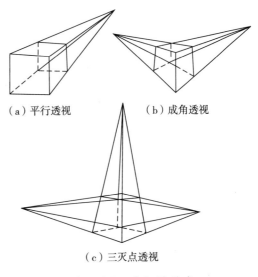

（a）平行透视　　（b）成角透视

（c）三灭点透视

图 3-35 透视的种类

画面 F 上的透视投影为 $P'(x_s, y_s)$，由相似三角形原理得知，点的透视投影坐标与视点坐标的关系为：

$$\because \frac{x_2}{D} = \frac{X_e}{z_e} \qquad \therefore x_s = \frac{X_e}{z_e} \cdot D$$

$$\because \frac{y_2}{D} = \frac{Y_e}{z_e} \qquad \therefore y_s = \frac{Y_e}{z_e} \cdot D$$

以上关系式可以写成矩阵形式：$\begin{bmatrix} x_s & y_s & z_s & 1 \end{bmatrix} = \begin{bmatrix} x_e & y_e & z_e & 1 \end{bmatrix} \begin{bmatrix} 1 & 0 & 0 & 0 \\ 0 & 1 & 0 & 0 \\ 0 & 0 & 0 & 1/D \\ 0 & 0 & 0 & 0 \end{bmatrix}$

若透视投影变换矩阵为 T_P，则：$T_P = \begin{bmatrix} 1 & 0 & 0 & 0 \\ 0 & 1 & 0 & 0 \\ 0 & 0 & 0 & 1/D \\ 0 & 0 & 0 & 0 \end{bmatrix}$

（2）立体的透视变换矩阵

为了获得直观性较好的透视图，需建立用户坐标系 $O-XYZ$，并使之与视点坐标系重合（见图 3-36），然后使物体绕 Y_e 轴旋转 θ_y 角，绕 X_e 轴旋转 θ_x 角，再沿 X_e、Y_e、Z_e 三轴方向分别平移一段距离 L、M、N，最后向画面 F 作透视投影，上述变换过程可用复合变换矩阵 V 表示：

$$V = T_Y T_X T_T T_P$$

其中，T_Y 是物体绕 Y_e 轴旋转的变换矩阵：

$$T_Y = \begin{bmatrix} \cos\theta_y & 0 & -\sin\theta_y & 0 \\ 0 & 1 & 0 & 0 \\ \sin\theta_y & 0 & \cos\theta_y & 0 \\ 0 & 0 & 0 & 1 \end{bmatrix}$$

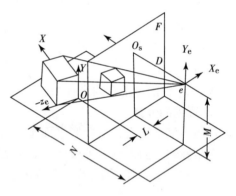

图 3-36　立体的透视变换

T_X 是物体绕 X_e 轴旋转的变换矩阵：$T_X = \begin{bmatrix} 1 & 0 & 0 & 0 \\ 0 & \cos\theta_x & \sin\theta_x & 0 \\ 0 & -\sin\theta_x & \cos\theta_x & 0 \\ 0 & 0 & 0 & 1 \end{bmatrix}$

T_T 是物体沿 X_e、Y_e、Z_e 三轴方向平移的变换矩阵：$T_T = \begin{bmatrix} 1 & 0 & 0 & 0 \\ 0 & 1 & 0 & 0 \\ 0 & 0 & 1 & 0 \\ L & M & N & 1 \end{bmatrix}$

T_P 为透视变换矩阵：$T_P = \begin{bmatrix} 1 & 0 & 0 & 0 \\ 0 & 1 & 0 & 0 \\ 0 & 0 & 0 & 1/D \\ 0 & 0 & 0 & 0 \end{bmatrix}$

因此，$V = \begin{bmatrix} \cos\theta_y & \sin\theta_y\sin\theta_x & 0 & -(\sin\theta_y\cos\theta_x)/D \\ 0 & \cos\theta_x & 0 & \sin\theta_x/D \\ \sin\theta_y & -\cos\theta_y\sin\theta_x & 0 & (\cos\theta_y\cos\theta_x)/D \\ L & M & 0 & N/D \end{bmatrix}$

这是一个产生三灭点的透视变换矩阵，在特定情况下可演变为单灭点或双灭点的透视变换矩阵。

① 当 $\theta_x = \theta_y = 0$ 时产生单灭点透视，其变换矩阵为：$V_1 = \begin{bmatrix} 1 & 0 & 0 & 0 \\ 0 & 1 & 0 & 0 \\ 0 & 0 & 0 & 1/D \\ L & M & 0 & N/D \end{bmatrix}$

② 当 θ_x、θ_y 之一为 0 时，产生双灭点透视。

a. $\theta_y \neq 0$，$\theta_x = 0$ 时，在 X、Z 轴上各产生一灭点。

$$V_{xz} = \begin{bmatrix} \cos\theta_y & 0 & 0 & -(\sin\theta_y)/D \\ 0 & 1 & 0 & 0 \\ \sin\theta_y & 0 & 0 & (\cos\theta_y)/D \\ L & M & 0 & N/D \end{bmatrix}$$

b. $\theta_y = 0$，$\theta_x \neq 0$ 时，在 Y、Z 轴上各产生一灭点。

$$V_{yz} = \begin{bmatrix} 1 & 0 & 0 & 0 \\ 0 & \cos\theta_x & 0 & (\sin\theta_x)/D \\ 0 & -\sin\theta_x & 0 & (\cos\theta_x)/D \\ L & M & 0 & N/D \end{bmatrix}$$

五、形体变换的编程步骤

通过编程处理可将形体变换所获得三维图形信息，绘制成对应的立体图形。无论绘制成轴测图还是透视图，编程的方法和步骤是相同的。下面通过一个实例说明绘制立体透视图的编程步骤。

例 3-12　设透视参数 $\theta_x = 0$，$\theta_y = 30°$，$L = 0$，$M = 0$，$N = -200$，$D = -100$，试计算已给定大小的六面体（参见图3-37）透视变换后各顶点的坐标，并设计绘图程序。此立体顶点集坐标矩阵为：

$$DJ = \begin{bmatrix} 0 & 0 & 0 & 1 \\ 0 & 0 & -60 & 1 \\ 0 & 80 & -60 & 1 \\ 0 & 20 & 0 & 1 \\ 100 & 0 & 0 & 1 \\ 100 & 0 & -60 & 1 \\ 100 & 80 & -60 & 1 \\ 100 & 20 & 0 & 1 \end{bmatrix} \begin{matrix} 1 \\ 2 \\ 3 \\ 4 \\ 5 \\ 6 \\ 7 \\ 8 \end{matrix}$$

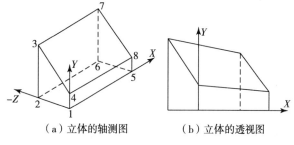

（a）立体的轴测图　　　（b）立体的透视图

图 3-37　立体的透视变换

程序设计步骤如下：

（1）计算立体各顶点透视图坐标

根据给定的透视参数求出透视变换矩阵 T_2 为：$T_2 =$
$$\begin{bmatrix} 0.866 & 0 & 0 & 0.005 \\ 0 & 1 & 0 & 0 \\ 0.5 & 0 & 0 & -0.0086 \\ 0 & 0 & 0 & 2 \end{bmatrix}$$

立体顶点集透视图坐标矩阵 DJ_P 求法如下：

$$DJ_P = DJ \cdot T_2 = \begin{bmatrix} 0 & 0 & 0 & 2 \\ -30 & 0 & 0 & 2.52 \\ -30 & 80 & 0 & 2.52 \\ 0 & 20 & 0 & 2 \\ 86.6 & 0 & 0 & 2.5 \\ 56.6 & 0 & 0 & 3.02 \\ 56.6 & 80 & 0 & 3.02 \\ 86.6 & 20 & 0 & 2.5 \end{bmatrix} \Rightarrow \begin{bmatrix} 0 & 0 & 0 & 1 \\ 11.9 & 0 & 0 & 1 \\ 11.9 & 31.7 & 0 & 1 \\ 0 & 10 & 0 & 1 \\ 34.6 & 0 & 0 & 1 \\ 18.7 & 0 & 0 & 1 \\ 18.7 & 26.5 & 0 & 1 \\ 34.6 & 8 & 0 & 1 \end{bmatrix} \begin{matrix} 1' \\ 2' \\ 3' \\ 4' \\ 5' \\ 6' \\ 7' \\ 8' \end{matrix}$$

（2）确定连线顺序

为提高绘图效率和精度，可按以下步骤确定连线顺序。

①定坐标系、画出待画立体的轴测草图，并给各顶点编出序号。

②为消除图中的隐藏线，连线时应避免经过不可见的顶点。

③尽量减少抬笔次数和重复点，并使连线路径最短。

根据以上连线原则，该立体连线顺序为：1→2→3→4→1→5→8→7→3→4→8。

（3）画流程图及编写绘图程序

按照设计思路先画出的程序流程图（见图3-38），立体的绘图程序就可以根据流程图来编写。

在建立立体的数学模型时，为顶点坐标取值简便，可将立体一顶点置于坐标系原点，立体透视变换后的图形是以该原点为中心的。但图形输出时的中心应以屏幕中央为宜，若屏幕分辨率为 1024×768，屏幕中央是在（512，384）处。该程序学生可用C语言自己练习编写。

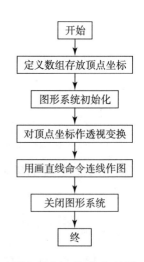

图3-38　程序流程图

习　题

1. 已知平面四边形 $ABCD$ 的顶点坐标分别为：A（0，0）、B（15，0）、C（15，10）、D（0，10），对该四边形分别作下列变换，求出对应的变换矩阵并画出图形。

（1）使 x 向的长度缩小一半，y 向的高度增长一倍；

（2）关于 y 轴的对称；

（3）关于直线 $x - y + 2 = 0$ 的对称。

2. 已知 ΔABC 的顶点坐标分别为：A（10，10）、B（10，30）、C（30，15），对此图分别作下列变换，求出对应的变换矩阵并画出图形。

（1）沿 x 向平移20，沿 y 向平移15，再绕坐标原点旋转90°；

（2）绕坐标原点旋转90°，再沿 x 向平移20，沿 y 向平移15；

（3）使之绕点 K（15，40）旋转45°。

3. 试证明下述几何变换的矩阵运算具有互换性：

（1）两个连续的旋转变换；

（2）两个连续的平移变换；

（3）两个连续的比例变换；

（4）当比例系数相等时的旋转和比例变换。

4. 试用 C 语言编写对二维点实现平移、旋转和比例变换的子程序。

5. 试用 C 语言编写图 3-39（a）所示的棋盘式分布图案作图程序，图中所示的数字表示填色区域的色码，基本形的有关尺寸见图 3-39（b）。

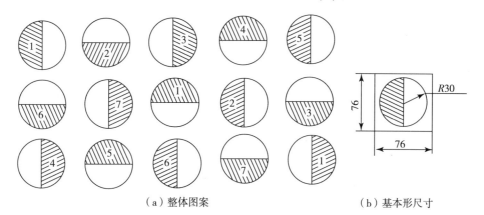

（a）整体图案　　　　　　　　　　（b）基本形尺寸

图 3-39　习题5 插图

6. 分别写出对空间立体作下列变换的矩阵：

（1）分别沿 X、Y、Z 三轴方向平移20、–15、10 后，再对 YOZ 坐标面作对称变换；

（2）对 X 轴的对称变换；

（3）对通过点（a，b，c）且方向数分别为1、2、3 的任意直线作对称变换。

7. 试用 C 语言编写对三维点实现平移、旋转和比例基本变换的子程序。

8. 将边长为30、一顶点与坐标原点重合，且位于第一分角的正方体作下列变换，求出对应的变换矩阵并画出图形：（1）X 向棱边变为45，Y 向棱边不变，Z 向棱边变为60；（2）X 向长度不变，使长、宽、高之比为1:2:3，与坐标原点重合的顶点坐标变为（10，10，10）。

9. 已知平面方程为：A（$x-x_0$）$+B$（$y-y_0$）$+C$（$z-z_0$）$=0$，式中：点（x_0，y_0，z_0）是平面上一个已知点，A、B、C 为法线的方向数，试导出空间点对该平面的对称变换矩阵。

10. 试用 C 语言编写程序绘制一顶点与坐标原点重合，长、宽、高分别为40、20、30，且位于第一分角的长方体的正等测轴测图和透视图。设透视参数 $\theta_x=0$，$\theta_y=30°$，$L=10$，$M=-15$，$N=-50$，$D=-25$。

第四章 几何设计

在科学研究与生产实践中所遇到的曲线，按照几何性质之不同可分为两类，一类是规则曲线，这类曲线可用方程式来描述，如渐开线、摆线、圆锥曲线等；另一类是不规则曲线，即自由曲线，如三次参数样条曲线、贝塞尔曲线等就属于这类曲线。曲面的种类繁多，为了便于讨论，也分为规则曲面和不规则曲面两类。规则曲面中有圆柱面、圆锥面、圆球面、双曲面、螺旋面等；而孔斯曲面、贝塞尔曲面、B 样条曲面等则属于不规则曲面。

在包装设计中，除了经常使用规则的曲线、曲面外，还要用到一些不规则的曲线、曲面。不规则曲线、曲面，通常是根据设计计算或实验结果得出的一些离散型数据点即型值点，采用适当的拟合方法绘制的。不规则曲线、曲面的拟合方法有两类：一类是插值法，要求拟合曲线、曲面通过全部数据点；另一类是逼近法，由于数据点本身存在一定的误差，拟合曲线、曲面不宜通过全部数据点。

近二十年来，三维几何造型技术得到了迅速的发展，并形成了一套完整的建模理论与方法。随着计算机技术的不断发展，在屏幕上构造出具有清晰明暗度的彩色逼真的实体图像已非难事。三维几何造型涉及的问题很多，如形体的定义、布尔运算、三维几何造型以及浓淡处理等。本章着重讲述几种常用的曲线、曲面，对三维几何造型中的建模方式以及数据结构等仅作简单介绍，使学生对此有所了解。

第一节 拉格朗日插值与最小二乘法逼近

在科学实践中，为了研究某一事物的一些特性、规律，通常用实验或测量手段获得大量数据，这些数据经过处理，可绘出实验曲线。由于图形要比一大堆数据直观得多，所以，通过以上处理，就可以实现"科学计算的可视化"。

一、多项式插值

插值是函数逼近的重要方法。一个函数 $f(x)$ 无法用确切的函数式表达时，可利用实验或测量方法得到一组离散的数据点 $f(x_i)$，$i = 0, 1, \cdots, n$。基于这组位置比较准确的数据点，寻求一个函数 $\varphi(x)$ 去逼近 $f(x)$，并要求 $\varphi(x)$ 在 x_i 处的值与 $f(x_i)$ 相等，而在别处当 $x = x^*$ 时，就用 $\varphi(x^*)$ 近似地代替 $f(x^*)$。这就是函数的插值，称 $\varphi(x)$ 为 $f(x)$ 的插值函数，x^* 为插值节点。函数插值方法有多种，其中多项式插值就是一种形式简单、计算方便、出现最早的插值方法。

1. 线性插值

如图 4-1 所示，已知函数 $f(x)$ 在 x_0、x_1 两个节点处的值，$y_0 = f(x_0)$，$y_1 = f(x_1)$。

如果要求用一个线性函数 $y = \varphi_1(x) = ax + b$ 对函数 $f(x)$ 插值，在选择线性函数的系数 a、b 时，必须使 $\varphi_1(x)$ 在 x_0、x_1 处的取值与 $f(x)$ 的对应值相等，最简单的办法就是过两个型值点 (x_0, y_0)、(x_1, y_1) 作一条直线，该直线方程为：

$$y = y_0 + \frac{y_1 - y_0}{x_1 - x_0}(x - x_0) \qquad \text{（点斜式）}$$

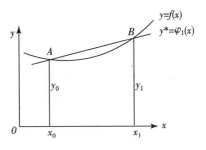

图 4-1　线性插值

将上式写成两点式方程：

$$\varphi_1(x) = y = \frac{x - x_1}{x_0 - x_1}y_0 + \frac{x - x_0}{x_1 - x_0}y_1 \qquad (4-1)$$

令 $l_0(x) = \dfrac{x - x_1}{x_0 - x_1}$，$l_1(x) = \dfrac{x - x_0}{x_1 - x_0}$

式（4-1）则为这两个一次式的线性组合，即：

$$\varphi_1(x) = l_0(x)y_0 + l_1(x)y_1 \qquad (4-2)$$

式中，$l_0(x)$、$l_1(x)$ 是线性插值的基函数，具有如下性质：

$$l_0(x_0) = 1 \quad l_0(x_1) = 0 \quad l_1(x_0) = 0 \quad l_1(x_1) = 1$$

即　$l_i(x_j) = \begin{cases} 1 & i = j \\ 0 & i \neq j \end{cases} \qquad (i, j = 0, 1)$

2. 抛物线插值

抛物线插值又称为二次插值。线性插值从几何意义上看就是用通过两个型值点的直线代替函数 $f(x)$ 的曲线，因此误差较大，若增加一个型值点，用二次插值多项式代替 $f(x)$，插值效果会更好。

设 $y = f(x)$ 在 x_0、x_1、x_2 三个互异节点处的函数值分别为 y_0、y_1 和 y_2，要求构造一个函数 $\varphi_2(x) = ax^2 + bx + c$，使之在节点 x_i 处的值与 $f(x_i)$ 相等。根据 $\varphi_2(x_i) = y_i$，$i = 0, 1, 2$，可建立线性方程组，求出 a、b、c 的值后，就能构造出插值函数 $\varphi_2(x)$。

如图 4-2 所示，二次抛物线插值函数也可以用基函数的线性组合求得：

$$\varphi_2(x) = l_0(x)y_0 + l_1(x)y_1 + l_2(x)y_2$$

这里的基函数 $l_i(x)$（$i = 0, 1, 2,$）都应是 x 的二次式，且满足：$l_i(x_j) = \begin{cases} 1 & i = j \\ 0 & i \neq j \end{cases}$

因 $l_0(x)$ 是以 x_1、x_2 为零点的二次式，故可写为：$l_0(x) = A(x - x_1)(x - x_2)$

$\because l_0(x_0) = 1$

$\therefore A = \dfrac{1}{(x_0 - x_1)(x_0 - x_2)}$

那么　$l_0(x) = \dfrac{(x - x_1)(x - x_2)}{(x_0 - x_1)(x_0 - x_2)}$

同理可求出：

$$l_1(x) = \frac{(x - x_0)(x - x_2)}{(x_1 - x_0)(x_1 - x_2)}$$

$$l_2(x) = \frac{(x - x_0)(x - x_1)}{(x_2 - x_0)(x_2 - x_1)}$$

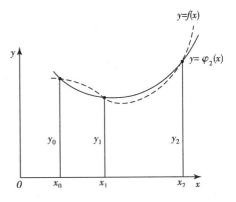

图 4-2　抛物线插值

于是可求得二次插值公式：

$$\varphi_2(x) = \sum_{i=0}^{2} l_i(x) y_i \qquad (4-3)$$

3. 拉格朗日插值多项式

线性插值公式 $\varphi_1(x)$ 与抛物线插值公式 $\varphi_2(x)$ 有明显的相似性，故可递推到 $n+1$ 个型值点的情况。已知函数在 $n+1$ 个节点处的函数值：

x	x_0	x_1	x_2	$\cdots$	x_n
y	y_0	y_1	y_2	$\cdots$	y_n

构造一个不超过 n 次的插值多项式 $\varphi_n(x)$，并满足 $\varphi_n(x_i) = y_i$（$i = 0, 1, \cdots, n$），在几何上就是求作一条 n 次曲线 $y = \varphi_n(x)$，使其通过所有型值点，同理可设：

$$\varphi_n(x) = \sum_{i=0}^{n} l_i(x) y_i \qquad (4-4)$$

式中，基函数 $l_i(x)$ 是 n 次多项式，满足：

$$l_i(x_j) = \begin{cases} 1 & i = j \\ 0 & i \neq j \end{cases} \qquad (i,j = 0,1,\cdots,n)$$

由于 $l_i(x)$ 具有 n 个零点，即 x_0、x_1、$\cdots$、x_{i-1}、x_{i+1}、$\cdots$、x_n，故有：

$$l_i(x) = A(x - x_0)(x - x_1) \cdots (x - x_{i-1})(x - x_{i+1}) \cdots (x - x_n)$$

又由 $l_i(x_i) = 1$ 可求得：

$$A = \frac{1}{(x_i - x_0)(x_i - x_1) \cdots (x_i - x_{i-1})(x_i - x_{i+1}) \cdots (x_i - x_n)}$$

所以

$$l_i(x) = \frac{(x - x_0)(x - x_1) \cdots (x - x_{i-1})(x - x_{i+1}) \cdots (x - x_n)}{(x_i - x_0)(x_i - x_1) \cdots (x_i - x_{i-1})(x_i - x_{i+1}) \cdots (x_i - x_n)}$$

$$= \prod_{\substack{j=0 \\ j \neq i}}^{n} \frac{x - x_j}{x_i - x_j} \qquad (i,j = 0,1,\cdots,n)$$

由此得：

$$\varphi_n(x) = \sum_{i=0}^{n} l_i(x) y_i = \sum_{i=0}^{n} \prod_{\substack{j=0 \\ j \neq i}}^{n} \frac{x - x_j}{x_i - x_j} y_i \qquad (4-5)$$

此式称为拉格朗日插值多项式，当 $n = 2$ 时，即为二次插值（抛物线插值）多项式。

例 4-1 用二次插值公式求 $\cos 24°10'36''$ 的值。

解：查余弦表可得 $y = \cos(x)$ 在三个节点处的函数值，即：

x	24°10′	24°11′	24°12′
y	0.91236	0.91224	0.91212

$$\varphi_2(x) = \frac{(x - 24°11')(x - 24°12')}{(24°10' - 24°11')(24°10' - 24°12')} 0.91236 +$$

$$\frac{(x - 24°11')(x - 24°12')}{(24°11' - 24°10')(24°11' - 24°12')} 0.91224 +$$

$$\frac{(x - 24°10')(x - 24°11')}{(24°12' - 24°10')(24°12' - 24°11')} 0.91212$$

$$\varphi_2(24°10'36'') = 0.91229 \approx \cos24°10'36''$$

以下是拉格朗日插值多项式 C 和 VB 语言程序。

```
/＊拉格朗日插值多项式程序＊/
#define N 3 /＊ N 是数据点数 ＊/
main（ ）
   {int i, j;
    float x [N], y [N], T, V, U, Y;
    scanf（"%f", &T）;
    for（i =0; i < = N－1; i + +）
       {printf（"input x [i], y [i] \ n"）;
        scanf（"%f, %f", & x [i], &y [i]）;
        }
    Y =0;
    for（i =0; i < = N－1; i + +）
       {U =1; V =1;
        for（j =0; j < = N－1; j + +）
           {if（j! =i）{ U = U ＊（T－x [j]）; V =V ＊（x [i] －x [j]）;}
            }
        Y = Y + U/V ＊ y [i];
        }
        Pintf（"y（%f）=%f\ n", T, Y）;
       }
```

拉格朗日插值多项式 VB 代码如下:

```
Option Explicit
Private Sub Form_Load（ ）
  Dim N, i, j As Integer
  Dim T, V, U, y1 As Double
  Dim x（ ）, y（ ）As Double
  N = InputBox（" 请输入节点数 N"）´输入节点数
  T = InputBox（" 请输入 T"）´输入插值点
  ReDim x（N）, y（N）
  ´插值点赋值
  For i = 0 To N－1
    x（i）= InputBox（" 请输入 x [" & i & "]"）
    y（i）= InputBox（" 请输入 y [" & i & "]"）
  Next i
  ´插值计算
  For i = 0 To N－1
    U = 1: V = 1
    For j = 0 To N－1
```

```
    If j < > i Then
      U = U * (T - x (j)) : V = V * (x (i) - x (j))
    End If
  Next j
  y1 = y1 + U / V * y (i)
Next i
MsgBox " y (" & T & ") =" & y1 , 0        ´通过 MsgBox 输出结果
End Sub
```

二、最小二乘法

在进行科研或生产实验时，因实验本身会受到实验设备的精度、原料的因素、工作人员的精神状态以及时间、温度等环境因素的影响，使测得的实验数据难免带有一定的误差。如果将这些不太准确的数据点简单地连成曲线，显然不符合实际情况，应该用一条平滑的曲线以适当的方式尽可能地逼近这些数据点，以弥补因误差所造成的数据点的跳动。下面介绍最小二乘法的拟合原理。

设有一组型值点 $(x_i、y_i)$，$i = 1, 2, \cdots, n$，要求构造一个 m（$m < n - 1$）次的多项式函数 $y = f(x)$ 逼近这些型值点。衡量逼近的好坏程度通常用函数 $f(x)$ 在各点 x_i 处的偏差 $\varepsilon = f(x_i) - y_i$ 作为评判的标准，具体的评判方法是求出各点偏差的平方和即总偏差：

$$\varphi = \sum_{i=1}^{n} \left[f(_i) - y_i \right]^2$$

最小二乘法就是要获得使总偏差 φ 达到最小时函数 $y = f(x)$ 作为最佳逼近函数，来反映被研究事物的近似规律。

1．一次多项式逼近

设有一组型值点 $(x_i、y_i)$，$i = 1, 2, \cdots, m$。根据这些点的分布情况，预测它们之间呈线性关系。并设该线性方程为：

$$y = a_1 x + a_2$$

为了确定 a_1、a_2，可按最小二乘法建立如下关系式：

$$\varphi = \sum_{i=1}^{m} (a_1 x_i + a_2 - y_i)^2$$

因式中的 x_i、y_i 为已知数，故总偏差 φ 是 a_1、a_2 的函数。要求出总偏差 φ 为最小值时的 a_1、a_2，根据多元函数极值定理，可建立如下方程组：

$$\begin{cases} \dfrac{\partial \varphi}{\partial a_1} = 0 \\ \dfrac{\partial \varphi}{\partial a_2} = 0 \end{cases}$$

于是得：

$$\begin{cases} \sum_{i=1}^{m} (a_1 x_i + a_2 - y_i) = 0 \\ \sum_{i=1}^{m} (a_1 x_i + a_2 - y_i) x_i = 0 \end{cases}$$

（为书写简便，以下均以符号 Σ 代替 $\sum_{i=1}^{m}$）

上式展开整理后得：

$$\begin{cases} a_1 \sum x_i + a_2 m = \sum y_i \\ a_1 \sum x_i^2 + a_2 \sum x_i = \sum x_i y_i \end{cases} \tag{4-6a}$$

将上式写成矩阵形式:

$$\begin{bmatrix} \sum x_i & m \\ \sum x_i^2 & \sum x_i \end{bmatrix} \begin{bmatrix} a_1 \\ a_2 \end{bmatrix} = \begin{bmatrix} \sum y_i \\ \sum x_i y_i \end{bmatrix} \tag{4-6b}$$

解方程组得:

$$a_2 = (\sum y_i - a_1 \sum x_i)/m$$

$$a_2 = \frac{m \sum x_i y_i - (\sum x_i)(\sum y_i)}{m \sum x_i^2 - (\sum x_i)^2}$$

从而求得经验方程: $y = a_1 x + a_2$

用 VB 语言编写的最小二乘法一次多项式逼近代码如下:

```
Option Explicit
Private Sub Form_Load ( )
  Dim i, n As Integer
  Dim k, x ( ), y ( ), xy, x1, y1, xx, b, a As Double
  n = InputBox ("请输入节点数 N") ´输入节点数
  ReDim x (n), y (n)
  ´插值点赋值
  For i = 0 To n - 1
    x (i) = InputBox ("请输入 x ["& i &"]")
    y (i) = InputBox ("请输入 y ["& i &"]")
  Next i
  ´插值计算
  xx = 0: x1 = 0: y1 = 0: xy = 0
  For i = 0 To n - 1
    xy = xy + x(i) * y(i): x1 = x1 + x(i): y1 = y1 + y(i): xx = xx + x(i) ^ 2
  Next i
  k = (n * xy - x1 * y1) / (n * xx - x1 ^ 2) : b = (y1 - k * x1) / n
  MsgBox " k =" & k & " " & " b =" & b, 0
  x1 = InputBox ("请输入插值点 x") ´输入插值点
  y1 = k * x1 + b
  MsgBox " y =" & y1 & " " & " x =" & x1, 0 ´通过 MsgBox 输出结果
End Sub
```

2. 二次多项式逼近

若未知函数为二次多项式 $y = a_1 x^2 + a_2 x + a_3$，可将推导一次多项式函数的方法推广到二次以上多项式。类似式（4-6b）可建立如下矩阵方程:

$$\begin{bmatrix} \sum x_i^2 & \sum x_i & m \\ \sum x_i^3 & \sum x_i^2 & \sum x_i \\ \sum x_i^4 & \sum x_i^3 & \sum x_i^2 \end{bmatrix} \begin{bmatrix} a_1 \\ a_2 \\ a_3 \end{bmatrix} = \begin{bmatrix} \sum y_i \\ \sum y_i x_i \\ \sum y_i x_i^2 \end{bmatrix} \tag{4-7}$$

解之,可求出系数 a_1、a_2、a_3。

3. n 次多项式逼近

同样设 $y = a_1 x^n + a_2 x^{n-1} + \cdots + a_n x + a_{n+1}$ 是未知函数,则系数 a_1、a_2,$\cdots$,a_n,a_{n+1} 可由下列矩阵方程求得:

$$\begin{bmatrix} \sum x_i^n & \sum x_i^{n-1} & \cdots & \sum x_i & m \\ \sum x_i^{n+1} & \sum x_i^n & \cdots & \sum x_i^2 & \sum x_i \\ \vdots & \vdots & \cdots & \vdots & \vdots \\ \sum x_i^{2n} & \sum x_i^{2n-1} & \cdots & \sum x_i^{n+1} & \sum x_i^n \end{bmatrix} \begin{bmatrix} a_1 \\ a_2 \\ \vdots \\ a_{n+1} \end{bmatrix} = \begin{bmatrix} \sum y_i \\ \sum y_i x_i \\ \vdots \\ \sum y_i x_i^n \end{bmatrix} \qquad (4-8)$$

式 (4-8) 中,当 $n=2$ 时即为式 (4-7),当 $n=1$ 时即为式 (4-6b),所以,解题的方法和编写程序可以是统一的。只是拟合的阶次选择不同。一般 n 的取值不大于7,否则不仅增大运算工作量,而且函数曲线会产生多余拐点。

例 4-2 由包装实验得出一组数据 (x_i, y_i) 如表 4-1 所示。用最小二乘法二次多项式曲线逼近这组数据。

表 4-1 数据表

k	x_k	y_k	$x_k y_k$	x_k^2	$x_k^2 y_k$	x_k^3	x_k^4
1	1	2	2	1	2	1	1
2	3	7	21	9	63	27	81
3	4	8	32	16	128	64	256
4	5	10	50	25	250	125	625
5	6	11	66	36	396	216	1296
6	7	11	77	49	539	343	2401
7	8	10	80	64	640	512	4096
8	9	9	81	81	729	729	6561
9	10	8	80	100	800	1000	10000
$\sum_{i=1}^{k}$	53	76	489	381	3547	3017	25317

设二次多项式为:$y = f(x) = a_0 + a_1 x + a_2 x^2$

为得出正规方程组,先算出下列各和 $\sum x_i$、$\sum y_i$、$\sum x_i y_i$、$\sum x_i^2$、$\sum x_i^2 y_i$、$\sum x_i^3$、$\sum x_i^4$ 的值,分别列入表 4-1 中。

由表 4-1 中的数据及式 (4-7) 可得三个正规方程如下:

$$9a_0 + 53a_1 + 381a_2 = 76 \qquad (4-9a)$$

$$53a_0 + 381a_1 + 3017a_2 = 489 \qquad (4-9b)$$

$$381a_0 + 3017a_1 + 25317a_2 = 3547 \qquad (4-9c)$$

求解得:$a_0 = -1.4597$

$a_1 = 3.6053$

$a_2 = -0.2676$

因此,待求的二次多项式曲线方程为:$y = -1.4597 + 3.6053x - 0.2676x^2$。

图4-3 是根据给出的数据用最小二乘法拟合的二次多项式曲线的图形。

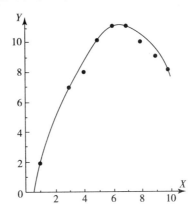

图4-3 用最小二乘法拟合的二次多项式曲线

第二节 三次参数样条曲线

用拉格朗日插值多项式进行插值时，增加型值点的数量，提高多项式的次数，虽可使曲线足够光滑，但容易出现多余的拐点，使曲线波动，同时给计算带来不便。为了满足工程设计的要求，人们又构造了具有 C^2 阶连续的三次多项式，既能满足插值条件，又能达到较高的拟合效果。

一、样条曲线的力学背景

长期以来，设计人员为了在若干型值点之间确定一条光滑的曲线，如图4-4 所示，通常用细长而又均匀的木条或有机玻璃条做成"样条"，在"压块"的作用下，强迫它通过各型值点，用这种方法得到的曲线叫做样条曲线。

图4-4 样条曲线

在力学上，样条可视为均匀弹性细梁，压块的作用相当于作用在梁上各型值点处的集中载荷，由材料力学可知：

$$R(x) = M(x)/EJ$$

式中，$M(x)$ 为弯矩函数，E 为弹性模量，J 为截面惯性矩，$R(x)$ 是变形曲线的曲率。

又知：

$$R(x) = \frac{y''}{(1 + y'^2)^{3/2}}$$

在变形不大的"小挠度"情况下，下式成立：

$$y''(x) = M(x)/EJ \qquad (4-10)$$

因各压块起简支点作用，相邻二压块之间再无外力作用，故弯矩 $M(x)$ 是 x 的线性函数。设 $M(x) = ax + b$，将式（4-10）积分两次，得 x 的三次多项式，它表明两点之间的曲线段为三次曲线段。将若干条三次曲线段按 C^2 阶连续的条件连接起来，就组成了整条样条曲线。

由于三次样条曲线次数较低，能保证二阶导数连续，而且具有只改变近处的函数值，对远处几乎不产生影响的局部化性质，所以是较为理想的插值曲线。但是这样的插值曲线与坐标轴选择有关，不具有"几何不变性"，于是又提出了以曲线弦长为参数的三次参数样条曲线，因参数弦长与坐标轴的选择无关，故效果较好。

二、分段三次参数样条矢量方程

如图4-5所示，若在 P_1、P_2 两个已知点之间构造一段三次参数样条曲线，并要求在两端点处的切矢量分别为 P'_1 和 P'_2，设 P 为曲线上任一点，弦长 PP_1 为 t，弦长 P_1P_2 为 t_1，那么该曲线段的参数矢量方程可写为：

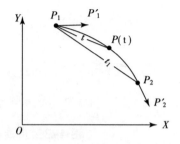

图4-5 在 P_1P_2 之间构造一段三次曲线

$$\vec{P}(t) = \vec{B}_0 + \vec{B}_1 t + \vec{B}_2 t^2 + \vec{B}_3 t^3 \quad (0 \leqslant t \leqslant t_1) \tag{4-11}$$

由四个已知条件得：

$$\vec{P}(0) = \vec{B}_0 = \vec{P}_1 \tag{4-12}$$

$$\vec{P}(t_1) = \vec{B}_0 + \vec{B}_1 t_1 + \vec{B}_2 t_1^2 + \vec{B}_3 t_1^3 = \vec{P}_2 \tag{4-13}$$

由式 (4-11) 求 $\vec{P}(t)$ 对 t 的一阶导数：

$$\vec{P}'(t) = \vec{B}_1 + 2\vec{B}_2 t + 3\vec{B}_3 t^2 \tag{4-14}$$

则有：

$$\vec{P}'(0) = \vec{B}_1 = \vec{P}'_1 \tag{4-15}$$

$$\vec{P}'(t_1) = \vec{B}_1 + 2\vec{B}_2 t_1 + 3\vec{B}_3 t_1^2 = \vec{P}'_2 \tag{4-16}$$

解联立式 (4-12)、(4-13)、(4-15)、(4-16) 得：

$$\begin{cases} \vec{B}_0 = \vec{P}_1 \\ \vec{B}_1 = \vec{P}'_1 \\ \vec{B}_2 = \dfrac{3}{t_1^2}(\vec{P}_2 - \vec{P}_1) - \dfrac{1}{t_1}(\vec{P}'_2 - 2\vec{P}'_1) \\ \vec{B}_3 = -\dfrac{2}{t_1^3}(\vec{P}_2 - \vec{P}_1) + \dfrac{1}{t_1^2}(\vec{P}'_2 - \vec{P}'_1) \end{cases} \tag{4-17}$$

将式 (4-17) 中的结果代入式 (4-11) 得：

$$\vec{P}(t) = \vec{P}_1 + \vec{P}'_1 t + \left[\frac{3(\vec{P}_2 - \vec{P}_1)}{t_1^2} - \frac{2\vec{P}'_1}{t_1} - \frac{\vec{P}'_2}{t_1}\right]t^2 +$$

$$\left[\frac{2(\vec{P}_1 - \vec{P}_2)}{t_1^3} + \frac{\vec{P}'_2}{t_1^2} + \frac{\vec{P}'_1}{t_1^2}\right]t^3 \quad (0 \leqslant t \leqslant t_1) \tag{4-18}$$

对于点列 $\vec{P}_i$ $(i = 1, 2, \cdots, n)$，则式 (4-18) 可写成一般形式：

$$\vec{P}_i(t) = \vec{P}_i + \vec{P}'_i t + \left[\frac{3(\vec{P}_{i+1} - \vec{P}_i)}{t_i^2} - \frac{2\vec{P}'_i}{t_i} - \frac{\vec{P}'_{i+1}}{t_i}\right]t^2 +$$

$$\left[\frac{2(\vec{P}_i - \vec{P}_{i+1})}{t_i^3} + \frac{\vec{P}'_{i+1}}{t_i^2} + \frac{\vec{P}'_i}{t_i^2}\right]t^3 \quad (0 \leqslant t \leqslant t_i) \tag{4-19}$$

式中，$i = 1, 2, \cdots, n-1$

三、切矢连续方程

如图 4-6 所示，当第 $i-1$、第 i 两段曲线连接时，为保证光滑连接，要求整条曲线在各个型值点处达到 C^2 阶连续，必须满足：

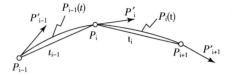

图 4-6　两段曲线的连接

$$\vec{P}''_{i-1}(t_{i-1}) = \vec{P}''_i(0)$$

将式（4-14）对 t 再微分一次得：

$$\vec{P}''(t) = 2\vec{B}_2 + 6\vec{B}_3 t \qquad (4-20)$$

在第 $i-1$ 段曲线的终点处（$t=t_{i-1}$）有：

$$\vec{P}''_{i-1}(t_{i-1}) = 2\vec{B}_2 + 6\vec{B}_3 t_{i-1}$$

在第 i 段曲线的始点处（$t=0$）有：

$$\vec{P}''_i(0) = 2\vec{B}_2$$

参照式（4-17）求出 $\vec{B}_2$、$\vec{B}_3$，分别代入以上二式并使之相等，经整理得：

$$t_i\vec{P}'_{i-1} + 2(t_i + t_{i-1})\vec{P}'_i + t_{i-1}\vec{P}'_{i+1} = \frac{3t_i}{t_{i-1}}(\vec{P}_i - \vec{P}_{i-1}) + \frac{3t_{i-1}}{t_i}(\vec{P}_{i+1} - \vec{P}_i) \qquad (4-21)$$

式中，$i=2,3,\cdots,n-1$，$t_{i-1}=|\vec{P}_i - \vec{P}_{i-1}|$，$t_i=|\vec{P}_{i+1} - \vec{P}_i|$。

此式即为切矢连续方程。

四、解题过程

1. 边界条件

式（4-21）只能列出 $n-2$ 个独立方程，但其中却含有 n 个未知数，即 P'_1，P'_2，$\cdots$，P'_n。要解出全部切矢值，必须给出两个边界条件。如图 4-7 所示，常用的边界条件有以下几种：

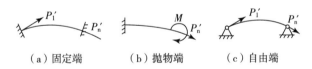

（a）固定端　　　（b）抛物端　　　（c）自由端

图 4-7　常用的边界条件

（1）固定端

固定端边界条件要直接给定两端点的切矢量 $\vec{P}'_1$ 和 $\vec{P}'_n$。这种情况相当于细薄样条两端都插入相邻的介质内，见图 4-7（a）。一般用于使生成的曲线须和已知的曲线或直线相连接。

（2）抛物端

抛物端边界条件要求端点的三阶导数为零，即 $\vec{P}'''_1 = 0$，$\vec{P}'''_n = 0$。这种情况相当于图 4-7（b）所示的悬臂端。由式（4-18）可得：

$$\vec{P}'_1 + \vec{P}'_2 = \frac{2}{t_1}(\vec{P}_2 - \vec{P}_1)$$

$$\vec{P}'_{n-1} + \vec{P}'_n = \frac{2}{t_{n-1}}(\vec{P}_n - \vec{P}_{n-1})$$

（3）自由端

自由端边界条件的情况相当于图 4-7（c）所示的简支梁的两端，要求曲线两端点处的二阶导数为零，即 $\vec{P}''_1 = 0$，$\vec{P}''_n = 0$，可求得：

$$\vec{P}'_1 + \frac{1}{2}\vec{P}'_2 = \frac{3}{2t_1}(\vec{P}_2 - \vec{P}_1)$$

$$\vec{P}'_{n-1} + 2\vec{P}'_n = \frac{3}{t_{n-1}}(\vec{P}_n - \vec{P}_{n-1})$$

$n-2$ 个切矢连续方程加上两个边界条件所确定的方程，可组成 n 阶线性方程组，解出 n 个切矢的值，就能得到各段三次参数样条的插值公式。

以固定端边界条件为例，组成的线性方程组如下：

$$\begin{bmatrix} 1 & & & & & \\ a_2 & b_2 & c_2 & & & \\ & a_3 & b_3 & c_3 & & \\ & & \cdots & \cdots & & \\ & & & a_{n-1} & b_{n-1} & c_{n-1} \\ & & & & & 1 \end{bmatrix}\begin{bmatrix} \vec{P}'_1 \\ \vec{P}'_2 \\ \vec{P}'_3 \\ \vdots \\ \vec{P}'_{n-1} \\ \vec{P}'_n \end{bmatrix} = \begin{bmatrix} \vec{P}'_1 \\ \vec{d}_2 \\ \vec{d}_3 \\ \vdots \\ \vec{d}_{n-1} \\ \vec{P}'_n \end{bmatrix}$$

式中，$a_i = t_i$，$b_i = 2(t_i + t_{i-1})$，$c_i = t_{i-1}$，$\vec{d}_i = 3\left[\frac{t_i}{t_{i-1}}(\vec{P}_i - \vec{P}_{i-1}) + \frac{t_{i-1}}{t_i}(\vec{P}_{i+1} - \vec{P}_i)\right]$，$i = 2, 3, \cdots, n-1$。

2. 解题步骤

编程绘制三次参数样条曲线的解题步骤为：

（1）确定全部型值点 P_i（$i = 1, 2, \cdots, n$）。

（2）根据要求确定边界条件，建立线性方程组。

（3）可用高斯消元法解方程组，求出曲线各型值点处的切矢 $\vec{P}'_1$，$\vec{P}'_2$，$\cdots$，$\vec{P}'_n$。

（4）利用以上结果，逐一算出各曲线段分段表达式中的系数 $\vec{B}_0$、$\vec{B}_1$、$\vec{B}_2$、$\vec{B}_3$。其中，对第 i 段曲线可算出：

$$\vec{B}_0 = \vec{P}_i \qquad \vec{B}_1 = \vec{P}'_i$$

$$\vec{B}_2 = \frac{3}{t_i^2}(\vec{P}_{i+1} - \vec{P}_i) - \frac{1}{t_i}(\vec{P}'_{i+1} + 2\vec{P}'_i)$$

$$\vec{B}_3 = \frac{2}{t_i^3}(-\vec{P}_{i+1} + \vec{P}_i) + \frac{1}{t_i^2}(\vec{P}'_{i+1} + \vec{P}'_i)$$

式中，t_i 为 P_i 和 P_{i+1} 两点间曲线的弦长。

（5）对每段三次曲线段而言，在建立该段曲线方程条件下，确定插值点数，并按式（4-11）分别算出各插值点的值，然后画出该段样条曲线，如图4-8所示。

（6）画出整条曲线的全部分段曲线。

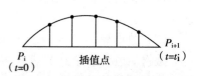

图4-8 绘制分段插值曲线

第三节 贝塞尔曲线和 B 样条曲线

三次参数样条曲线是通过所有给定的型值点、并能达到 C^2 阶连续的插值曲线，曲线的计算和编程也比较简单。这种曲线拟合方法在许多情况下可获得极好的效果，但也存在一定的缺点：①由于控制曲线形状的切线向量都以数字形式给出大小和方向，以致曲线设计缺少直观性；②该曲线插值不能根据设计需要改变阶次，因而曲线设计缺少灵活性；③三次样条曲线只能保证二阶导数连续，在分段之间三阶导数并不连续，容易出现多余拐点，影响曲线的光顺性。

为了改善这种情况，法国的贝塞尔（Bezier）提出了一种新的描述参数曲线的方法即贝塞尔曲线。后来又经过 Gordon 等人的拓展，提出了 B 样条曲线，这两种曲线在外形设计中，都具有构图直观、使用方便等优点。

一、贝塞尔曲线

贝塞尔曲线的形状是通过一组多边折线（称为特征多边形）的顶点唯一地定义出来的。如图 4-9 所示，曲线过特征多边形首末两端点，且与首末两边相切。曲线的形状受多边折线控制，趋向与其形状贴近，改变多边折线的顶点位置与曲线形状的变化有直观的联系。

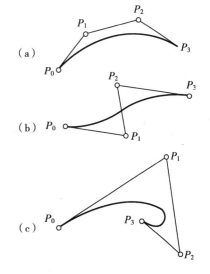

1. 数学表达式

定义 n 次贝塞尔曲线通常需要 $n+1$ 个顶点，其参数向量表达式为：

$$\vec{P}(t) = \sum_{i=0}^{n} \vec{P}_i B_{i,n}(t) \quad (0 \leqslant t \leqslant 1) \quad (4-22)$$

式中，$\vec{P}_i$（$i = 0, 1, \cdots, n$）是特征多边形各顶点的位置向量，$B_{i,n}(t)$ 是基函数，也就是各顶点位置向量之间的混合函数。

图 4-9 贝塞尔曲线与特征多边形

$$B_{i,n}(t) = \frac{n!}{i!(n-i)!} t^i (1-t)^{n-i} \quad (4-23)$$

将向量表达式（4-22）写成坐标分量式：

$$\left.\begin{array}{l} x(t) = \sum_{i=0}^{n} X_i B_{i,n}(t) \\[2mm] y(t) = \sum_{i=0}^{n} Y_i B_{i,n}(t) \\[2mm] z(t) = \sum_{i=0}^{n} Z_i B_{i,n}(t) \end{array}\right\} \quad (4-24)$$

可见，只要给出特征多边形每个顶点 P_i （$i = 0$，1，$\cdots$，n）的坐标，就可以导出贝塞尔曲线的参数方程，利用此方程就可以求出曲线上的点。

常用的贝塞尔曲线是二次和三次贝塞尔曲线。

2．贝塞尔曲线的性质

（1）端点性质。曲线通过特征多边形的始点和终点，并与特征多边形首末两边切于始点和终点。

（2）几何不变性。曲线的形状仅与特征多边形各顶点 P_i （$i = 0$，1，$\cdots$，n）位置有关，与坐标系的选取无关。

（3）凸包性。贝塞尔曲线必定落在特征多边形的凸包内，比特征多边形更趋于平滑。

（4）多值。参数表达式允许描述包括封闭曲线在内的多值曲线。

（5）对称性。特征多边形的位置若不变，只把顶点的次序颠倒，参数 t 相应换成 $1 - t$，则曲线的形状不变，但走向相反。

3．二次贝塞尔曲线

当 $n = 2$ 时，三顶点 P_0、P_1、P_2 可定义一条二次贝塞尔曲线，由式（4 - 22）得：

$$\vec{P}(t) = (1 - t)^2 \vec{P}_0 + 2t(1 - t)\vec{P}_1 + t^2 \vec{P}_2 \qquad (0 \leq t \leq 1) \qquad (4 - 25)$$

写成矩阵形式为：

$$\vec{P}(t) = \begin{bmatrix} t^2 & t & 1 \end{bmatrix} \begin{bmatrix} 1 & -2 & 1 \\ -2 & 2 & 0 \\ 1 & 0 & 0 \end{bmatrix} \begin{bmatrix} \vec{P}_0 \\ \vec{P}_1 \\ \vec{P}_2 \end{bmatrix} \qquad (0 \leq t \leq 1)$$

将上式写成 X、Y 坐标分量式，并按 t 的升幂来写：

$$x(t) = A_0 + A_1 t + A_2 t^2$$
$$y(t) = B_0 + B_1 t + B_2 t^2 \qquad (0 \leq t \leq 1)$$

式中，$A_0 = x_0$ $B_0 = y_0$
$A_1 = 2 \ (x_1 - x_0)$ $B_1 = 2 \ (y_1 - y_0)$
$A_2 = x_0 - 2x_1 + x_2$ $B_2 = y_0 - 2y_1 + y_2$

如图 4-10 所示，这是一条抛物线，很容易验证，P_0、P_2 为抛物线的两个端点，在起点 P_0 处有切向量 $\vec{P}'_0 = \vec{P}'(0) = 2$ $(\vec{P}_1 - \vec{P}_0)$，在终点 P_2 处有切向量 $\vec{P}'_2 = \vec{P}'(1) = 2 \ (\vec{P}_2 - \vec{P}_1)$。当 $t = 1/2$ 时，

$$\vec{P}\left(\frac{1}{2}\right) = \frac{1}{2}\vec{P}_0 + \frac{1}{2}\vec{P}_1 + \frac{1}{4}\vec{P}_2 = \frac{1}{2}\left[\vec{P}_1 + \frac{1}{2}(\vec{P}_0 + \vec{P}_2)\right]$$

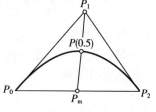

图 4-10　二次贝塞尔曲线

该式说明抛物线的顶点 $P\left(\dfrac{1}{2}\right)$ 位于 $\triangle P_0 P_1 P_2$ 一条中线 $P_1 P_m$ 的中点处。

4．三次贝塞尔曲线

当 $n = 3$ 时，由顶点 P_0、P_1、P_2、P_3 所定义的三次贝塞尔曲线其向量式可写成参数 t 的三次式，由式（4 - 22）得：

$$\vec{P}(t) = (1 - t)^3 \vec{P}_0 + 3(1 - t)^2 t \vec{P}_1 + 3(1 - t) t^2 \vec{P}_2 + t^3 \vec{P}_3 \qquad (0 \leq t \leq 1) \ (4 - 26)$$

写成矩阵形式为：

$$\vec{P}(t) = \begin{bmatrix} t^3 & t^2 & t & 1 \end{bmatrix} \begin{bmatrix} -1 & 3 & -3 & 1 \\ 3 & -6 & 3 & 0 \\ -3 & 3 & 0 & 0 \\ 1 & 0 & 0 & 0 \end{bmatrix} \begin{bmatrix} \vec{P}_0 \\ \vec{P}_1 \\ \vec{P}_2 \\ \vec{P}_3 \end{bmatrix} \qquad (0 \leq t \leq 1)$$

将上式中各顶点向量分解为二维平面上的 X、Y 方向的分量（见图 4-11），展开后按 t 的升幂可写成：

$$x(t) = A_0 + A_1 t + A_2 t^2 + A_3 t^3$$

$$y(t) = B_0 + B_1 t + B_2 t^2 + B_3 t^3$$

图 4-11 三次贝塞尔曲线

式中，

$A_0 = x_0$ $B_0 = y_0$

$A_1 = -3x_0 + 3x_1$ $B_1 = -3y_0 + 3y_1$

$A_2 = 3x_0 - 6x_1 + 3x_2$ $B_2 = 3y_0 - 6y_1 + 3y_2$

$A_3 = -x_0 + 3x_1 - 3x_2 + x_3$ $B_3 = -y_0 + 3y_1 - 3y_2 + y_3$

下面是三次贝塞尔曲线的 VC 代码：

```
Option Explicit
Private Sub Form_Load ( )
        Dim x0, y0, x1, y1, x2, y2, x3, y3 As Double
        Dim x (30), y (30), xs, ys As Double
        Dim cx, cy, i As Integer
        Dim a0, a1, a2, a3, b0, b1, b2, b3, dt, t, t2, t3 As Double
        ´设置绘图环境
        Form1. Scale (0, 0) - (500, 500)
        Form1. DrawWidth = 3
        Form1. BackColor = RGB (255, 255, 255)
        Form1. ForeColor = RGB (0, 0, 0)
        Form1. AutoRedraw = True
    x0 = 30: y0 = 30: x1 = 60: y1 = 110: x2 = 120: y2 = 150: x3 = 230: y3 = 50
    cx = 100: cy = 260
        ´计算起始点坐标
    a0 = x0: a1 = -3 * (x0 - x1) : a2 = 3 * x0 - 6 * x1 + 3 * x2: a3 = -x0 + 3 *
x1 - 3 * x2 + x3
        b0 = y0: b1 = -3 * (y0 - y1) : b2 = 3 * y0 - 6 * y1 + 3 * y2: b3 = -y0 + 3 *
y1 - 3 * y2 + y3
        dt = 1# / 30
        ´计算曲线上的点
    For i = 1 To 30
        t = i * dt: t2 = t * t: t3 = t2 * t
        x (i-1) = a0 + a1 * t + a2 * t2 + a3 * t3 + cx: y (i-1) = cy - (b0 +
b1 * t + b2 * t2 + b3 * t3)
```

```
     Next i
       ´连线绘图
     For i = 1 To 29
     Form1. Line (x (i-1), y (i-1)) - (x (i), y (i))
       Next i
    Form1. Show
    End Sub
```

二、B 样条曲线

贝塞尔曲线虽有一系列优良的性质，但还有不足之处。例如，曲线的阶次依赖于特征多边形的顶点数，使曲线设计不够灵活；改变特征多边形某一顶点的位置，对整条曲线的形状都有影响，故不能局部修改；当特征多边形的顶点数 n 较多时，多边形对曲线的控制能力减弱。

由 Gordon 等人构造的 B 样条曲线克服了贝塞尔曲线存在的一些缺点，除保留贝塞尔曲线的直观性、凸包性等优点外，还可以局部修改，故其应用越来越广。工程上常用的 B 样条曲线是三次和二次 B 样条曲线，高于三次的 B 样条曲线，因计算过于复杂等原因，所以在工程上用得很少。

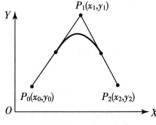

图 4-12　二次 B 样条曲线

1. 二次 B 样条曲线

（1）数学表达式

如图 4-12 所示，如果给定 3 个角点 P_i （$i = 0, 1, 2$）位置，则能够定义一段二次 B 样条曲线，其向量表达式是参数 t 的二次式，用矩阵形式可表达如下：

$$\vec{P}(t) = \begin{bmatrix} t^2 & t & 1 \end{bmatrix} \frac{1}{2} \begin{bmatrix} 1 & -2 & 1 \\ -2 & 2 & 0 \\ 1 & 1 & 0 \end{bmatrix} \begin{bmatrix} \vec{P}_0 \\ \vec{P}_1 \\ \vec{P}_2 \end{bmatrix} \qquad (0 \leq t \leq 1) \qquad (4-27)$$

式中，$\vec{P}_0$、$\vec{P}_1$、$\vec{P}_2$ 是特征多边形的三个角点向量。将式（4-27）展开，并按 t 的升幂排列可写成：

$$\vec{P}(t) = \frac{1}{2}(\vec{P}_0 + \vec{P}_1) + (\vec{P}_1 - \vec{P}_0)t + \frac{1}{2}(\vec{P}_0 - 2\vec{P}_1 + \vec{P}_2)t^2 \qquad (0 \leq t \leq 1)$$

$$(4-28)$$

将上式写成坐标分量式：

$$x(t) = A_0 + A_1 t + A_2 t^2$$
$$y(t) = B_0 + B_1 t + B_2 t^2 \qquad (0 \leq t \leq 1)$$

式中，$A_0 = \frac{1}{2}(x_0 + x_1)$ $\qquad\qquad$ $B_0 = \frac{1}{2}(y_0 + y_1)$

$A_1 = x_1 - x_0$ $\qquad\qquad\qquad$ $B_1 = y_1 - y_0$

$A_2 = \frac{1}{2}(x_0 - 2x_1 + x_2)$ $\qquad\quad$ $B_2 = \frac{1}{2}(y_0 - 2y_1 + y_2)$

（2）端点性质

由式（4-28）求 $\vec{P}(t)$ 对 t 的一阶导数：

$$\vec{P}'(t) = (\vec{P}_1 - \vec{P}_0) + (\vec{P}_0 - 2\vec{P}_1 + \vec{P}_2)t$$

在端点处则有：

$$\begin{cases} \vec{P}(0) = \dfrac{1}{2}(\vec{P}_0 + \vec{P}_1) \\[2mm] \vec{P}(1) = \dfrac{1}{2}(\vec{P}_1 + \vec{P}_2) \end{cases} \qquad \begin{cases} \vec{P}'(0) = \vec{P}_1 - \vec{P}_0 \\[2mm] \vec{P}'(1) = \vec{P}_2 - \vec{P}_1 \end{cases}$$

以上关系说明：二次 B 样条曲线的起点 $\vec{P}(0)$ 和终点 $\vec{P}(1)$ 分别在特征多边形第一边（P_0P_1）和第二边（P_1P_2）的中点处，而 $\overrightarrow{P_0P_1}$ 和 $\overrightarrow{P_1P_2}$ 则为曲线在二端点处的切向量。

（3）边界问题

在工程上设计曲线时，通常希望所设计的样条曲线从给定的起点开始，到给定的终点结束，并希望在始点和终点处有确定的切矢量。在图 4-13 中，由于二次 B 样条曲线的始点 T_0、终点 T_3 分别位于 P_0P_1 和 P_3P_4 的中点，要使曲线从 P_0 点开始，到 P_4 点结束，必须使特征多边形的首末两边分别向外延长一倍，得端点 P_s 和 P_n。

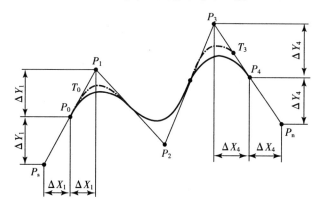

图 4-13 二次 B 样条曲线的边界

设 $\Delta x_1 = x_1 - x_0$，$\Delta y_1 = y_1 - y_0$

$\quad \Delta x_4 = x_4 - x_3$，$\Delta y_4 = y_4 - y_3$

则有：$x_S = x_0 - \Delta x_1$，$y_S = y_0 - \Delta y_1$

$\quad x_N = x_4 + \Delta x_4$，$y_N = y_4 + \Delta y_4$

再以 P_s、P_1、P_2、P_3、P_n 作为特征多边形的新角点，所生成的二次 B 样条曲线可满足以上要求。

2. 三次 B 样条曲线

（1）数学表达式

三次 B 样条曲线的向量表达式同样可写成参数 t 的三次式。用矩阵形式可表示为：

$$\vec{P}(t) = \begin{bmatrix} t^3 & t^2 & t & 1 \end{bmatrix} \frac{1}{6} \begin{bmatrix} -1 & 3 & -3 & 1 \\ 3 & -6 & 3 & 0 \\ -3 & 0 & 3 & 0 \\ 1 & 4 & 1 & 0 \end{bmatrix} \begin{bmatrix} \vec{P}_0 \\ \vec{P}_1 \\ \vec{P}_2 \\ \vec{P}_3 \end{bmatrix} \qquad (0 \leq t \leq 1) \quad (4-29)$$

式中，$\vec{P}_0$、$\vec{P}_1$、$\vec{P}_2$、$\vec{P}_3$ 是定义三次 B 样条曲线段的四个角点向量。

将式（4-29）展开，并按 t 的升幂排列可写成：

$$\vec{P}(t) = \frac{1}{6}(\vec{P}_0 + 4\vec{P}_1 + \vec{P}_2) + \frac{1}{2}(\vec{P}_2 - \vec{P}_0)t + \frac{1}{2}(\vec{P}_0 - 2\vec{P}_1 + \vec{P}_2)t^2 +$$

$$\frac{1}{6}(-\vec{P}_0 + 3\vec{P}_1 - 3\vec{P}_2 + \vec{P}_3)t^3 \qquad (0 \leq t \leq 1) \qquad (4-30)$$

将上式中各向量分解为二维平面中 x 及 y 的分量，于是三次 B 样条曲线的坐标分量表达式为：

$$\begin{aligned} x\ (t) &= A_0 + A_1 t + A_2 t^2 + A_3 t^3 \\ y\ (t) &= B_0 + B_1 t + B_2 t^2 + B_3 t^3 \end{aligned} \qquad (0 \leq t \leq 1)$$

式中：$A_0 = \frac{1}{6}\ (x_0 + 4x_1 + x_2)$, $\qquad B_0 = \frac{1}{6}\ (y_0 + 4y_1 + y_2)$

$A_1 = \frac{1}{2}\ (x_2 - x_0)$, $\qquad B_1 = \frac{1}{2}\ (y_2 - y_0)$

$A_2 = \frac{1}{2}\ (x_0 - 2x_1 + x_2)$, $\qquad B_2 = \frac{1}{2}\ (y_0 - 2y_1 + y_2)$

$A_3 = \frac{1}{6}\ (-x_0 + 3x_1 - 3x_2 + x_3)$, $\quad B_3 = \frac{1}{6}\ (-y_0 + 3y_1 - 3y_2 + y_3)$

（2）曲线性质

①端点性质。如图 4-14 所示，设三次 B 样条曲线段的始点为 T_1，终点为 T_2，此两点处的一阶导向量分别为 T'_1 及 T'_2，二阶导向量分别为 T''_1 和 T''_2。

利用式（4-30），分别求 $\vec{P}$ (t) 对 t 的一阶导数和二阶导数得：

$$\vec{P}'(t) = \frac{1}{2}(\vec{P}_2 - \vec{P}_0) + (\vec{P}_0 - 2\vec{P}_1 + \vec{P}_2)t +$$

$$\frac{1}{2}(-\vec{P}_0 + 3\vec{P}_1 - 3\vec{P}_2 + \vec{P}_3)t^2 \qquad (0 \leq t \leq 1)$$

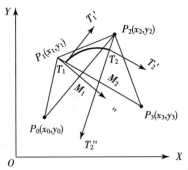

图 4-14　三次 B 样条曲线

$$\vec{P}''(t) = (\vec{P}_0 - 2\vec{P}_1 + \vec{P}_2) + (-\vec{P}_0 + 3\vec{P}_1 - 3\vec{P}_2 + \vec{P}_3)t \qquad (0 \leq t \leq 1)$$

以起点处 $t = 0$，终点处 $t = 1$ 代入式（4-30）及以上二式，并注意到 $\vec{M}_1 = (\vec{P}_0 + \vec{P}_2) / 2$，$\vec{M}_2 = (\vec{P}_1 + \vec{P}_3) / 2$ 得：

$$\begin{cases} \vec{T}_1 = \vec{P}(0) = \frac{1}{6}(\vec{P}_0 + 4\vec{P}_1 + \vec{P}_2) = \frac{1}{3}\left(\frac{\vec{P}_0 + \vec{P}_2}{2}\right) + \frac{2}{3}\vec{P}_1 = \frac{1}{3}\vec{M}_1 + \frac{2}{3}\vec{P}_1 \\ \vec{T}_2 = \vec{P}(1) = \frac{1}{6}(\vec{P}_1 + 4\vec{P}_2 + \vec{P}_3) = \frac{1}{3}\left(\frac{\vec{P}_1 + \vec{P}_3}{2}\right) + \frac{2}{3}\vec{P}_2 = \frac{1}{3}\vec{M}_2 + \frac{2}{3}\vec{P}_2 \end{cases}$$

$$\begin{cases} \vec{T}'_1 = \vec{P}'(0) = \frac{1}{2}(\vec{P}_2 - \vec{P}_0) \\ \vec{T}'_2 = \vec{P}'(1) = \frac{1}{2}(\vec{P}_3 - \vec{P}_1) \end{cases}$$

$$\begin{cases} \vec{T}''_1 = \vec{P}''(0) = \vec{P}_0 - 2\vec{P}_1 + \vec{P}_2 = (\vec{P}_2 - \vec{P}_1) + (\vec{P}_0 - \vec{P}_1) \\ \vec{T}''_2 = \vec{P}''(1) = \vec{P}_1 - 2\vec{P}_2 + \vec{P}_3 = (\vec{P}_3 - \vec{P}_2) + (\vec{P}_1 - \vec{P}_2) \end{cases}$$

由此得知 3 次 B 样条曲线段的端点具有以下性质：

a. 起点 T_1 位于 $\triangle P_0P_1P_2$ 的中线 P_1M_1 上，且距 P_1 点为 $\frac{1}{3}P_1M_1$ 处；终点 T_2 位于 $\triangle P_1P_2P_3$ 的中线 P_2M_2 上，且距 P_2 点为 $\frac{1}{3}P_2M_2$ 处。

b. 起点的切矢量 $\vec{T'}_1$ 平行于底边 $\overrightarrow{P_0P_2}$，并等于 $\overrightarrow{P_0P_2}$ 的一半；终点的切向量 $\vec{T'}_2$ 平行于 $\overrightarrow{P_1P_3}$，并等于 $\overrightarrow{P_1P_3}$ 的一半。

c. 起点的二阶导向量 $\vec{T''}_1$ 等于中线向量 $\overrightarrow{P_1M_1}$ 的二倍；终点的二阶导向量 $\vec{T''}_2$ 等于中线向量 $\overrightarrow{P_2M_2}$ 的二倍。

②连续性。在图 4-15 中，P_0、P_1、P_2、P_3 四角点决定了一段起点为 T_1、终点为 T_2 的三次 B 样条曲线，若特征多边形增加一个角点 P_4，则 P_1、P_2、P_3、P_4 可决定另一段三次 B 样条曲线，其始点是 T_2。由于这两段曲线在连接点处 T_2 的位置向量、切向量及二阶导向量彼此相等，因此，三次 B 样条曲线具有 C^2 阶连续性。

③直观性。B 样条曲线的形状决定于特征多边形，对特征多边形的逼近，同阶次的 B 样条曲线优于贝塞尔曲线。

④局部控制性。对 n 次（如 $n=3$）B 样条曲线而言，因改动其特征多边形上一个角点，只影响以该角点为中心的临近 $n+1$（4）段曲线，因此要局部修改曲线的形状。只要改动个别角点位置（如图 4-16 中的 P_3 点）即可。

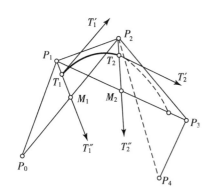

图 4-15 三次 B 样条曲线的连接

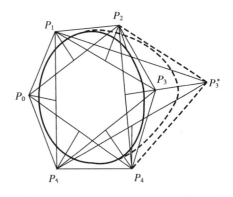

图 4-16 改动角点对曲线的影响

（3）几种特殊情况的应用

由上述曲线的性质可知，B 样条曲线的局部形状受特征多边形相应顶点的控制很直观，如果这种顶点控制技术运用得当，可使整条 B 样条曲线在某些部位满足一些特殊的形状要求。

①四角点共线可构造一段直线

利用特征多边形四角点共线，可在 B 样条曲线上构造一段直线。直线段的起点 S_1 和终点 S_2 的位置如图 4-17 所示。M_1 是 P_0P_2 的中点，$S_1P_1=\frac{1}{3}P_1M_1$；点

图 4-17 四角点共线

M_2 是 P_1P_3 的中点，$S_2P_2=\frac{1}{3}P_2M_2$。

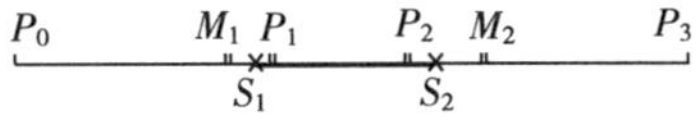

②三角点共线，可使一段曲线与特征多边形的边相切。

在图 4-18 中，由角点 P_i（$i = 0$，1，$\cdots$，4）构造了两段三次 B 样条曲线。由于 $\triangle P_1P_2P_3$ 退化成一段直线，而两段曲线的结合点 S_2 位于中线 P_2M_2 上距 P_2 点等于 $\frac{1}{3}P_2M_2$ 处。此时 $\vec{S}'_2$ 与 $\overrightarrow{P_1P_3}$

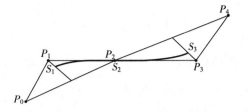

图 4-18　三角点共线

重合且 $\vec{S}'_2 /\!/ \vec{S}''_2$，所以曲线在 S_2 处的曲率为零，即 S_2 是曲线的直化点。若 P_0、P_4 分布于 $P_1P_2P_3$ 的两侧，则 S_2 点是两段三次 B 样条曲线反向切接的拐点。若它们分布在的 $P_1P_2P_3$ 的同侧，S_2 点则为二曲线与特征多边形一边相切的公共切点。

③二角点重合，可使一段曲线与特征多边形两边相切。

二重角点实际上是三角点共线的特殊情况。如图 4-19 所示，由角点 P_i（$i = 0$，1，$\cdots$，5）构造了三段三次 B 样条曲线，由于角点 P_2、P_3 重合，使 $\triangle P_1P_2P_3$ 和 $\triangle P_2P_3P_4$ 都退化成一段直线。

由 P_1、P_2、P_3、P_4 定义的第二段曲线，其始点 S_1 位于 P_2M_1 上且距 P_2 点等于 $\frac{1}{6}P_1P_3$ 处，切矢 $\vec{S}'_1$ 与直线 P_1P_3 重

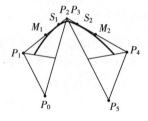

图 4-19　二角点重合

合；其终点 S_2 位于 P_3M_2 上且距 P_3 点等于 $\frac{1}{6}P_2P_4$ 处，切矢 $\vec{S}'_2$ 与直线 P_2P_4 重合，说明曲线在 S_1、S_2 处与特征多边形两边相切。

④三角点重合，可使曲线通过特征多边形某一角点，使曲线形成一尖点。

如图 4-20 所示，当特征多边形上 P_2、P_3、P_4 三角点重合时，$\triangle P_2P_3P_4$ 退化为一点，于是曲线段的端点 S_3 亦重合在该点，并且曲线在该点处的切向量为零。虽然曲线上出现了尖点，但仍达到 C^2 阶连续。

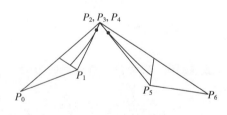

图 4-20　三角点重合

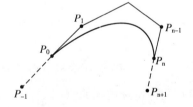

图 4-21　指定两端点

⑤指定两端点

要使生成的三次 B 样条曲线段以特征多边形的角点 P_0 为始点，且与 P_0P_1 边相切；以 P_n 角点为终点，且与 $P_{n-1}P_n$ 边相切。则构造该曲线的方法为：

a. 延长 P_1P_0 到 P_{-1}，并使 $P_{-1}P_0 = P_0P_1$；

b. 延长 $P_{n-1}P_n$ 到 P_{n+1}，并使 $P_nP_{n+1} = P_{n-1}P_n$。

则新的特征多边形 P_{-1}、P_0、P_1、$\cdots$、P_n、P_{n+1} 所构造的三次 B 样条曲线即满足以上要求（见图 4-21）。

（4）三次 B 样条曲线的作图程序

三次 B 样条曲线的 C 语言作图程序如下：

```
#include "graphics. h"/*三次 B 样条曲线 C 语言作图程序开始*/
#define n 30 /*n 的值根据作图精度确定*/
main ( )
    {float x0 = 30. , y0 = 30. , x1 = 60. , y1 = 110. , x2 = 120. , y2 = 150. , x3 = 200. , y3
= 30. ;
    float x [n], y [n], xs, ys;
    float a0, a1, a2, a3, b0, b1, b2, b3, dt, t, t2, t3;
    int i, cx = 100, cy = 260; /*给出作图基准点坐标 cx、cy*/
    int gdriver = DETECT, gmode;
    initgraph (&gdriver, &gmode,"D:\\tc");
    cleardevice ( );
    xs = (x0 + 4 * x1 + x2) /6. ; ys = (y0 + 4 * y1 + y2) /6. ; /*计算始点坐标*/
    a0 = xs; a1 = (x2 - x0) /2; a2 = (x0 - 2 * x1 + x2) /2; a3 = - (x0 - 3 * x1 + 3
* x2 - x3) /6; /*求系数*/
    b0 = ys; b1 = (y2 - y0) /2; b2 = (y0 - 2 * y1 + y2) /2; b3 = - (y0 - 3 * y1 + 3
* y2 - y3) /6;
    dt = 1. 0/n;
    for (i = 1; i < = n; i + +)
        {t = i * dt; t2 = t * t; t3 = t2 * t; /*计算参数 t、t2、t3*/
        x [i] = cx + (a0 + a1 * t + a2 * t2 + a3 * t3); y [i] = cy - (b0 + b1 * t + b2
* t2 + b3 * t3); /*求屏坐标*/
        }
    moveto (x0 + cx, cy - y0); /*移笔到始点*/
    for (i = 1; i < = n; i + +)
        lineto (x [i], y [i]); /*连线到当前点*/
    getch ( );
    closegraph ( );
    }
```

下面是三次 B 样条曲线的 VB 语言作图程序:

```
Option Explicit
Private Sub Form_Load ( )
    Dim x0, y0, x1, y1, x2, y2, x3, y3 As Double
    Dim x (30), y (30), xs, ys As Double
    Dim cx, cy, i As Integer
    Dim a0, a1, a2, a3, b0, b1, b2, b3, dt, t, t2, t3 As Double
    '设置绘图环境
    Form1. Scale (0, 0) - (400, 400)
    Form1. DrawWidth = 3
    Form1. BackColor = RGB (255, 255, 255)
    Form1. ForeColor = RGB (0, 0, 0)
```

Form1．AutoRedraw ＝ True

cx ＝ 100；cy ＝ 260；x0 ＝ 30；y0 ＝ 30；x1 ＝ 60；y1 ＝ 110

x2 ＝120；y2 ＝ 150；x3 ＝ 200 y3 ＝ 30

´计算起始点坐标

xs ＝ (x0 ＋ 4 ＊ x1 ＋ x2) ／ 6；ys ＝ (y0 ＋ 4 ＊ y1 ＋ y2) ／ 6

a0 ＝ xs；   a1 ＝ (x2 － x0) ／ 2

a2 ＝ (x0 － 2 ＊ x1 ＋ x2) ／ 2；a3 ＝ － (x0 － 3 ＊ x1 ＋ 3 ＊ x2 － x3) ／ 6

b0 ＝ ys；   b1 ＝ (y2 － y0) ／ 2

b2 ＝ (y0 － 2 ＊ y1 ＋ y2) ／ 2；b3 ＝ － (y0 － 3 ＊ y1 ＋ 3 ＊ y2 － y3) ／ 6

dt ＝ 1# ／ 30

´计算曲线上的点

For i ＝ 1 To 30

    t ＝ i ＊ dt；t2 ＝ t ＊ t；t3 ＝ t2 ＊ t

    x (i－1) ＝ a0 ＋ a1 ＊ t ＋ a2 ＊ t2 ＋ a3 ＊ t3 ＋ cx

    y (i－1) ＝ cy － (b0 ＋ b1 ＊ t ＋ b2 ＊ t2 ＋ b3 ＊ t3)

Next i

´连线绘图

For i ＝ 1 To 29

  Form1．Line (x (i－1)，y (i－1)) － (x (i)，y (i))

Next i

End Sub

图 4-22 所示的金鱼和鸭子图案是分别用三次贝塞尔与三次 B 样条曲线绘制的图例。用贝塞尔曲线连成图形时，应注意曲线段之间满足 C^1 阶连续的条件；用 B 样条曲线画图时，在有尖点的地方应注意使用特征多边形角点重合及多顶点共边的技巧。

（a）金鱼图案   （b）鸭子图案

图 4-22　用贝塞尔与 B 样条曲线绘图实例

第四节　不规则曲面

在现实生活中，除有常见的圆柱、圆锥、圆球、螺旋面等规则曲面外，还有像轮船船体、飞机机身以及包装机械中翻领制袋成型器（见图 4-23）那样的不规则曲面。不规则曲面的母线是变化的，传统的表达方法是用三个方向的平行平面剖切复杂曲面，画出三族截交线的投影来确定其形状；用计算机处理不规则曲面时，可通过一定数量的曲面片拼接来表示曲面，只要选择适当的曲面片方程，并按一定的连续条件使曲面片之间光滑连接，就能构成各种复杂曲面。

下面着重介绍双三次的孔斯曲面、贝塞尔曲面和 B 样条曲面。

图 4-23 翻领制袋成型器

一、不规则曲面表示法

一个单变量向量函数可表示一条曲线，例如：

平面曲线可表示为：$\vec{P}(t) = [x(t)\ y(t)]$，空间曲线可表示为：$\vec{P}(t) = [x(t)\ y(t)\ z(t)]$。以上式中，$t$ 是参数。

表示一个曲面需要两个参数，用一个双变量向量函数可表示一条曲面，即：

$$\vec{p}(u,w) = [x(u,w)\ y(u,w)\ z(u,w)]$$

式中，x、y、z 分别是点 P 的三个坐标分量函数，为了便于讨论和计算，可取 $0 \leqslant u \leqslant 1$，$0 \leqslant w \leqslant 1$。

曲面上的线可用固定一个变量 u 或 w 来表示。如图 4-24 所示，$\vec{p}(u_0, w)$ 表示一条沿着 $u = u_0$ 的曲线，简称 w 线；$\vec{p}(u, w_0)$ 表示一条沿着 $w = w_0$ 的曲线，简称 u 线。w 线或 u 线统称为曲面上的参数曲线。曲面上的点可用给定的两个参数值来表示，如 $\vec{p}(u_i, w_j)$。

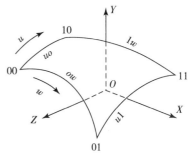

图 4-24 孔斯曲面片

二、孔斯曲面

工程上常用的孔斯曲面是双三次孔斯曲面。在描述双三次孔斯曲面块时，对它的四条边界曲线 $P(u, 0)$、$P(u, 1)$、$P(0, w)$、$P(1, w)$ 和调配函数都使用三次参数样条曲线来描述。

1. 用调配函数表示三次参数样条曲线

由本章第二节的式（4-11）和式（4-17）得知，当参数 t 取值范围是 $[0, 1]$ 时，利用 $P_1 = P(0)$，$P_2 = P(1)$，三次参数样条曲线的表达式可写为：

$$\vec{p}(t) = \vec{B}_0 + \vec{B}_1 t + \vec{B}_2 t^2 + \vec{B}_3 t^3$$

式中：$\vec{B}_0 = \vec{P}(0)$ 　　$\vec{B}_1 = \vec{P}'(0)$

$\vec{B}_2 = 3[\vec{P}(1) - \vec{P}(0)] - 2\vec{P}'(0) - \vec{P}'(1)$

$\vec{B}_3 = 2[\vec{P}(0) - \vec{P}(1)] + \vec{P}'(0) + \vec{P}'(1)$

上式又可以改写为：

$$\vec{p}(t) = F_0(t)\vec{P}(0) + F_1(t)\vec{P}(1) + G_0(t)\vec{P}'(0) + G_1(t)\vec{P}'(1) \quad (0 \leqslant t \leqslant 1)$$

$$(4-31)$$

其中，调配函数分别为：$F_0(t) = 1 - 3t^2 + 2t^3$ 　　$F_1(t) = 3t^2 - 2t^3$

$$G_0(t) = t - 2t^2 + t^3 \qquad G_1(t) = t^3 - t^2$$

将式（4-31）写成矩阵形式则为：

$$\vec{P}(t) = \begin{bmatrix} t^3 & t^2 & t & 1 \end{bmatrix} \begin{bmatrix} 2 & -2 & 1 & 1 \\ -3 & 3 & -2 & -1 \\ 0 & 0 & 1 & 0 \\ 1 & 0 & 0 & 0 \end{bmatrix} \begin{bmatrix} \vec{P}(0) \\ \vec{P}(1) \\ \vec{P}'(0) \\ \vec{P}'(1) \end{bmatrix} \qquad (4-32)$$

2. 简化符号

在表示孔斯曲面时，使用由孔斯本人创造的简化符号后（参见图4-24），从而使曲面表达式变得简单明了。

将表示曲面的的双参数向量函数 $\vec{P}(u, w)$ 简写为 uw。

$$uw = \begin{bmatrix} X(uw) & Y(uw) & Z(uw) \end{bmatrix}$$

四条边界曲线分别简写为 $0w$、$1w$、$u0$、$u1$。

$$0w = \vec{P}(0,w) \quad 1w = \vec{P}(1,w) \quad u0 = \vec{P}(u,0) \quad u1 = \vec{P}(u,1)$$

四个角点分别简写为 00、01、10、11。

$$00 = \vec{P}(0,0) \quad 01 = \vec{P}(0,1) \quad 10 = \vec{P}(1,0) \quad 11 = \vec{P}(1,1)$$

四个角点的切向量为：

$$00_u = \frac{\partial(uw)}{\partial u}\Big|_{\substack{u=0\\w=0}} \qquad\qquad 00_w = \frac{\partial(uw)}{\partial w}\Big|_{\substack{u=0\\w=0}}$$

$$01_u = \frac{\partial(uw)}{\partial u}\Big|_{\substack{u=0\\w=1}} \qquad\qquad 01_w = \frac{\partial(uw)}{\partial w}\Big|_{\substack{u=0\\w=1}}$$

$$10_u = \frac{\partial(uw)}{\partial u}\Big|_{\substack{u=1\\w=0}} \qquad\qquad 10_w = \frac{\partial(uw)}{\partial w}\Big|_{\substack{u=1\\w=0}}$$

$$11_u = \frac{\partial(uw)}{\partial u}\Big|_{\substack{u=1\\w=1}} \qquad\qquad 11_w = \frac{\partial(uw)}{\partial w}\Big|_{\substack{u=1\\w=1}}$$

四个角点的扭向量为：

$$00_{uw} = \frac{\partial(uw)}{\partial u\partial w}\Big|_{\substack{u=0\\w=0}} \qquad\qquad 01_{uw} = \frac{\partial(uw)}{\partial u\partial w}\Big|_{\substack{u=0\\w=1}}$$

$$10_{uw} = \frac{\partial(uw)}{\partial u\partial w}\Big|_{\substack{u=1\\w=0}} \qquad\qquad 11_{uw} = \frac{\partial(uw)}{\partial u\partial w}\Big|_{\substack{u=1\\w=1}}$$

3. 用调配函数构造孔斯曲面块

根据线的移动生成面的原理，如图4-25所示，曲面块可视为一条动母线 uw^* 沿着 w 方向在整个域上扫描而成，由式（4-31）得：

$$uw = 0wF_0(u) + 1wF_1(u) + 0w_uG_0(u) + 1w_uG_1(u)$$
$$= \begin{bmatrix} F_0(u) & F_1(u) & G_0(u) & G_1(u) \end{bmatrix} \begin{bmatrix} 0w & 1w & 0w_u & 1w_u \end{bmatrix}^T$$
$$(0 \leqslant u \leqslant 1) \qquad\qquad (4-33)$$

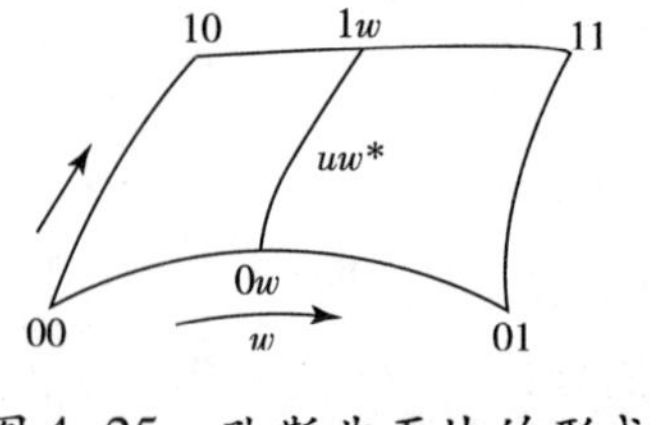

图4-25　孔斯曲面块的形成

再由式（4-31）得：

$$0w = 00F_0(w) + 01F_1(w) + 00_wG_0(w) + 01_wG_1(w)$$
$$1w = 10F_0(w) + 11F_1(w) + 10_wG_0(w) + 11_wG_1(w)$$
$$0w_u = 00_uF_0(w) + 01_uF_1(w) + 00_{uw}G_0(w) + 01_{uw}G_1(w)$$
$$1w_u = 10_uF_0(w) + 11_uF_1(w) + 10_{uw}G_0(w) + 11_{uw}G_1(w) \qquad (0 \leqslant w \leqslant 1)$$

写成矩阵形式：

$$\begin{bmatrix} 0w \\ 1w \\ 0w_u \\ 1w_u \end{bmatrix} = \begin{bmatrix} 00 & 01 & 00_w & 01_w \\ 10 & 11 & 10_w & 11_w \\ 00_u & 01_u & 00_{uw} & 01_{uw} \\ 10_u & 11_u & 10_{uw} & 11_{uw} \end{bmatrix} \begin{bmatrix} F_0(w) \\ F_1(w) \\ G_0(w) \\ G_1(w) \end{bmatrix}$$

$$= \begin{bmatrix} 00 & 01 & 00_w & 01_w \\ 10 & 11 & 10_w & 11_w \\ 00_u & 01_u & 00_{uw} & 01_{uw} \\ 10_u & 11_u & 10_{uw} & 11_{uw} \end{bmatrix} \begin{bmatrix} 2 & -3 & 0 & 1 \\ -2 & 3 & 0 & 0 \\ 1 & -2 & 1 & 0 \\ 1 & -1 & 0 & 0 \end{bmatrix} \begin{bmatrix} w^3 \\ w^2 \\ w \\ 1 \end{bmatrix}$$

将上式代入式（4-33），把 uw 换成 $\bar{Q}(u, w)$，整理后得：

$$\bar{Q}(u,w) = [U][M][P][M]^T[W]^T \qquad (0 \le u \le 1, 0 \le w \le 1) \qquad (4-34)$$

式中：

$$[U] = \begin{bmatrix} u^3 & u^2 & u & 1 \end{bmatrix} \qquad [W] = \begin{bmatrix} w^3 & w^2 & w & 1 \end{bmatrix}$$

$$[M] = \begin{bmatrix} 2 & -2 & 1 & 1 \\ -3 & 3 & -2 & -1 \\ 0 & 0 & 1 & 0 \\ 1 & 0 & 0 & 0 \end{bmatrix}$$

$$[P] = \begin{bmatrix} 00 & 01 & 00_w & 01_w \\ 10 & 11 & 10_w & 11_w \\ 00_u & 01_u & 00_{uw} & 01_{uw} \\ 10_u & 11_u & 10_{uw} & 11_{uw} \end{bmatrix} = \begin{bmatrix} \text{角点} & w\ \text{向切矢} \\ \hline u\ \text{向切矢} & \text{扭矢} \end{bmatrix}$$

式（4-34）即为双三次孔斯曲面块的插值计算公式，由此式可知，该曲面块是由三次调配函数（F_0、F_1、G_0、G_1）、四条三次边界曲线、四个角点以及角点处的 8 个切向量和四个扭向量定义的。

4×4 角点信息矩阵 P 可分为四个区，包含了角点、角点切矢及角点扭矢的数据。就一个已知的曲面块而言，P 矩阵中的元素皆为常数；四条边界曲线的位置和形状取决于扭矢量以外的三组信息；调整扭矢量只会改变曲面内部形状。

使用式（4-33）时，应转换成坐标分量表达式：

$$\begin{aligned} X(u,w) &= [U][M][P]_x[M]^T[W]^T \\ Y(u,w) &= [U][M][P]_y[M]^T[W]^T \\ Z(u,w) &= [U][M][P]_z[M]^T[W]^T \end{aligned} \qquad (4-35)$$

三、贝塞尔曲面

孔斯曲面使用了"扭矢"这一数学概念，使人难于理解、掌握和应用。而贝塞尔曲面与 B 样条曲面是采用一组空间点列来控制曲面的形状，较好地克服了上述缺点。

1. 数学表达式

贝塞尔曲面是由贝塞尔曲线拓广而成的。如图 4-26 所示，由 $(n+1) \times (m+1)$ 空间网格点列 $\bar{P}_{ij}$（$i=0, 1, \cdots, n; j=0, 1, \cdots, m$）可定义 $m \times n$ 次贝塞尔曲面，其数学表达式为：

$$\vec{Q}(u,w) = \sum_{i=0}^{n}\sum_{j=0}^{m} B_{i,n}(u)B_{j,m}(w)\vec{P}_{ij} \qquad (0 \le u \le 1, 0 \le w \le 1) \qquad (4-36)$$

式中的基函数为：

$$B_{i,n}(u) = C_n^i u^i (1-u)^{n-i}$$

$$B_{j,m}(w) = C_m^j w^j (1-w)^{m-j}$$

依次用线段连接点列 $\vec{P}_{ij}$（$i=0,1,\cdots,n$；$j=0,1,\cdots,m$）中相邻两点，所组成的空间网格叫特征网格。

当 $m=n=3$ 时，4×4 特征网格所定义的双三次贝塞尔曲面块可表示为：

$$\vec{Q}(u,w) = \sum_{i=0}^{3}\sum_{j=0}^{3} B_{i,3}(u)B_{j,3}(w)\vec{P}_{ij}$$

$$(0 \le u \le 1, 0 \le w \le 1)$$

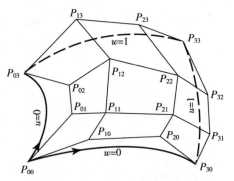

图4-26　4×4 贝塞尔曲面特征网格

写成矩阵表达式：$\vec{Q}(u,w) = [U][N][P][N]^T[W]^T \qquad (0 \le u \le 1, 0 \le w \le 1)$

$$(4-37)$$

式中，$[U] = \begin{bmatrix} u^3 & u^2 & u & 1 \end{bmatrix}$　　　$[W] = \begin{bmatrix} w^3 & w^2 & w & 1 \end{bmatrix}$

$$[N] = \begin{bmatrix} -1 & 3 & -3 & 1 \\ 3 & -6 & 3 & 0 \\ -3 & 3 & 0 & 0 \\ 1 & 0 & 0 & 0 \end{bmatrix} \qquad [P] = \begin{bmatrix} \vec{P}_{00} & \vec{P}_{01} & \vec{P}_{02} & \vec{P}_{03} \\ \vec{P}_{10} & \vec{P}_{11} & \vec{P}_{12} & \vec{P}_{13} \\ \vec{P}_{20} & \vec{P}_{21} & \vec{P}_{22} & \vec{P}_{23} \\ \vec{P}_{30} & \vec{P}_{31} & \vec{P}_{32} & \vec{P}_{33} \end{bmatrix}$$

贝塞尔曲面同样具有贝塞尔曲线的性质，如凸包性质、端点性质、逼近性质等。

在具体计算时，应将式（4-37）转换成坐标分量式：

$$X(u,w) = [U][N][P]_x[N]^T[W]^T$$

$$Y(u,w) = [U][N][P]_y[N]^T[W]^T \qquad (4-38)$$

$$Z(u,w) = [U][N][P]_z[N]^T[W]^T$$

2. 贝塞尔曲面块的拼接

由 16 个角点组成的特征网格是构造双三次贝塞尔曲面块的基础，只要控制好角点的位置就能方便地修改曲面块的形状和进行曲面块的拼接。

如图4-27 所示，分别由角点 P_0、P_1、P_2、P_3 和 P_3、P_4、P_5、P_6 构造的两条三次贝塞尔曲线段，只要 P_2、P_3、P_4 三角点共线，这两条曲线在角点 P_3 处可达到 C^1 阶连续。

同样，双三次贝塞尔曲面块的拼接也能通过控制特征网格顶点的位置来实现。如图4-28 所示，第一曲面块的特征网格顶点 P_{ij}（$i=0,1,2,3$；$j=0,1,2,3$），第二曲面块的特征网格顶点 P_{ij}（$i=3,4,5,6$；$j=0,1,2,3$）。要使二曲面块拼接后在接合线上达到 C^1 阶连续，必须满足以下条件：

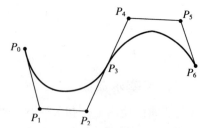

图4-27　三次贝塞尔曲线段的连接

（1）二曲面块在接合线处要具有公共的边界角点，如图4-29 中的 $P_{3j}(j=0,1,2,3)$。

（2）这些公共角点与两端角点的距离保持线性关系，而且两端的线性线段之比为常量。

对于图 4-29 中的二曲面块来说，要实现拼接 C^1 阶连续，相邻三角点 P_{2j}、P_{3j}、P_{4j}（$j=0$，1，2，3）必须共线，并要满足：

$$\frac{P_{40}P_{30}}{P_{30}P_{20}} = \frac{P_{41}P_{31}}{P_{31}P_{21}} = \frac{P_{42}P_{32}}{P_{32}P_{22}} = \frac{P_{43}P_{33}}{P_{33}P_{23}} = \lambda$$

式中，λ 是任意选定的正的常数。

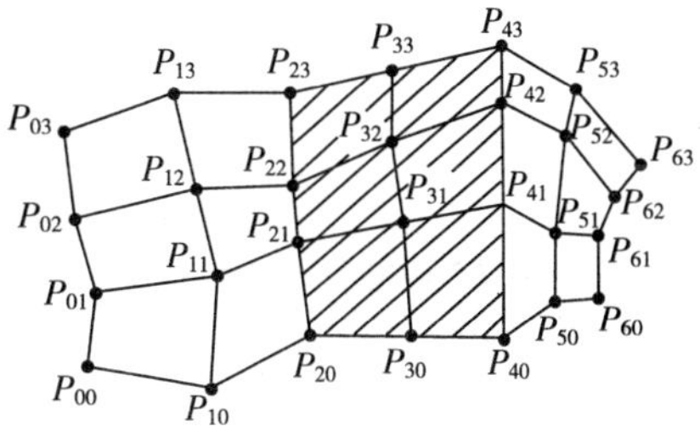

图 4-28 双三次贝塞尔曲面块的拼接

将上式写成坐标分量式：

$$\left.\begin{array}{l} PX_{4j} - PX_{3j} = \lambda(PX_{3j} - PX_{2j}) \\ PY_{4j} - PY_{3j} = \lambda(PY_{3j} - PY_{2j}) \\ PZ_{4j} - PZ_{3j} = \lambda(PZ_{3j} - PZ_{2j}) \end{array}\right\} \quad j = 0,1,2,3$$

移项得：

$$\left.\begin{array}{l} PX_{4j} = PX_{3j} + \lambda(PX_{3j} - PX_{2j}) \\ PY_{4j} = PY_{3j} + \lambda(PY_{3j} - PY_{2j}) \\ PZ_{4j} = PZ_{3j} + \lambda(PZ_{3j} - PZ_{2j}) \end{array}\right\} \quad j = 0,1,2,3 \qquad (4-39)$$

若已知第一曲面块的角点 P_{ij}（i，$j=0$，1，2，3），可由上式求出 P_{4j}（$j=0$，1，2，3），第二曲面块的另外 8 个角点 P_{5j}、P_{6j} 可根据设计要求确定，这样就设计出与第一曲面块切接的第二曲面块。

四、B 样条曲面

B 样条曲面实质上是 B 样条曲线的拓广，下面介绍在外形设计等方面经常使用的双三次 B 样条曲面。

1. 数学表达式

由 4×4 空间网格点列 $\vec{P}_{ij}$（i，$j=0$，1，2，3）所定义的双三次 B 样条曲面块，可仿效双三次孔斯曲面的表示形式写出其矩阵表达式：

$$\vec{Q}(u, w) = [U][V][P][V]^T[W]^T \qquad (0 \leqslant u \leqslant 1, \ 0 \leqslant w \leqslant 1) \qquad (4-40)$$

式中，$[U] = [u^3 \quad u^2 \quad u \quad 1]$ $[W] = [w^3 \quad w^2 \quad w \quad 1]$

$$[V] = \begin{bmatrix} -\dfrac{1}{6} & \dfrac{1}{2} & -\dfrac{1}{2} & \dfrac{1}{6} \\ \dfrac{1}{2} & -1 & \dfrac{1}{2} & 0 \\ -\dfrac{1}{2} & 0 & \dfrac{1}{2} & 0 \\ \dfrac{1}{6} & \dfrac{2}{3} & \dfrac{1}{6} & 0 \end{bmatrix} \qquad [P] = \begin{bmatrix} \vec{P}_{00} & \vec{P}_{01} & \vec{P}_{02} & \vec{P}_{03} \\ \vec{P}_{10} & \vec{P}_{11} & \vec{P}_{12} & \vec{P}_{13} \\ \vec{P}_{20} & \vec{P}_{21} & \vec{P}_{22} & \vec{P}_{23} \\ \vec{P}_{30} & \vec{P}_{31} & \vec{P}_{32} & \vec{P}_{33} \end{bmatrix}$$

$\vec{P}_{ij}$（i，$j=0$，1，2，3）所组成的空间网格称为 B 特征网格。图 4-29 是 4×4 B 特征网格及其定义的双三次 B 样条曲面块。

式（4-40）的坐标分量式为：

$$X(u,w) = [U][V][P]_x[V]^T[W]^T$$
$$Y(u,w) = [U][V][P]_y[V]^T[W]^T \qquad (4-41)$$
$$Z(u,w) = [U][V][P]_z[V]^T[W]^T$$

2. B 样条曲面的特点

与三次 B 样条曲线相似，双三次 B 样条曲面极为自然地解决了曲面块间的连接问题。只要 B 特征网格沿着 i 或 j 方向延伸一排，例如由 $i \times j = 4 \times 4$ 变为 5×4，就能构造出另一曲面块，而且二曲面块之间可达到 C^2 阶连续。这是 B 样条曲面较之其他类型曲面的优越之处。

双三次 B 样条曲面块一般不通过 B 特征网格任何一个顶点，而双三次的孔斯曲面和贝塞尔曲面则不然。因此，在边界处理上，后者相对简单些。

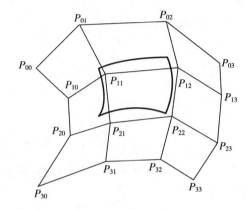

图 4-29 双三次 B 样条曲面块的特征网格

第五节　数据结构

在设计应用程序时，除了要研究程序本身的结构和算法外，还要研究程序处理的对象即数据结构。这不仅关系到程序设计和程序运行的效率，而且还与程序运行所占用的存储空间密切相关，因此有关学者认为：算法 + 数据结构 = 程序。从事包装 CAD/CAM 技术的研发人员必须具备一定的数据结构知识。

数据结构的内容十分丰富，其类型包括线性表、数组、记录、栈、简单链表、串、树、图和文件等。在包装 CAD 中，经常采用数组、链表等数据结构，下面介绍关于数据结构的基本知识。

一、基本概念及术语

1. 数据的描述

（1）数据

数据是用来描述客观事物并能被计算机加工处理的信息载体。数字、字符以及声音、图像等都属于数据的范畴。它描述的对象是客观事物的某些特性，即该事物的属性。由若干个属性值所描述的对象叫实体。实体可以是能触及的人或物，也可以是抽象的概念。例如 0201 型瓦楞纸箱是一个实体，可由箱型代号、规格尺寸、材料、抗压强度、缓冲性能等属性来描述。直观地说，数据就是与客观实体相关的数字、字符以及其他符号的集合。

（2）数据项

数据项是描述客观实体属性的数据，它是数据中具有独立意义的最小标识单位。如包装工程杂志的刊号、刊名、刊期、单价都是数据中具有命名的不可分的数据项。它们分别表达了该杂志的某个属性。

（3）数据元素

数据元素是数据的基本单位。例如，某高校图书馆订阅科技期刊杂志的管理档案中，包括刊号、刊名、刊期、单价等在内的每种杂志的信息就是一个数据元素。每个数据元素可以只有一个数据项，也可以由多个数据项组成。数据元素在不同的数据结构中也可以叫元素、结点、顶点、记录等。在顺序结构中多称为"元素"，在链式结构中多称为"结点"，在图结构中多称为"顶点"，在文件结构中多称为"记录"。

（4）数据对象

属性性质相同的数据元素的集合叫数据对象，它是数据的一个子集。例如，包装期刊对象就是含有包装工程、包装世界、中国包装、中国包装工业、广东包装等数据元素的集合。

（5）数据结构

数据结构是描述一个实体所需要的数据和数据间的关系。主要研究数据间的逻辑关系（逻辑结构）和数据的存储方式（物理结构）。数据结构是否合理，常常是处理问题能否成功的关键，也是提高算法效率的重要途径。

2．数据的组织形式

数据的组织形式有：数据项、记录、文件及数据库。采用何种组织形式，取决于数据结构的复杂程度以及数据量的大小。上面已经介绍了数据项，下面对其余几种形式分别给予说明。

（1）记录

描述一个对象的全部数据叫记录。它是该对象相关数据项的集合。例如某种瓦楞纸箱的箱型代号、规格尺寸、材料、抗压强度等数据项的值，组成了描述该纸箱的记录。

（2）文件

相同性质的若干个记录的集合称之为文件。例如02系列的瓦楞纸箱中有30种箱型，每种箱型的相关数据项组成一个记录，该系列各型纸箱的记录就组成了02系列的纸箱文件。

（3）数据库

其最初的概念泛指一个较大的文件集合。而现代含义不只是简单的文件集合，还包含一定的特点和要求。它按信息的自然联系来构造数据，将数据本身和数据间关系一并存储，用各种存取方法对数据进行多种组合，以满足各种应用，实现数据为多用户共享。

二、数据的逻辑结构

数据的逻辑结构是指数据间的逻辑关系，与数据的存储无关，可分为顺序结构、层次结构和网状结构三类。

1．顺序结构

这是一类最简单的数据结构，每个数据元素仅与它前面一个和后面一个数据元素相连，形成"一对一"的关系。因而只能用于表达数据间的简单的顺序关系。如图4-30所示，这种结构包括单向结构（上图）、双向结构（中图）和循环结构（下图）。

线性表是 n（$n \geqslant 0$）个具有相同特性数据元素的有限序列。它的逻辑结构属于顺序结构，可表示为：$T = (t_1, t_2, \cdots, t_n)$。表中每个元素具有相同的数据类型及数据长度，除了首、末二元素

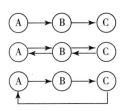

图 4-30　顺序结构

外，都有一个直接前趋，也都有一个直接后继。

2. 层次结构（树结构）

如图 4-31 所示，层次结构的数据元素之间呈层次逻辑关系。其特点是每个元素只有一根连线与上一层一个元素相连，而上一层的数据元素可与下一层几个元素相连，形成"一对多"的关系。该结构像一颗倒置的树，故又称之为树结构。其中最上层的一个元素叫根元素，其余的元素都是从属于上一层的枝元素，同时本身又可以派生出若干叶元素。在树结构中，若每个枝元素最多有两个叶元素，则为二叉树结构（见图 4-32）。这种结构应用广泛，特别适合于计算机二进制计算方式。

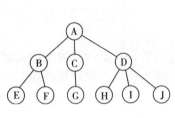

图 4-31　层次结构

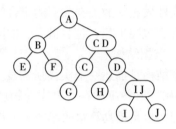

图 4-32　二叉树结构

3. 网状结构

该结构能够表达数据间更复杂的关系。如图 4-33（b）中的几何图形 P，是由一个四边形 S 和一个三角形 T 组成，四边形 S 由 A、B、C、D 四条边组成，T 由 D、E、F 三边组成。每条边虽有两个端点，但因存在公共端点，故整个图形只有 1、2、3、4、5 五个顶点。组成这个图形的逻辑结构如图 4-33（a）所示，一、二层间和二、三层间为层次结构；三、四层间是网状结构。由此可见，数据间的逻辑关系往往是上述几类基本结构的组合。

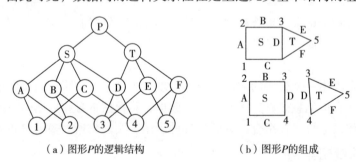

（a）图形 P 的逻辑结构　　　　（b）图形 P 的组成

图 4-33　图形的数据结构

三、数据的物理结构

数据的物理结构即数据的存储结构。其中，线性表是一种最简单、最常用的数据结构形式，它的存储方式有两种，一种是顺序存储结构，另一种是链式存储结构。数组是有序数据的集合，数组中每个元素具有相同的长度和类型，只要用一个统一的数组名和下标，就可以唯一地确定数组中的元素。由此可见，数组是线性表的扩充形式，但它只有一种顺序存储结构。

1. 顺序存储结构

顺序存储结构如图 4-34 所示，就是用一组连续的存储单元将数据元素依次存放在存储单元中。例如按顺序分配上述线性表 T 中各元素的存储单元时，第 i 个元素（t_i）的存储起

始地址 a_i 可用第一个元素（t_1）的存储起始地址 a_1 按下式直接算出：

$$a_i = a_1 + S\,(i-1)$$

式中，S 是单个元素的存储长度。

元素序号	元素值
1	a_1
2	a_2
⋮	⋮
i	a_i
⋮	⋮
n	a_n

图 4-34　顺序存储

由于线性表的逻辑结构与物理结构完全一致，存储时不需要指针，故占用的存储单元少，结构紧凑。但是要进行插入或删除运算时比较麻烦，若插入或删除一个元素，其后面的元素要依次后移或前移，移动的数据量往往很大。下面讨论对线性表中的元素进行删除或插入的两种运算。

（1）删除运算

要在长度为 n 的线性表 T 中删除第 i 个元素，原表中删除 t_i 后应该仍保持线性连续。在具体操作前，作如下约定：若 $i > n$ 或 $n < 1$，则要删的元素不存在，故无元素可删；若 $i = n$，则删除最后一个元素即可；其余情况需将原来第 i 个以后的元素依次前移一个元素的位置。

具体算法步骤如下：

①若 $i > n$ 或 $n < 1$，则表中无此元素可删，过程结束返回。

②若 $i = n$，则让 $n = n - 1$。过程结束，返回。

③否则：执行 $T\,(j-1) = T\,(j)$，（$j = i + 1,\ i + 2,\ \cdots,\ n$）；$n = n - 1$。过程结束，返回。

删除运算过程见图 4-35。

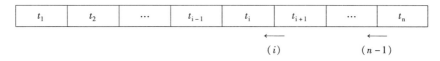

图 4-35　元素删除过程

（2）插入运算

若在长度为 n 的线性表 T 中的第 i 个元素前插入一个新元素 t，则必须在表中给新元素留出空间。在新元素插入前，要把表中第 i 个及其后面的元素依次向后移动一个元素的位置，以便新元素的插入。

在具体操作前作如下约定：当 $i < 1$ 时，t 一律插在表中第一个位置；当 $i > n$ 时，t 一律接在表尾，作为最后一个元素。插入算法的步骤如下：

①若 $i > n$，则让 $n = n + 1$，$T\,(n) = t$。过程结束，返回。

②若 $i < 1$，则让 $i = 1$，然后转到③；否则直接转到③。

③执行 $T\,(j+1) = T\,(j)$，（$j = n,\ n - 1,\ \cdots,\ i + 1,\ i$）；$T\,(i) = t$；$n = n + 1$。过程结束，返回。

插入运算过程见图 4-36。

图 4-36　新元素插入

2. 链式存储结构

线性表的顺序存储结构虽有占用存储单元少、结构紧凑、访问快（只要计算地址即可）

等优点，但也存在插入或删除元素时，需移动的数据量很大、表的容量难以扩充、不便于多个表共享存储空间。链式存储结构是采用一组不必连续的存储单元的非顺序存储结构，各元素之间的顺序关系由数据元素的指针确定，从而便于元素的插入或删除。如图 4-37 所示，链表的节点是由值域（Value）和指针域（Link）组成，前者用来存放数据值，后者用来存放指示该节点的邻近结点存放地址的指针。根据信息段逻辑关系的复杂程度可设立一个或若干个指针。

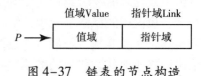

图 4-37　链表的节点构造

（1）单链表和双链表

链式结构的线性表可分为单链表和双链表，其结构如图 4-38 所示，单、双链表中除了都有信息字段外，单链表只有一个指针字段，而双链表则有两个指针字段，一个指向直接前趋，另一个指向直接后继。

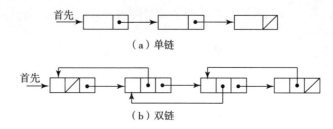

图 4-38　单链表和双链表结构

单链表是链表结构中最简单的一种，每个节点只有一个指针字段，用以指示后续结点存放的地址。所以插入和删除操作都可以通过修改指针字段地址来完成，问题的关键是如何找到要查找的元素。下面介绍单链表的算法。

（2）单链表的算法

在链表中，用"→"表示指针（见图 4-37）。P 称为指向节点的指针，$P\uparrow$ 称为 P 所指向的节点，$P\uparrow$.Value 称为 P 所指节点的值域，$P\uparrow$.Link 称为 P 所指节点的指针域。

①查找。由于链表中各节点间的逻辑关系是靠链指针维持的，所以查找一个节点，必须从链表的第一个节点开始，逐个向后查找。令 L 是表头指针，X 是要查节点的值，p 为指向该节点的指针，Nil 为空指针，具体的算法步骤如下：

a. 令 $P = L$（P 是工作指针）；

b. 判断：$P \neq Nil$ 并且 $P\uparrow$.Value $\neq$ X 是否成立？

c. 成立，则 $P = P\uparrow$.Link，转向 b，否则转向 d；

d. $p = P$。

②插入。如图 4-39 所示，将 N 所指的节点插入链表的第 i 个元素之前。

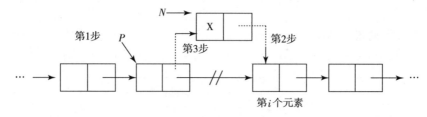

图 4-39　链表中插入节点

步骤如下：

a. 通过查找使工作指针 P 指向第 i 个元素的前驱元素；

b. 使 N 所指节点的指针域指向第 i 个节点：N↑．Link = P↑．Link；

c. 将 P 指向的节点指针指向 N 节点：P↑．Link = N。

③删除。如图 4-40 所示，从链表中删除值域等于 X 的节点。其方法是找出要删除节点的前驱节点，使前驱节点的指针指向要删除节点的后继节点即可。算法步骤如下：

a. 令 $P = L$（P 是工作指针，L 是表头指针）；

b. 判断：P↑．Link↑．Value ≠ X 并且 P↑．Link ≠ Nil 是否成立？

c. 成立，则 $P = P$↑．Link，转向 b，否则转向 d；

d. 若 P↑．Link = Nil，则 X 不存在，否则转向 e；

e. P↑．Link = P↑．Link↑．Link。（删除）

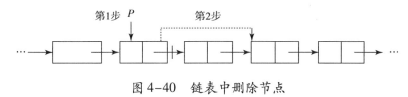

图 4-40 链表中删除节点

当数据的层次较多，它们之间的联系又较复杂时，为了提高有关数据的检索速度，往往用到二重或二重以上的多重链表的结构形式。例如在构造立体模型的数据结构时，采用多重链表就不可避免。

第六节 三维几何造型简介

一、几何造型的发展概况

1．几何造型的意义

三维几何造型是用计算机系统来表示三维形体的形状，模拟三维物体动态过程的处理技术，是计算机技术一个重要的应用领域。三维物体形状在计算机内部的表示及处理方法的解决，是 CAD/CAM 综合系统的一个核心问题。计算机集成制造系统（CIMS）的水平与集成度在很大程度上取决于三维几何造型软件系统的功能和水平。

2．发展情况简介

三维几何造型技术经过 30 多年的发展，已经形成了一套完整的建模理论与方法。早在20 多年前，美、英、法、德、日等国家的高校和企事业部门先后开发了 20 余种实验性与商业性三维造型系统。如美国 SDRC 公司的 Geomod，罗彻斯特大学的 PADL，德国柏林大学的COMPAC，日本北海道大学的 TIPS 等系统对三维几何造型技术的发展产生了重大的影响。目前，随着造型技术的发展，出现了各种实用和商品化的几何造型系统，其功能愈加强大，造型技术也日趋完善。例如 IBM 公司的 CATIA 系统、PTC 公司的 Pro/Engineer、EDS 公司的UGII 等大型高端系统，以及 Autodesk 公司的 AutoCAD 等中低端系统，还有许多基于

AutoCAD、Pro/E 等软件二次开发的三维专业设计系统已相继问世。

3. 几何造型系统的功能及应用

一个三维几何造型系统至少应具有数据的输入与存储、几何变换、形体造型与修改、图形显示与输出等基本功能。

计算机几何造型技术以其设计周期短、质量好、成本低而得到愈来愈广泛的应用。目前主要应用于以下几个方面：

（1）三维建筑体方案设计、空间布置；

（2）机械产品的优化设计与模拟；

（3）质量分析、结构分析、运动特性分析与模拟仿真；

（4）计算机辅助制造、NC 刀具轨迹的生成与检测、机器人模拟、产品检测等；

（5）广告、装潢、电影制片技术，如动画片、特技镜头；

（6）景物的模拟；

（7）地形图的立体显示、军事与医疗用图的立体显示。

三维几何造型涉及的问题较多，如形体的定义、布尔运算、建立各种模型、隐藏面的消除、明暗的阴影效应，数据结构与数据库管理等。下面介绍几种常用的几何造型方法。

二、几何造型方法的类型

按照几何造型技术的发展情况，分别产生了三种形体表现技术，即线框造型、表面造型和实体造型。其中实体造型技术表示物体的信息最充分，应用也最广泛。下面分别介绍这三种造型方法的建模方式。

1. 线框造型

线框造型就是用物体的轮廓线构成物体的框架来描述其几何形状。对平面立体而言，可由立体的棱线直接构成；对于曲面体，也可以用一些线框来围成，图 4-41 就表示了圆柱体的线框造型。三维立体线框造型的数据结构是二表结构，即立体的顶点表和棱边表。图 4-42 中的立方体由 8 个顶点 、12 条棱线、6 个平面组成。其线框模型仅采用顶点和棱线的二表结构，就构成了该立体的全部信息。

图 4-41　圆柱的线框造型

由于线框造型是以顶点和棱线表示形体，缺乏面和体的信息，所以这种模型虽然结构简单、处理方便，容易生成三面图、透视图，但是用它表达形体有时会产生多义性，无法采用剖视表示形体的内部结构、不能求表面交线和消除隐藏线。另外，也难于计算重量、惯性矩等与物理特性有关的问题，因此，它的应用受到一定的限制。

2. 表面造型

表面造型是用有向棱边围成的部分定义形体表面、由面的集合定义形体。这种造型方法实际上是在线框造型的基础上增加了有关面、边信息和表面特征信息以及面的连接信息。它的数据结构是三表结构。仍以图 4-42 中的立方体为例，若用表面造型表示，除了以上提供的顶点表、棱线表外，还要提供一个面表（见表 4-2）。面是由首尾相连的有向线段及其所围面的种类定义的，并规定棱线正方向的左侧为面，若棱线号若为负，则表示与该棱线的正方向相反。

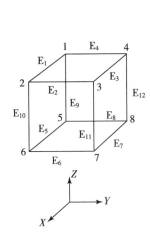

顶点表		
点号	坐 标	
1	0 0 1	
2	1 0 1	
3	1 1 1	
4	0 1 1	
5	0 0 0	
6	1 0 0	
7	1 1 0	
8	0 1 0	

棱线表	
线号	点 号
1	1 2
2	2 3
3	3 4
4	4 1
5	5 6
6	6 7
7	7 8
8	8 5
9	1 5
10	2 6
11	3 7
12	4 8

表 4 – 2　面表

面号	棱线号			
1	1	2	3	4
2	– 5	– 8	– 7	– 6
3	6	– 11	– 2	10
4	– 4	12	8	– 9
5	– 3	11	7	– 12
6	– 1	9	5	– 10

图 4-42　立方体的线框造型与数据结构

　　面表里的面元素一般是平面，也可以是圆柱、圆球等二次曲面，还可以是自由曲面，常用的自由曲面有双三次的孔斯曲面、贝塞尔曲面和 B 样条曲面。

　　表面造型可以满足线、面消隐、面面求交、渲染处理和数控加工等要求，但表面造型没有明确提出形体在表面的哪一侧，因此，仍不能解决计算重量、惯性矩等与物理特性有关问题，也不能用剖视方法表达形体的内部结构。

3．实体造型

　　实体是具有封闭空间的几何形体。实体造型法是在表面造型的基础上，再定义实体存在于表面的哪一侧而建立的模型。定义实体的存在域可用不同的方法，例如在定义表面的同时，给出实体存在侧的一点；或如图 4-43 所示，因实体存在于各面外法线方向相反的一侧，令形体各面的正方向与各自的"外法线"方向一致，则实体可定义为各面负方向一侧的交集等。

N 外法线（右手法则）

图 4-43　外法线方向的确定

　　由于实体造型具有物体几何形状的完备信息，所以与物质特性有关的计算重心、重量等问题都能解决。实体造型无二义性，且能进行消隐、取剖面和有限元分割等，在 CAD/CAM 领域被广泛地应用。在实用化几何造型系统中，为了克服线框造型、表面造型和实体造型各自的局限性，通常统一使用下述一些造型方式。

三、实体造型常用的形体表示方法

　　实体造型的建模方式有多种，常用的实体模型有以下几种：

1．边界表示模式（Boundary Representation Schemes）

　　边界表示模式简称 B – Rep 模式，是用面、环、边、点来定义形体的位置和形状。它不仅记录了构成形体的所有几何元素的信息，而且记录了它们之间相互连接的拓扑信息，以便对实体的顶点、棱边和面底层几何元素进行增、删、修改处理以及相互间的连接操作，来表示空间实体。

　　组成实体边界的基本元素是顶点、棱边和面。采用边界表示法定义一个形体，可表示为有限个表面的集合，每个表面可由沿一定走向围成它的边表示，而每条边又能以两个顶点来定义。若用边界表示图4-44所示的四棱锥，可将它分解表示以体、面、边、顶点为节点的树状结构图，其中一些节点是面、线的方程及点的坐标，节点间的连线则表示面、线、点之间的邻接关系。在边界表示法中，边界表面必须是连续的，不容许有悬出的边和孤立的点。

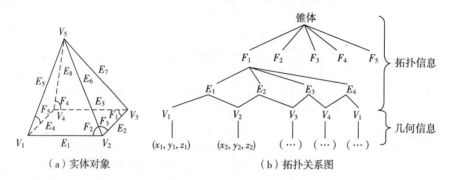

（a）实体对象　　　　　（b）拓扑关系图

图4-44　几何形体的边界表示

　　该形体边界表示的数据结构由面表、边表和顶点表（见表4-3）组成。围成表面的各边均按从形体外观察形体时的逆时针方向排列。面表在存储每个面信息的同时，还要存储面的哪一侧存在实体这一信息。点表存储各顶点名及其坐标，还有一个定义实体存在的位于形体内的点（V_6）。

表4-3　实体 B-Rep 表示的关系列表

面 表		边 表		点 表	
面	边	边	起、终点	点	坐 标
F_1	$E_1\ E_2\ E_3\ E_4$	E_1	V_1，V_2	V_1	x_1，y_1，z_1
F_2	$E_1\ E_5\ E_6$	E_2	V_2，V_3	V_2	x_2，y_2，z_2
F_3	$E_2\ E_6\ E_7$	E_3	V_3，V_4	V_3	x_3，y_3，z_3
F_4	$E_3\ E_7\ E_8$	E_4	V_4，V_1	V_4	x_4，y_4，z_4
F_5	$E_4\ E_8\ E_5$	E_5	V_1，V_5	V_5	x_5，y_5，z_5
		E_6	V_2，V_5	V_6	x_6，y_6，z_6
		E_7	V_3，V_5		
		E_8	V_4，V_5		

　　若表面存在内、外边界，有两种处理方式：其一是定义面中增加环表（包括外环和所有内环），这将导致数据结构复杂化；其二如图4-45所示，在内外边界之间增加一个"桥边"，该边在合并的列表里将出现两次。

　　由于边界表示法的数据结构简明、紧凑，改造较复杂的形体比较方便，故不少几何造型系统采用这种表示方法。

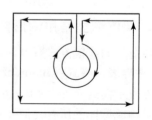

图4-45　表面内外边界间加"桥边"

2. 实体几何构造模式（Construction Solid Geometry Schemes）

（1）形体的集合运算与操作

在实体造型系统中，对体素施以各种操作便形成复杂的形体，对两个体素进行交、并、差集合运算是其中最基本的一种操作。图4-46表示了长方体与圆柱体二体素之间集合运算的结果。

此外，对每个体素还能施行平移、旋转、比例、仿射等变换以及镜像生成等操作。例如，对称形体生成一半后，另一半可作为镜像生成。

（2）实体几何构造模式

该模式简称为CSG模式。通常先定义一些形状最简单的基本体素（见图4-47），如长方体、圆柱体、圆锥体、圆球、圆环等，然后再根据需要进行体素间的交、并、差集合运算，形成较复杂的三维立体。

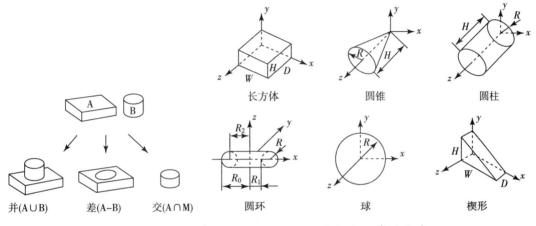

长方体　　圆锥　　圆柱

圆环　　球　　楔形

并(A∪B)　差(A−B)　交(A∩M)

图4-46　体素间的集合运算　　　　图4-47　常见体素

基本体素既可以是由封闭边界表面围成的几何体，也可以用半空间的集合表示。三维半空间是以有向面来划分，其数学表达式为：

$$S_{ij} = \{(x,y,z) \mid F(x,y,z) \geq 0\} \qquad (4-42)$$

式中，S_{ij}为半空间，$F(x,y,z)=0$是面的方程式。可见，半空间是面上及面一侧点的集合。体素S_i可描述为半空间的交集，即：

$$S_i = \bigcap_{j=1}^{m} S_{ij} \qquad (4-43)$$

如图4-48中的长方体可定义为：$S_1 = S_{11} \cap S_{12} \cap S_{13} \cap S_{14} \cap S_{15} \cap S_{16}$

也可以定义为：

$$S_1 = \{(x,y,z) \mid x_1 \leq x \leq x_m \quad y_1 \leq y \leq y_m \quad z_1 \leq z \leq z_m\} \qquad (4-44)$$

又如图4-49中的圆柱体可定义为：

$$S_2 = \{(x,y,z) \mid R^2 - (x-a)^2 - (x-b)^2 \geq 0\} \cap$$
$$\{(x,y,z) \mid 0 \leq z \leq H\} \qquad (4-45)$$

实体几何构造模式的数据结构是二叉树结构。CSG树状结构的叶子节点表示体素或其几何变换参数，中间节点是施加于其上的集合运算或几何变换的定义，根节点是构造的形

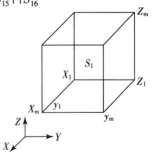

图4-48　用半空间集合描述长方体

体。图 4-50 是用实体几何构造模式描述某形体的二叉树结构。

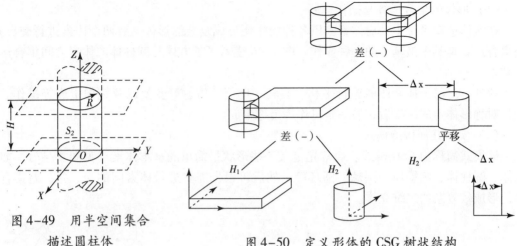

图 4-49　用半空间集合
描述圆柱体

图 4-50　定义形体的 CSG 树状结构

CSG 模式具有构型方便，表现力强，数据结构简单等优点，不仅能表达物体的外形和内部结构，而且能够计算与重量、重心、惯性矩等与物质特性有关的问题。但因产生和修改形体的操作种类有限，故基于集合运算对形体的局部操作不易实现，如拉伸、倒圆等。此外，由于从 CSG 树中得到边界表面、边界棱边及其连接关系的信息需作大量运算，所以由 CSG 树状结构表示的形体中提取所需的边界信息很困难。鉴于以上优缺点，常与其他表示模式（如边界表示模式）混合使用。

3．扫描变换表示模式（Sweep Representation Schemes）

这种表示模式是以一个二维图形沿着某轴移动或绕某轴旋转，可形成一个形体。图 4-51（a）所示为平移扫描变换，适合定义具有平移对称性的形体；图 4-51（b）表示了旋转扫描变换，适合定义具有旋转对称性的物体。此表示模式适合表示二维半形体，但几何覆盖性有限。

4．空间单元表示模式（Spatial Enumeration Schemes）

此模式的单元是具有固定空间大小和位置的正方体，每个单元可由一个点的坐标定位，如果以单元中心的坐标表示，单元网格的集合就构成了空间形体。

这种表示模式是完整的、唯一的，易于检测，最适合于模块化的造型，如建筑设计造型。但是其数据有可能冗长，如图 4-52 所示，这在很大程度上取决于用此模式表示的多面体域与实际形体的吻合的程度。

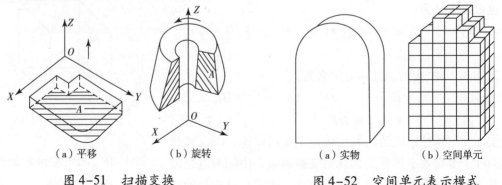

（a）平移　　　（b）旋转　　　　　（a）实物　　　（b）空间单元

图 4-51　扫描变换　　　　　图 4-52　空间单元表示模式

5. 特征表示模式（Feature – based Schemes）

特征表示是从应用层面来定义形体，因而能较好地表达设计者的意图，为产品的制造和检验提供技术依据和管理信息。通常特征可分为：（1）形状特征：体素、孔、槽、键等；（2）材料特征：硬度、热处理方法等；（3）精度特征：形位公差、表面粗糙度等；（4）技术特征：形体的性能参数和特征等。

形状特征单元是一个有形的几何实体，是一组可加工表面的集合，若用 BNF 范式定义，会出现下列符号："∷＝"表示定义，"｜"表示或，尖括号（＜＞）括起来的是非终结符。终结符是可以直接出现在语言中的符号。形状特征单元以 BNF 范式可定义如下：

＜形状特征单元＞∷＝＜体素＞｜＜形状特征单元＞＜集合运算＞＜形状特征单元＞｜

＜体素＞＜集合运算＞＜体素＞｜＜体素＞＜集合运算＞＜形状特征单元＞｜

＜形状特征单元＞＜集合运算＞＜形状特征单元＞；

＜体素＞∷＝长方体｜圆柱体｜球体｜圆锥体｜棱锥体｜棱柱体｜棱台体｜圆环体｜楔形体｜圆角体｜…；

＜集合运算＞∷＝并｜交｜差｜放；

＜形状特征单元＞∷＝外圆角｜内圆角｜倒角。

第七节　消隐处理

在绘制立体图时，若将可见与不可见的线或面全部画出来，用这样的图形表达物体的形状，一则图形不清晰，二则形状不确定。例如对于图 4-53（a）而言，可以理解为两个长方体上下叠加［图 4-53（b）］，也可以理解为长方体中挖去一个小的长方体［图 4-53（c）］，还可以作其他理解。要使画出的立体图表达明确、立体感强，必须进行消隐处理，即从所有线条中检出隐藏部分予以不画。对于有色彩与明暗效应的逼真图像则要消除隐藏面。

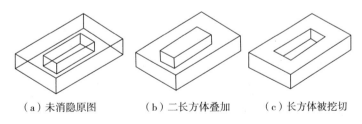

（a）未消隐原图　　　　（b）二长方体叠加　　　　（c）长方体被挖切

图 4-53　未消隐立体图的多义性

消隐问题是计算机图形处理中最具挑战性问题之一，尽管众多研究人员作了大量研究，但仍未找到一种可以解决所有消隐问题的算法。目前消隐的算法很多，要选择合适的算法必须注意两点：一要功能完善，二要算法简捷。下面介绍几种基本的算法。

一、外法线向量法

1. 基本概念

外法线向量法只适用于凸多面体的消隐处理，下面介绍有关的基本概念。

（1）凸多面体

若多面体任意两顶点之间的连线均在该形体之中，或其各表面皆为平面凸多边形，这样的多面体称凸多面体。每个内角都小于180°的平面多边形叫凸多边形。

（2）凸多面体的表面外法线及视线向量

如图4-54（a）所示，凸多面体一个表面的外法线 $\vec{n}_3$ 是指与相应表面垂直并指向外部空间的向量，而视线向量 $\vec{s}$ 则是通过表面上一点指向视点的向量。

2．消隐的基本原理

对凸多面体进行消隐处理时，各表面可利用对应的外法线向量与视线向量来确定其可见性。由图4-54（b）可以看出，若视线向量 $\vec{s}$ 和表面外法线向量 $\vec{n}$ 的夹角为 θ，则：

当 $-90° < \theta < 90°$ 即 $\cos\theta > 0$ 时，表面可见；

当 $90° \leqslant \theta \leqslant 270°$ 即 $\cos\theta \leqslant 0$ 时，表面不可见。

$$\because \vec{s} \cdot \vec{n} = |\vec{s}| \cdot |\vec{n}| \cos\theta \qquad \therefore \cos\theta = \frac{\vec{s} \cdot \vec{n}}{|\vec{s}| \cdot |\vec{n}|}$$

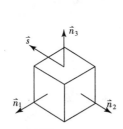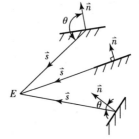

（a）立体表面外法线 $\vec{n}$ 及视线向量 $\vec{s}$ 　　（b）$\vec{n}$ 与 $\vec{s}$ 的夹角 θ 与表面可见性

图4-54　用外法线向量法判别可见性

由于 $\cos\theta$ 的正负完全由 $\vec{s} \cdot \vec{n}$ 决定，所以在判别表面可见性时，不必算出 θ，只要知道 $\vec{s} \cdot \vec{n}$ 的符号即可。若 $\vec{s} \cdot \vec{n} > 0$，表面可见，否则不可见。

3．可见性判别式

凸多面体一个表面的外法线方向，可由沿逆时针方向行走的两个相邻边矢量的矢量积来确定。例如图4-55中，三棱锥的表面 $V_1 V_2 V_3$，其外法线矢量 $\vec{n}$ 的方向可由边矢量 $\overrightarrow{V_1 V_2}$ 及 $\overrightarrow{V_2 V_3}$ 的矢量积求得：

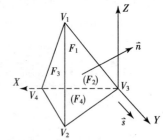

图4-55　外法线向量法消隐

$$\vec{n} = \overrightarrow{V_1 V_2} \times \overrightarrow{V_2 V_3} = \begin{bmatrix} \vec{i} & \vec{j} & \vec{k} \\ x_2 - x_1 & y_2 - y_1 & z_2 - z_1 \\ x_3 - x_2 & y_3 - y_2 & z_3 - z_2 \end{bmatrix}$$

$$= D\vec{i} + E\vec{j} + F\vec{k}$$

D、E、F 是 $\vec{n}$ 的分量，其中 E 是外法线 $\vec{n}$ 沿 Y 轴的分量。

$$E = (z_2 - z_1)(x_3 - x_2) - (z_3 - z_2)(x_2 - x_1)$$

因 $\vec{s} \cdot \vec{n} > 0$ 时对应表面可见，假定视线向量 $\vec{s}$ 与 $+Y$ 方向一致，可取 $\vec{s} = \vec{j} = \{0, 1, 0\}$，则有：$\vec{s} \cdot \vec{n} = E$，若 $E > 0$ 则表面可见。因此，表面可见的判别式如下：

$$E = (z_2 - z_1)(x_3 - x_2) - (z_3 - z_2)(x_2 - x_1) > 0 \qquad (4-46)$$

4．程序设计步骤

描述三棱锥的逻辑结构是层次结构，从体→面→边→顶点共四层，为简化程序，采取消除隐藏面、只画可见面的办法，存储结构用二表结构，即面表和顶点表。这样处理有些可见边要重复画两次。具体步骤如下：

（1）建顶点表。将各顶点依次编号，连同坐标填入表 4 - 4 中，并用数组 $x(i)$、$y(i)$、$z(i)$ 分别记录各顶点编号及坐标。

（2）建立面表（表 4 - 5）。从外部观察形体表面，按逆时针方向对各表面的顶点确定连线顺序，并用二维数组 $F(i, j)$ 记录各表面顶点连线顺序。i 为面号，j 为顶点连线的序号。

（3）投影变换。为画出三棱锥的立体图，对立体各顶点坐标作轴测变换或透视变换。

（4）判别可见性，画出可见表面。逐个确定每一表面的外法线向量 $\vec{n}$，计算 $\vec{s} \cdot \vec{n} = E$ 的值，利用判别式确定其是否可见，若为可见面，依次连点画出该表面的边框线。

表 4 - 4　三棱锥顶点表

编号	X 坐标	Y 坐标	Z 坐标
1	X_1	Y_1	Z_1
2	X_2	Y_2	Z_2
3	X_3	Y_3	Z_3
4	X_4	Y_4	Z_4

表 4 - 5　三棱锥面表 $F(i, j)$

i ＼ j	1	2	3	4
1	1	2	3	1
2	1	3	4	1
3	1	4	2	1
4	2	4	3	2

二、画家算法

画家算法消隐也称为涂色消隐法，如同画家画一幅油画，先把屏幕置成背景色，再把物体各个面按其远近进行排序，然后将各表面由远及近逐个按投影画到屏幕上，因新画的颜色要盖住原来的颜色，所以最新颜色层成为可见。对于帧缓冲寄存器中的相应像素值也作相应的变更，这样就实现了消除隐藏面。显然物体各面的远近排序很关键。

按照远近排序的最简单做法是按各表面的 Z_{max}（按其距离视点的远近）进行排序，Z_{max} 大者在后，Z_{max} 小者在前。但是这种简单的排法很容易出错。例如图 4-56 中的多边形 P 与 Q，明明是 Q 遮住了 P，却出现了 $Z_{max}(Q) \geqslant Z_{max}(P)$ 的情况。

令 Z_i 为多边形各顶点的 Z 坐标，若用 $Z_{av} = \dfrac{1}{n} \sum\limits_{i=1}^{n} Z_i$ 代替 Z_{max} 进行分类排序，情况要好一些，但仍会出现错误。

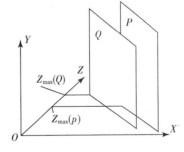

图 4-56　平面 P 与 Q 的相对位置

比较两个多边形表面远近的精确做法是先判别二多边形在 XY 平面上的投影是否重叠，若不重叠，则平面 P、Q 可按 Z_{max} 来判别远近，如果重叠（见图 4-57），必须对它们的投影作求交计算。最简单的办法是，对每对边（P、Q 各一条边）作线段求交测试。一般情况下，在交点处进行 Z 坐标比较即可确定二者的顺序。如果二者顺序还不能决定，就把多边形分小，对分小后的多边形再按 Z 坐标大小进行排序。

当各表面完成排序以后，相邻二表面用彩色显示器按画家算法进行消隐的步骤（图4-58）为：（a）用 C 色画后表面边框，并将其内置背景色为0；（b）用 C_1 色画前表面并涂背景色0；（c）用 C 色重画前表面。

若前后有遮挡关系的平面不止两个时，只要重复（a）、（b）两个步骤即可实现多次消隐。

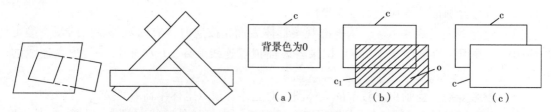

图 4-57　互相隐藏的面　　　　图 4-58　用彩显进行画家算法消隐的处理

三、曲面立体的消隐

1. 曲表面的消隐的思路

对曲面立体或曲表面的消隐处理，一般有两个途径，其一是离散法，先把原来的曲表面离散成许多平面片的集合，然后用平面体的消隐算法来实现隐藏线的消除。图4-59是离散后的圆柱、圆锥和圆球等基本体素，显然，离散得愈细，则逼近的精度越高，但存储量和计算工作量随之增加。

在处理自由曲面时，因曲面很难用一个数学式表达，故只能给出一系列型值点，根据逼近精度的要求选取适当的插值方法进行插值运算，产生一系列较满意的数据点，可把相邻的四个或三个数据点连成四边形或三角形，从而形成一张网状的曲面，再对这样的网状曲面进行平面立体消隐处理，即可获得消隐后的网状曲面立体图。图4-60是经过画家算法消隐处理的人体躯干部分的自由曲面。

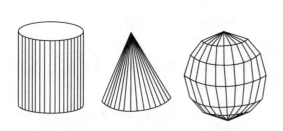　　　　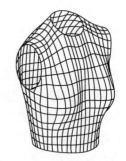

图 4-59　用离散法表示的二次曲面体　　　图 4-60　消隐后的人体躯干

2. 高程线算法

（1）消隐原理

曲面立体消隐处理的另一途径是采用高程线算法，也叫最大最小比较法。

用轴测图或透视图表示单值空间曲面 $z = f(x, y)$ 时，若将曲面上 $x = c_i$（$i = 1,2,\cdots,m$）的 y 曲线族向 YOZ 平面作轴测变换或透视变换，则在投影面上得到一系列平面曲线，由近及远依次画出其中 $1 \sim N$ 条曲线（见图4-61），这些曲线在投影面 UOV 坐标系中围成一个区域，在画第 $N+1$ 条曲线时，在该区域以外的部分可见，在该区域以内的部分则不可见。

（2）消隐步骤

如图 4-62 所示，对于同一个 U 值，若已画出的 N 条曲线上对应的最大的 V 值为 V_{max} (U)，最小的 V 值为 V_{min} (U)，第 $N+1$ 条曲线上对应的 V 值为 V (U)，则处理步骤如下：

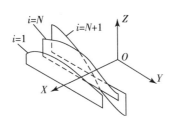

图 4-61　由近及远画曲线

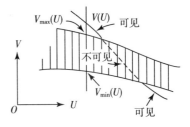

图 4-62　用比较最大最小值判别可见性

① V (U) $\geqslant V_{max}$ (U) 或 V (U) $\leqslant V_{min}$ (U) 时，此点可见。

②当 V_{min} (U) $< V$ (U) $< V_{max}$ (U) 时，此点不可见。

在画出第 $N+1$ 条曲线上可见点的同时，还要更新对应的 V_{max} (U) 值或 V_{min} (U) 值，这样在画第 $N+2$ 条以后的曲线时都可以用同样的方法判别其可见性。

如图 4-63（a）所示，一个曲面除了用一族 x 曲线表示成条状外，还可以像图 4-63（b）那样，再画一族 $x = c_i$（$i = 1$，2，$\cdots$，m）的 y 曲线，将曲面表示成网状，以增加图形的立体感。

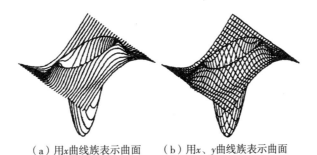

（a）用 x 曲线族表示曲面　　（b）用 x、y 曲线族表示曲面

图 4-63　用高程线算法判别可见性

习　　题

1. 已知 x 的值分别为 1、-1、2 时，对应的函数值分别为 0、-3、4，试建立函数的二次插值多项式。

2. 由 P_0、P_1、P_2、P_3 四点定义的三次参数曲线满足以下两个条件（见图 4-64）：

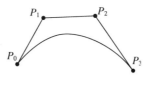

图 4-64　习题 2 插图

(1) 参数 $t = 0$ 时，曲线通过 P_0 点，且 $\vec{P}_0 = 3(\vec{P}_1 - \vec{P}_0)$；

(2) 当 $t = 1$ 时，曲线通过 P_3 点，且 $\vec{P}_3 = 3(\vec{P}_3 - \vec{P}_2)$。

试证明此三次参数曲线的表达式为：

$$\vec{P}(t) = (1-t)^3 \vec{P}_0 + 3(1-t)^2 t \vec{P}_1 + 3(1-t)t^2 \vec{P}_2 + t^3 \vec{P}_3 \qquad (0 \leqslant t \leqslant 1)$$

3. 用给定的四点 $P_0 (0,0,0)$、$P_1 (1,1,1)$、$P_2 (2,-1,-1)$、$P_3 (3,0,0)$ 作特征多边形，来构造一条三次贝塞尔曲线，并计算参数为 0、$\dfrac{1}{3}$、$\dfrac{2}{3}$、1 时的值。

4. 由 P_0、P_1、P_2、P_3 四点构造的一段三次 B 样条曲线，其起点和终点处具有什么样的性质？

5. 在二重角点、三重角点、三角点共线、四角点共线的特殊情况下所构造的三次 B 样条曲线各有什么特点？

6. 贝塞尔曲线和 B 样条曲线有哪些异同点？

7. 定义双三次孔斯曲面片需要哪些几何信息？

8. 双三次 B 样条曲面片是否通过其特征网格上的角点？为什么？

9. 简述下列术语的含义：数据、数据元素、数据结构、逻辑结构、物理结构、线性结构、二叉树。

10. 试述删除单链表中一个非尾节点的方法。

11. 链式存储结构和顺序存储结构各有什么特点？

12. 三个节点 A、B、C 可组成多少种不同的树？可组成多少种不同的二叉树？

13. 在三维几何造型建模中，常用的内部模型有哪几种？如何定义与区别？

14. 实体模型在计算机内部表示的模式常用的有哪些？各有什么特点？

15. 立体图消隐有何意义？

16. 试述用外法线向量法对凸多面体消隐的基本原理。

17. 试述用高程线法对曲面形体消隐的原理和方法步骤。

第五章　现代优化技术及其在包装中的应用

第一节　概　述

在近代科学技术中，"最优化"这个概念已越来越成为解决科学研究、工程设计、生产管理以及其他实际问题的重要原则。所谓最优化，就是指在一定条件下尽可能地得到研究对象的最优结果。对于工程设计来说，因为多数问题都不止一个解，所以优化设计的目的就是在一定的技术和物质条件下，按照某种技术的和经济的准则，找出它的最佳设计方案。优化技术对于解决综合性、交叉性、应用性强的涉及领域宽泛的包装工程问题来说更是不可缺少的工具。

一、工程优化设计

工程优化设计（简称优化设计）是指某项设计问题在规定的各种限制条件下，采用数值计算优化方法，选择最优的结构参数或设计变量，使某项或几项设计指标获得最优值。有时也称它为参数优化设计。工程设计上的最优值是指在满足多种设计条件下所获得的最令人满意的适用值，它反映了设计者的意图和使用者的目的，这和表示事物本身的极值——最小值或最大值有区别，但在某些情况下，也可以用极值代替最优值。工程设计上的最优值是一个相对的概念，它会随着科学技术的发展及设计条件的变动而发生变化。

为了说明工程优化设计的基本思想和方法，举一个简单的容器设计的例子。

例 5-1　设计一个球形薄壁的金属容器，如图 5-1 所示。该容器需能承受压力 p，为了保证运输安全，需要它具有较大的强度余量。在设计中，要求容器的重量不超过它的最大允许值 M_{max}，外形尺寸不超过最大直径 D_{max}，容器的容积允许在 V_{min} 和 V_{max} 之间变化，壁厚允许在 t_{min} 和 t_{max} 范围内选取。

这一设计问题可以归结为选择材质（表示为材料的抗拉强度）、直径 D 和壁厚 t，使球形容器的安全系数达到最大值。设安全系数为 K，容器壁上受的应力 $\sigma = 4t/pDk_\sigma$（见图 5-1），则：

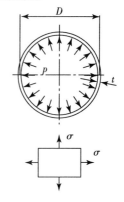

图 5-1　球形容器

$$K = \frac{\sigma_b}{\sigma} = \frac{\sigma_b \cdot pDk_\sigma}{4t} \longrightarrow max$$

而 K 受约束于

$$D \leqslant D_{\max}, \ M \leqslant M_{\max}, \ t_{\min} \leqslant t \leqslant t_{\max}, \ V_{\min} \leqslant V \leqslant V_{\max};$$

式中　σ_b——材料的抗拉强度；

　　　k_σ——应力集中系数；

$$M = \rho \pi t D^2; \ V = \pi D^3 / 6$$

式中　ρ——材料的密度。

通过这个示例，可以获得工程优化设计的最基本思想：就是在保证满足各种设计要求下，选择一种参数的组合方案，使它的设计指标达到最大值（有时取最小值）。可以看出，这种优化设计，有三个基本特点：

1. 有一个能正确反映设计问题的数学模型

优化数学模型的标准表达形式为：

通过调整 n 个设计变量（表示为向量 $X = [x_1, \ x_2. \ x_3 \cdots x_n]^T$）的值，使得：

$$\min F(X), (X \in R^n) \tag{5-1}$$

$$\text{s. t. } g_i(X) \geqslant 0 \ (i = 1, \cdots, m) \tag{5-2}$$

$$h_j(X) = 0 \ (j = 1, \cdots, p, p \leqslant n) \tag{5-3}$$

式中，$\min F(X)$ 表示求 $F(X)$ 的极小值；s. t. 是 subject to 的缩写，表示"约束于"的意思。或表示为：

求一个优化点 $X^{(*)} = (x_1, \ x_2, \ x_3 \cdots x_n)^T$，在满足 $g_i(X^{(*)}) \geqslant 0$，和 $h_j(X^{(*)}) = 0$ 的条件下，使

$$F(X^{(*)}) = \min_{X \in R^n} F(X) \tag{5-4}$$

据此，读者可以把图 5-1 的例子改写为标准的优化数学模型。

2. 需要运用一种数值算法

在现代优化设计中，多采用函数的下降算法，即

$$F(X^{(k)}) > F(X^{(k)} + \alpha S^{(k)}) \qquad k = 0, 1, 2, \cdots\cdots \tag{5-5}$$

并保证设计变量 $X^{(k)}$（$k = 0, 1, 2, \cdots\cdots$）始终在约束条件限制的区域内。

算法是优化设计方法的核心，各种优化方法多是根据算法不同而区分的。

3. 计算过程利用计算机自动进行

即利用计算机快速分析与计算的特点，从大量的方案中选出"最优方案"。

完整的优化设计过程可以用图 5-2 表示。

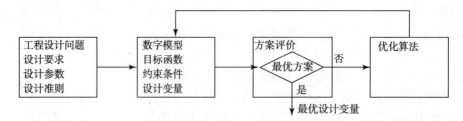

图 5-2　优化设计过程

二、工程优化设计的数学模型

1. 数学模型的类型

优化设计的数学模型是工程问题的抽象表达，它反映了工程设计（优化对象）中各主要因素（设计变量）的内在关系。不同的设计对象，反映其本质关系的数学表达式不同；

同一个设计对象，由于设计目标及设计条件的不同，数学模型也可能不同。建立正确的数学模型，是解决优化设计问题的关键。

（1）数学模型的一般要求

①能在特定条件下准确、可靠地说明工程设计的目的、所受的限制条件以及能预测设计方案的变化、估计结果的可靠性等；

②既要使计算过程简化，又要有一定的计算精度。

（2）数学模型的类型

工程设计的对象千变万化，优化设计的数学模型也是多种多样。按工程问题模型化的方法分，一般有解析的数学模型和数值的数学模型两种类型。

①解析的数学模型

通过对工程问题的深入分析，抽象出尽可能反映实际情况的数学关系式——目标函数和约束条件。多用于研究对象有现成的数学描述时（多数工程优化设计属于这种情况），此时可以从机理出发建立数学模型。

②数值的数学模型

某些工程问题难以通过解析建立理论数学模型，这时需要建立近似的数学模型。一种方式是采用函数拟合的手段，把问题的各种性质和参数用某种基函数拟合；另一种方式是采用近似的数值分析公式进行数值仿真，模拟实际优化模型的各种性态。动态系统及结构系统的模型化往往采用数值和解析相结合的方法建立数学模型。

按设计问题目标函数和约束函数的性质，可分为线性函数、非线性函数、动态规划的优化设计问题等。

①线性函数的优化设计问题

当目标函数和约束函数均为线性函数时，称为线性函数的优化设计问题。

例如，定宽板材的下料问题。设有宽度一定，长度为 l 的板材，要裁成长为 l_1，l_2，…，l_m 的 m 种坯料。其相应的数量分别为 b_1，b_2，…，b_m，问如何下料才能使残留的废料为最少。

设第 1 种下料方案是：l_1 长的坯料为 a_{11} 条，l_2 长的坯料为 a_{21} 条，…，l_m 长的坯料为 a_{m1} 条，则有：

$$a_{11}l_1 + a_{21}l_2 + \cdots + a_{m1}l_m \leqslant l$$

设满足上式的下料方式有 n 种，$P_j = [a_{1j}, a_{2j}, \cdots, a_{nj}]^T$ 表示第 j 种下料方案，且其废料长度为 c_j；又，若第 P_j（$j=1, 2, \cdots, n$）种下料方式共使用 x_j 次，则上述问题可建立如下形式的数学模型：

$$\begin{aligned}
\min \quad & F(X) = c_1x_1 + c_2x_2 + \cdots + c_nx_n \qquad (5-6)\\
s.t. \quad & a_{11}x_1 + a_{12}x_2 + \cdots + a_{1n}x_n \geqslant b_1\\
& a_{21}x_1 + a_{22}x_2 + \cdots + a_{2n}x_n \geqslant b_2\\
& \cdots\\
& a_{m1}x_1 + a_{m^2}x_2 + \cdots + a_{mn}x_n \geqslant b_m\\
& x_1, x_2, \cdots, x_n \geqslant 0
\end{aligned}$$

在（5-6）式所示的数学模型中，由于目标函数和约束函数都是设计变量的线性函数，所以是线性函数的优化设计问题，可用线性规划的方法来求解。

②非线性函数的优化设计问题

在目标函数和约束函数中，只要有一个函数表达式是非线性函数时，就称它是非线性函数的优化设计问题。工程设计问题绝大多数都是非线性的。

例5-2 一个包装纸箱设计的例子。如图5-3，设计一个用料最省的底面为正方形的0201型瓦楞纸箱，其容积为0.1m³，外形尺寸要符合铁道部规定的旅客随身携带行李的规定，即长、宽、高之和必须小于1.6m。

设计变量为长 x_1、宽 x_1、高 x_2。

根据题意，可建立如下数学模型（不考虑接头宽度）：

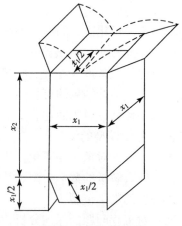

图5-3 纸箱设计

$$\min \quad F = 4x_1x_2 + 4x_1^2$$
$$\text{s.t.} \quad x_1^2x_2 = 0.1$$
$$2x_1 + x_2 \leqslant 1.6$$
$$x_1 \geqslant 0$$
$$x_2 \geqslant 0$$

可以看出，这是一个简单的非线性函数的优化设计问题。

③动态规划优化设计问题

如果一个设计问题的数学模型可以表述为：

$$\min \quad F(X) = \sum_{k=1}^{N} f_k(y_{k-1}, X_k) \qquad (5-7)$$
$$\text{s.t.} \quad g_u(y_{k-1}, X_k) \geqslant 0 \qquad u = 1, 2, \cdots, m$$
$$y_k = \varphi k(y_{k-1}, X_k)$$

则可以用动态规划方法求解。如图5-4所示，每一阶段的目标函数为 $f_k(y_{k-1}, X_k)$，设计变量为 X_k，前一阶段与后一阶段间的联系用状态变量 y_k 和 y_{k-1} 来实现。y_0 为初始状态向量，可由设计的初始条件来确定。

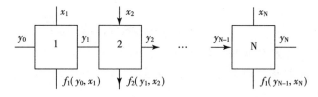

图5-4 动态规划的过程

动态规划优化设计实质上是一种解决问题的策略。在其每一阶段所用的具体优化技术要视其各阶段数学模型的类型而定。

除了上面提到的分类方法，还可以根据数学模型中设计变量的性质分成确定型模型（设计变量取固定的值）、随机型模型（目标函数与约束函数为随机函数）；根据数学模型中函数的变化行为是否具有时间性，又可分为静态模型和动态模型等。进行优化计算时，若不存在等式或不等式约束，则称为无约束优化（规划）；而只要有一个等式或不等式，就称为约束优化（规划）问题。在一般的包装优化设计中，绝大多数为约束非线性优化问题。

2. 优化设计数学模型的三要素

由前所述，工程优化设计问题的核心在于建立一个适用的、合理的数学模型。为了比较准确和方便地表达数学模型，需要明确优化设计模型的设计变量、约束条件和目标函数三个基本要素。

（1）设计变量与设计空间

通常一个设计方案可以用一组基本参数的数值表示。设计变量的类型可以是几何参数、物理量以及导出量等。困难的是，在一个具体的工程问题中哪些参数应当确定为设计变量，哪些参数应当取为常量。设计常量可以根据工艺、安装和使用要求预先给定，而设计变量则需要在设计过程中进行选择，这种变量是一些相互独立的基本参数。

在优化设计中，有限个设计变量为坐标轴所组成的实空间称为设计空间，用 R^n（n 为常数，是设计变量的个数）表示。$n = 2$ 时，称为二维设计向量，如图 5-5（a）所示。在设计平面上每一点，都相应有一定的 x_1 和 x_2 值。因此，设计向量 x 即代表了一个设计方案。图 5-5（b）表示由三个设计变量 x_1，x_2，x_3 组成的三维设计空间。$n > 3$ 时，一般称为超越设计空间。

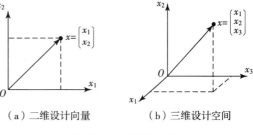

（a）二维设计向量　　　　（b）三维设计空间

图 5-5　设计空间

设计空间是所有设计方案 $X^{(k)}$（$k = 0, 1, 2, \cdots, n$）的集合。或者说，X 属于 R^n，可写为 $X \in R^n$。相邻两个设计方案的关系，一般均可用向量和矩阵运算的方法表示出来。

优化设计中，设计变量的多少叫做设计自由度。设计变量数越多（维数越大），自由度越大，越容易找到较好的优化目标，但设计的难度和计算量也越大。

（2）设计约束及其可行域

在设计空间中，所有设计方案并不是工程实际都能接受的，例如出现负值的面积、长度，或者根据材料性质对设计变量的限制（如瓦楞的楞型只有 A、C、B、E…数种）等。因此在优化设计中，必须根据实际设计要求，对设计变量的取值加以限制。这种限制称为设计约束。

设计约束一般表述为设计变量的不等式约束函数

$$g_u(X) = g_u(x_1, x_2, \cdots, x_n) \geq 0$$

或

$$g_u(X) = g_u(x_1, x_2, \cdots, x_n) \leq 0 \qquad (5-8)$$

$$(u = 1, 2, \cdots, m)$$

和等式约束函数

$$h_v(X) = h_v(x_1, x_2, \cdots, x_n) = 0 \qquad (5-9)$$

$$(v = 1, 2, \cdots, p, p < n)$$

式中，m、p 分别表示该设计的不等式约束条件数和等式约束条件数。

根据约束函数的性质可分为隐约束和显约束两种。显约束是指有明确设计变量函数关系的一种约束条件；隐约束则不是，例如一个复杂结构的工作应力和变形，可能是通过有限元方法计算得到的或是通过用数值积分方法计算得到的等。

在工程设计中，还可能出现另一类约束，如经验性的约束、工艺性的约束等。

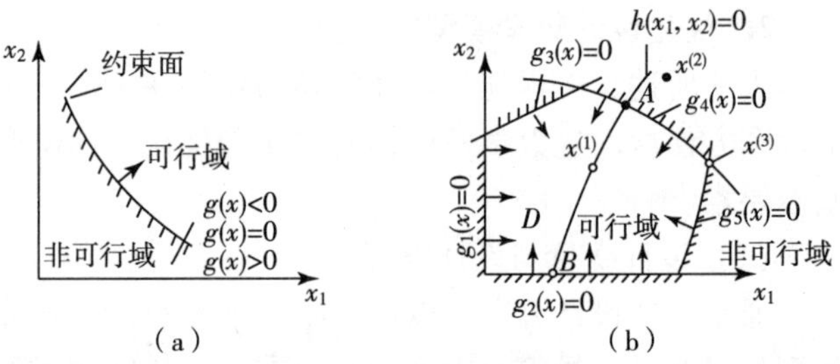

在优化设计中，不等式约束是比较重要的概念。一个不等式约束条件 $g(X) \le 0$ 可以将设计空间划分为两个部分：一部分满足约束条件 $g(X) < 0$；另一部分不满足约束条件 $g(X) > 0$，其分界面称为约束面，即 $g(X) = 0$，如图5-6（a）所示。

若某项设计有 m 个不等式约束条

图5-6 可行域

件，则 m 个约束面在设计空间中围成两个区域，如图5-6（b）所示（$m = 5$）。

凡满足不等式约束方程组 $g_u(X) \le 0$，$u = 1, 2, \cdots, m$ 的设计变量选择区域的，称为约束区域，或设计可行域，记作

$$D = \{X \mid g_u(X) \le 0, (u = 1, 2, \cdots, m)\} \qquad (5-10)$$

只要不满足不等式约束方程组中任一个约束条件的区域，称为约束违反区域或设计非可行域。在这个区域内，任何一个设计方案一般都是工程实际所不能接受的。

若 $X^{(1)}$ 点满足 $g_u(X) \le 0$，$(u = 1, 2, \cdots, m)$，则称它为内点，或可行设计方案，简记为 $X^{(1)} \in D$；否则称为外点（如 $X^{(2)}$ 点），或不可行设计方案。记为 $X^{(2)} \in D$，如图5-6（b）。

对于属于 D 域的某一设计方案，若至少有一个约束 j（$1 \le j \le m$）使得 $g_j(X)^{(3)} \le 0$，则称 $X^{(3)}$ 为约束区域的边界点，约束 j 称为起作用约束。在优化设计问题中，最优设计方案通常都是可行域上的边界点。

若某项优化设计问题除有 m 个不等式约束条件外，还应满足 p 个等式约束条件 $h_v(X) = 0$ 时，实际上是对设计变量的组合方案又增加了限制。如图5-6（b）所示，对于二维问题，当有一个等式约束条件 $h(x_1, x_2) = 0$ 时，其可行设计方案只允许在 D 域内的曲线 AB 上选择。所以，为了取得最优解，其等式约束条件数必须满足 $p < n$ 的关系。从理论上说，有一个等式约束条件，便可以消去一个设计变量，即减少优化设计问题的维数。另外，亦可以通过约束条件的变换来消去不等式约束，即 $h(X) = 0$，可以用两个不等式约束 $g(X) \ge 0$ 和 $-g(X) \ge 0$ 代替。

（3）目标函数与等值线（面）

诸多可行设计方案的优劣需要有一个衡量的标准。若把这个"标准"表示为设计变量的函数，则称它为评价函数或目标函数，即

$$F(X) = F(x_1, x_2, \cdots, x_n) \qquad (5-11)$$

在工程优化设计中，被优化的目标函数有两种表述形式：目标函数的极小化和极大化。由于目标函数 $F(X)$ 的极大化等价于目标函数 $-F(X)$ 或 $1/F(X)$ 的极小化，为了算法和程序的统一，一般都将目标函数的最优化按极小化进行计算。

目标函数在设计空间中可以通过等值线（面）来表示其值的变化关系。当目标函数 $F(X)$ 取为常数时，即有无限多组设计变量 x_1，x_2，$\cdots$，x_n 值与之相对应，亦即有无限多个设计点 $X^{(k)}$ 对应着相同的函数值，因此这些点在设计空间中将组合成一个点集，这个点集称为等值线（面）或超等值面，相应于给定的一系列目标函数值 C_1，C_2，$\cdots$，C_n，就可在设计空间内得到一组等值线簇。

等值线的分布规律反映出目标函数值的变化规律。等值线愈内层其函数值愈小（对于

目标函数求极小化来说），在等值线较密的部位其函数值变化率较大，而且对于有心的等值线来说，其等值线簇的中心就是一个相对极小点，对于无心的等值线簇（如直线簇），若无任何限制，则其相对极小点在无穷远处。

函数的非线性程度越严重，其等值线的形状也就越复杂，而且可能存在多个相对极小点。如果等值线簇是严重偏心和扭曲的，而且其分布也是疏密不一的，情况严重时，就成为"病态"函数，这种函数会给优化计算造成不少困难。

3．几个具体问题

（1）数学模型的规模

根据数学模型中设计变量数和约束条件数的多少，一般分为大、中、小三类。当 n 和 $m > 50$ 时均属于大型优化问题，当 n 和 $m < 10$ 时，属于小型问题，其余归为中型问题。大型的问题优化效率低、稳定性差；反之亦然。因此，合理确定 n、m 的数值十分重要。

（2）数学模型的分析

数学模型建立后，应进行进一步的分析。例如，分析模型的函数振荡性、函数凹凸性、函数值域、数学精确度等。这往往需要重复进行数值检验和理论分析，相互补充，逐步深入。

有时在求得数学模型的最优解之后，还需要进行灵敏性分析，以判断数学模型的优劣。即在最优点处，稍微改变某些设计变量的值，检查目标函数和约束条件的变化程度。如果灵敏度过高，即设计变量的轻微变动导致目标函数或约束条件值变化很大时，就需要重新审视、修正数学模型。因为工程实际中设计变量的取值与理论计算结果不可能完全一致，灵敏度过大，则可能对最优值造成很大影响。

起作用约束条件的概念，对于结果分析是很有意义的。优化的结果一般说明了哪些约束条件在起作用，应该考虑这些约束条件是否可以适当放松以达到更优的目标函数。

（3）数学模型的尺度变换

所谓尺度变换，是指在构造数学模型时放大或缩小比例尺，从而改善数学模型的形态。这是一种重要的技巧，有时对于提高优化设计的收敛性极为有效。例如，在工程设计中，各个设计变量常常采用不同的量纲，而且数量级相差很大，导致其数学模型偏心严重，造成数值迭代困难，函数的收敛性很差。如果将设计变量进行尺度变换，放大较小变量或缩小较大变量，则可以使函数的偏心性态得到明显的改善。

（4）多目标优化设计问题

在进行优化设计时，两个极小化目标往往是互相矛盾的，不可能同时达到最优。这时只能在各目标间进行协调，取得各目标函数都较好的方案，即固定某一目标函数的值，使之成为一个等式约束，然后解决这种情况下的单目标优化问题。继而固定另一目标函数的值，再进行求解。其结果可以得到一条协调曲线，它反映了各目标与设计方案之间的关系。根据这条曲线，设计者可以选取一组合适结果作为多目标优化的设计方案。

对于多于两个设计目标的优化问题，用协调方法比较困难，一般采用加权构造统一目标函数的方法。"选取"不同的权，则可以构造成不同的单目标优化问题。

（5）含离散型设计变量的优化设计问题

在实际工程优化设计问题中，许多设计变量只能取整型量，如齿轮的齿数、瓦楞纸板的层数等；或只能取离散型量，如齿轮的模数等。对于这类特殊的优化设计问题，一般可以采取两步方法：第一步，将所有设计变量作为连续变量处理，用一般优化方法取得最优解；第二步，将求得的设计变量舍入到它相近的允许离散值，形成多种设计方案，再从中选取最佳方案。

4．非线性规划数值算法的基本思想及优化设计的一般步骤

（1）非线性规划数值算法的基本思想

前已述及，工程设计问题大多为非线性问题。这里简要叙述解决这类问题的基本思想。

见图5-7（a），要求出二维优化问题中的最优点 $X^{(*)}$。一种方法是把各种可能的设计方案列举出来，逐一加以比较，这称为穷举法。对设计变量 x_1 和 x_2 各取5个值，可以形成25个设计点。对这25个点的目标函数值进行比较，可以选择其中数值最小的点 $X^{(1*)}$ 作为优化方案。但从图中可以看出，由于取点（维数）较少，$X^{(1*)}$ 比较起最优点 $X^{(*)}$ 还有较大的误差。为了得到比较精确的解，就必须多取设计点，比如将 x_1 和 x_2 各取100个值，这就形成了 $100^2 = 10000$ 个设计点；进一步考虑，若设计变量为10个，每个变量取100个值，则需要计算 100^{10} 个设计点的函数值。这说明，穷举法只能粗略地解决简单的优化问题，对于多维的、复杂的问题，采用这种方法将会出现"组合爆炸"的现象，其计算量即使现代计算机也无法承受。为了解决这一问题，需要采用数值计算的方法，即把多维的问题化为多个一维问题，通过多次迭代计算求得原函数的最优值。

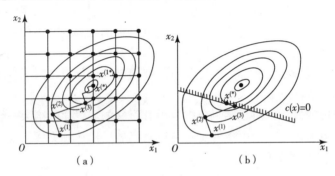

图 5-7　二维优化问题的例子

数值算法的基本思想是搜索、迭代和逼近，即总是从某一初始点 $X^{(0)}$ 出发，利用函数在该点所在局部区域的性质和信息，确定下一迭代步骤的搜索方向 $d^{(k)}$ 和步长 $\alpha^{(k)}$，去寻找新的迭代点 $X^{(k)}$，这样一步一步地重复计算，用改进了的设计点迭代老设计点，逐步改进目标函数并最终以一定的精度逼近极值点。图5-7（a）中从 $X^{(1)}$，$X^{(2)}$，直到 $X^{(*)}$ 的过程表示了一个无约束极值问题 $F(X)$ 迭代和逼近的过程。

迭代算法有两个特点：一是一步一步地计算。每迭代一步，要根据函数在新点附近的信息确定下一步的方向和步长，然后进入下一步：

$$X^{(k+1)} = X^{(k)} + \alpha^{(k)} d^{(k)} \qquad (5-12)$$

二是每一步要比前一步上升（或下降），即目标函数数值在迭代过程中要逐次上升（或下降），否则难以保证收敛逼近最优点。

各种优化算法的相似点是：在每一个迭代点 $X^{(k)}$ 处，总是要按一定的原则寻找下降方向 $d^{(k)}$ 和步长 $\alpha^{(k)}$。方向和步长确定后，各种算法都要进行如式（5-12）所描述的迭代步骤并反复进行这个过程，直到 $X^{(k+1)}$ 满足一定的收敛条件，则点 $X^{(k+1)}$ 逼近最优点 $X^{(*)}$ 而成为 $X^{(*)}$ 的近似解，迭代结束。它们的区别主要在于确定搜索方向 $d^{(k)}$ 和步长 $\alpha^{(k)}$ 的原则不同。

对于约束极值问题，其数值解法的基本思想仍然是搜索、迭代和逼近，只是需要考虑约束条件的存在。见图 5-7（b），如果增加一个约束条件 $c(X)$，犹如盲人攀登山峰的过程中遇到了一堵墙，这时能够到达的最高点只能在墙内，这显然不同于图 5-7（a）所示的无约束条件时的最高点。同时，其搜索方向也会不同，如图 5-7（b）所示。

衡量优化数值算法好坏的标准是算法的收敛性和收敛速度。对于计算机优化设计程序来说，就是要求可靠性好和效率高。理论上讲，各种数值迭代算法都可以产生无穷多个设计点 $X^{(k)}$，当 k 趋于无穷大时，$X^{(k)}$ 趋近于 $X^{(*)}$。然而这样做在工程上既不经济也没必要，在实际计算中，总是在达到一定精度条件以后，就认为已经求得最优解，并终止运算。这时需要给出迭代过程的终止准则，通常采用的终止准则有：

①相邻两设计点的函数值的相对下降量达到充分小，即

$$\frac{|f(X^{(k+1)}) - f(X^{(k)})|}{|f(X^{(k)})|} \leqslant \varepsilon_1 \qquad (5-13)$$

②相邻两设计点的相对距离达到充分小，即

$$\frac{\|X^{(k+1)} - X^{(k)}\|}{\|X^{(k)}\|} \leqslant \varepsilon_2 \qquad (5-14)$$

式中，ε_1、ε_2 是设计者规定的运算精度，根据优化问题的要求，一般可取 $0.001 \sim 0.00001$。

（2）优化设计的一般步骤

根据上述讨论，可以总结出利用数值法进行寻优计算的一般步骤：

①选择一个初始点 $X^{(0)}$（越靠近最优点 $X^{(*)}$ 越好）和收敛指标 $\varepsilon > 0$；

②假定已算出第 k 次迭代点 $X^{(k)}$，但它还不是所要求的最优点，则可选择一搜索方向 $d^{(k)}$，在该方向上寻找目标函数的新的下降点或极小点；

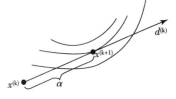

图 5-8　一维搜索

③由 $X^{(k)}$ 出发作射线 $X^{(k)} + \alpha d^{(k)}$（见图 5-8）。在 $d^{(k)}$ 方向上定出 $\alpha = \alpha^{(k)}$ 使点 $X^{(k+1)} = X^{(k)} + \alpha d^{(k)}$ 满足不等式 $f(X^{(k+1)}) < f(X^{(k)})$ 或使 $X^{(k+1)}$ 成为函数在 $d^{(k)}$ 方向上的极小点。如果有约束条件，还应检查 $X^{(k+1)}$ 是否为可行点。如果不是可行点，应返回其可行域，重新进行步骤②；反之应进行步骤④；

④检验 $\dfrac{|f(X^{(k+1)}) - f(X^{(k)})|}{|f(X^{(k)})|} \leqslant \varepsilon_1$ 或 $\dfrac{\|X^{(k+1)} - X^{(k)}\|}{\|X^{(k)}\|} \leqslant \varepsilon_2$ 是否成立，如果检验通过，则 $X^{(k+1)}$ 可作为 $X^{(*)}$ 的近似值并停止迭代；否则，以 $X^{(k+1)}$ 作为新的初始点，返回步骤②，继续进行迭代计算。

这种迭代算法的修正量是由搜索方向和步长因子构成的，α 和 $d^{(k)}$ 的选择是否恰当，决定了算法的优劣。事实上，它们的不同选择方法就形成了不同的优化方法。

第二节　常用优化设计方法及其实现

工程设计的类型很多，它们各自对应着相应类型的优化方法。总的来说，工程优化设计可以分为两个层次：总体方案优化和设计参数优化。前者主要考虑设计思想和总体方案方面

的问题，大量的工作是依据知识和经验进行演绎和推理，人工智能方法（特别是专家系统技术）适宜于解决这类问题。后者则是通过定义设计对象的结构、组成及其参数以使其性能最优，比较容易总结出分析计算用的数学模型，因而一般采用数学优化方法进行求解，这种类型的问题在包装工程技术问题中较为常见，其中绝大多数都是约束非线性优化问题，而解决约束非线性优化问题的基础是无约束优化方法。

一、无约束优化方法

如前所述，无约束问题的优化方法一般都是从某点 $X^{(k)}$ 出发，沿着一定方向 $d^{(k)}$，依据适当的步长 $\alpha^{(k)}$ 进行搜索，以得到邻近的一个点 $X^{(k+1)}$，而且使其函数值有所改善。在这样重复搜索最优点的过程中，若要用到对函数求导数的方法，就称这种数值解法为有导数的搜索法（也叫间接法）。在这类方法中主要有最速下降法、共轭梯度法、变尺度法、牛顿法等。这类方法收敛较快，优化解的精度也较高。使用间接法时要求函数有较好的解析性，且能求出其一阶、二阶导数的近似值。但在许多非线性规划问题中，函数的解析性较差，导数计算极为困难，甚至函数写不出其数学表达式。这时只能用直接法。

直接法是指在搜索过程中无须计算函数的导数，只计算不同点的函数值，然后加以比较，以函数值下降的方向作为搜索方向寻求最优点的方法，它只需在迭代过程中比较目标函数值的大小，直观易懂。缺点是收敛较慢，所得优化解的精度较低，一般常用于低维的工程优化问题。常用的方法有：坐标轮换法、模式搜索法、单纯形法、Powell 法等。

求解无约束优化问题的多数算法中，每一步迭代过程都包含一维（单变量）搜索，本书首先介绍一维搜索方法，在此基础上再介绍几种常用的多变量无约束优化方法。书中给出了主要方法的程序框图或 VB 程序代码，可供读者在编写 CAD 程序时参考。

1. 一维搜索问题

（1）步长因子 α 的确定与一维搜索

在非线性优化的迭代公式 $X^{(k+1)} = X^{(k)} + \alpha d^{(k)}$（见式 5-12）中，$\alpha$ 的确定大致有三类方法。一是简单地取 1，称为简单算法。由于不能保证算法收敛，所以不常用。二是，α 的选择仅要求满足 $f(X^{(k)} + \alpha d^{(k)}) < f(X^{(k)})$，称为可接受点算法。这种算法思路简单，数值效果好，为工程界所重视。三是，α 的选择使 $X^{(k-1)} = X^{(k)} + \alpha^{(k)} d^{(k)}$ 成为成为函数 $f(X^{(k)} + \alpha d^{(k)})$ 的由 $X^{(k)}$ 出发沿 $d^{(k)}$ 方向的极小点，称为完备算法。由于 $X^{(k)}$ 和 $d^{(k)}$ 均为已知量，所以它实质上是函数 $f(X^{(k)} + \alpha d^{(k)})$ 对 α 求极小值。α 是一个独立变量，每一个 α 值对应着 $X^{(k)} + \alpha d^{(k)}$ 直线上的一个点，如图 5-8 所示。所以，函数 $f(X^{(k)} + \alpha d^{(k)})$ 可表示为 $f(\alpha)$。

这种算法和一元函数求极小值是完全相同的，因此，称为一维搜索方法。

在进行一维搜索之前，必须先确定一个搜索区间 $[\alpha_1, \alpha_2]$，使目标函数在该区间内具有单峰性，即待找的极小点确实在此区间内。常用的方法是进退法。

（2）进退法

进退法的具体算法是：

设 α_0 为初始步长因子，h 为步长增长系数，将 α_0 及 $\alpha_0 + h$ 代入目标函数进行计算，比较 $f(\alpha_0)$ 和 $f(\alpha_0 + h)$ 的大小，有下列两种情况：

前进运算：若 $f(\alpha_0) > f(\alpha_0 + h)$，则将步长加倍，并计算新点 $f(\alpha_0 + 3h)$。若 $f(\alpha_0 + h) \leqslant f(\alpha_0 + 3h)$，则令 $\alpha_1 = \alpha_0$，$\alpha_2 = \alpha_0 + 3h \rightarrow [\alpha_0, \alpha_0 + 3h]$ 为所求区间。否则将步长再加倍，并重复上述运算。

后退运算：若 $f(\alpha_0) < f(\alpha_0 + h)$，则将步长缩短为原步长的 $1/4$，并从 α_0 点出发，以 $h/4$ 为步长反向搜索（改变符号），此时得到的后退点为 $\alpha_0 - h/4$。若 $f(\alpha_0 - h/4) > f(\alpha_0)$，则令 $\alpha_1 = \alpha_0 - h/4$，$\alpha_2 = \alpha_0 + h \rightarrow [\alpha_0 - h/4,\ \alpha_0 + h]$ 为所求区间。否则需将步长加倍继续后退，直到函数值重新升高为止。

由上述讨论，可以绘出用进退法求探索区间的计算程序框图（图5-9）。

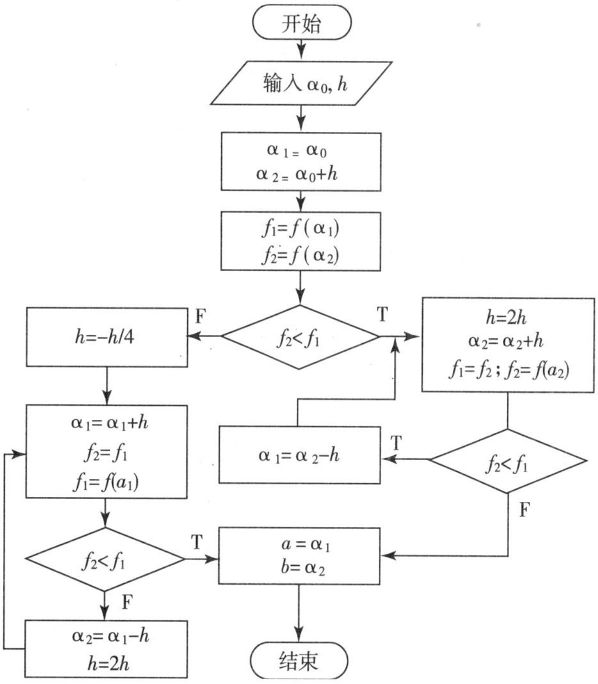

搜索区间确定以后,便可使用各种一维搜索方法求极小值。下面介绍最常用的两种方法——黄金分割法和二次插值法。

（3）黄金分割法（0.618法）

黄金分割法是通过不断缩短搜索区间的长度来确定极小点的方法，它在每次迭代时都把搜索区间的缩短率固定为 0.618，直接计算目标函数的值以确定取舍区间，又叫0.618法。

黄金分割算法的基本思路是在区间 $[\alpha_1,\ \alpha_4]$ 中再取两点 α_2 和 α_3，令

$$\alpha_2 = \alpha_1 + 0.382(\alpha_4 - \alpha_1)$$
$$\alpha_3 = \alpha_1 + 0.618(\alpha_4 - \alpha_1)$$

比较函数值 $f(\alpha_2)$ 和 $f(\alpha_3)$，可能出现两个结果：

①如果 $f(\alpha_2) \geq f(\alpha_3)$，则函数的性态如图5-10（a）所示。极小点肯定存在于区间 $[\alpha_2,\ \alpha_3]$ 中。消去区间 $[\alpha_1,\ \alpha_2]$（阴影部分），即令 $\alpha_2 = \alpha_1$，可产生一个新区间 $[\alpha_1,\ \alpha_4]$，完成一次迭代。再在新区间中取两个比较点 α_2 和 α_3,并重复上述过程。其特点是,新的 α_2 点和前次迭代的 α_3 点重合,只需令 $\alpha_2 = \alpha_3$,$f(\alpha_2) = f(\alpha_3)$,这样可节省一次函数计算。

②如果 $f(\alpha_2) < f(\alpha_3)$，则函数的性态如图5-10（b）所示，极小点肯定存在于区间 $[\alpha_1,\ \alpha_3]$。同样地，消去区间 $[\alpha_3,\ \alpha_4]$，令 $\alpha_4 = \alpha_3$，产生一个新区间 $[\alpha_1,\ \alpha_4]$，完成一次迭代。而新的 α_3 点和原来的 α_2 点重合，令 $\alpha_3 = \alpha_2$，$f(\alpha_3) = f(\alpha_2)$。

图 5-9 进退法求搜索区间的程序框图

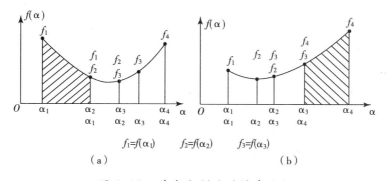

$f_1 = f(\alpha_1)$ $f_2 = f(\alpha_2)$ $f_3 = f(\alpha_3)$

（a）   （b）

图5-10 黄金分割法的搜索区间

当逐渐缩小的新区间小于某一精度 ε，即 $\alpha_4 - \alpha_1 \le \varepsilon$ 时，便可确定 $\alpha^{(*)} = \dfrac{\alpha_2 + \alpha_3}{2}$ 为函数的近似极小点。

黄金分割法的效率不是最高的，但它具有较好的稳定性及容易理解和便于使用等优点，所以应用非常广泛。

黄金分割法的计算框图如图 5-11 所示，其中，α_4 就是前面所确定的搜索区间的边界 α_3。

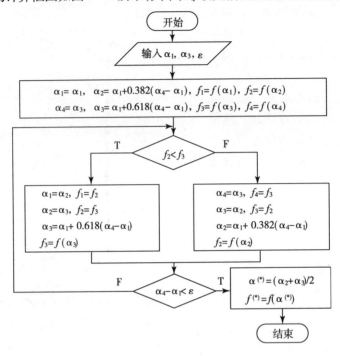

图 5-11　黄金分割法的计算框图

例 5-3　求 $\min F(X) = \sin X$，已知 $\alpha_1 = 4$，$\alpha_3 = 5$。

解：首先令 $\alpha_4 = \alpha_3 = 5$，按上述流程使用附录 5-1 上机计算，得

$$X^* = \frac{4.708 + 4.729}{2} = 4.7185$$

$$f(X^*) = \sin 4.7185 = -0.99998133$$

附录 5-1 是用 VB 编写的黄金分割法计算程序。

（4）二次插值法（抛物线法）

二次插值法是利用三个点的函数值来构造二次函数，并利用这个二次插值多项式的极小点作为原目标函数 $F(\alpha)$ 近似极小点。如图 5-12 所示，由确定区间的算法可以得到 α_1、α_2 和 α_3 三个点及其函数值 $f_1 =$

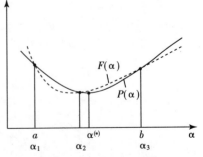

图 5-12　抛物线法的搜索区间

$F(\alpha_1)$、$f_2 = F(\alpha_2)$ 和 $f_3 = F(\alpha_3)$，且有 $f_1 > f_2 < f_3$，据此可以构造一个二次多项式：

$$P(\alpha) = A + B\alpha + C\alpha^2 \tag{5-15}$$

来逼近目标函数 $F(\alpha)$。对于逼近式（5-14）来说，很容易地可求得它的极小点

$$\alpha^{(*)} = -B/2C \tag{5-16}$$

而式（5-16）中的三个系数可由 α_1、α_2 和 α_3 三点的函数值 $f_1 > f_2 < f_3$ 按插值的方法代入（5-15）得出：

$$\left.\begin{array}{l} A = f_1 \\ B = (4f_2 - 3f_1 - f_3)/2h \\ C = (f_3 - f_1 - 2f_2)/2h^2 \end{array}\right\} \quad (5-17)$$

式中 $h = (\alpha_2 - \alpha_1) = (\alpha_3 - \alpha_2)$ 为步长因子。

设 $f_4 = F(\alpha^{(*)})$，若 $|(f_4 - f_2)/f_2| < \varepsilon$ 或 $|f_4 - f_2| < \varepsilon$，则认为已经求得 $\alpha^{(k)} = \alpha^{(*)}$。否则，从 α_1、α_2、α_3 和 $\alpha^{(*)}$ 四个点中取三个点，使其处于满足中间点的函数值小的新区间（其过程见图5-14）。重新作一次二次插值的计算，直至达到预定的精度为止。

二次插值的计算框图见图5-13。

用 VB 编制的二次插值法优化程序见附录5-2。

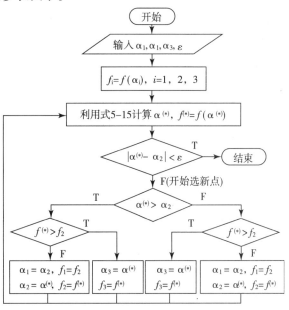

图 5-13　二次插值的计算框图

2. 多变量无约束优化问题

前已述及，多变量无约束优化的两种数值法，包括无导数（直接）和有导数（间接）的搜索法。限于篇幅，本书先介绍两种常用的多变量无约束直接搜索方法，再介绍一种间接搜索法。

（1）多元函数的单纯形法

单纯形法是最常用的无约束多变量优化方法之一，是一种不必求目标函数梯度的直接搜索法。

①基本算法

所谓单纯形就是在一定空间中的最简单的图形（也有人称之为简单图形法）。例如二维空间单纯形为三角形，三维空间的单纯形是四面体，n 维空间的单纯形是 $n+1$ 个顶点组成的多面体。

单纯形法的基本思想是：首先从可行域中算出若干点处的函数值，然后将它们进行比较，若满足收敛条件，则停止计算；若不满足，则找一组更好的函数值，再进行比较，如此迭代，直到找到最优解。

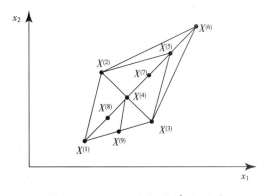

图 5-14　二元函数的单纯形法

图 5-14 所示为一个应用单纯形法求解二元函数最优解的例子。

如图，在变量 x_1、x_2 组成的平面上，不在同一条直线上的三点构成一个单纯形（$\triangle X^{(1)}$

$X^{(2)}X^{(3)}$）。首先计算出该单纯形三个顶点 $X^{(1)}$、$X^{(2)}$、$X^{(3)}$ 的函数 $f_1 = F(X^{(1)})$、$f_2 = F(X^{(2)})$、$f_3 = F(X^{(3)})$，并进行比较，舍弃不合适点，选一新点，构成一个新的单纯形。

若 $f_1 > f_2 > f_3$，则可以设想函数变化的趋势：一般说来，好点（即函数值小的点）在差点的对称点的可能性较大。因此可以去掉 $X^{(1)}$ 点，将 $X^{(2)}$ 与 $X^{(3)}$ 的中点 $X^{(4)}$ 与 $X^{(1)}$ 点相连，在此方向上取 $X^{(1)}$ 的反射点 $X^{(5)}$，使 $\overline{X^{(4)}X^{(1)}} = \overline{X^{(4)}X^{(5)}}$（通常，取反射因子 $\alpha = 1$，因此，$X^{(5)}$ 在 $X^{(1)}$ 的对称点上），并计算反射点的函数值 f_5。这时，有可能出现以下几种情况：

a. $f_5 < f_3$。说明 $X^{(5)}$ 点比 $X^{(3)}$ 点更接近最小点，反射搜索方向正确，并可继续向前扩张搜索，取 $X^{(6)}$ 点为扩张后的点，则

$$X^{(6)} = X^{(5)} + \beta(X^{(5)} - X^{(4)}) \qquad (5-18)$$

其中 β 为扩张因子，一般取 $=1.2 \sim 2.0$。假设 $f_6 < f_5$，说明扩张后比反射点更为有利，并以 $X^{(6)}$，点代替 $X^{(5)}$ 点，以 $X^{(2)}$、$X^{(3)}$、$X^{(6)}$ 三点组成新的三角形（单纯形）。否则，说明扩张不利，$X^{(6)}$ 点被舍弃，取 $X^{(2)}$、$X^{(3)}$、$X^{(5)}$ 点组成新的单纯形，并由新的单纯形继续搜索。

b. $f_3 \leq f_5 < f_2$，即反射点的函数比次差点好，但比最好点差，反射搜索同样可行，则以反射点代替最差点 $X^{(1)}$，组成新单纯形 $X^{(2)}X^{(3)}X^{(5)}$。

c. $f_2 \leq f_5 < f_1$。说明反射点 $X^{(5)}$ 比最差点好，比次差点差，$X^{(5)}$ 点前进太远，应该沿反方向缩回一点。此时收缩点为 $X^{(7)}$，且

$$X^{(7)} = X^{(4)} + \gamma(X^{(5)} - X^{(4)}) \qquad (5-19)$$

其中 γ 为收缩因子，通常取 $\gamma = 0.5$。

d. $f_5 \geq f_1$。取反射点比最差点还差，此时收缩更应多一些，即收缩在 $X^{(1)}$、$X^{(4)}$ 连线之间，取收缩点为 $X^{(8)}$：

$$X^{(8)} = X^{(4)} + \gamma(X^{(1)} - X^{(5)}) \qquad (5-20)$$

如果 $f_8 < f_1$，用 $X^{(8)}$ 代替 $X^{(1)}$ 构成新单纯形 $X^{(2)}X^{(3)}X^{(8)}$。

e. 若 $X^{(1)}$、$X^{(4)}$ 连线方向的所有点都比最差点还差，说明不能按此方向收缩。可把原单纯形 $X^{(1)}X^{(2)}X^{(3)}$ 的边长缩小一半，构成新的单纯形 $X^{(3)}X^{(9)}X^{(4)}$。这称为单纯形的收缩，然后重新开始，重复上述步骤，直到满足给定的收敛要求为止。

按上述方法可以将二维问题扩展到三维、n 维中去。下面介绍一个单纯形法的子程序。

②单纯形法子程序的功能和方法

这一子过程可用来求解多元函数的极小值点。子过程中只用到函数值，不需计算目标函数的导数。其优点是稳定性好，准备时间短，适用范围较广，在搜索开始阶段效率更高一些，但在接近极小值点时速度会明显变慢，因而它更常用于搜索的开始阶段. 对于问题的变量个数少、精度要求不高的情形，这常常是最好的方法。使用时应注意到单纯形有可能退化到低维空间的情形，此时，可能会得不到问题的近似极小值点。

单纯形子过程的具体做法如下：

a. 给定初始点 $X^{(0)}$，收敛精度 ε，目标函数 $F(X)$，反射系数 α，扩张因子 β，收缩因子 γ。

b. 选定一个初始单纯形，它的 $N+1$ 个顶点 $X^{(i)}$（$i=1, 2, \cdots, N+1$）这样确定：

根据给定的初始点 $X^{(0)}$，定义其他点为：

$$X^{(i)} = X^{(0)} + \lambda e_i, \; i=1, 2, \cdots, N$$

其中 e_i 为 N 维单位向量，λ 是一个由问题的特性而设想的常数（也可以对每个方向 e_i 选取不同的常数项）。

c. 计算 $F(x)$ 在这 $N+1$ 个顶点上的值 $f_i = F(X^{(i)})$，$i = 1, \cdots, N+1$。记

$$\left. \begin{array}{l} f_{\mathrm{L}} = F(X^{(\mathrm{L})}) = \min\{f_i\} \quad 1 \leqslant i \leqslant N+1 \\ f_{\mathrm{H}} = F(X^{(\mathrm{H})}) = \max\{f_i\} \quad 1 \leqslant i \leqslant N+1 \end{array} \right\} \tag{5-21}$$

$$f_{\mathrm{G}} = F(X^{(\mathrm{G})}) = \max\{f_i\} \quad 1 \leqslant i \leqslant N+1, i \neq H$$

对于求极小值点的问题来说，上述 $X^{(\mathrm{L})}$ 是最好的点，$X^{(\mathrm{H})}$ 是最坏的点，$X^{(\mathrm{G})}$ 是次坏的点。

d. 构造一个新的单纯形，它保留最好的点 $X^{(\mathrm{L})}$，用一个比较好的点 $X^{(\mathrm{N})}$（至少应比 $X^{(\mathrm{H})}$ 好）去代替最坏的点 $X^{(\mathrm{H})}$，具体做法：

首先求除去最坏点 $X^{(\mathrm{H})}$ 以后的 N 个点的形心：

$$X^{(\mathrm{C})} = \frac{1}{N}\left(\sum_{i}^{N+1} X^{(i)} - X^{(\mathrm{H})}\right) \tag{5-22}$$

再求 $X^{(\mathrm{H})}$ 关于 $X^{(\mathrm{C})}$ 的反射点（对称点）：

$$X^{(n+1)} = (1+\alpha)X^{(\mathrm{C})} - \alpha X^{(\mathrm{H})} \tag{5-23}$$

式中 $\alpha > 0$，为反射系数，本程序中取 $\alpha = 1$。

计算 $f_{(n+1)} = F(X^{(n+1)})$ 并与 f_{L} 和 f_{G} 进行比较：

Ⅰ. 若 $f_{(n+1)} < f_{\mathrm{L}}$，表明反射成功，进行扩展，即求

$$X^{(n+2)} = X^{(n+1)} + 0.5(X^{(\mathrm{C})} - X^{(\mathrm{H})}) \tag{5-24}$$

若 $f_{(n+1)} \geqslant f_{\mathrm{G}}$，说明不能按此方向搜索，需要将下一点相对中心点外缩，即求

$$X^{(n+3)} = X^{(\mathrm{C})} + 0.5(X^{(\mathrm{C})} - X^{(\mathrm{H})}) \tag{5-25}$$

这样，就得到了一个新的顶点 $X^{(n+3)}$。转Ⅲ。

Ⅱ. 计算 $f_{(n+2)} = F(X^{(n+2)})$，比较：

若 $f_{(n+2)} < f_{(n+1)}$，则用 $X^{(n+2)}$ 代替 $X^{(\mathrm{H})}$，转步骤 e；

若 $f_{(n+2)} \geqslant f_{(n+1)}$，则用 $X^{(n+1)}$ 代替 $X^{(\mathrm{H})}$，转步骤 e；

若 $f_{\mathrm{L}} \leqslant f_{(n+1)} < f_{\mathrm{G}}$，则用 $X^{(n+1)}$ 代替 $X^{(\mathrm{H})}$，转步骤 e；

Ⅲ. 计算 $f_{(n+3)} = F(X^{(n+3)})$，比较：

若 $f_{(n+3)} < f_{\mathrm{G}}$，则用 $X^{(n+3)}$ 代替 $X^{(\mathrm{H})}$，转步骤 e；

若 $f_{(n+3)} \geqslant f_{\mathrm{G}}$，将下一点相对中心点外缩，即求

$$X^{(n+4)} = X^{(\mathrm{C})} - 0.5(X^{(\mathrm{C})} - X^{(\mathrm{H})}) \tag{5-26}$$

若 $f_{(n+4)} < f_{\mathrm{G}}$，则用 $X^{(n+4)}$ 代替 $X^{(\mathrm{H})}$，转步骤 e；

Ⅳ. 若 $f_{(n+4)} \geqslant f_{\mathrm{G}}$，表明所取单纯形太大，需将原来的单纯形缩边，令

$$X^{(i)} = 1/2(X^{(i)} + X^{(\mathrm{L})}), i = 1, 2, \cdots, n+1 \tag{5-27}$$

对缩小后的新单纯形继续迭代，即转步骤 b；

e. 检验收敛精度或给定终止条件

Ⅰ. 若 $\sum\limits_{i=1}^{n} \| X^{(i)} - X^{(H)} \| \leqslant \varepsilon$，则最优点 $X^{(*)} = X^{(\mathrm{L})}$。迭代停止；

Ⅱ. 若迭代次数超过指定的最大允许值，则迭代停止，表示迭代失败。

单纯形算法的框图见图 5-15。

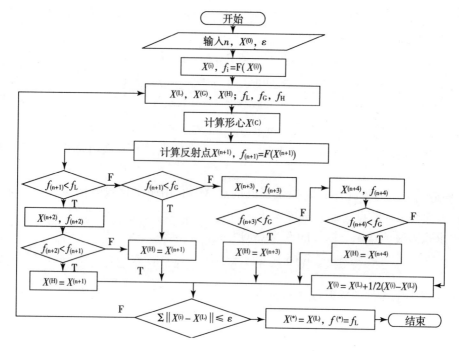

图 5-15 单纯形算法框图

（2）多元函数的鲍威尔（Powell）法

这也是一种不用导数的搜索方法。Powell 法中所采用的搜索方向被认为是比较有效的方向，叫做共轭方向。它的基本思想是，根据向量的共轭原理和共轭向量的基本性质。在搜索过程中逐步构造共轭向量，以共轭向量的方向作为搜索方向，从而可在有限步数的搜索中找到目标函数的极小点。对正定二维目标函数，从任意初始点出发，沿共轭方向进行两次搜索就能达到极小点。对 n 维目标函数，沿共轭方向 n 次搜索即达到极小点。

共轭方向的定义是：设 A 为 $n \times n$ 阶实对称正定矩阵，若有两个 n 维向量 $\boldsymbol{d}_1$ 和 $\boldsymbol{d}_2$ 满足 $\boldsymbol{d}_1^{\mathrm{T}} A \boldsymbol{d}_2 = 0$，则称 $\boldsymbol{d}_1$ 和 $\boldsymbol{d}_2$ 关于 A 共轭。其几何意义是，向量 $\boldsymbol{d}_1$ 和 $\boldsymbol{d}_2$ 经过线性变换 A 可以变成相互正交。当 A 为单位矩阵时，$\boldsymbol{d}_1^{\mathrm{T}} \boldsymbol{d}_2 = 0$，因此，向量的正交是共轭的一个特例。

共轭方向是在搜索过程中逐步形成的，下面以二维目标函数为例说明共轭方向的形成过程。

设有二维目标函数，其等值线如图 5-16 所示。从任选的初始点 $X_0^{(1)}$ 出发，依次沿彼此线性独立的两坐标轴方向 $\boldsymbol{e}_1 = [1, 0]^{\mathrm{T}}$ 和 $\boldsymbol{e}_2 = [0, 1]^{\mathrm{T}}$ 进行一维搜索，得两个相对极小点 $X_1^{(1)}$ 和 $X_2^{(1)}$，连 $X_2^{(1)}$ 与 $X_0^{(1)}$，得新搜索方向 $\boldsymbol{d}^{(1)} = X_2^{(1)} - X_0^{(1)}$，再从 $X_2^{(1)}$ 出发，沿新方向 $\boldsymbol{d}^{(1)}$ 进行一维搜索，得相对极小点 $X^{(1)}$，完成第一轮搜索。这样，对于二维函数来说，完成两维搜索和一次沿始末点连线方向的搜索，即完成一轮搜索，如果是 n 维函数，则在完成 n 次一维搜索和一次沿最后第 n 维搜索得到的极小点与初始点连线方向的搜索后，即为完成一轮搜索。

以第一轮搜索得到的最后一个相对极小点 $X^{(1)}$ 为下一

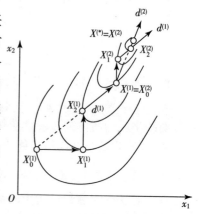

图 5-16 共轭方向的形成

轮搜索的初始点，即令 $X^{(1)} = X_0^{(2)}$，进行第二轮搜索。第二轮搜索的方向仅取前一轮两个坐标方向中的一个方向 e_2，即舍去第一个方向 e_1，以 $d^{(1)}$ 为最后一个搜索方向，即依次沿 e_2 和 $d^{(1)}$ 方向进行一维搜索，求得相对极小点 $X_2^{(2)}$ 和 $X_{s1}^{(2)}$，然后连 $X_{s1}^{(2)}$ 与 $X_0^{(2)}$，得第二轮搜索的新方向 $d^{(2)}$，即 $d^{(2)} = X_{s1}^{(2)} - X_0^{(2)}$，再沿新方向 $d^{(2)}$ 进行一维搜索，得极小点 $X^{(2)}$。

由上述搜索过程可看出，根据向量的共轭原理，对于正定二次函数，两轮搜索中所形成的新方向 $d^{(1)}$ 和 $d^{(2)}$ 必为 A 共轭方向，依次经过沿两共轭方向进行两轮搜索就能找到极小点，即 $X^{(*)} = X^{(2)}$。对于 n 维函数，则沿共轭方向进行 n 次搜索即可达到极小点。

实际计算中，固定不变地运用新形成的搜索方向代替上一轮搜索的第一个方向，有时会产生向量相关，从而导致计算不能收敛而失败。因而有所谓修正 Powell 法，其迭代方法为：

①从初始点 $X_0^{(1)}$ 出发，分别沿坐标轴方向 d_1、d_2 进行一维搜索，求得相对极小点 $X_1^{(1)}$、$X_2^{(1)}$，即

$$F\ (X_0^{(1)} + \alpha_1 d_1)\ = \min F\ (X_0^{(1)} + \alpha d_1)$$
$$X_1^{(1)} = X_0^{(1)} + \alpha_1 d_1$$
$$F\ (X_1^{(1)} + \alpha_2 d_2)\ = \min F\ (X_1^{(1)} + \alpha d_2)$$
$$X_2^{(1)} = X_1^{(1)} + \alpha_2 d_2$$

式中，d_1、d_2 为坐标轴的单位向量方向 e_1、e_2，α_2、α_2 为分别沿 d_1、d_2 方向进行一维搜索的步长。

②作线连 $X_0^{(1)}$ 和 $X_2^{(1)}$ 点，得新方向 $d^{(1)} = X_2^{(1)} - X_0^{(1)}$，沿 $d^{(1)}$ 方向求反射点 $X_3^{(1)} = 2X_2^{(1)} - X_0^{(1)}$。

③计算所得各点的函数值，令

$$f_0 = F\ (X_0^{(1)}),\ f_2 = F\ (X_2^{(1)})$$
$$f_1 = F\ (X_1^{(1)}),\ f_3 = F\ (X_3^{(1)})$$

取沿 $d^{(1)}$、$d^{(2)}$ 方向搜索时相邻两点函数值之最大差，表示为 $\triangle$，即

$$\triangle = \max\ (f_0 - f_1,\ f_1 - f_2)$$

④判断下一步搜索时应如何更换搜索方向

如果 $f_3 < f_0$，并同时满足

$$(f_1 + f_3 - 2f_2)\ (f_1 - f_2 - \triangle)\ < 0.5\triangle\ (f_0 - f_3)$$

则应从 $X_2^{(1)}$ 点出发沿方向 $d^{(1)}$ 进行一维搜索，得相对极小点

$$X^{(1)} = X_2^{(1)} + \alpha_1 d_1$$

下一步搜索的方向应如下确定：

舍去函数值差最大的方向，并以方向 $d^{(1)}$ 作为这一轮搜索的最后一个方向，沿此进行搜索，即以 $X^{(1)} = X_0^{(2)}$ 为第二轮搜索的初始点，重复第①步。

⑤如果上述两个判别不等式不能同时满足，则下一轮搜索不作搜索方向的更替，仍用第一轮搜索的方向，但第二轮搜索的初始点，要根据 $X_2^{(1)}$ 和 $X_3^{(1)}$ 两点函数值的大小而定：

a. 当 $f_2 < f_3$ 时，则初始点取为 $X_2^{(1)}$，即 $X_0^{(2)} = X_2^{(1)}$，

b. 当 $f_2 > f_3$ 时，则初始点取为 $X_3^{(1)}$，即 $X_0^{(2)} = X_3^{(1)}$，

重复取①步，继续进行搜索。

对于 n 维设计问题，在第 k 次迭代中，各迭代点的符号应为：

$$f_0 = F\ (X_0^{(k)}),\ f_2 = f_n = F\ (X_n^{(k)}),\ f_3 = F\ (X_{n+1}^{(k)}),$$

$$\triangle = \max \left\{ F\left(X_{i-1}^{(k)}\right) - F\left(X_i^{(k)}\right) \right\}$$
$$(i = 1, 2, \cdots, n)$$

修正鲍威尔算法的程序框图如图 5-17 所示。用 VB 编写的算法实例见附录 5-3。

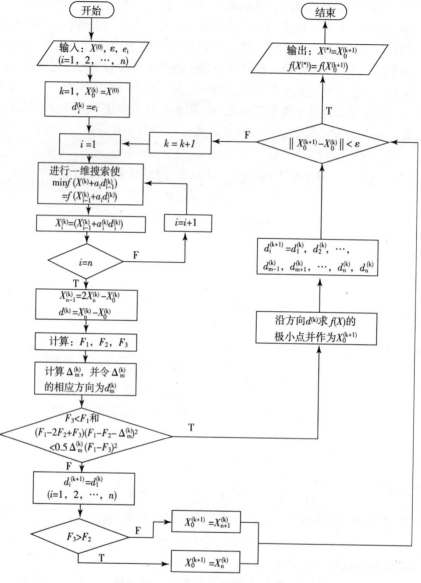

图 5-17　修正 Powell 算法框图

如果目标函数具有一阶和二阶导数，可以采用有导数的多元函数约束优化方法。限于篇幅，本书从略。

二、有约束多变量优化问题

在工程优化设计中，绝大多数是属于有约束非线性规划问题。目前对约束优化问题的解法很多，归纳起来可分为两类。一类是直接方法，即直接用原来的目标函数限定在可行区域内进行搜索，且在搜索过程中一步一步地降低目标函数值，直到求出在可行区域内的最优解。此类方法包括直观性较强的复合形法、网格法、随机试验法、梯度投影法等。另一类是间接方法，即将约束问题转换成无约束问题，然后采用无约束优化方法求解；或将非线性规划问题化为线性规划问题，或将复杂问题变换为较简单问题的其他方法等。属于间接方法的有消元素、拉格朗日乘子法、惩罚函数法等。

本书分别介绍最常用的两种方法——复合形法和惩罚函数法。

1. 复合形法

复合形法是求解约束非线性最优化问题的一种重要的直接方法，其基本思想与求解无约束非线性最优化问题的单纯形法相同。构造复合形的方法是：

当求解

$$\min_{X \in E^n} f\ (X)$$

并受约束于 $g_u\ (X) \leqslant 0\ (u = 1, 2, \cdots, m)$ 的最优化问题时，首先要在设计空间内选择 $n + 1$（或 k，而 $n + 1 \leqslant k \leqslant 2n$）个初始点，构造一个初始复合形，这些初始点或所构造的复合形要位于受约束条件限制的可行域

$$\boldsymbol{D} = \{X \mid g_u\ (X) \leqslant 0\ (u = 1, 2, \cdots, m)\}$$

内。由于 n 为设计问题的维数，因此，对于二维问题，复合形为由三（即 $n + 1$）个顶点构成的三角形或为由四（$2n$）个顶点构成的四边形；对于三维问题，复合形则为由四（$n + 1$）个顶点构成的四面体，或由五个顶点或六（$2n$）个顶点构成的五面体；对于 n 维问题，复合形则为由 $n + 1 \sim 2n$ 个顶点构成的一个不规则的多面体。

同单纯形法一样，复合形法也是通过迭代计算寻优的，即利用复合形各顶点处的目标函数值的大小关系，判断目标函数值的下降方向，不断丢掉函数值最大的所谓最差点 $X^{(H)}$，代之以既使目标函数值有所下降又能满足所有约束条件的一个新点，从而不断地构成新的复合形。如此重复，使新的复合形不断地向可行域的最优点移动和收缩，直至得到满足收敛准则的近似解为止。

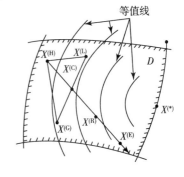

图 5-18　复合形法原理

如图 5-18 所示，取二维问题的初始复合形为一三角形，计算其三个顶点的函数值并进行比较，将函数值最大的点（最差点）记为 $X^{(H)}$，函数值次大的点（次差点）为 $X^{(G)}$，和函数值最小的点（最好点）为 $X^{(L)}$，并可据此大致判断目标函数值的变化趋势。

若 $X^{(C)}$ 为除 $X^{(H)}$ 以外的各顶点（此处即是 $X^{(G)}$、$X^{(L)}$ 两点）的形心，则目标函数值下降的方向应当是由点 $X^{(H)}$ 指向 $X^{(C)}$ 的方向。故在 $X^{(C)}$ 和 $X^{(H)}$ 连线的延长线上取一点 $X^{(R)}$，并使

$$X^{(R)} = X^{(C)} + \alpha(X^{(C)} - X^{(H)}) \tag{5-28}$$

这一步称为反射（或映射），式中 $X^{(R)}$ 点为最差点 $X^{(H)}$ 的反射点（或映射点），α 为反射（映射）系数，一般取 $\alpha > 1$，例如取 $\alpha = 1.3$。

检查 $X^{(R)}$ 的可行性，若 $X^{(C)}$ 在可行域内，且

$$f\ (X^{(R)}) < f\ (X^{(H)})$$

时，用 $X^{(R)}$ 点替代 $X^{(H)}$ 点，并组成新的复合形，完成一次迭代；若上面不等式得不到满足，则应将反射系数减半，再检查是否满足上述不等式，若已满足，则仍用 $X^{(R)}$，替代 $X^{(H)}$ 构成新的复合形；若还不满足，则再将反射系数减半直至减至很小（例如当 $\alpha \leqslant 10^{-5}$ 时）仍然

达不到上式要求，则可用次差点 $X^{(G)}$ 代替 $X^{(H)}$ 进行反射，组成新的迭代过程。若 $X^{(R)}$ 点不在可行域内，亦应将 α 减半，如此反复进行，直至达到收敛准则要求为止。

复合形法的搜索过程是：

（1）初始复合形。设在可行域内先给定复合形的一个初始顶点 $X_1^{(0)}$，则其余 $k-1$（$n+1 \leqslant k \leqslant 2n$）个顶点 $X_j^{(0)}$（$j=2, 3, \cdots, k$）可由下式计算，即

$$X_{ji}^{(0)} = \alpha_i + r_{ji}(b_i - a_i) \tag{5-29}$$

式中　　j——复合形顶点的标号（$j=2, 3, \cdots, k$）；

i——设计变量的标号（$i=1, 2, \cdots, n$），表示点的坐标分量；

a_i，b_i——设计变量 x_i（$i=1, 2, \cdots, n$）的解域或上下边界；

r_{ji}——[0，1] 区间内服从均匀分布的伪随机数（可由计算机程序中的随机函数调出）。

这样产生的顶点能满足设计变量的边界约束条件，但不一定能满足性能约束条件。假定其中 $X_0^{(0)}$、$X_2^{(0)}$、$\cdots$、$X_q^{(0)}$ 等 q 个点（$q<k$）满足全部约束条件，而其余点 X_{q+1}^0、$\cdots$、X_k^0 不满足，为了使它们也能满足，可先求出所有满足点的形心点：

$$X_i^{(0)} = \frac{1}{q} \sum_{j=1}^{q} x_{ji}^{(0)} \qquad (i=1,2,\cdots,n) \tag{5-30}$$

然后将 $X_{q+1}^{(0)}$、$\cdots$、$X_k^{(0)}$ 这些不满足约束条件的点向形心点 $X_i^{(0)}$ 靠拢，得新点：

$$\left.\begin{aligned} X_{q+1}^{(0)'} &= X^{(0)} + \beta\ (X_{q+1}^{(0)} - X^{(0)}) \\ &\cdots\cdots \\ X_k^{(0)'} &= X^{(0)} + \beta\ (X_k^{(0)} - X^{(0)}) \end{aligned}\right\}$$

只要系数 β 选择得当（一般按 $\beta=0.5$ 取），总可以使新点 $X_{q+1}^{(0)'}$、$\cdots$、$X_k^{(0)'}$ 满足全部约束条件，即满足

$$\left.\begin{aligned} g_u\ (X_{q+1}^{(0)'}) &\leqslant 0 \\ g_u\ (X_k^{(0)'}) &\leqslant 0 \end{aligned}\right\} \qquad (u=1, 2, \cdots, m)$$

这样即可求得另外 $k-1$ 个满足全部约束条件的初始顶点。

取得 k 个顶点后便可构成一个有 k 个顶点的多面体——复合形，然后按下述步骤进行迭代计算。

（2）复合形法的迭代步骤。

①计算复合形各顶点的目标函数值，找出其中的最大值 $f(X^{(H)})$ 及最差点 $X^{(H)}$：

$$X^{(H)}: f(X^{(H)}) = \max \{f(X_j) \qquad (j=2, 3, \cdots, k)\}$$

找出次差点 $X^{(G)}$：

$$X^{(G)}: f(X^{(G)}) = \max \{f(X_j) \qquad (j=2, 3, \cdots, k, j \neq H)\}$$

找出最好点 $X^{(L)}$：

$$X^{(L)}: f(X^{(L)}) = \max \{f(X_j) \qquad (j=2, 3, \cdots, k)\}$$

②计算除最差点 $X^{(H)}$ 外其他各顶点的形心 $X^{(C)}$：

$$\left.\begin{aligned} X^{(C)} &= \frac{1}{k-1}\Big(\sum_{j=1}^{k-1} X_i\Big) \qquad (j \neq n) \\ \text{或 } x_{ci} &= \frac{1}{k-1}\Big(\sum_{j=1}^{k-1} X_{ji}\Big) \qquad (i=1,2,\cdots,n, j \neq H) \end{aligned}\right\} \tag{5-31}$$

检查 $X^{(C)}$ 点的可行性。

③如果 $X^{(C)}$ 点在可行域 D 内，则沿（$X^{(C)} - X^{(H)}$）方向求反射点 $X^{(R)}$，由式（5-31）：

$$X^{(R)} = X^{(C)} + \alpha (X^{(C)} - X^{(H)})$$

式中反射系数 α 可取 1.3。若 $X^{(R)}$ 为非可行点，则应将 α 值减半，继续计算，直至 $X^{(R)}$ 满足全部约束条件为止。

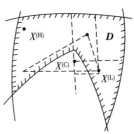

图 5-19　$X^{(C)}$ 在可行域 D 外的情形

④如果 $X^{(C)}$ 不在可行域 D 内（如图 5-19 所示），则 D 域可能是一个非凸集。这时为了将 $X^{(C)}$ 点移动 D 域内，可在以 $X^{(L)}$ 点和 $X^{(C)}$ 点为界的超立方体中，重新利用伪随机数产生 k 个新的顶点，构成新的复合形，此时变量的上下限改为：

若 $x_i^{(L)} < x_i^{(C)}$ （$i = 1, 2, \cdots, n$）

则取 $\begin{cases} a_i = x_i^{(L)} \\ b_i = x_i^{(C)} \end{cases}$ （$i = 1, 2, \cdots, n$）

否则取 $\begin{cases} a_i = x_i^{(C)} \\ b_i = x_i^{(L)} \end{cases}$ （$i = 1, 2, \cdots, n$）

重复步骤①、②，直至 $X^{(C)}$ 点进入可行域为止。

⑤计算 $X^{(R)}$ 点的目标函数值，如果

$$f(X^{(R)}) < f(X^{(H)})$$

时，则用反射点 $X^{(R)}$ 替换最差点 $X^{(H)}$ 组成新的复合形，完成一次迭代并转入步骤①，否则，转入步骤⑥。

⑥如果 $f(X^{(R)}) > f(X^{(H)})$，则将 α 值减半，重新计算反射点 $X^{(R)}$，这时若 $f(X^{(R)}) < f(X^{(H)})$ 且 $X^{(R)}$ 为可行点，则转向步骤⑤；否则应再将 α 值减半，如此反复，直至 α 值已缩小到给定的一个很小的正数 ε（例如 $\varepsilon = 10^{-5}$）以下目标函数值仍无改善，则用最差点 $X^{(H)}$ 换成次差点 $X^{(G)}$ 并转入步骤②，重新进行迭代计算。

⑦迭代终止

反复执行上述迭代，直到复合形已收缩到很小

$$\max \| X^{(j)} - X^{(C)} \| \leq \varepsilon_2 \qquad (1 \leq j \leq k) \qquad (5-32)$$

或各顶点的目标函数值满足

$$\left\{ \frac{1}{k} \sum [f(X^{(j)}) - f(X^{(c)})]^2 \right\}^{\frac{1}{2}} \leq \varepsilon_1 \qquad (5-33)$$

时，停止迭代，并取复合形各顶点中函数值最小的点作为最优点，其函数值就是最优解。其中 ε_1、ε_2 为给定的收敛精度，式中的 $X^{(C)}$ 是复合形的形心，且有：

$$x_i^{(C)} = \frac{1}{k} \sum_{j=1}^{k} x_i^{(j)} \qquad (i = 1, 2, \cdots, n) \qquad (5-34)$$

由于复合形法在迭代过程中不必计算目标函数的一、二阶导数，也无须进行一维最优化探索，因此对目标函数和约束函数的性质无特别要求，程序较简单，适用性较广。其缺点是随着设计变量和约束条件的增多，其计算效率将显著降低。

当优化问题中含有等式约束时，可以在把等式约束化为不等式约束后应用复合形法

求解。

由上述迭代规则和步骤编制的程序框图见图 5-20。

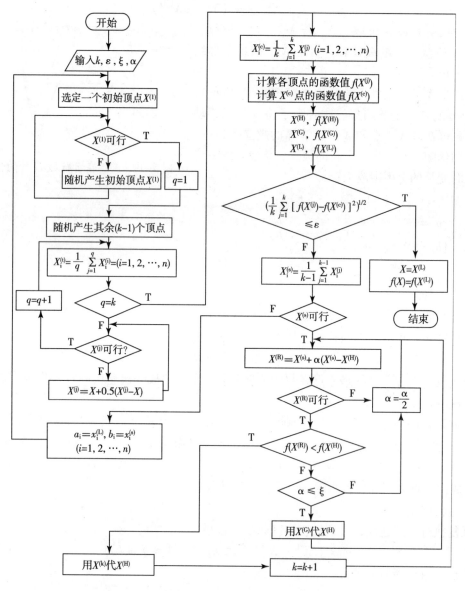

图 5-20　复合形法的程序框图

2. 惩罚函数法

在解决约束非线性优化问题中经常用到的方法是惩罚函数法（又叫罚函数法）。它的基本思想是，利用优化问题中的约束函数作出适当的惩罚函数，由此构造出带参数的增广目标函数，把问题转化为求解一系列无约束极值问题，因而也称这种方法为序列无约束最小化技术，简记为 SUMT（Sequential Unconstrained Minimization Technique）法。

要把如下约束优化问题

$$\min f(X) \qquad X \in \boldsymbol{R} \qquad\qquad (5-35)$$

$$\text{s. t. } \begin{cases} g_i\ (X)\ \geqslant 0,\ i=1,\ \cdots,\ r \\ h_i\ (X)\ \geqslant 0,\ i=1,\ \cdots,\ r \end{cases}$$

转化为一个或一系列等价的无约束优化问题，可以给原目标函数加上一个或多个约束函数，使其转化为求无约束条件下的新的目标函数值。

定义

$$r^{(k)}\varphi(X) = \begin{cases} 0, X \in \boldsymbol{R} \\ +\infty, X \in \boldsymbol{R} \end{cases}; k = 0,1,2,\cdots \qquad (5-36)$$

作新的目标函数（又叫增广函数）

$$P(X,r^{(k)}) = f(X) + r^k\varphi(X) \qquad (5-37)$$

其中，$r^{(k)}$ 为惩罚因子，当 $r^{(k)} > 0$ 时，只要 X 不满足约束条件，惩罚项 $r^{(k)}\varphi\ (X)$ 就起作用。$r^{(k)}$ 为正常数，$k = 1,\ 2,\ \cdots$

$r^{(k)}\varphi(X)$ 为惩罚项或惩罚函数；可以看出，当 $X \in \boldsymbol{R}$ 时惩罚项是不起作用的，而当 $X \in \boldsymbol{R}$ 时，惩罚项为无穷大，将迫使极小点向可行域靠拢。

$\varphi\ (X)$ 为约束条件的复合函数。

由于约束条件已经包含在 P（X，$r^{(k)}$）里，给出不同的 $r^{(k)}$ 值，就可以用无约束优化的方法求一系列 min P（X，$r^{(k)}$），从而得到一系列最优点 $X^{(*)}$（$r^{(k)}$）。当点列 {X* ($r^{(k)}$)} 收敛于约束优化问题的一个满足某些条件的可行点时，此点就是原优化问题的最优点。

惩罚函数形式的不同，决定了搜索点是在可行域外或是可行域内，因而又分为外罚函数法（外点法）、内罚函数法（外点法）和混合法。本书简要介绍外罚函数法，有兴趣的读者可参阅相关文献。

所谓外点法就是在可行域 $\boldsymbol{R}$ 的外部获取点列 {X^*（$r^{(k)}$）}，使之逐步逼近原问题极小点的方法。

设有含有不等式约束的问题

$$\min f\ (X) \qquad\qquad x \in \boldsymbol{R}$$
$$s.\ t.\ g_i\ (X)\ \geqslant 0,\ i = 1,\ 2,\ \cdots,\ r$$

采用外点法时的增广函数形式为：

$$P(X,r^{(k)}) = f(X) + r^{(k)}\sum_{i=1}^{m}\left[g_i(X),0\right]^2 \qquad (5-38)$$

或 $$P(X,r^{(k)}) = f(X) + r^{(k)}\sum_{i=1}^{m}\{\min[g_i(X),0]\}^2 \qquad (5-39)$$

举一个简单的例子加以说明。

例5-4　用外点法求：

$$\min f\ (X)\ = x$$
$$s.\ t.\ g\ (X)\ = x - 1 \geqslant 0$$

解：

（1）作增广函数

$$P(X,r^{(k)}) = f(X) + r^{(k)}g(X)^2$$
$$= \begin{cases} x + r^k(x-1)^2, \text{当 } x < 1(\text{可行域外}) \\ x, \qquad\qquad \text{当 } x \geqslant 1(\text{可行域内}) \end{cases}$$

（2）给定一系列 $r^{(k)}$ 值，给出 $X^{(0)}$，$r^{(0)}$，收敛精度 ε_1 和 ε_2

取 $k=0$，1，2，…；初始罚因子 $r^{(0)}=1/4$（通常可以取为 1/4 或 1，并以等比级数递增）；$r^{(k)}$ 的值取 0，1/4，1/2，1，…，$r^{(k)}$，…，$+\infty$

（3）计算极小点 $X^*（r^{(k)}）$

此例用微分法计算：

由 $\quad \dfrac{dP（X，r^{(k)}）}{x}=0$

得 $\quad X^*（r^{(k)}）=\dfrac{2r^{(k)}-1}{2r^{(k)}}=1-\dfrac{1}{2r^{(k)}}$

则 $\quad P（X^*，r^k）=X^*（r^{(k)}）+r^{(k)}\left[X^*（r^{(k)}）-1\right]^2$
$$=1-1/4r^{(k)}$$

所以，当 $r^{(k)}\to+\infty$ 时，可得 $X^*（r^{(k)}）=X^*=1$
$$P（X^*，r^k）=f（X*）=1$$

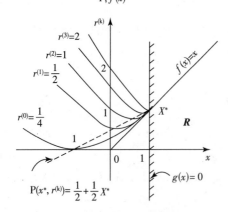

图 5-21 外点惩罚法的例子

计算过程见图 5-21，计算数据见表 5-1。

表 5-1 例 5-4 的计算数据表

$r^{(k)}$	1/4	1/2	1	2	…	∞
X^*	-1	0	0.5	0.75	…	1
$P（X^*，r^k）$	0	0.5	0.75	0.875	…	1

从此例可以看到，外点法中的点列 $\{X^*（r^k）\}$ 总是收敛于可行域 **R** 边界上的极小点 X^*，到了约束面时，惩罚项 $r^{(k)}g（X）^2$ 的值为零。在可行域外部，$r^{(k)}g（X）^2$ 的值随 $r^{(k)}$ 的增大而衰减（缩小），因而，外点法中的惩罚函数又称为衰减函数。

至此，可以给出外点法的算法和程序框图。

（1）给定初始点 $X^{(0)}$，$r^{(k)}$（$k=0$，1，2，…），C（罚因子的增长系数），给定收敛精度 ε_1、ε_2；C 是为提高寻优速度而引入一个罚因子增长系数，取为 C＞0，一般取 2~5；初始罚因子一般取 1/4 或 1；初始点 $X^{(0)}$ 可以是外点或内点，一般应尽量接近可行域；ε_1、ε_2 根据不同工程问题的误差要求选取。

（2）用无约束优化方法求 $\min P（X，r^{(k)}）$ 的最优解，得到极小点序列 $\{X^*（r^k）\}$。

（3）计算 $X^*（r^{(k)}）$ 点不满足约束的情况，求：

$Q=\min\{g_i\left[X^*（r^{(k)}）\right]\}$ $\qquad$（$i\in I$，I 为不满足约束条件的集合）

（4）若 $Q\leqslant\varepsilon_1$，则 $X^*（r^{(k)}）$ 点已接近搜索边界，停止迭代；否则转入下一步。

（5）若 $\|X^*（r^{(k-1)}）-X^*（r^{(k)}）\|\leqslant\varepsilon_2$，停止迭代；否则取
$$r^{(k+1)}=C\,r^{(k)}$$
$$X^{(0)}=X^*（r^{(k)}）$$
$$k=k+1\quad 转（2）$$

外点法的程序框图见图 5-22。

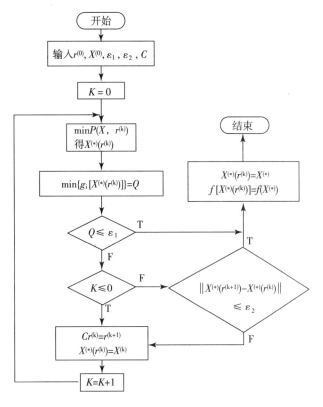

图 5-22　外点惩罚法的程序框图

外点法不要求初始点必须是可行的，这为使用者提供了方便。但 $P(X,r^{(k)})$ 在可行域边界处的二阶导数不存在，故不适用于需要求二阶导数的无约束优化方法。

对于上述问题（目标函数仅具有不等式约束时），也可将增广函数的形式取为：

$$P(X,r^{(k)}) = f(X) - r^{(k)} \sum_{i=1}^{m} \frac{1}{g_i(X)} \qquad (5-40)$$

这就是所谓内点法，其计算方法类似，此处不赘述。

若目标函数同时具有等式约束和不等式约束：

$$\min f(X) \qquad X \in R$$

$$\text{s. t.} \begin{cases} h_i(X) = 0, & (i=1, \cdots, m < n) \\ g_j(X) \geqslant 0, & (j=m+1, m+2, \cdots, p) \end{cases}$$

则可构造增广函数

$$P(X,r^{(k)}) = f(X) + \frac{1}{r^{(k)}} \sum_{i=1}^{m} \left[h_i(X) \right]^2 + r^{(k)} \sum_{i=m+1}^{p} \frac{1}{g_i(X)} \qquad (5-41)$$

这就是 SUMT 混合法的一种形式，可以看出，它是外点法与内点法的混合。实际应用中还有多种表达形式，本书从略，请读者参阅相关文献。

三、多目标优化（决策）问题简介

当工程系统只有一个目标函数，或判断某个决策的优劣只需要一个指标时，可用如前所述的单目标最优化方法求得最优解。但在实际工程问题中需要考虑的目标常常是两个或两个以上。

例如，某包装工厂的主要产品包括普通瓦楞纸箱产品和瓦楞纸板延展产品两类，要求在一定的条件下，既要考虑生产哪一类产品的利润最高，又要考虑满足市场需求这样两个目的，这就是两目标的优化（决策）问题；客户选择供应商，总是希望它提供的包装产品价格低、外观好、性能优，这则是一个三目标的决策选优问题。

多目标系统的各个目标之间关联紧密，相互影响，相互制约，有时还会发生矛盾。所以，一般不能同时都达到所有目标的"最优"。解决这类问题需要应用求解多目标问题的优化方法。

本书简要介绍多目标问题优化的原则和若干常用方法。

1．处理多目标问题的基本原则

处理多目标优化问题有两个基本原则：

（1）"化多为少"的原则，即在满足决策需要的前提下，通盘分析并设法减少目标的个数，最终转为单目标优化问题。常用的办法有：

①剔除从属性和必要性不大的目标。例如，"增加利润"和"降低成本"两个目标，后者是实现前者的手段之一，是从属的子目标，后者可以舍去；又如，决策的诸目标中包括两个对立而又无法协调的目标，则经过权衡之后需要放弃其中的一个等等。

②把类似的几个目标合并成一个目标。如把降低原材料费用、降低人工费用、降低燃料消耗费用及管理费用等，合并成"降低成本"一个目标。

③把次要目标变为约束条件。按照各个目标的重要性，分清主次，抓住主要的、本质的列为目标，把其他次要的、非本质性的目标变为约束条件。

④构成一个综合目标。把几个目标通过同度量、平均或构成函数的办法，形成一个综合目标。如果用数学形式表示就是：

$$P = f(P_1, P_2, \cdots, P_m)$$

综合目标 P 是各子目标 P_1，P_2，$\cdots$，P_m 的函数，这个函数常用货币计价的办法构成（例如单位产品价格×产品产量＝产品产值或单位产品成本×产品产量＝总成本等）。除此以外，也可以采用效用值指标（相当于评分法）方法。

构成综合目标的方法还有加总、平均等，就是将各个目标化成同度量后，求其和或平均值，根据该和或平均值就可以比较不同方案的优劣。

当两类目标的要求正好相反时可以采用比率的方法来构造综合目标。例如在某一决策问题中，把减少资金、增加利润列为目标，可以用资金利润率（利润值/资金额）作为综合目标；类似的还有生产率（产出/投入）也可作为综合目标。

按照上述办法，目标数目可以减少，甚至变成一个综合目标，这样求解问题就简便得多。

（2）对各目标排出顺序

多目标选优时要分析各个目标的重要性，依次进行排队、编号，或赋予不同的加权数。在选择优化计算方案时，就可以把注意力集中在重要的、必须达到的目标上，淘汰那些不太重要的目标方案。这样，就把复杂的问题变得简单了。

2．多目标优化方法的分类

多目标优化（决策）的方法有很多，可以归纳为以下几类：

（1）单目标决策中的经验判断法

（2）综合效用值法

（3）效益成本分析法

（4）数学分析法

下面仅对第（4）类方法作一简单介绍，其他方法请参阅有关书籍。

在多目标优化（决策）中，利用数学分析方法把多个目标转化为少量目标甚至单个目标（化多为少或化多为单），实现目标、变量用数学公式来表示，这就是数学分析法解决多目标优化问题的基本思路。这种方法容易实现计算机优化（决策）的程序化。常用的有主目标优化法、目标打分法、目标规划法及罗马尼亚"选择法"等，常用的是前两个。

①主目标优化法。在多目标优化问题中，分清主次目标后，一般要求主要目标必须达到。为此，在兼顾其他目标的情况下使主要目标优化，这种方法叫主目标优化法。

假定有 m 个目标 $f_1(X), f_2(X), \cdots, f_m(X)$，且 $X \in \mathbf{R}$，求目标 $F(X) = [f_1(X), f_2(X), \cdots, f_m(X)]^{\mathrm{T}}$ 的最优值。如果其中某一个目标最关键、最重要，要求它取得极值（极大值或极小值），则可以使其他目标降为约束条件，从而使多目标优化问题转化为单目标优化问题。

②目标打分法。如果多目标优化问题中混杂着一些定性目标（如讨论包装材料对环境的影响只能以影响严重、稍重、轻、最轻来形容；产品销售情况可用畅销、一般、差、滞销来反映等），这时常用打分的方法来进行优化（决策）。一般有加数和法与线性加权和法（加权和法）两种基本形式。

加数和法是根据目标重要性依次排队，把这些目标分成等级，每个等级都给定标准分，然后对方案予以打分，再把每个方案的各目标所得分数相加。最后根据各方案所得的总分加以比较，总分数最多者即为选中方案。

加权和法是先按每个目标函数 $f_i(X)$ 的重要性赋予相应的权数（或权重）P_i（或加权系数 w_i），然后用下面的一个函数来进行优化。

$$U_j(X) = \sum_{i=1}^{m} P_i \cdot f_i(X) \tag{5-42}$$

$$或 \quad U_j(X) = \sum_{i=1}^{m} w_i \cdot f_i(X) \tag{5-43}$$

这种方法计算简便，但其中权数或加权系数的确定十分关键，有时会直接影响到优化结果的准确性。

上述多目标优化（决策）问题的解法，归纳起来，无非是从系统的效用，或者是从线性规划、非线性规划等最优化技术出发，来解决工程系统多目标最优方案的求解问题。可以看出，求得的最优解并不是各个目标最优值的简单相加，而是综合考虑各种因素后的"合理"解，或者叫"满意解"，绝对的最优解是不存在的。而且，多目标问题的优化（决策）需要更多地依靠决策者的智慧、才能和经验。

第三节　典型包装与包装系统优化问题

一、包装优化的对象

包装优化的对象是指在进行包装及包装系统设计中涉及的、需要通过优化计算、分析比较而获得较优参数的内容。包装优化是实现包装科学化设计的重要手段之一。

二、包装工程典型优化问题

在包装和包装系统设计中涉及的优化问题主要包装材料及其（工艺）配方（或配比）的优化、包装结构参数及包装容器理想尺寸设计问题、优化排料技术、最佳装载或内装物排列设计、包装经济分析中的优化问题等。

1．包装材料及其（工艺）配方（或配比）的优化

这是常见的包装优化问题。通过优化设计，在一定条件下找出使包装材料某一特殊性质达到最优的工艺配方或原材料配比，是功能性新材料开发的重要手段之一。此外，瓦楞纸箱生产企业中满足一定强度要求和成本限制而进行的原材料配比（原纸等级与定量、瓦楞楞型及其搭配等）也是典型的优化设计问题。

2．包装容器结构参数及包装容器理想尺寸的设计问题

包装容器的结构参数最优化问题，是指充分考虑原材料用量、强度、堆码状态、美学等因素，找出容器的最佳尺寸及其尺寸比例。

例如，对于常见瓦楞纸箱来说，其结构尺寸设计与内装物的大小、排列方向、排列数目等有直接关系。在实际应用中，纸箱的理想尺寸及其比例是根据纸箱的展开用料面积、抗压强度、堆码状态与堆码要求、美学等因素来综合确定的，这是一个典型的多指标优化问题。这一类问题往往比较复杂，涉及的参数既有定量的，又有定性的，还有些因素需要设计者进行主观分析与判断，因此设计结果往往称为理想尺寸及其比例。

瓦楞纸箱结构设计及其优化方法的研究不仅可以优化纸箱结构尺寸、纸箱用料及其成本等问题，同时也是研制瓦楞纸箱结构优化设计 CAD 系统的重要基础。

一般的包装容器都属于某种几何形体。从经济性来考虑，设计者总是希望在满足被包装产品容量要求的条件下使制造容器的材料消耗达到最少，而容器消耗材料的多少与容器的壁厚和外表面积大小直接相关。一般壁厚越小，包装容器的耗材就越少。故在满足强度和刚度要求的条件下，壁厚尺寸应尽量选择较小的值。一旦壁厚确定，即可采用最优化方法对包装容器进行优化设计以获得包装容器的最佳尺寸。

3．优化排料技术

对纸盒、纸箱和三片罐等包装产品来说，优化排料通常是指在一组给定尺寸的原始板材上，尽可能多地排放所需要的二维坯片，使得板材利用率最大，以减少废料。进行合理的排料，不仅能节省原材料，还能减少不必要的重复模（裁）切，缩短加工时间。

要实现排料优化需要解决两个问题：一是如何将它表示成数学模型；二是如何根据数学模型，尽快地求出最优解，其关键就是算法问题。为此，国内外学者做了大量研究，提出了各种理论算法，并逐步完善，形成了许多排料优化的方案。

4．最佳装载或内装物排列设计

最佳装载或内装物排列设计主要涉及两个环节：一是在进行包装容器结构和尺寸设计时，必须对内装物排列方式、理想尺寸比例进行全面考虑，以达到最佳装载或内装物排列设计的目的，以实现在包装功能与包装成本限制下的效益最大化；二是在现代国际贸易流通环境下，通过优化计算，充分利用集装箱货柜的空间，以最大限度地多装货物、降低运输费用。

例如，除部分大宗农副产品、化肥、钢材和矿石等采用散装、裸装或一般运输方式外，

绝大部分进出口货物均采用集装箱运输。通常，业务员在对外以 CFR/CIF 价格条件（成本加运费/到岸价）进行货柜运输的出口报价或对方以 FOB 价格条件（离岸价格）的进口报价和计算集装箱货物运输费用的问题上，有的凭借经验或习惯的装载量来计算运费和成本；有的采用航运部门常规"货柜基本运费÷（货柜总容积×75%÷货物包装体积）"的办法计算；有的干脆采用"货柜基本运费÷供货单位报称的装箱量"方式等概约方法来计算货物单位运输费用。这些方法由于装载量计算不准确，单位运费相对较高，往往导致出口报价或进口成本增高而被客户拒收。因此，怎样利用集装箱货柜的空间，以何种装运方式才能最大限度地多装货物来减低单位运输费用，从而达到降低商品物流成本、增加经济收益的问题；以及在基本运费不变的情况下，实际装运时尽量利用货柜空间多装货物，使运输费用节省，从而达到提高经济效益的目的，也是典型的优化问题。

5. 缓冲包装设计优化问题

传统的缓冲包装设计，是基于产品的测试脆值和试验所得的缓冲材料性能曲线进行的。由于衬垫材料的缓冲曲线是使用重锤对其进行单一方向冲击或静态压缩试验所得，因此设计结果无法反映产品与衬垫的真实接触情况以及多个部位支撑的情况，这将对衬垫尺寸设计的精确性带来影响。可以通过分析产品—包装衬垫的动力学模型，建立针对衬垫厚度和面积的优化数学模型，在一定约束条件下可以求得最优的衬垫尺寸，从而实现缓冲包装设计的科学化和精确化。

6. 物流包装系统的优化问题

包装设计的最终目标就是追求设计方案的技术、成本、效益三者关系的最优化组合。在产品的整个物流包装系统中，包装的总成本除了运输包装成本（材料、设备、操作和劳动力等各项费用成本的总和）外，还应该包括回收费用、顾客退购和因产品不适而重新包装的费用。但为了解决问题，将各种组成因素作归纳与简化是完全必要的。主要考虑的步骤包括：

（1）成本控制最优化。其目的有两个：获得最小的单元运输成本；使物流运输空间利用率达到最大化。

（2）实现空间利用最优化的包装设计。主要是在成本控制前提下的技术层面的运输包装优化设计。

（3）包装系统优化。优化的包装系统应当是一个创造最大经济效益的系统。需要用系统的观点看整个包装问题。例如，从包装外包企业的角度分析，包装供应商不仅需要考虑单个包装的材料成本和产品的破损率，还要考虑单个包装在客户物流环境下的运输成本、包装废弃物处理费用、改善包装形式带来的效率提高等。

7. 包装回收系统优化及其网络规划

随着现代物流的迅猛发展以及产品生产的分工细致化，越来越多的产品制造企业对包装采用外包形式实现。由于包装多是一次性使用，因而会造成企业包装成本偏高。

产品包装从供应商到客户的过程称为正向物流过程，即通常所说的销售物流过程，而从客户再回收到供应商的过程则属于逆向物流过程，整个过程构成了完整的闭环销售网络。包装供应商竞争的新优势将体现在通过重复使用（Reuse）、再利用（Recycling）、回收（Reclamation）、再销售（Resale）、修补翻新（Reconditioning）和再制造（Remanufacturing）等方式。

逆向物流的流通产品是包装本身，要实现有"价值"的回收并被用户所接受，需要研究有效的回收网络系统。包装回收系统的物流处理中心就是其中的关键一环，它一般设在外包包装企业，一方面对回收包装进行有效的检验、再加工以及废弃后的包装补充，另一方面对拥有多家分厂的企业而言，有利于包装生产的合理分配。

为了解决回收网络以及处理中心的选址优化问题,需要经过系统调查,搜集资料;进行系统分析;确定备选地址;建立模型并对模型进行优化求解;最后进行方案评价并确定最佳方案。

8．典型包装机械的机构优化问题

在包装机械中，平面连杆机构是常用的执行机构。例如，在糖果裹包机上，对执行构件作往复运动的执行机构往往有以下三个工作要求：

位移。执行构件作直线或摆动往复运动的位移量；

动停时间。执行构件的工作行程与回程的运动时间、停留时间及其位移；

运动要求。执行机构要求执行构件必须按某种规律运动（运动规律或运动轨迹），例如要求等速运动或与其他构件同步运动，或要求连杆上某一点按一定规律运动等。

平面连杆机构的设计，一般都属于运动学设计，且都属于实现已知运动规律（摇杆的摆角变化规律，可理解为函数关系）的计算。它们有一个共同的特点，即其目标函数都是希望机构的运动学参数（如轨迹、速度、加速度等）实现预期的工作要求。在遇到动力学条件要求时，往往将其作为约束条件处理。

除了运动学优化问题以外，平面连杆机构的优化设计有时需要重点考察动力学指标。动力学优化设计的目标函数通常是使机构的动力学参数，如力参数（力和力矩），能量参数（功率、效率），质量参数（质量和转动惯量）等达到最优。这些目标往往通过质量的分配以及附加质量、阻尼或弹簧来实现。因此，平面连杆机构动力学优化设计问题的设计变量除了机构的几何参数之外，还包括质量参数、阻尼系数和弹簧系数等。同时，由于机构总是必须满足一定的运动规律，所以一般要按运动学要求制定严格的约束条件。

图 5-23 是糖果裹包机上的一种曲柄连杆机构[1]。这是一种控制裹包机糖钳开合的机构。曲柄旋转时通过连杆带动开钳凸轮 1 转动，从而推动糖钳 2 开合。曲柄 AB 转一圈完成一次往复运动，此时凸轮转角 $\Psi_m = 30°$。

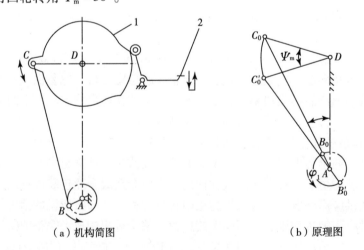

（a）机构简图   （b）原理图

图 5-23　开钳机构

1—开钳凸轮；2—糖钳

下面，以图5-23所示的开钳机构设计为例，说明使曲柄摇杆机构再现已知运动规律的优化设计实例。

例5-5　图5-24是开钳机构的运动简图。所谓再现已知运动规律，是指在曲柄l_1作等速转动时，要求摇杆l_3按已知的运动规律$\Psi_E(\varphi)$运动。这里，φ是曲柄转角。

（1）设计变量的确定

在图5-24中，机构组成中的各杆长度，以及当摇杆按已知运动规律开始运动时，曲柄所处的初始位置角φ_0应列为设计变量，即有设计变量

$$X = [x_1, x_2, x_3, x_4, x_5]^T = [l_1, l_2, l_3, l_4, \varphi_0]^T$$

对于图示的曲柄摇杆机构，杆件的长度按比例变化时，不会改变其运动规律，故计算时取$l_1 = 1$，其他杆长则按比例取为l_1的倍数。若取曲柄的初始位置角为极位角，则φ_0及相应的摇杆l_3位置角Ψ_0均为杆长的函数，其关系式为：

$$\varphi_0 = \arccos\left[\frac{(l_1 + l_2)^2 + l_4^2 - l_3^2}{2(l_1 + l_2)l_4}\right]$$

$$\Psi_0 = \arccos\left[\frac{(l_1 + l_2)^2 + l_4^2 - l_3^2}{2l_3 l_4}\right]$$

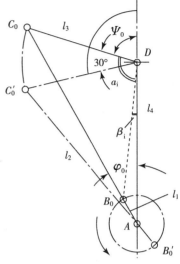

图5-24　开钳机构简图

可以看出，只有l_2，l_3，l_4为独立变量，则设计变量可表达为

$$X = [x_1, x_2, x_3]^T = [l_2, l_3, l_4]^T$$

（2）目标函数的建立

本设计要求已知的运动规律与机构实际运动规律之间的偏差最小，即：

$$\min f(x) = \sum_{i=1}^{m}(\Psi_{Ei} - \Psi_i)^2$$

式中　Ψ_{Ei}——期望的输出角，$\Psi_{Ei} = \Psi_E(\varphi_i)$；

　　　m——计算时输入角的等分数；

　　　Ψ_i——实际输出角，由图5-24可知

$$\Psi_i = \begin{cases} \pi - \alpha_i - \beta_i & (0 \leq \varphi_i < \pi) \\ \pi - \alpha_i + \beta_i & (\pi \leq \varphi_i < 2\pi) \end{cases}$$

式中　$\alpha_i = \arccos\left(\frac{\lambda_i^2 + l_3^2 - l_2^2}{2\lambda_i l_3}\right)$

　　　$\beta_i = \arccos\left(\frac{\lambda_i^2 + l_4^2 - l_1^2}{2\lambda_i l_4}\right)$

　　　$\lambda_i = \sqrt{l_1^2 + l_4^2 - 2l_1 l_4 \cos\varphi_i}$

（3）约束条件的确定

①曲柄摇杆机构应满足曲柄存在条件，有

$$g_1(x) = l_1 - l_2 \leq 0$$

$$g_2(x) = l_1 - l_3 \leq 0$$

$$g_3(x) = l_1 - l_4 \leq 0$$

$$g_4(x) = l_1 + l_4 - l_3 - l_4 \leq 0$$

$$g_5(x) = l_1 + l_2 - l_3 - l_4 \leq 0$$
$$g_6(x) = l_1 + l_3 - l_2 - l_4 \leq 0$$

②机构的传动角应在给定的 γ_{min} 和 γ_{max} 之间，有

$$g_7(x) = \arccos\left[\frac{l_2^2 + l_3^2 - (l_1 + l_4)^2}{2l_2l_3}\right] - \gamma_{max} \leq 0$$

$$g_8(x) = \gamma_{min} - \arccos\left[\frac{l_2^2 + l_3^2 - (l_4 - l_1)^2}{2l_2l_3}\right] \leq 0$$

③曲柄旋转一圈，摇杆的摆动角 $\Psi_m = 30°$

即：

$$180 - \angle C_0'DA - \Psi_0 = \Psi_m = 30°, \ 或 \angle C_0'DA + \Psi_0 = 150°$$

而

$$\Psi_0 = \arccos\left[\frac{(l_1 + l_2)^2 + l_4^2 - l_3^2}{2l_3l_4}\right]$$

$$\angle C_0'DA = \arccos\left[\frac{l_3^2 + l_4^2 - l_2^2}{2l_3l_4}\right]$$

所以，有

$$g_9(x) = \arccos\left[\frac{l_3^2 + l_4^2 - l_2^2}{2l_3l_4}\right] + \arccos\left[\frac{(l_1 + l_2)^2 + l_4^2 - l_3^2}{2l_3l_4}\right] = 150°$$

这是一个具有 3 个设计变量、8 个不等式约束条件、1 个等式约束条件的优化设计问题，可选用任意一种约束优化方法程序来计算。计算结果是在 $\min f(x) = \sum_{i=1}^{m}(\Psi_{Ei} - \Psi_i)^2$ 时，相应的一组连杆尺寸值，$X = [l_2, l_3, l_4]^T$。

需要设计的曲柄摇杆机构要求再现已知运动轨迹时，其优化设计方法与此类似。

产品包装的内涵和外延决定了包装优化问题的复杂性，以上只是简单地罗列了常见的包装优化问题。只要把复杂的工程问题转化为数学模型，就可以运用优化的基本概念和方法加以解决。

习　题

1. 用进退法确定函数 $f(x) = 3x^3 - 8x + 9$ 的一维优化初始区间，给定初始点 $x_1 = 0$，初始进退距 $h_0 = 0.1$。

2. 用黄金分割法求函数 $f(x) = x(x+2)$ 的最优解。已知初始区间为 $[-3, 5]$，精度为 0.05。

3. 用二次插值法求函数 $f(x) = 8x^3 - 2x^2 - 7x + 3$ 的最优解，给定初始区间 $[0, 2]$，迭代精度 $\varepsilon = 0.01$。

4. 用单纯形法求目标函数 $F(X) = 2x_1^2 + 3x_2^2 - 8x_1 + 10$ 的无约束最优解。已知初始点 $X^{(0)} = [1, 2]^T$，步长 $h = 0.5$，迭代精度 $\varepsilon = 0.3$。

5. 用修正鲍威尔法求解（可以编程用计算机解）：
$$\min f(x) = x_1^2 + 2x_2^2 - 2x_1x_2 - 4x_1$$
设 $x_0 = (1, 1)^T$。

6. 用外点惩罚函数法求解约束优化问题：

$$\min f(x) = (x_1 - 2)^4 + (x_2 - 2x_1)^2$$
$$\text{s. t. } x_1^2 - x_2 = 0$$

7. 某厂生产一包装容器。该容器为圆柱形、平底、无盖、容积为 7850cm^3。试选择优化设计方法，列出数学模型和求解框图，并求出其最优解。

8. 如图 5-25，设计一开式带传动。设计要求为：

传动比 i = 2 ~ 3；

中心距 A = 40 ~ 50mm；

小轮直径 D_1 = 10 ~ 20mm。

试按最小带长进行优化设计：

（1）列出该优化问题的数学模型；

（2）试选择优化设计方法并列出求解步骤；

（3）给出求解程序框图，并使用高级程序语言
　　　编程进行求解。

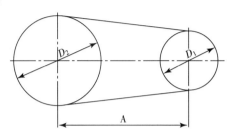

图 5-25　习题 8 插图

9. 如图 5-26，为节约材料，设计一空心传动轴。

设传递扭矩 M = 7430MPa；材料的许用剪应力 [τ] = 122MPa；弹性模量 E = 206GPa。

试用复合形法求在满足强度和抗扭稳定性的条件下使其用料最省。

[提示] 空心轴的用料，可以用轴的截面积表示；

扭转轴的最大工作剪应力 $\tau_{\max}$ = 16MD/ ($D^4 - d^4$)；

扭转稳定的临界剪应力 τ_b = 0.7E [(D - d) /2D] 3/2。

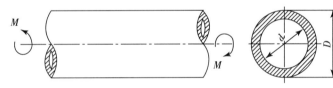

图 5-26　习题 9 插图

第六章 AutoCAD 绘图软件

第一节 AutoCAD 软件简介

AutoCAD 软件是由美国 Auto desk 公司于 1982 年年底推出的计算机辅助设计与绘图软件。经过 10 余次的升级，其最新版本为 AutoCAD 2009 版，它在运行速度、图形处理和网络功能等方面都达到了新的水平。由于 AutoCAD 功能强大，使用方便，故深受广大设计人员的青睐。

一、AutoCAD 的特点

1. 主要优点

AutoCAD 具有良好的用户界面，通过下拉式菜单或命令行窗口或工具栏可以进行各种交互式操作，从而大大提高设计效率。

AutoCAD 可绘制任意二维和三维图形，并有强大的图形编辑功能，和传统的手工绘图相比，具有速度快、精度高、个性化强之特点，因此在工程科技领域得到了广泛应用。

AutoCAD 提供了多种用途的接口技术。从提供 AutoLISP 开发接口以后，AutoCAD 一直保持着极强的开放性和可扩展性，并且不断地改进和增加多样的开发接口。随着基于 COM 技术和 ActiveX 技术的开发接口成为主流开发接口，从 AutoCAD2000 版本开始提供了分别基于 COM 技术和 ActiveX 技术并完全面向对象的开发环境——ObjectiveARX（使用 C＋＋语言）和 VBA（Visual Basic for Application）。并将 AutoLISP 发展为面向对象的 Visual LISP 开发环境。VC＋＋、VB、和 LISP 等 AutoCAD 开发语言的应用，使 AutoCAD 用户极大地扩展了该软件的功能。

从 AutoCAD 2000 版本开始，增强了三维图形处理功能，其三维实体渲染可以在三维对象表面添加照明和材质以产生具有实体感的图像。

为了适应网络发展的需要，使用户方便地共享设计信息，最新的 AutoCAD 版本不仅强化了互联网功能，而且使 AutoCAD 的互联网操作更具规范性。

2. 不足之处

AutoCAD 软件最早是针对二维设计绘图而开发的，随着软件功能的不断完善而日益成熟。但由于软件本身的原因，它在二维设计中存在无法实现参数化设计等不足之处。

由于 AutoCAD 的功能很强大，而且涉及的内容也非常广泛，要详细讲解该软件的内容，不是一本书所能完成的。但是，对于工程设计者来说，只要掌握 AutoCAD 的常用功能，就可以比较熟练地完成一般的设计工作。本章将结合 AutoCAD 2009 版软件（以下简称 Auto-

CAD。）重点介绍该软件的基本功能和操作方法。

二、AutoCAD 的工作界面

AutoCAD 启动后，计算机将显示如图 6-1 所示的工作界面。与 AutoCAD 先前的版本相比，AutoCAD 的用户界面发生了很大的变化，新的用户界面（UI）用简单明了的单一机制取代了早期版本中的菜单、工具栏和大部分任务窗格。新的用户界面旨在帮助用户在绘图中更高效、更容易地找到完成各种任务的合适功能，发现新功能并提高效率。其用户界面包括以下内容：

1. 功能区

在 AutoCAD 工作界面中，功能区是菜单和工具栏的主要替代控件。为了便于浏览，功能区包含若干个围绕特定方案或对象进行组织的选项卡，而且每个选项卡的控件又细化为若干组布置在面板中。为了保证绘图区面积，每一个面板上被隐藏的控件，只有当使用鼠标点击面板右下角的小箭头时才显示出来。

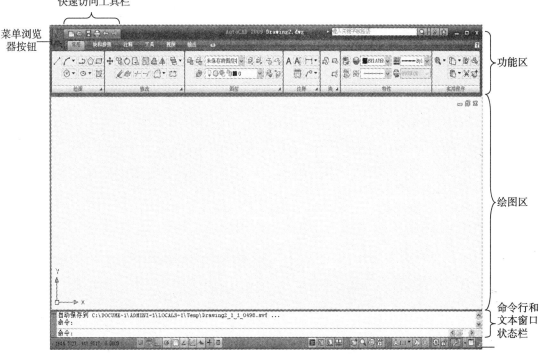

图 6-1　AutoCAD 2009 的用户界面

2. 快速访问工具栏

其中包含"新建"、"打开"、"保存"、"打印"、"放弃"、"重做" 6 个常用工具按钮。

3. 菜单浏览器按钮

单击菜单浏览器按钮可以显示菜单浏览器，如图 6-2 所示。利用菜单浏览器可以通过以往熟悉的菜单访问各个命令、打开和保存文件等。

4. 绘图区

绘图区域是用来绘制、编辑和显示图形的窗口。在默认情况下，窗口左下角显示有世界坐标系（WCS）。在窗口的次下方单击"模型"或"布局"选项卡，可在模型空间和图纸空间之间来回切换。通常用户只在模型空间绘图，绘图结束后再转至图纸空间安排输出布局。

5．命令行与文本窗口

命令行是供用户输入命令的地方，位于图形区的下方。通过鼠标拖动上边界可放大或缩小窗口。文本窗口是记录 AutoCAD 命令的窗口。可选择"菜单"→"显示"→"文本窗口"菜单命令或按F2 键来打开它。

6．状态栏

状态栏位于用户界面的最下方，主要用于显示当前指针的坐标、显示和控制捕捉、栅格、正交、极轴追踪、对象捕捉、对象追踪、线宽和模型等开关按钮的状态。

图 6-2　菜单浏览器

三、命令的输入

1．方法

AutoCAD 中命令输入的方法有 3 种。

（1）利用菜单浏览器，选择相应的菜单命令；

（2）单击功能区中的相应按钮；

（3）通过命令行输入相应的命令。

输入命令虽有 3 种方法，实际操作时，只需要选择其中一种使用者认为最简单的方法即可。

现以画点为例，命令的输入格式为：

①在命令行中直接输入命令：point ↙

②通过功能区输入命令：

点击"常用"选项卡中"绘图"面板右下角的箭头 ▨ 按钮，其过程如图 6-3 所示。

图 6-3　图解画点命令输入过程

③通过菜单浏览器中的菜单输入："绘图"→"点"

命令启动后，根据提示，可执行画点操作。

当某一命令执行完毕，命令行又出现"命令"提示，若要不再执行该命令时，则需要按Enter键或按空格键。

2．常用的基本命令

（1）中止当前命令

按 Esc 键，可恢复到等待命令状态。

（2）取消已执行命令

发现执行结果有误，欲回到执行命令前状态时，可启动 U（Undo）命令。最简单的操作方法是：单击工具栏放弃🔙按钮或在命令行输入 U 字符后回车即可。若利用菜单浏览器可选择菜单命令："编辑"→"放弃"。

该命令每执行一次，可使执行的结果退回一步。

（3）存盘

①换名存盘（Saveas）。执行此命令，可把当前图形另存为一个新文件。操作时，在命令行输入"Saveas"或点选"文件"→"另存为"菜单选项，该命令立即启动。

②快速保存（QSave）。执行此命令，可将当前编辑的图形以原文件名或系统缺省文件名存盘。操作时，在命令行输入"QSave"或点击"文件"→"保存"菜单选项或快速访问工具栏、单击图标🖫即可。

第二节　绘图设置及绘图辅助工具

利用绘图设置和有关绘图辅助工具，可大大提高用户的绘图效率和绘图精度。

一、图层、块、模板

1. 图层、线型、颜色及线宽

AutoCAD 提供了分层绘图的功能。可把不同性质的图形对象、文字和标注等分别画在不同的层上。通过控制对各层的"打开"或"关闭"等可实现单层显示、多层组合显示，对于图形对象的绘制和编辑非常方便。

（1）图层的特点

①每个图形文件可设置多个图层，0 层是默认层，不能修改层名。用户只能在"当前层"上绘图。系统每次只能设置一个当前层。

②各图层具有相同的坐标系、图形界限和显示缩放系数。可将一层上的图形对象转换到另一层上。

③可对图层进行打开、关闭、冻结、解冻、锁定和解锁等操作，以确定该层的可见性和可操作性。

④可以给每一图层设置绘图的颜色、线型和线宽等。当某一图层设置后，在默认设置下，即为以该层为当前层绘图时的颜色、线型和线宽等的设置。

（2）图层的设置

在图层工具栏上，单击图层特性管理器图标🔲，或选择菜单项"格式"→"图层"，即可打开图 6-4 所示的"图层特性管理器"对话框。利用该对话框可进行下列操作：

①创建新图层。单击"新建图层"🗲按钮，列表中增加一个"图层 1"，改名后要单击"确定"或不改名直接单击"确定"按钮即可。

②设置图层的颜色、线型和线宽。在选中要设置某些特性的图层所在行上，单击"颜色"、"线型"或"线宽"对应的列，可打开对应的对话框，选好新的参数后，单击"确定"即可。不过在使用"选择线型"对话框时，必须"加载"线型后才能选取和确定。

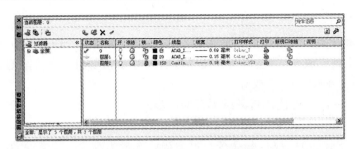

图 6-4　图层特性管理器

③设置当前层。当前层即当前作图层。系统启动后，自动设置 0 层为当前层。若要重新设置时，只要选中一个图层，再单击"确定"即完成设置。

④设置图层的状态。在选好对应的图层对象后，点击对应的状态开关图标，再点击"确认"按钮，可将图层对象设置为打开或关闭、冻结或解冻、锁定或解锁状态。

直接点击图层工具栏中的相应图标，在弹出的图层状态列表中，亦能进行图层状态的设置。

⑤删除图层。在图层列表中选中对象后，单击"删除" 按钮，再单击"确认"按钮即可。

（3）转换图层

转换图层是指将某些图层上的对象转移到另外一些图层上。使用图层转换器可转换图层，以实现图形的标准化、规范化。例如，可转换当前图形中的图层，使之与其他图形的图层结构或 CAD 标准文件相匹配。

选择"工具"→"CAD 标准"→"图层转换器"菜单命令，弹出"图层转换器"对话框，如图 6-5 所示。

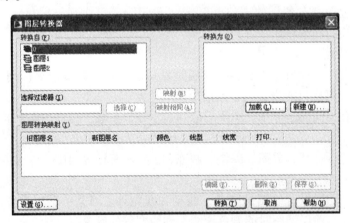

图 6-5　"图层转换器"对话框

单击"加载"按钮，选择要作为图层标准的文件，则加载图形文件的图层显示在"转换为"窗口下。单击"转换自"下的图层名，再单击"转换为"下的图层名，然后单击"映射"按钮，可建立两个图层对应的转换关系。当完成其他图层映射后，单击"转换"，再决定是否保存，从而完成图层的转换。

2. 块的创建及插入

在绘制复杂的图形时，有时会遇到一些重复出现的图形，如机械图中的螺纹孔等。可以把需要重复绘制的图形创建成块，需要时直接插入，从而大大提高绘图速度。组成块的图形对象可以分布在不同的图层上，也可以具有不同的颜色、线型和线宽等特性。

（1）块的定义

在定义块之前，必须绘制块中使用的图形，并决定块的名称和插入点。图 6-6 所示为一个要创建的块，P 为插入点。

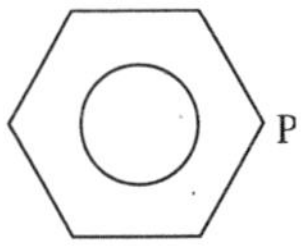

图 6-6　要创建块的图形

单击绘图工具栏中创建块的图标或选择菜单项"绘图"→"块"→"创建"，打开如图 6-7 所示的"块定义"对话框后。可在此对话框中进行以下操作。

图 6-7　"块定义"对话框

①在名称文本框中输入块名 BBB1。

②在"基点"选项区，单击拾取点按钮，在绘图区选择块对象的插入点 P。

③在"对象"选项区，单击"选择对象"按钮，在绘图区选择整个图形，按 Enter 键返回对话框；点击"转换为块"单选按钮。

④单击"确定"按钮，完成块定义。

（2）块的插入

块定义后，就可以在图形中使用了。块插入步骤为：

①选择"插入"→"块"菜单命令或单击块插入图标，可弹出"插入"对话框，如图6-8所示。

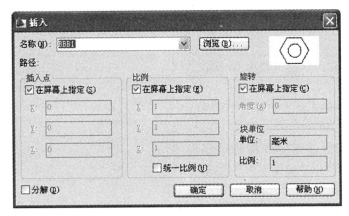

图 6-8　块"插入"对话框

②在"名称"下拉列表中，选择要插入的块，或单击"浏览"按钮，选择已保存的块文件。

③指定插入点、缩放比例和旋转角度，可选中"在屏幕上指定"复选框由绘图区输入，或由对应的文本框直接输入相应的数值。

④块插入图形后，将作为一个对象存在。若块插入后需要分解，则要选中"分解"复选框。最后单击"确定"按钮，可完成插入块的操作。

3．模板的概念及应用

模板是事先规划、设计好的包括绘图单位、颜色、线型、图层和标注样式等设置的图形文件，在绘制新图时可以直接调用而不必每次都需要重新设置。这样的文件要存储成模板文件，其扩展名为．DWT。

要把一个文件保存为模板文件，只要选择"文件"→"另存为"命令，在弹出的"图形另存为"对话框中，从"文件类型"下拉列表中选择"＊．dwt"，在"文件名"文本框输入模板文件的名称，然后单击"保存"按钮即可。

二、辅助绘图工具

AutoCAD 还提供了一些方便快捷的辅助绘图工具，利用这些工具可以有效提高绘图速度和准确性。下面介绍常用的几种：

1．栅格与间格捕捉设置（见表6-1）

表6-1　常用辅助绘图工具

命令名称	命令	状态栏对应控件按钮	开、关切换快捷键
栅格	GRID	捕捉　　栅格　　正交	F7
间格捕捉	SNAP		F9
正交模式	ORTHO		F8

（1）栅格

栅格是按一定间格显示在绘图区上的网格，就像传统的坐标纸一样，其用途是便于绘图时定位对象。命令启动后，按提示，可设置 x 向和 y 向的栅格间距，通常二向间距取值相等，也可以不等。

（2）间格捕捉

间格捕捉可将输入点锁定在由 Grid 命令设置的栅格点上。

命令启动后，按提示，应指定 x 向和 y 向的捕捉间距。

此外栅格或间格捕捉还可用菜单栏设置，选择"工具栏"→"草图设置"菜单命令后，弹出如图6-9 所示的"草图设置对话框"，单击框内"捕捉和栅格"选项卡，就可以设置间格捕捉间距和栅格间距。

图6-9　"草图设置"对话框

（3）正交模式的使用

在正交模式打开状态下，系统只允许画水平和竖直方向的直线。使用 Ortho 命令可设置此功能。

2．对象捕捉

AutoCAD 提供了对象捕捉功能，利用该功能，用户可迅速、准确地捕捉到所需要的特殊点，从而能够迅速、准确地绘制图形。AutoCAD 2009 中提供了能够捕捉端点、中点、交点、圆心、垂足、切点、象限点、节点等 13 种目标的功能。

（1）运行模式设置

①设置运行捕捉模式

选择"工具"→"草图设置"菜单命令，可打开"草图设置对话框"。再选择"对象捕捉"选项卡，可在对象捕捉模式选项区打开相应的对象捕捉选项（见图 6-10）。由于打开的捕捉模式始终为运行状态，直到关闭它们为止，故称为运行捕捉模式。

单击状态栏中"对象捕捉" ▣ 按钮，可切换打开或关闭运行捕捉模式。

②单个模式捕捉

该模式是指要求输入某一特殊点时，可临时打开某一对象捕捉工具，它仅对本次捕捉点有效。

在绘图区域按住 Shift 键的同时，单击鼠标右键，从弹出的快捷菜单中可打开相应的对象捕捉选项（见图 6-11）。此外，在工具栏内单击鼠标右键，在弹出的快捷菜单中选择"对象捕捉"，打开"对象捕捉"工具栏，点击其中的选项，亦可实现单个捕捉模式。

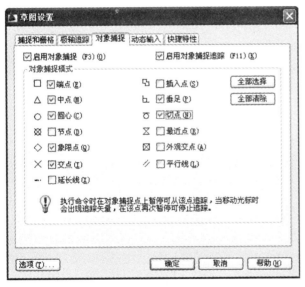

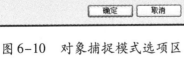

图 6-10 对象捕捉模式选项区

图 6-11 单个捕捉模式快捷菜单

（2）功能的使用

对象捕捉功能的具体用法通常是：当系统提示确定一点且用户希望捕捉到某一特殊点时，从对应工具栏或对象捕捉快捷菜单中单击相应的按钮或命令，然后根据提示选择对象，即可捕捉到所需的点。

3. 图形显示控制

图形显示控制的目的是使用户在绘图过程中能方便地观察图形的整体或局部内容，以提高绘图的精度和效率。表6-2列出了图形缩放和平移的命令形式。

表6-2　图形的缩放和平移

命令名称	命令	功能区对应控件按钮	菜单输入
缩放	ZOOM	平移 →　　　← 缩放	视图——缩放
平移	PAN		视图——平移

（1）图形的缩放

图形的缩放是指放大或缩小屏幕上的图形的显示尺寸，而图形的真实尺寸保持不变。命令启动后给出提示：

指定窗口的角点，输入比例因子（nx 或 nxp），或者键入［全部（A）/中心（C）/动态（D）/范围（E）/上一个（P）/比例（S）/窗口（W）/对象（O）］〈实时〉。

用户可根据需要选择对应选项常用的包括：

①实时：是默认项，按 Enter 键后，按左键拖动鼠标可对图形实时缩放。

②全部（A）：可操作整个图形（含超出图形界限部分）完全显示在当前的视区内。

③窗口（W）：要求定义一个矩形窗口，并对窗口内的图形进行全屏放大。根据提示，要求给出矩形窗口的两个对角点。

④上一个（P）：可恢复上一次显示的图形。

其余选项说明略。

（2）视图的平移

对图形进行平移操作，以便观察图形的某些特定部分。

命令启动后，光标变成手型图标。按住鼠标左键，可拖动图形平移。

第三节　平面图形的绘制

无论多么复杂的图形，都是由点、直线、曲线和文字组成的。而这些图形元素的定型、定位都离不开坐标。因此，基本图形元素的坐标表示和图形绘制是创建工程图的基础，而图形的编辑和修改是提高设计绘图效率和效果的必要手段。

一、坐标的表示方法

对图形对象的描述都是在一定的坐标下进行的。世界坐标系（WCS）是 AutoCAD 系统默认的坐标系，其坐标原点为（0，0，0），x 轴向右，y 轴向上，分别为它们的正方向。有时为了提高绘图速度和精度，自己也可以定义和使用用户坐标系（UCS）。

坐标表示法有两种，即绝对坐标和相对坐标。

1. 绝对坐标

点的绝对坐标是相对于坐标原点的坐标。

（1）直角坐标。输入点的 X、Y、Z 坐标值时，坐标之间要用逗号隔开。如（10，5，5）。

（2）极坐标。极坐标是用极半径和极角来表示点的位置的。其表示方法为"距离∠角度"，如 9∠30。

2．相对坐标

相对坐标系的引入能够克服用绝对坐标绘图的局限性。相对坐标是相对某一参考点而确定的位置坐标，它包括相对直角坐标和相对极坐标。

（1）相对直角坐标。相对直角坐标的输入方法是在 x 和 y 方向的位移前加上符号@，即 @△x，△y。其中△x，△y 有正负之分。如@2.2，－3。

（2）相对极坐标。是用相对某一参考点的极半径和极角来确定一点位置的表达方法。其输入方法为：@长度∠角度。其中规定，逆时针转角为正角，顺时针转角为负角。如@100∠－60。

二、基本图形的绘制

1．绘图命令及输入

基本图形绘制命令很多，这里仅对最常用的直线、圆、圆弧、椭圆、多段线、矩形、正多边形、样条曲线等绘图命令作介绍，其命令及相关的输入方法见表6-3。

表6-3　常用基本图形绘制命令及输入

基本图形	命令	功能区对应控件按钮	菜单输入
直线	Line 或 L		绘图→直线
圆	Circle 或 C		绘图→圆
圆弧	ARC		绘图→圆弧
多段线	Pline 或 Pl		绘图→多段线
椭圆	Ellipse 或 El		绘图→椭圆
矩形	Rectang 或 rec		绘图→矩形
正多边形	Polygon 或 Pol		绘图→正多边形
样条曲线	Spline 或 Spl		绘图→样条曲线

2．绘制方法说明

（1）直线命令：Line 或 L

画直线命令既可以用鼠标左键在绘图工作区单击两点或多点来绘制直线，也可以用二维或三维坐标指定直线的端点来画直线。命令启动后出现提示：

指定第一点：指定端点 1。

指定下一点或［放弃（U）］：指定端点 2。

指定下一点或［放弃（U）］：指定第三点（或输入"U"放弃本次操作）。

指定下一点或［闭合（C）/放弃（U）］：此时若输入"C"，则以第一条线的起点为最后一条线的终点，从而所画的所有线段组成多边形。

结束画线命令可通过直接按 Enter 键一次完成。

（2）画圆命令：Circle 或 C

AutoCAD 提供了 6 种画圆方式，其含义如表 6-4 所示。

表 6-4　圆绘制方法及说明

方法	示意图	绘制方法	方法	示意图	绘制方法
圆心、半径	 半径　圆心	通过指定圆心坐标和半径绘制圆	两点	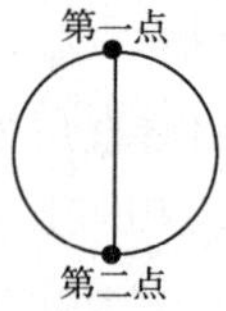 第一点　第二点	指定两点，以此两点间线段为直径绘制圆
圆心、直径	 直径　圆心	通过指定圆心坐标和直径绘制圆	相切、相切、相切	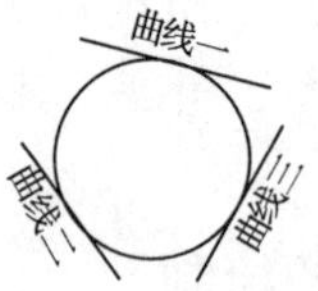 曲线　曲线　曲线	指定三条直线，则绘制与三条直线都相切的圆
三点	 第一点　第二点　第三点	通过指定不共线的三点绘制圆	相切、相切、半径	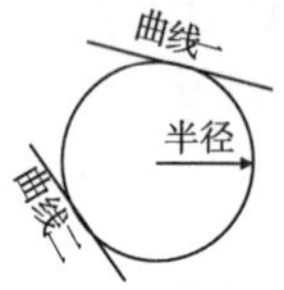 曲线　半径　曲线	指定两条曲线以及半径，绘制圆

（3）圆弧命令：ARC

系统提供了"三点（3P）"、"起点、圆心、角度（T）"等 11 种画弧方式，说明如下：

①用"起点、圆心、端点（S）"方式画弧时，是按逆时针由起点画到终点，终点不要求在圆弧上，仅用来确定包含角。

②弦长为正时画劣弧，取负值时画优弧。如"起点、圆心、长度（L）"圆弧方式。

③圆心角为正，按逆时针画弧，否则按顺时针画弧。如"起点、圆心、角度（T）"方式。

④半径取正值时，画劣弧，取负值时画优弧。如"起点、端点、半径（R）"方式。

⑤用"继续（O）"方式画弧时，能连续画出与最后所画的圆弧或直线相切的新圆弧。

（4）多段线命令：Pline 或 Pl

多段线命令可以创建不同宽度、不同线型的直线段、圆弧或两者构成的组合线段。多段线提供了单条直线所不具备的编辑功能。例如可以调整多段线的宽度和曲率。多段线被创建后，可作为一个实体来处理，并可用 Pedit 命令进行编辑和修改，如将多段线转换成单独的直线段和圆弧段等。图 6-12 所示为宽度不同的多段线。

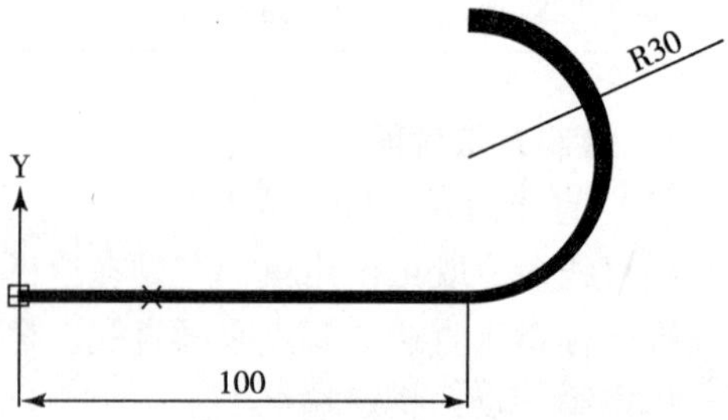

（5）椭圆命令：Ellipse 或 El

图 6-12　宽度不同的多段线

命令启动后，AutoCAD 提供两种方法绘制椭圆。①通过指定椭圆中心、一条轴的一个端点以及另一条半轴的长度绘制椭圆；②通过指定一条轴的两个端点以及另一轴的长度绘制椭圆。

（6）矩形命令：Rectang 或 rec

画矩形命令可以绘制矩形多段线。

命令：rectang

指定第一个角点或［倒角（C）/标高（E）/圆角（F）/厚度（T）/宽度（W）］：//选定一点

指定另一个角点或［面积（A）/尺寸（D）/旋转（R）］：//

此时，若选定另一点，则以给定的两点为对角线端点画出矩形。

若键入"D"，则要输入矩形的长和宽。

若键入"R"，要指定倾斜角度，可画出倾斜矩形。

（7）正多边形命令：Polygon 或 Pol

画正多边形命令可以绘制 3 到 1024 条边的正多边形。命令启动后，按照提示输入边数，系统将提供三种画法：①指定圆心、给出半径的圆内接正多边形画法；②指定圆心、给出半径的圆外切正多边形画法；③指定一边的两个端点画正多边形方法。

（8）样条曲线命令：Spline 或 Spl

此命令可通过一组数据点以及拟合公差来创建不规则的光滑曲线。AutoCAD 创建的曲线是非均匀有理 B 样条曲线。

输入命令：Spline

指定第一个点或［对象（O）］：//给出样条曲线的起点

①选择"对象（O）"选项，可将多段线拟合成样条曲线，按后续提示，需要选择转换的对象。

②选择"指定第一个点"选项。给出样条曲线的起点后出现提示：

指定下一点或［闭合（C）/拟合公差（F）］＜起点切向＞：//给出样条曲线的下一点或终点

提示中各选项含义如下：

①闭合（C）：闭合样条曲线。选此项后根据后续提示，要指定切点以确定第一段和最后一段连接处的切向。

②拟合公差（F）：定义曲线的拟合公差。此选项执行后，按后续提示，要输入适当的公差值，有时要指定样条曲线起点和终点处的切线方向。

二维基本图形的作图命令中，还有画射线命令（RAY）、画构造线命令（XLINE 或 XL）、画点命令（POINT 或 PO）、画等分点命令（DIVIDE 或 DIV）、画等距点命令（MEASURE 或 ME）等，此处从略。

3. 图案填充

图案填充是在封闭的线框内充填指定的图案。在机械制图中，通常在表达机件内部结构的剖视图、剖面图时，就可以采用图案填充的方法绘制。

（1）创建图案填充

输入图案填充命令 Bhatch（bh），或单击"绘图"工具栏中的▨按钮，或选择"绘图"→"图案填充"菜单命令后，系统打开如图 6-13 所示的"图案填充和渐变色"对话框。利用该对话框，可以确定填充图案、填充边界、填充方式以及对图案进行渐变色处理。

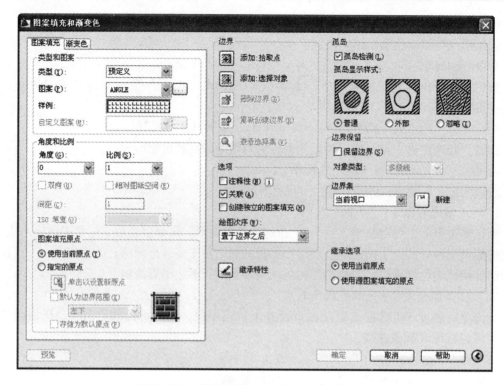

图 6-13　"图案填充和渐变色" 对话框

①设置填充图案

"图案填充和渐变色"对话框内有"图案填充"选项卡，可用来设置填充图案的有关参数。各选项卡作用如下：

"类型和图案"选项组中，"类型"下拉列表框用于设置填充图案的类型，含有 3 个选项。若选"预定义"选项，可使用系统提供的图案；选择"用户定义"和"自定义"时，可分别使用用户临时定义和事先定义好的图案。

只有在"类型"下拉列表框中选择"预定义"选项时，"图案"下拉列表框才能用于选择填充的图案。也可以单击其后的按钮，在打开的"填充图案选项板"中进行选择。"角度"、"比例"下拉列表框可用来设置图案填充的角度和比例。"样例"窗口用于显示当前选中的图案，单击所选的样例图案。也可以打开"填充图案选项板"对话框，供用户选择图案。

图案选好后还要单击"确定"才能被选中。

②设置填充方式

利用"孤岛"选项卡可以设置图案填充方式。其中"孤岛检测"复选框被选中后，有三种填充方式供用户选择：a. 普通（N）方式，由外向内间隔填充多层封闭区域，遇到文本则断开。b. 外部（O）方式，仅对最外层封闭区域填充图案，遇到文本亦断开。c. 忽略（G）方式，将最外边界内的全部区域都被填充。

③设置渐变填充

使用"图案填充和渐变色"对话框中的"渐变色"选项卡，可对填充图案进行渐变色处理。选项卡中各选项的含义如下：

"单色（O）"单选按钮：可定义一种颜色的渐变效果，拉动滚动条可调整渐变强度。

单击样色框右边的按钮，打开"选择颜色"对话框，可用来选择颜色，调整其亮度、饱和度等。

"双色（I）"单选按钮：能定义两种颜色渐变色填充图案。

"居中（C）"复选框：可以指定对称的渐变配置。

"角度（L）"下拉列表框：用于设置渐变色的角度。

④图案填充的其他设置

在"图案填充"对话框右边的"边界选项区"内，单击"添加：拾取点"按钮，可切换到绘图窗口，指定填充区域内任一点，可产生封闭区域内的图案填充。"添加：选择对象"按钮单击后也切换到绘图窗口，根据提示可选择将作为填充边界的对象。

单击"预览"按钮，可预览填充效果，以便用户调整填充设置。

（2）编辑图案填充

在命令行输入编辑图案填充命令 Hatchedit（或 He），或单击修改工具栏中的▨，或选择下拉菜单"修改"→"对象"→"图案填充"选项，该命令被启动，再单击图案填充图形，将打开"图案填充编辑"对话框。它与"图案填充和渐变色"对话框一样，只是某些选项被禁用。利用它可对填充图案、填充方式、填充区域以及一些参数进行编辑和修改。

直接在图形的填充图案上双击鼠标左键，亦可迅速打开"图案填充编辑"对话框。

三、二维图形的编辑与修改

用 AutoCAD 绘图，经常需要修改图形。熟悉和掌握修改命令，可极大地提高绘图效率。

1. 选择图形对象

对图形实施修改，必须首先选择图形对象，被选中的目标对象，其边界将由实线变为虚线。AutoCAD 提供了多种对象选择方法，其中常用的选择方式有以下几种：

（1）拾取框选择。移动鼠标将拾取框移至要选取的对象上，单击左键即可选中该对象。此方式为默认方式，可选择一个或多个对象。

（2）全部选择。在选择对象提示下，在命令行输入 all，可选中当前图形中所有对象。

（3）窗口选择。在选择对象提示下，在命令行输入 W 后，通过指定两点定义一个矩形窗，在窗内的对象全被选中，该选项的默认方式是以鼠标在绘图区内直接取一点，然后光标向右拖动形成选择对象用的实线矩形窗口。

（4）窗口交叉选择。在选择对象的提示下，输入 C 后，则进入窗口交叉选择方式，此方式与窗口选择方式相似，不过窗口内的对象以及与窗口边界相交的对象全部选中。

该选项的默认方式是用鼠标在绘图区直接取一点，然后光标向左拖动形成一个虚线矩形窗口。

2. 图形修改命令

（1）图形的修改命令及其输入方法

基本图形的修改命令很多，常用的有移动、复制、旋转、拉伸、缩放、偏移、镜像、删除、分解、修剪、圆角、打断和阵列等，这些命令的输入一般有键入命令、单击图标和菜单输入 3 种方法（见表 6-5）。

表 6-5　常用基本图形修改命令及输入

命令名称	命令	功能区对应控件按钮	菜单输入
移动	Move 或 M		修改→移动
复制	COPY 或 CP 或 CO		修改→复制
旋转	ROTATE 或 RO	移动 复制 旋转 拉伸 缩放 偏移 镜像	修改→旋转
拉伸	STRETCH 或 S		修改→拉伸
缩放	SCALE 或 SC	移动	修改→缩放
偏移	OFFSET 或 O		修改→偏移
镜像	MIRROR 或 MR		修改→镜像
删除	ERASE 或 E	删除 修剪 圆角 打断	修改→删除
分解	EXPLODE 或 X	分解	修改→分解
修剪	TRIM 或 TR	阵列	修改→修剪
圆角	FILLET 或 F		修改→圆角
打断	BREAK 或 BR	修改	修改→打断
阵列	ARRAY 或 AR		修改→阵列

（2）修改方法及说明

①对象的移动（Move 或 M）。移动是指在不改变图形对象大小和形状的前提下，由原来位置移至新位置。选择"移动"命令并启动后，按后续提示选择移动对象、指定位移的基点（或位移量）以及决定位移的第二点（或按 Enter 键），从而完成对象移动的操作。对象移动后，原对象将不复存在。

②对象的复制（COPY 或 CP 或 CO）。复制是指在不改变选中图形对象大小和方向的情况下，对所选择的图形对象作一次或多次复制。具体操作为：选择"复制"命令并启动后，按照后续提示要选择复制的对象，再单击鼠标右键结束选择。单击鼠标左键选择复制的基点，则需要复制的对象浮动在工作区中，再单击鼠标确定复制对象的目标位置；或先选择要复制的对象，然后单击复制图标，再指定基点，单击鼠标确定目标位置。

③对象的旋转（ROTATE 或 RO）。旋转是指将选定的图形对象绕基点旋转一定的角度。操作步骤为：

a. 选择"旋转"命令并启动后，按提示继续操作；

b. 选择旋转对象。

c. 指定旋转基点。

d. 输入旋转角度（逆时针旋转为正，顺时针旋转为负），或绕基点拖动对象并指定旋转终止的点。

④对象的拉伸（STRETCH 或 S）。拉伸是指对选中的图形对象进行拉伸，并改变其形状。拉伸的操作步骤为：

a. 选择"拉伸"命令并启动后，按提示继续操作；

b. 使用交叉窗口选择要拉伸的对象，必须从右往左拖动鼠标拉出交叉窗口。交叉窗口内至少要包含一个顶点或端点，单击鼠标右键结束选择。

c. 指定移动基点，然后指定第二点，即完成操作。

⑤对象的缩放（SCALE 或 SC）。缩放是指对选中的图形对象按照一定的比例进行缩小或放大。缩放操作步骤为：

a. 选择"缩放"命令，按提示继续操作；

b. 选择要缩放的对象。

c. 指定基点。

d. 输入比例因子，或拖动对象并通过单击以确定新的缩放比例。

⑥对象的偏移（OFFSET 或 O）。偏移是指将选中的图形对象向指定的方向偏移指定的距离，原对象保留下来。

选择"偏移"命令并启动后，按提示继续操作。

a. 指定偏移距离，输入值通过鼠标指定或由键盘输入"通过点"。

b. 选择要偏移的对象。

c. 在放置新图形对象的一侧指定一点。

d. 选择一个要偏移的对象或按 Enter 键结束命令。

⑦对象的镜像（MIRROR 或 MR）。镜像是指对选中的图形对象按给定的对称轴对称复制。具体操作时，选择"镜像"命令并启动后，按提示继续操作；

a. 选择要镜像的对象。

b. 指定镜像线上的第一点。

c. 指定镜像线上的第二点。

d. 按 Enter 键则保留原对象，若输入 y 则删除原对象。

⑧对象的删除（ERASE 或 E）。"删除"命令启动后，选择要删除的对象，按回车键即可删除被选中的对象；或先选择要删除的对象，然后单击删除图标，则选中的对象被删除。

⑨对象的分解（EXPLODE 或 X）。分解是将合成对象分解为各组成对象，以便对每一组成对象单独修改。此命令可分解合成对象块、多段线、尺寸标注线、二维实体、三维曲面等。

对象"分解"命令启动后，按提示依次选中要分解的对象后，单击鼠标右键或按 Enter 键即可完成操作。

⑩对象修剪（TRIM 或 TR）。修剪对象可将选中的对象沿一组修剪边界进行精确的修剪。被剪切的边可以是直线、圆、多边形、样条曲线等图线，也可以是定义的块。操作步骤为：

a. 选择"修剪"命令并启动后，按提示继续操作；

b. 选择剪切边对象如图 6-14（a）中的 1、2。若直接按 Enter 键，则全部图形对象选中。

c. 选择要被剪切的对象。如图 6-14（a）中的 3，修剪后的图形见图 6-14（b）。

⑪对象的圆角。如图 6-15 所示，圆角命令的下拉菜单中包含两个命令，圆角和倒角。

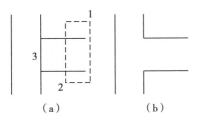

图 6-14　图形的修剪

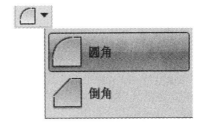

图 6-15　圆角命令的下拉菜单

a. 圆角（FILLET 或 F）。圆角是用一段圆弧实现两个对象（二直线或二圆弧或直线与圆弧）之间光滑过渡。具体操作如下：选择的"圆角"命令启动后，按后续提示输入 R（选择半径（R）选项），再输入圆角半径值，选择要加圆角的对象即可。

b. 倒角（CHAMFER 或 CHA）。对两条相交或延伸后相交的直线，可用倒角命令绘制它们的倒角。操作时，选择此命令并启动后，按后续提示，输入 D（选择两个距离倒角模式），再输入"第一个倒角距离"和"第二个倒角距离"，最后依次选择倒角的两条边线即可。

也可以采用"角度、距离"模式的倒角。

⑫对象的打断（BREAK 或 BR）。打断是将对象上指定的两点间的部分删除，或将一个对象打断成具有同一端点的两个对象。"打断"的操作步骤为：

选择"打断"命令并启动后，按后续提示：

a. 选择断开对象，在默认值情况下，选择对象的点为第一打断点。若要选择另外两个打断点，则按提示输入 F（第一点），然后重新指定第一个打断点。

b. 指定第二个打断点，若将图形对象一分为二、又不作任何删除时，则第一、第二断开点应为同一点。在指定第二个断开点时，要输入@，才可完成操作。

⑬对象的阵列（ARRAY 或 AR）。阵列是指将选中的图形对象按矩形或环形阵列进行多重复制。操作方法是：选择"阵列"命令并启动后，立即显示"阵列"对话框。在对话框内，若选择矩形阵列，还要给出阵列的行数、列数、行偏移（即行间距）、列偏移（即列间距）以及阵列角度，在选择阵列对象后，点击确定按钮即可。若选择环形阵列，除要选择对象外，还要给出阵列中心点坐标、项目总数和填充角度（或项目总数和项目间角度）以及确定环形阵列时图形是否旋转等。

四、文字注释与尺寸标注

在一幅完整的工程设计图中，通常要包含一些文字注释和尺寸标注。下面介绍 AutoCAD 2009"文字和标注"的主要内容。

1. 文本的创建与编辑

在图形中添加的文字注释，一般需要多种类型的文字表达各种信息。AutoCAD 提供了多种创建和编辑文本的方式。

（1）字型的设置

文本样式包括字体、字高、宽度系数、倾角等参数，除了可使用系统本身提供的字型外，还可以使用操作系统来安装字体。字型的设置方法如下：

①在命令行键入"Style"或选择"格式"→"文字样式"下拉菜单选项，系统立即打开如图 6-16 所示的"文字样式"对话框。该对话框内含有"样式"、"字体"、"效果"和"预览"4 个选项按钮，还设置了"应用"、"关闭"和"帮助"3 个功能按钮。

②单击"新建"按钮，在弹出的"新建文字样式"对话框中输入新建文字样式名称后，单击"确定"按钮，立即返回文字样式对话框。

③在文字样式对话框内，选好文字样式的相关参数，单击"应用"或"关闭"按钮，则新建的文字样式即可使用。

（2）文字的输入

①输入单行文字。对于较少的文本内容，可创建单行文字，单行文字的输入步骤如下：

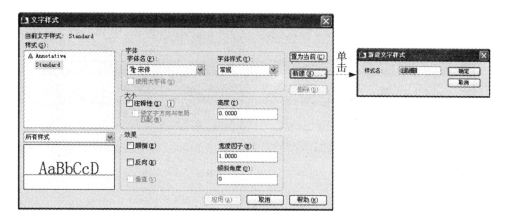

图 6-16　"文字样式"对话框

a. 选择"绘图"→"文字"→"单行文字"菜单命令或者点击图标 A。

b. 单击鼠标左键，指定文字的起点。若已有文字，则按 Enter 键。

c. 指定文字的高度为 2.5。

d. 指定文字的旋转角度为 0°，可在命令行输入角度值或用鼠标指定。

e. 输入文字，按 Enter 键结束文字输入。

此外，在实际绘图中，经常需要标注一些特殊符号，这些符号不能从键盘上直接输入。AutoCAD 提供了一些控制码来实现它们的输入。常用特殊文字的控制码定义如下：

％％o——打开或关闭上画线。

％％u——打开或关闭下画线。

％％d——角度符号度（°）。

％％p——正负公差符号（±）。

％％c——圆的直径符号（φ）。

％％％——百分比符号（％）。

％％nnn——编号为"nnn"的特殊符号。

②输入多行文字。当输入的文字较多时，应使用多行文字功能。创建多行文字可使用多行文字编辑器。操作方法如下：

选择"绘图"→"文字"→"多行文字"下拉菜单命令或单击图标 A 或在命令行键入命令 Mtext 后，该命令立即启动。

在输入文字前，应指定多行文字边框的对角点，系统将打开"多行文字编辑器"（见图 6-17），它含有一个"文字格式"对话框和带有标尺的文字输入区。输入文字的多数特征如字体、高度、格式等可由对话框中相应选项设置。

在文字输入区右击鼠标，可弹出"了解多行文字"的菜单，利用菜单中提供的功能可对文字进行编辑，如插入特殊符号、合并段落等。

文字输入完毕后，单击"确定"按钮，即可完成此项操作。

③文字的编辑。对已输入的文字，包括文字的样式和内容可以进行编辑与修改。

双击要修改的对象或选择"修改"→"对象"→"文字"→"编辑"菜单命令，再选择要编辑的对象后，就可以修改文字的内容了，编辑多行文字时还可以修改文字的样式。

修改单行文字的样式可使用"特性"对话框来编辑。操作步骤是：选择"修改"→

"特性"菜单命令后，"特性"对话框被打开，再选择编辑对象，对其字体、高度、倾角、宽度比例等参数重新设定，最后点击切换按钮即可完成操作。

带有标尺的文字输入区

图 6-17　多行文字编辑器

2. 尺寸标注

尺寸是工程图样的一项重要内容，尺寸的标注要素通常有尺寸线、尺寸界线、尺寸箭头和尺寸数字等。至于尺寸标注的样式，因不同国家、不同行业的要求不同，可根据具体要求事先设置。

（1）设置尺寸标注样式

设置尺寸标注样式的命令执行过程如下：选择"标注"→"样式"菜单命令或在命令行键入"Dimstyle"后，利用被打开的"标注样式管理器"对话框（见图 6-18）作下列操作：

①单击新建按钮，打开如图 6-19 所示的"创建新标注样式"对话框，在此对话框内，输入新样式名、选择一种基础样式以及新样式的应用范围。

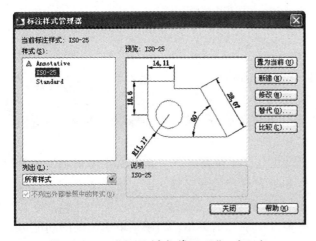

图 6-18　"标注样式管理器"对话框　　图 6-19　"创建新标注样式"对话框

②设置完毕，单击"继续"按钮，可打开"新建标注样式"对话框，如图 6-20 所示。

③对尺寸线、尺寸界线、尺寸箭头、尺寸数字以及尺寸公差的标注样式进行设置。

④设置完毕，单击"确定"按钮，然后关闭"标注样式"管理器。

标注样式管理器还可以用来修改、替代和比较标注样式以及将选定的样式置为当前的标注样式。

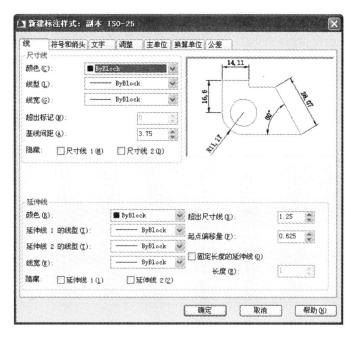

图 6-20　"新建标注样式"对话框

（2）尺寸标注命令

如图 6-21 所示，尺寸标注一般分为 3 种类型：线性、半（直）径和角度，标注的尺寸又有水平、垂直、对齐、旋转、坐标、基线或连续等多种形式，因此，对应的尺寸标注命令也有很多。表 6-6 列出了一些常用的标注命令。

标注尺寸时，首先要确定所标尺寸的类型，然后在"标注"菜单或"标注"工具栏中单击对应的命令或图标按钮，再按提示操作即可。

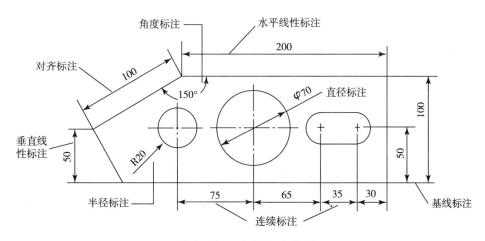

图 6-21　尺寸标注实例

表6-6 常用的尺寸标注命令及菜单输入

命令名称	命　　令	功能区对应的部分标注控件按钮	菜单输入
线性	DIMLINEAR 或 DLI		标注→线性
对齐	DIMALIGNED 或 DAL		标注→对齐
基线	DIMBASE 或 DBA		标注→基线
连续	DIMCONTINUE 或 DCO		标注→连续
半径	DIMRADIUS 或 DRA		标注→半径
直径	DIMDIAMTER 或 DDI		标注→直径
圆心	DIMCENTER 或 DCE		标注→圆心
角度	DIMANGULAR 或 DAN		标注→角度
坐标	DIMORDINATE 或 DIMORD		标注→坐标

①线性标注（DIMLINEAR 或 DLI）。线性尺寸的标注有水平、垂直和旋转 3 种标注方式。操作步骤如下：

a.“线性”标注命令启动后，出现提示：指定第一条尺寸界线原点或＜选择对象＞；

根据本次及后续提示依次指定了标注对象第一、第二条尺寸界线的起点后，又提示如下：

指定尺寸线位置或［多行文字（M）/文字（T）/角度（A）/水平（H）/垂直（V）/旋转（R）］：

b. 选项说明

·多行文字（M）：可用多行文字编辑器确定标注文字；

·文字（T）：标注单行文字；

·角度（A）：使标注文字倾斜一定角度；

·水平（H）：标注水平尺寸；

·垂直（V）：标注垂直尺寸；

·旋转（R）：可使整个尺寸标注旋转一个角度。

c.〈选择对象〉：默认选项，按 Enter 键后又出现上面 9 个选项的提示，选择其中选项，可完成对应的尺寸标注。

②对齐标注（DIMALIGNED 或 DAL）。对齐标注尺寸线平行于标注对象两端点的连线。操作方法和线性标注类似。

③基线标注（DIMBASE 或 DBA）。基线标注用于一组从同一条尺寸界线引出的尺寸标注。基线标注的图例如图 6-21 的示例所示，选择基线标注的操作过程如下：

a. 先标注一个线性尺寸或对齐尺寸作为基准标注；

b. 启动基线标注命令；

c. 指定第二条尺寸界线的位置；

d. 继续指定其他尺寸界线的位置，指定完后，按 Enter 键；

e. 若创建另一基线序列标注，需选择新的基准标注，否则按 Enter 键退出该命令。

④连续标注（DIMCONTINUE 或 DCO）。连续标注是指几个尺寸首尾相接，尺寸线方向一致且在同一直线上。其标注步骤与基线标注相似。

⑤半径标注（DIMRADIUS 或 DRA）和直径标注（DIMDIAMTER 或 DDI）。标注圆弧和圆的半径和直径尺寸可执行以下操作步骤：标注半径或直径命令启动后，按提示：

a. 选择圆弧或圆。

b. 指定尺寸线位置前，可按提示编辑标注文字或修改文字角度。

c. 指定尺寸线的位置。

⑥标注圆心标记（DIMCENTER 或 DCE）。绘制圆或圆弧的圆心标记或中心线的样式，可在"标注样式"对话框的"符号和箭头"选项卡中先行设置。此命令启动后，选择要标记圆心的圆或圆弧即可。

⑦角度标注（DIMANGULAR 或 DAN）。标注角度包括两条相交直线或三点之间的角度以及圆弧（圆）上一段弧所对应的圆心角。操作步骤如下：

a. 选择标注角度命令并启动后，按提示须指定要标注的对象有 4 种情形供选，即：Ⅰ. 选择圆，再指定圆上第二点。Ⅱ. 选择直线，再指定第二条直线。Ⅲ. 选择圆弧。Ⅳ. 按 Enter 键后，指定角的顶点和另外两个点。

b. 视需要，按提示对标注文字及其角度进行编辑，然后指定尺寸线位置即可。

⑧坐标标注（DIMORDINATE 或 DIMORD）。坐标标注是从指定的基准点沿着一条简单的引线标注特征点的 x 或 y 坐标。AutoCAD 使用当前用户坐标系（UCS）确定 X 或 Y 坐标，并沿与坐标轴垂直的方向绘制引线，和采用通行的绝对坐标值。坐标标注的操作方法如下：

a. 设置基准点。选择"工具"→"移动 USC"菜单选项按提示，指定"新原点"。

b. 坐标标注命令启动后按后续提示，指定标注点和指引线端点即实现一个坐标的标注。

（3）编辑尺寸标注

①编辑标注（Dimedit）。此命令可通过在命令行输入"Dimedit"或单击标注工具栏中的编辑标注图标来启动，对已标尺寸进行编辑。如旋转现有文字或用新文字替换，还可以将文字移动到新的位置或返回到其初始位置。

②编辑标注文字（Dimtedit）。通过在命令行输入"Dimedit"或单击标注工具栏中的编辑标注文字图标启动该命令后，可用来移动和旋转标注文字。

五、AutoCAD 绘图实例

通过绘制图 6-22 所示的玻璃瓶结构图，介绍用 AutoCAD 绘制平面图形的步骤。

（1）启动 AutoCAD 2009。

（2）加载线型 ACAD _ IS002W100（虚线），方法如图 6-23 所示。

（3）用以上方法加载线型 ACAD_IS004W100（点划线）。

（4）构建"细实线层"与"点划线层"两个图层，并设置线宽和线型，见表 6-7。设置过程如图 6-24 所示。

（5）将点划线层设为当前图层。

（6）绘制线段,其端点坐标为(200,40)和(200,260)。

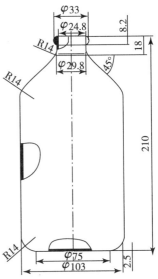

图 6-22　玻璃瓶结构图

（7）将0层设置为当前图层，并绘制图6-25（a）。

（8）利用圆角工具 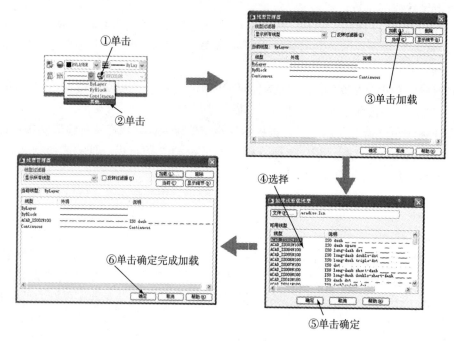 编辑图形，添加圆角，如图6-25（b）所示。

（9）将图形中实线部分相对点划线进行镜像操作，如图6-25（c）所示。

（10）利用偏移工具 ，完成图6-25（d）所示的图形绘制。

（11）将细实线层设置为当前图层，通过点击绘图工具栏中的图标 启动样条曲线命令，绘制两条曲线，如图6-25（e）所示。

图6-23　加载虚线线型过程

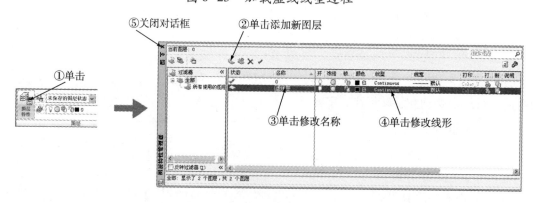

图6-24　图层的添加

表6-7　绘图实例中图层的设置

图层名称	线型	线宽
0	continuous	0.50mm
细实线层	continuous	0.20mm
点画线层	ACAD_ IS004W100	默认

（12）利用修剪工具┼对图形编辑，修剪后的图形如图 6-25（f）所示。

（13）绘制瓶口，并添加剖视图，如图 6-25（g）、（h）所示。

（14）点击填充▨，在对话框中选择"双色"，并将两种颜色都设置为黑色，然后选择"添加：拾取点"，在图中用鼠标选择要填充的区域，点击"确定"完成填充，结果如图 6-25（i）所示。

（15）标注尺寸，完成图形绘制，如图 6-25（j）所示。

（16）点击▣保存文件，若首次保存，则在弹出对话框中选择存储目录并输入文件名称后保存。

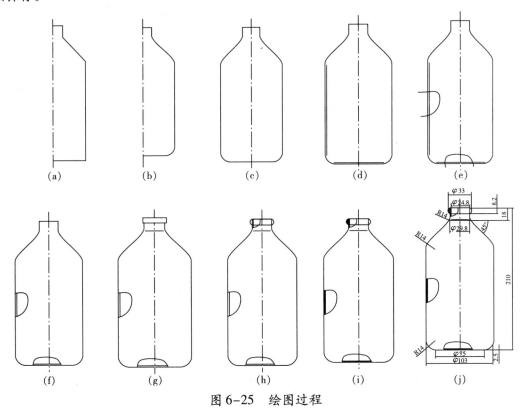

图 6-25　绘图过程

第四节　三维实体造型

在 AutoCAD 能够创建的三维模型中，分为线框模型、表面模型和实体模型三种。由于三维实体模型具有立体相关的各种信息，能够对它进行切割、布尔运算等操作，以生成构造复杂的形体；另外，对实体模型进行消隐和渲染之后具有逼真的实体效果，故被广泛地应用于三维动画制作、广告设计等领域中。本节主要介绍 AutoCAD 三维实体模型的创建方法。

一、设置视点

对于一个三维图形对象，可从不同的方向观察它。其表现的结果会因观察的角度不同而发生变化。视点是指观察图形对象的角度和方向，视点指定后，AutoCAD 将该点与坐标原点的连线方向作为观察方向，并在屏幕上按该方向显示图形对象的投影。

1. 通过"对话框"预置视点

（1）启动命令格式

在命令行输入"Ddvpoint"或用鼠标点击"视图"→"三维视图"→"视点预设"菜单选项，该命令即被启动。

（2）操作步骤

命令启动后，打开的"视点预设"对话框如图 6-26 所示。对话框的左侧图形用于确定视点与原点的连线在 XY 平面上的投影与 x 轴正向的夹角；右侧图形用于确定视点与原点连线与 XY 平面的夹角。可在预览框中用鼠标选取夹角，也可在文本框中输入夹角。单击"设置为平面视图"按钮，可产生选定坐标系下的平面视图。

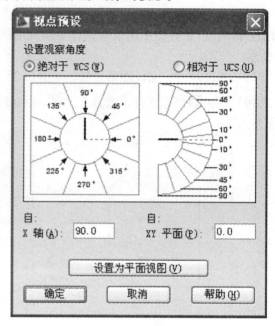

图 6-26　"视点预设"对话框

2. 利用 Vpoint 命令设置视点

（1）命令格式

菜单栏："视图"→"三维视图"→"视点"

命令行：Vpoint

（2）操作步骤

命令启动后出现提示：

当前视图方向：VIEWDIR = 1.0000，1.0000，1.0000

指定视点或［旋转（R）］ <显示坐标球和三角架 >：

提示中各选项含义如下：

①指定视点：选择该项，可指定一点作为视点。

②旋转（R）：通过输入旋转角度来确定视点。选择该选项后按后续提示，输入视点方向在 XY 平面内投影与 x 轴正向夹角，再输入视点方向与其在 XY 平面上投影的夹角即可。

输入与 XY 平面的夹角〈45〉：

③〈显示坐标球和三轴架〉：按 Enter 键将显示坐标球和三轴架，如图 6-27 所示。

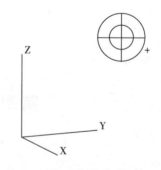

图 6-27　绘图区域的坐标球和三轴架

坐标球是一个三维空间的二维表示，可通过在坐标球范围内拾取点来设置视点。

坐标球中心及两个同心圆定义了目标点和视点的连线与 XY 平面的角度 β。

在中心点 O，β = 90°；在内圆内任选一点 A，0° < β < 90°；在内圆上任一点 B，β = 0°；在内外圆之间任选一点 C，-90° < β < 0°；在外圆上任选一点 D，β = -90°。

另外通过二同心圆中心的水平线及垂直线分别代表 XY 平面内的 0°、180° 和 90°、270°

方向。

视点选定后，按 Enter 键即完成操作。

二、实体造型

1. 基本三维实体

AutoCAD 系统提供了 8 种三维基本实体的绘制功能，如长方体、圆柱体、球体、圆锥体等（见表 6-8）。

表 6-8 常用基本三维实体创建命令及输入

基本实体	命令	功能区对应控件按钮	菜单输入
长方体	BOX		绘图→建模→长方体
圆柱体	CYLINDER		绘图→建模→圆柱体
球体	SPHERE		绘图→建模→球体
圆锥体	CONE		绘图→建模→圆锥体
棱锥	PYRAMID		绘图→建模→棱锥
楔体	WEDGE		绘图→建模→楔体
圆环	TORUS		绘图→建模→圆环
多段体	POLYSOLID		绘图→建模→多段体

（1）绘制长方体

执行此命令创建底面与当前坐标系 XY 平面平行的长方体有三种画法：①指定底面两个对角顶点和高；②指定长方体的中心和底面一个角点以及高；③指定长方体的中心及其长、宽、高。

命令启动后，按提示：

①指定长方体的中心点为 (0, 0, 0)。

②选择"长度（L）"选项，输入 L 后，按 Enter 键。

③分别输入长、宽、高为 80，40，100。

④指定视点(1,1,1)。按 Enter 键后,显示结果如图 6-28。

（2）绘制圆柱体

执行此命令创建底面与 XY 平面平行的圆柱体时，需指定底面中心、底面半径和高。使用此命令还可以绘制椭圆柱体。

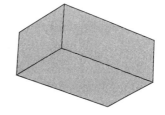

图 6-28 长方体

例如：设置当前线框密度：Isolines = 20，底面中心为 (0, 0, 0)，底面半径为 15，高度 32。

操作步骤：

①在绘图区单击右键，弹出快捷菜单。选中"选项"后，打开"选项"对话框，在显示精度选项区，将曲面轮廓素线设置为 20，然后单击"确定"按钮。

②启动画圆柱体命令，按提示：

·指定圆柱体底面中心为（0，0，0）。

·指定圆柱体底面半径为15。

·指定圆柱体高度为32，按 Enter 键完成圆柱体的设置。

③选择"视图"→"三维视图"→"东南等轴测"菜单命令，输出结果如图 6-29 所示。

（3）绘制圆球体

命令启动后，按提示：

①指定球心为（0，0，0）。

②指定球半径为15，按 Enter 键完成圆球设置。

③选择"视图"→"三维视图"→"东南等轴测"菜单命令，即可显示（Isolines = 20）绘制结果。

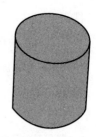

图 6-29 圆柱体

圆锥、圆环等其他基本形体的绘制，可按命令启动后的提示进行操作。

2. 创建实体

AutoCAD 系统提供了 4 种基本的创建实体方法：拉伸、旋转、扫掠和放样。其命令见表 6-9。

表 6-9 基本创建实体命令及输入

创建方式	命令	功能区对应控件按钮	菜单输入
拉伸	EXTRUDE		绘图→建模→拉伸
旋转	REVOLVE		绘图→建模→旋转
扫掠	SWEEP		绘图→建模→扫掠
放样	LOFT		绘图→建模→放样

（1）拉伸创建实体

利用 AutoCAD 提供的拉伸命令，可将封闭的二维对象按指定的高度或路径拉伸为三维实体。

拉伸命令启动后，按提示：

①选择拉伸对象，并以回车结束对象选择。

②指定拉伸高度，以回车确定。

③指定拉伸的倾斜角度，回车后即可得到实体。

相关操作说明如下：

①拉伸高度值可正可负，仅表示拉伸方向相反。

②拉伸的倾斜角度默认值为 0，表示拉伸形体的侧面与 XY 面垂直。大于 0 时生成的侧面向内倾斜靠拢，小于 0 时生成侧面向外倾斜。

③拉伸路径可以是封闭的，亦可以是开放的，拉伸路径与拉伸对象不能共面，曲线路径不能带尖角。

④拉伸对象只能是一个封闭对象，若为多对象组成的封闭区域时，应转换成一个面域再拉伸。

（2）旋转创建实体

将一个封闭的二维对象围绕指定的轴线旋转可生成三维实体。

旋转命令启动后，按提示：

①选择旋转对象，以回车结束选择。

②指定旋转轴，或指定 X 或 Y 轴或指定一直线对象或通过输入两点确定旋转轴。

③确定旋转角度，默认 360°。回车后生成三维对象。

3．通过布尔运算创建复杂形体

通过对简单基本几何实体的交、并、差集合运算可创建复杂的三维实体（见表6-10）。

表6-10　通过布尔运算创建实体的命令及输入

布尔运算	命令	功能区对应控件按钮	菜单输入
并集	UNION		修改→实体编辑→并集
差集	SUBTRACT		修改→实体编辑→差集
交集	INTERSECT		修改→实体编辑→交集

（1）并集运算

并集运算是将多个三维实体对象合并为一个整体。不相交的实体也可以合并为一个实体对象。

操作方法：当并集运算命令启动后，按提示依次选择参与并集运算的诸实体后，按回车结束选择即可。

（2）差集运算

差集运算是从一个实体对象中减去一个或多个实体，从而生成一个新的三维实体。

操作方法是：该命令启动后，按提示选择需要从中减去的实体对象。对象选毕后以按 Enter 键结束选择。

（3）交集运算

交集运算是求相交的多个实体之间的公共部分，从而构成的新实体。参与交集运算的实体对象之间必须相交。

操作过程是：此命令启动后，按提示要依次选择参与交集运算的所有实体对象，并以回车结束选择。

三、消隐与渲染

为了使创建的实体更加形象逼真，用户可以对其进行消隐和渲染处理。

1．实体消隐

为观察创建的原形效果，可对实体进行消隐处理。

操作方法：选择"视图"→"消隐"菜单选项或在命令行输入命令"HIDE"，此命令启动后，即可对所选择的实体对象进行消隐处理。

2．实体渲染

渲染是对实体对象进行比着色更高级的色彩处理。通过全面地控制光源对实体进行渲染，可获得更加清晰的形象。

具体操作：选择"视图"→"渲染"→"渲染"菜单选项或在命令行输入"REN-

DER"，该命令即启动并对实体按原设置进行渲染。若需要调整渲染效果，可利用图6-30、图6-31所示的"渲染环境"和"高级渲染设置"对话框对渲染的类型、对象、范围、要渲染的场景、背景以及平滑角度、光源比例、雾化深度等进行设置，以控制渲染的效果。

设置完毕，单击"确定"按钮即可显示渲染对象。

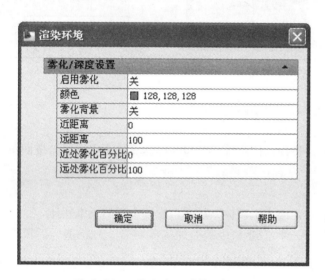

图6-30 "渲染环境"对话框

图6-31 "高级渲染设置"对话框

四、实体造型示例

图6-32所示的三维形体是由一个轴线平行于z轴的圆环和一个直立圆柱"差集"运算后，又与一个直立的正四棱柱"并集"运算所创建的。绘制步骤如下：

①选择"工具"→"移动UCS（V）"菜单选项后，将坐标原点移至屏幕绘图区中心位置。

②创建圆环：选择"绘图"→"建模"→"圆环体"菜单选项，出现提示：

当前线框密度：ISOLINES = 4

指定圆环体中心〈0，0，0〉：回车选默认值

指定圆环体半径或［直径（D）］：20

指定圆管半径或［直径（D）］：15

③创建圆柱：选择"绘图"→"建模"→"圆柱体"

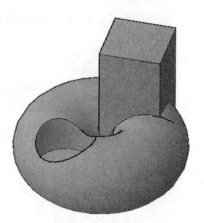

图6-32 三维形体实例

菜单选项, 出现提示:

当前线框密度: ISOLINES = 4

指定圆柱体底面的中心或［椭圆（E）］＜0，0，0＞: 20，0，0

指定圆柱体底面的半径或［直径（D）］: 12

指定圆柱体高度或［另一个圆心（C）］: 50

④圆环体与圆柱体"差集"运算: 选择"修改"→"实体编辑"→"差集"菜单选项, 出现提示:

选择要从中减去的实体或面域

选择对象: 单击圆环体

选择对象: (结束选择)

选择要减去的实体或面域:

选择对象: 单击圆柱体

选择对象: (结束选择)

⑤创建正四棱柱: 选择"绘图"→"建模"→"长方体"菜单选项, 出现提示:

指定长方体的角点或［中心点（C）］〈0，0，0〉: C

指定长方体的中心点〈0，0，0〉: -20，0，20

指定角点或［立方体（C）/长度（L）］: L

指定长度: 25

指定宽度: 25

指定高度: 40

⑥圆环体与正四棱柱"并集"运算: 选择"修改"→"实体编辑"→"并集"菜单选项, 出现提示:

选择对象: 点击圆环体

选择对象: 点击正四棱柱

选择对象: (结束选择)

⑦选择视点: 选中"视图"→"三维视图"→"视点"菜单选项, 出现提示:

当前视图方向: VIEWDIR = 0.0000，0.0000，1.0000

指定视点或［旋转（R）］〈显示坐标球和三轴架〉: 1，1，1

⑧消隐处理: 选择"视图"→"消隐"菜单选项即可。

⑨渲染处理:选择"视图"→"视觉样式"→"古氏"菜单选项,立即显示图形结果。

⑩将坐标系隐藏: 选择"工具"→"工具栏"→"UCS"→"显示 UCS 图标"菜单选项, 可显示或隐藏图标。

习　　题

1. 试述 AutoCAD 软件的特点。

2. 什么是相对坐标? 什么是绝对坐标? 相对坐标的输入形式是什么?

3. 什么是对象捕捉? 对象捕捉在绘图中有何作用?

4. 选择图形对象有哪几种方法?

5. 如何设置标注的文本大小?

6. 在直径标注中, 如何输入圆的直径符号 φ?

7. 设置图层会给绘图带来哪些方便？

8. 构建三维实体时，为什么要设置视点？如何设置？

9. AutoCAD 系统提供了哪几种创建实体的基本方法？

10. 什么是渲染？渲染与着色有什么不同？

11. 绘制图 6-33 所示的屏幕图形。

12. 绘制图 6-34 所示的齿轮零件图。

13. 绘制图 6-35 所示的纸盒展开图。

14. 通过集合运算构建一个三维组合实体并进行渲染。要求如下：①视点坐标为 1，1，1；②实体 1 是直径为 a 的圆球，球心与坐标原点重合；③实体 2 是直径为 0.5a、高度为 0.75a 的圆柱体，

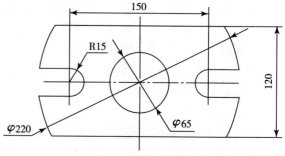

图 6-33　习题 11 插图

其轴线与 Z 轴重合，其底面中心与球心重合；④实体 3 是长度为 0.75a 的正四棱柱、二端面正方形的边长为 0.4a，其中心轴线与 X 轴重合，右端面与 YOZ 坐标面重合，上下二侧棱面与 XOY 坐标面平行；⑤依次作集合运算：a. 实体 1∪实体 2；b. 实体 1 – 实体 3。

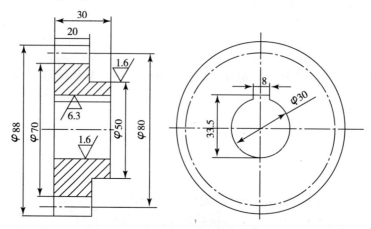

图 6-34　习题 12 插图

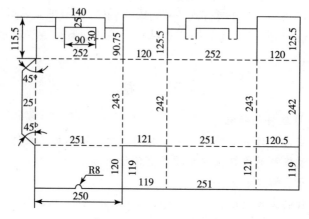

图 6-35　习题 13 插图

第七章　Pro/ENGINEER 软件*

Pro/ENGINEER 是由美国参数技术公司（Parametric Technology Corporation）开发的三维 CAD/CAM/CAE 集成软件，广泛应用于电子、机械、汽车、家电等行业，它集零件设计、产品装配、模具开发、NC 加工、钣金设计等功能于一体，包含了 70 多个功能模块，提供了目前所能达到的最全面、集成最紧密的产品开发环境。

1985 年，PTC 公司成立于美国波士顿，开始参数化建模软件的研究。1988 年，V1.0 版 Pro/ENGINEER 诞生。历经 20 年，Pro/E 软件经过了从 Pro/E 2000/2000i、Pro/E 2001i 到 Pro/E Wildfire（野火）系列的发展历程。目前，企业中应用较多的是 Pro/E Wildfire 2.0（2005 年发布）、3.0（2006 年发布）和 4.0（2008 年发布）。本书以 Pro/E Wildfire3.0 为基础进行该软件的简单介绍，并在 Pro/E Wildfire 2.0（上述两个版本在后面的叙述中统称为 Pro/E）环境下进行包装设计模块的开发，以期为读者提供一些范例，能够举一反三，充分利用这种软件的强大集成设计能力开发出适用的专用设计模块。

第一节　Pro/E 软件及其配置

一、Pro/E 的主要特点

Pro/E 有 6 个功能特点，体现了这一软件的主要优势：

1. 实体建模

利用 Pro/ENGINEER Wildfire 3.0，可以轻松地创建 3D 实体模型，并且可以让零件和组件看起来具有真实的外观。基于材料的属性（如密度），这些模型具有质量、体积、表面积以及其他物理属性（如重心）。

例如，假设有一个玻璃容器的实体模型，这个模型是以毫米为单位进行构建的，并具有玻璃的质量属性（例如，密度为 $2.45g/cm^3$），则可以用一个坐标系表示该模型的重心。

实体建模的优点是：

（1）如果模型更改了（如外形更改、增加附件等），模型的所有质量属性都会自动更新。

（2）实体模型也使得设计者易于检查部件的公差和组件中元件之间的间隙或干涉。

2. 基于特征

Pro/E 的模型是通过一系列特征来构建的。每个特征均构建于前一个特征之上，且一次只创建模型的一个特征。单个的特征可能很简单，但结合起来可以形成复杂的零件和组件。

例如，图 7-2 中的连杆零件可经以下 4 个步骤完成：

（1）运用拉伸特征形成模型的整体形状和尺寸，如图 7-1（a）。

（2）运用附加的拉伸特征在模型的顶部和底部创建销孔座，如图 7-1（b）。

（3）在模型的顶部和底部创建孔特征，如图 7-1（c）。

（4）在模型的顶部和底部创建倒圆角特征，如图 7-1（d）。

一般来说，"特征"构成一个零件或者装配组件的单元。虽然从几何形状上看，它包含作为一般三维模型基础的点、线、面或者实体单元，但更重要的是，它具有工程制造意义，也就是说，基于特征的三维模型具有常规几何模型所没有的附加的工程制造等信息。

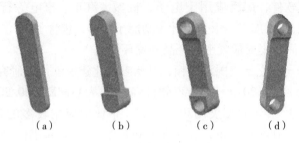

（a）　　　　　　（b）　　　　　　（c）　　　　　　（d）

图 7-1　连杆零件的特征

3. 参数驱动

Pro/E 的模型是使用参数化的尺寸值来驱动的。如果特征的尺寸发生了更改，则该实体特征也会随之更新。同时，这种更改随后会自动传播到模型的其余特征中，从而更新整个零件。

4. 父项/子项关系

Pro/E 系统的父项/子项关系提供了一种将设计意图捕获到模型中的有效方式。父项/子项关系是建模过程中在特征间自然创建的。创建特征时，被参照的现有特征成为新特征的父项。而且，如果父特征更新了，子特征也会自动随之相应地进行更新。

例如，某模型的高度为 17.5，有一个从顶部曲面标注的尺寸为 7.5 的孔。若将模型高度尺寸修改为 20，模型将再生以更新其特征。此时，由于孔与模型主体之间的父项/子项关系将迫使孔向上移动以保持其从顶部计算的尺寸为 7.5。

5. 单一数据库与相关性

所谓单一数据库，就是 Pro/E 设计工程中的信息资料全部来自一个数据库，使得每一个独立用户在为同一件产品的设计而工作。换句话说，如果在 Pro/E 中更改了某个零件模型，则参照该模型的所有组件或绘图都将自动更新，这也称为相关性。例如，工程详图有改变，NC（数控）工具路径会自动更新；组装工程图如有任何变动，也完全反应在整个三维模型上。反之亦然，如果绘图中的某个模型尺寸进行了更新，则使用该模型尺寸的零件模型和组件也将进行更新。

6. 以模型为中心

零件模型是产品设计信息的中心源。零件模型有两个主要的用途，如图 7-2：

（1）依产品的装配方式而放置在组件中，零件可以是静止的或作为移动的机构。

（2）用于生成模型的 2D 视图，而且其尺寸也可以自动显示。

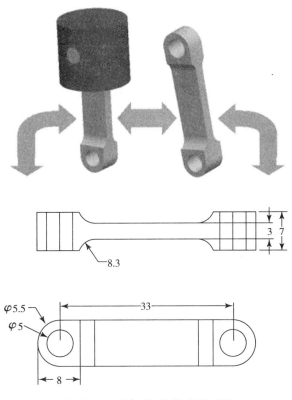

图 7-2　连杆零件模型的用途

二、Pro/E 的界面

和以往 Pro/ENGINEER 版本的瀑布式菜单不同，Pro/ENGINEER Wildfire 系列的操作界面变得与传统 CAD 软件的界面类似（图 7-3）。其操作界面的基本组成如下：

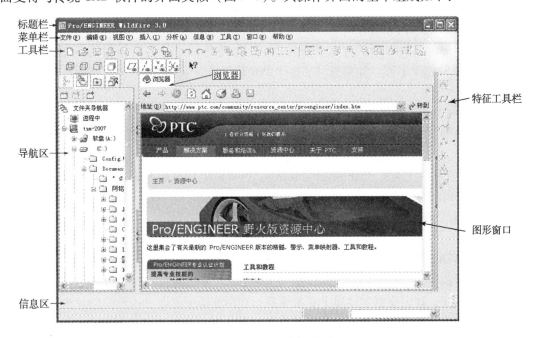

图 7-3　Pro/E 的操作界面

189

1. 标题栏

显示软件的版本，在设计状态下显示正在操作的文件名称。

2. 菜单栏

位于屏幕上方，下拉菜单有常用的菜单选项，如"文件"（File）、"编辑"（Edit）、"插入"（Insert）、"工具"（Tools）和"帮助"（Help）等。它包含了创建、保存和修改模型的命令，以及设置 Pro/E 环境和配置选项的命令。可通过添加、删除、复制或移动命令，或通过添加图标到菜单项或将它们从菜单项删除来定制菜单条。

3. 工具栏

位于屏幕上部的图标工具栏，列出了常用的文件操作、图形操作以及显示状态等的操作按钮，鼠标放在按钮上可以显示出它的名称。

4. 特征工具栏

位于屏幕右边的图标工具栏。在不同设计状态下分别列出了基准、基础特征、工程特征和特征复制工具栏等。

使用"工具"→"定制屏幕"对话框可以定制工具栏的内容和位置。

5. 图形窗口

屏幕上较大的灰色区域，模型位于其中。它是 Pro/E 中各种模型图像的显示区，用户可以直观地在图形区中观察所创建模型的外形。配合放大、缩小、旋转及隐藏工具，可以自由地观察三维实体模型。

6. 导航区

是位于屏幕左边的可折叠面板。包括"模型树"、"层树"、"文件夹浏览器"、"收藏夹"和"链接"。

模型树。"模型树"是零件文件中所有特征的列表，其中包括基准和坐标系。在零件文件中，"模型树"显示零件文件名称并在名称下显示零件中的每个特征。在组件文件中，"模型树"显示组件文件名称并在名称下显示所包括的零件文件。用户可以根据需要，自定义"模型树"中所显示内容的种类。

模型结构以分层（树）形式显示，根对象（当前零件或组件）位于树的顶部，附属对象（零件或特征）位于下部。如果打开了多个 Pro/E 窗口，"模型树"内容则会反映当前窗口中的文件。

层树。"层树"可以有效组织和管理模型中的层。

文件夹浏览器。"文件夹浏览器"类似于 Windows 的"资源管理器"，用于浏览和管理文件。

收藏夹。"收藏夹"类似于 IE 中的"收藏夹"，可以更加有效地管理个人资源，提高工作效率。

链接。"链接"用于链接网络资源和网卡协同工作。

7. 浏览器

多功能的 Web 浏览器，显示模型列表及屏幕中心的小预览窗口。浏览器可与 Pro/E 以交互方式使用，执行以下任务：

浏览文件系统；在浏览器中预览 Pro/E 模型；在浏览器中选取 Pro/E 模型，然后将其拖放到图形窗口中将其打开，或者双击文件名将其打开；查看交互式"特征信息"和 BOM 窗口；访问 FTP 站点；查看网站或喜欢的 Web 位置；浏览 PDM 系统及与之交互；链接到在线资源。

8. 操控板（图 7-3 中未表示）

创建特征或装配元件时，位于屏幕底部的对话栏。包括：

消息区。消息区中显示与窗口中的工作相关的单行消息。使用消息区的标准滚动条可查看历史消息记录。

提示区。当鼠标通过菜单名、菜单命令、工具栏按钮及某些对话框项目上时，提示区中会出现与之相关的屏幕提示。

状态条。在可用时，状态栏显示下列信息：与"工具"（Tools）〉"控制台"（Console）相关的警告和错误快捷方式；在当前模型中选取的项目数；可用的选取过滤器；模型再生状态，▧指示必须再生当前模型，▨指示当前过程已暂停。

三、Pro/E 的配置

这里简要介绍 Pro/E 软件的基本配置。

1. 配置用户界面

在使用时，读者可根据个人、组织或公司的需要定制 Pro/E 软件的用户界面，例如：创建键盘宏（称为"映射键"），并将它们和其他定制命令添加到菜单和工具栏中、添加或删除现有工具栏、从菜单或工具栏移动或删除命令、更改消息区位置等。

单击"工具"→"定制屏幕"，系统弹出"定制对话框"，可以定制菜单条和工具栏。缺省情况下，所有命令也将显示在"定制对话框"中。使用 menu_ def. pro 文件，可向"菜单管理器"添加选项。也可使用"环境对话框"来更改 Pro/E 的环境设置。

2. 使用配置文件

可通过在配置文件中设置选项来定制 Pro/E 的外观和运行方式。Pro/ENGINEER 包含两个重要的配置文件：config. pro 和 config. win。config. pro 文件是文本文件，存储定义 Pro/E 处理操作方式的所有设置。config. win 文件是数据库文件，存储窗口配置设置，如工具栏可见性设置和"模型树"位置设置。配置文件中的每个设置称为配置选项。Pro/E 提供每个选项的缺省值。可设置或改变配置选项。可设置的选项包括公差显示格式、计算精度、草图器尺寸中使用的数字的位数、工具栏内容和工具栏上的按钮相对顺序等。

Config. sup 是受保护的系统配置文件。在此文件中设置的任何值都不能被其他 config. pro 文件覆盖。

Pro/E 可以自动从多个地方读取配置文件。如果某个特定选项出现在多个配置文件中，Pro/E 将应用最新的设置。启动时，Pro/E 先读入一个受保护的系统配置文件，名为 config. sup。然后按下列顺序从以下目录中搜索并读入配置文件（config. pro、config. win、menu_ def. pro）。

3. 环境设置

单击"工具"→"环境"，系统弹出"环境对话框"，如图 7-4 所示。"环境对话框"中可设置各种 Pro/ENGINEER 环境选项。

在"环境对话框"中改变设置，仅对当前进程产生影响。启动 Pro/E 时，如果存在有配置文件，则由它定义环境设置；否则由系统缺省配置定义。

进行完以上步骤以后，就可以利用 Pro/E 软件进行设计了。

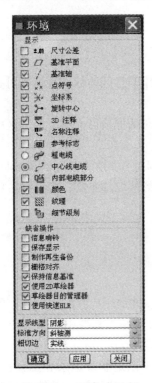

图7-4　环境对话框

第二节　Pro/E软件的基本操作

Pro/E软件功能强大，模块众多。限于篇幅，本书首先介绍二维截面的草绘操作及其实例，然后通过实例介绍创建基础特征和工程特征的基本方法。关于Pro/E软件的更多功能以及详细使用方法，请参阅相关文献。

一、基本操作

在Pro/E中，三维设计对象一般都是从二维轮廓（截面）开始的。在以X和Y轴尺寸定义好二维轮廓后，系统会提供一个Z轴尺寸（或深度），使其成为三维模型。而用来创建二维截面的工具称为"草绘器"。用户在创建二维轮廓时，首先粗略地"草绘"出所要的形状，草绘器会在用户绘制时添加弱尺寸，并带有箭头和尺寸界线。草绘完成后，就可以根据需要输入精确的长度、角度和半径（强尺寸），然后将按实际值再生截面。使用草绘器时，设计者无须使用计数网格线或使用屏幕标尺。

1. 草绘的基本操作

表7-1是草绘模式中的一些常用术语。

表7-1　草绘环境术语

术语	定　义
图元	截面几何的任何元素（如直线、圆弧、圆、样条、圆锥、点或坐标系）。当草绘、分割或求交截面几何，或者参照截面外的几何时，可创建图元
参照图元	当参照截面外的几何时，在3D草绘器中创建的截面图元
尺寸	图元或图元之间关系的测量
约束	定义图元几何或图元间关系的条件，约束符号出现在应用约束的图元旁
参数	草绘器中的一个辅助数值
关系	关联尺寸和/或参数的等式
弱尺寸或约束	在没有用户确认的情况下草绘器可以移除的尺寸或约束就被称为"弱"尺寸或"弱"约束。草绘器创建的尺寸是弱尺寸，弱尺寸和约束以灰色出现
强尺寸或约束	草绘器不能自动删除的尺寸或约束被称为"强"尺寸或"强"约束。用户创建的尺寸和约束是强尺寸和强约束。强尺寸和强约束以黄色出现
冲突	两个或多个强尺寸或约束的矛盾或多余条件。出现这种情况时，必须通过移除一个不需要的约束或尺寸来立即解决

设计者在"草绘"过程中可能需要添加其他尺寸或约束。当应用尺寸或约束时，新尺寸或约束可能会与现有的尺寸或约束发生冲突。出现这种情况时，发生冲突的尺寸或约束将会在一个对话框中列出。用户可以删除不需要的或想要取代的尺寸或约束，以确保草绘不会有多余的尺寸且约束不发生冲突。

（1）草绘模式及其设置

在 Pro/E 中进入草绘模式的方法有两种：

第一，单击"文件"工具栏中的"新建"按钮，系统弹出"新建对话框"，然后选择其中的"草绘"选项，单击"确定"后进入草绘模式。这时仅能绘制草图，草图在保存后可供实体造型时使用。

第二，在实体造型过程中，系统会在需要时提示用户绘制二维剖面，此时也可以进入草绘模式。此时所绘制的剖面从属于某个特征，但用户同样可以将这个剖面另外保存成为文件，供以后在设计其他特征时使用。

进入草绘模式后，应当进行草绘环境设置（不进行环境设置时系统采用缺省设置，设计者也需了解这些设置，以方便操作）。在下拉菜单区中单击"草绘"→"选项"，系统弹出"草绘器优先选项"对话框，如图7-5所示，在此可以设定草绘模式的环境。"草绘器优先选项"对话框中包括 3 个选项卡，分别是：杂项、约束、参数。其中杂项、参数选项的定义见表7-2、表7-3。

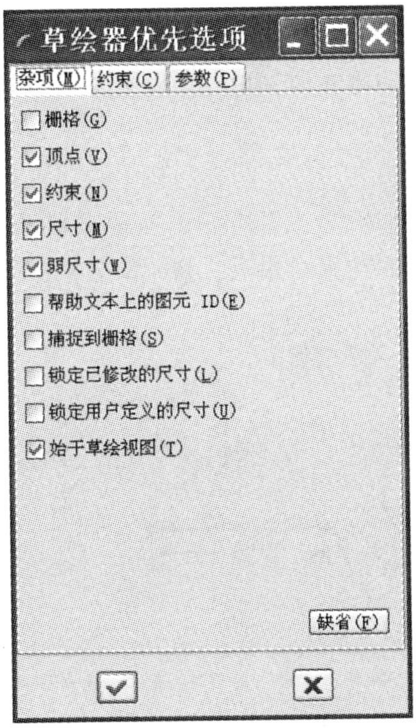

图 7-5 草绘器优先选项对话框

表7-2 杂项优先选项定义

选 项	定 义
栅格	显示屏幕栅格
顶点	显示顶点
约束	显示约束
尺寸	显示所有截面尺寸
弱尺寸	显示弱尺寸
帮助文本上的图元 ID	显示帮助文本中的图元 ID
捕捉栅格	参加或脱离捕捉栅格选项
锁定已修改的尺寸	锁定已修改的尺寸
锁定用户定义的尺寸	锁定用户定义的尺寸
始于草绘视图	定向模型，使草绘平面平行于屏幕

"约束"选项中列出了10 种约束形式，通过放置或移除选中标记，可以控制草绘器假定的约束。

表 7-3　参数优先选项定义

选项		定　义
栅格		可以修改栅格"原点"、"角度"和"类型"
栅格间距		可更改笛卡儿和极坐标栅格的间距
	自动	依据缩放因子调整栅格比例
	手工	x 和 y 保持恒定的指定值
精度		可修改系统显示尺寸的小数位数,改变"草绘器"求解的相对精度

（2）参照的创建

对于尺寸和约束几何,Pro/E 要求创建参照。单击"草绘"→"参照",可打开"参照"对话框,如图 7-6 所示。

Pro/E 提示要在下列情形中创建参照:

当创建一个新特征的时候,"参照"对话框打开。Pro/E 提示,选取一个和将要被标注和约束的截面相垂直的曲面、边或顶点。

在重定义一个缺少参照的特征时。

在没有足够的参照来放置一个截面时。

当创建一个新特征的时候,系统会自动选取缺省"草绘器"参照。可以在"参照"对话框改变这些参照或创建新的参照。

（3）目的管理器

目的管理器的作用是能够在草绘时动态地标注尺寸和约束几何,提高设计效率。默认情况下目的管理器是打开的,一般不要关闭它。

（4）草绘剖面的一般步骤

用户在创建二维剖面图时,一般会分为 3 步:首先粗略地"草绘"出所需要的形状;完成草绘后,就可以根据需要输入精确的尺寸值,或者添加约束;最后,Pro/E 会根据用户的输入自动完成二维剖面图的再生。

下面根据绘制如图 7-7 所示的正六边形,说明草绘的一般步骤。

图 7-6　参照

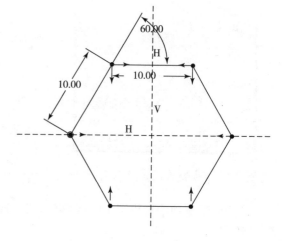

图 7-7　边长为 10 的正六边形

①建立新文件

单击主菜单的"文件"→"新建"，在出现的对话框中，选择"草绘"，输入文件名为"HEXAGON"，然后单击"确定"。此时进入草绘模式。

②绘制中心线

单击主菜单的"草绘"→"线"→"中心线"（也可在特征工具栏通过相应的按钮来实现），在屏幕上画一条水平的中心线，用同样的方法画一条垂直中心线，如图7-8所示。

③绘制1/4六边形

单击主菜单的"草绘"→"线"→"线"，在任一象限画两条相连的线段，其另两个端点分别位于两条中心线上，如图7-9所示。

④施加水平约束

单击主菜单的"草绘"→"约束"，在弹出的"约束"对话框中，单击━按钮后，选择与垂直边相连接的线段，施加水平约束，如图7-10所示。

⑤标注尺寸

单击主菜单中的"草绘"→"尺寸"→"垂直"，单击左键，选择与水平中心线相连接的线段，单击中键（如果是滚轮鼠标，按滚轮），标注出线段长度；选择两条线段后，按中键，标注出图示夹角，如图7-11所示。

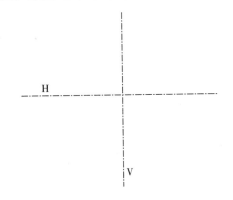

图7-8　草绘中心线

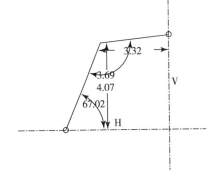

图7-9　1/4六边形

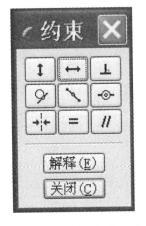

图7-10　施加水平约束

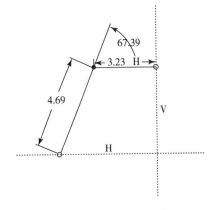

图7-11　标注尺寸

⑥修改尺寸及尺寸关系

修改上一步中生成的角度值为60°，修改水平线段长度为5（六边形边长的一半）。

单击"工具"→"关系"，弹出"关系"对话框，可在其中自定义尺寸的函数关系，如图7-12所示，同时屏幕界面将显示出各个尺寸值的编号，如图7-13所示。在"关系"对话框中输入：sd56 = 2 * sd54 后，单击"确定"，系统自动生成新的草绘图，如图7-14所示。

⑦镜像

选择所有线段，使其呈红色，单击"编辑"→"镜像"，选择竖直中心线，自动生成镜像（见图7-15，镜像完成后应注意水平

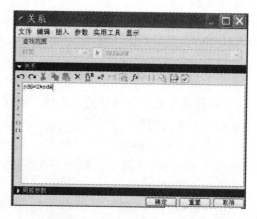

图 7-12　"关系"对话框

段的尺寸将自动变为10，此时应通过"关系"对话框将两尺寸的关系改为相等）；选择所有线段，对水平中心线作镜像，即得图7-7所示的六边形。

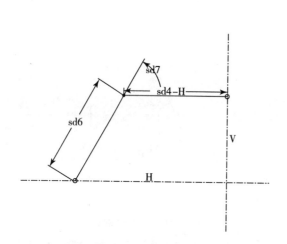

图 7-13　草绘图的关系显示

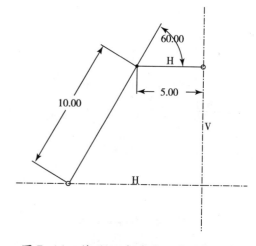

图 7-14　修改尺寸关系后生成的新图

2. 特征的基本操作

在 Pro/E 中，有两类特征——基准特征和工程特征。本书分别做简要介绍。

（1）基准特征

基准特征是 Pro/E 中非常重要的一种特征。在 Pro/E 中，基准特征常作为建立三维模型时候的参照基准。进行设计时，常常会需要精确定位图元，在 Pro/E 中是借助基准特征来实现的。它虽不是实际三维模型的一部分，但熟练使用各种基准特征，可以有效丰富设计手段，提高设计效率，帮助设计者更好地完成设计任务。

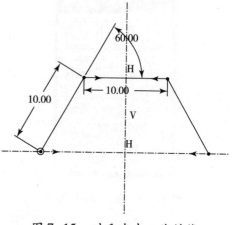

图 7-15　对垂直中心线镜像

①基准特征分类和用途

基准特征包括了各种在特定的位置创建的用于辅助定位的几何元素，主要包括基准点、基准轴、基准曲线、基准平面及基准坐标系。

基准特征用于辅助定位，主要有以下几种用途：

作为放置参照，即在创建特征时，确定特征放置位置的参照。

作为标注参照。可以选取基准平面、基准轴或基准点作为标注图元尺寸的参照。

作为设计参照。可用基准特征精确确定特征的形状和大小。

其他。例如基准曲线可用于扫描特征的轨迹线，基准坐标系可用于定位截面的位置等。

②基准特征设置

显示或隐藏基准特征。使用"基准显示"工具栏（在基准工具栏中），可以设置基准特征显示与否。

设计基准特征的显示颜色。缺省情况下，所有的基准特征的颜色都一样。若视图中基准数量较多，且不能隐藏时，可以分别为这些基准特征设置不同的颜色，加以区分。

在主菜单中，单击"视图"→"显示设置"→"系统颜色"，系统弹出"系统颜色"对话框，如图 7-16 所示，单击"基准"选项卡，即可为各种不同的基准特征设计显示颜色。

③基准曲线

各基准特征的创建与修改方法读者可以自行学习掌握。本书仅以常用的创建实体特征的基准曲线为例做简单说明。

除了输入的几何形体之外，Pro/E 中所有三维几何形体的建立均起始于二维截面。"基准"曲线允许创建二维截面，该截面可用于创建许多其他特征，例如拉伸或旋转。此外，"基准"曲线也可用于创建扫描特征的轨迹。单击"基准"工具栏上的 按钮可访问"基准曲线"工具。

创建基准曲线的方法有三种：草绘基准曲线、使用横截面创建基准曲线、由方程创建基准曲线。

a. 草绘基准曲线的步骤

Ⅰ. 单击"插入"→"模型基准"→" 草绘"，或者单击"基准"工具栏上的 按钮，弹出如图 7-17 所示的"草绘"对话框。

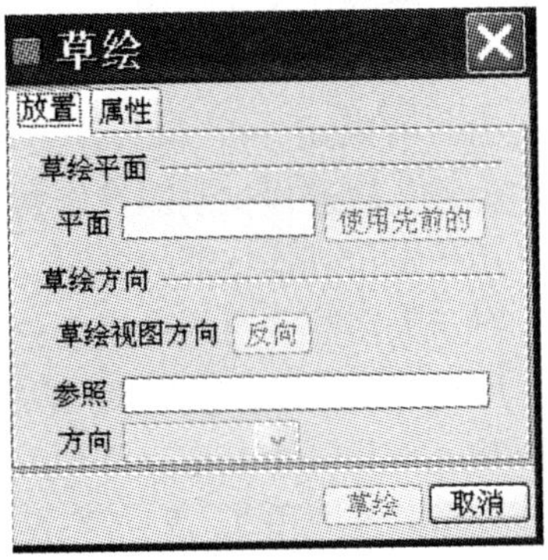

Ⅱ. 从"放置"选项卡的下列选项中进行选取：

草绘平面：对话框中的这部分包含草绘平面参照收集器，可随时在该收集器上单击以选取或重定义草绘平面参照。

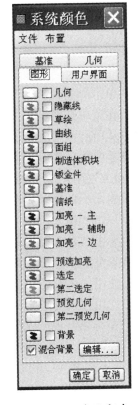

图 7-16　系统颜色

图 7-17　"草绘"对话框

草绘方向：首先必须定向草绘平面以使其垂直，然后才能草绘基准曲线。在对话框的这一部分中包含有"反向"按钮、"参照平面"收集器和"方向"列表。

如果在单击按钮前选取平面，则系统将取缺省草绘方向。

Ⅲ．单击"草绘"按钮。草绘窗口打开，弹出"参照"对话框。

Ⅳ．如果"参照状态"显示"完全放置的"，则在"参照"对话框中单击"关闭"。

Ⅴ．草绘基准曲线。

Ⅵ．单击退出"草绘器"。

b．使用横截面创建基准曲线

可使用"使用剖截面"选项从平面横截面边界（平面横截面与零件轮廓的相交处）创建基准曲线。

Ⅰ．单击"插入"→"模型基准"→"曲线"，或者单击"基准"工具栏上的▨按钮。

Ⅱ．在菜单管理器中，从"选项"菜单中单击"使用剖截面"和"完成"。

Ⅲ．从所有可用横截面的"名称列表"菜单中选取一个平面横截面。横截面边界可用来创建基准曲线。若横截面有多个链，则每个链都有一个复合曲线。

c．由方程创建基准曲线

只要曲线不自交，就可以通过"从方程"选项由方程来创建基准曲线。

Ⅰ．单击"插入"→"模型基准"→"曲线"，或单击"基准"工具栏上的▨按钮。

Ⅱ．单击"从方程"→"完成"，弹出"曲线创建"对话框，在此可以定义坐标系、指定坐标系类型和输入曲线方程。

Ⅲ．使用"得到坐标系"菜单中的选项创建或选择坐标系。

Ⅳ．使用"设置坐标系类型"菜单中的选项指定坐标系类型，可选择"笛卡儿坐标系"、"柱坐标系"或"球坐标系"。

Ⅴ．系统显示编辑器窗口，此时可以输入曲线方程作为常规特征关系。编辑器窗口标题包含特定方程的指令，它取决于所选的坐标系类型。

④基准坐标系

基准坐标系对于设计来说十分重要，它是可以添加到零件和组件中的参照特征。基准坐标系在以下操作中起作用：

组装元件；

为"有限元分析（FEA）"放置约束；

为刀具轨迹提供制造操作参照；

用作定位其他特征的参照（坐标系、基准点、平面、输入的几何等）；

对于大多数普通的建模任务，可使用坐标系作为方向参照。

Pro/E 总是显示带有 X、Y 和 Z 轴的坐标系（笛卡儿坐标系）。当参照坐标系生成其他特征时（例如一个基准点阵列），系统可以用 3 种方式表示坐标系，如图 7-18 所示。其中笛卡儿坐标系中用 X、Y 和 Z 表示坐标值；柱坐标系中用半径、theta（q）和 Z 表示坐标值；球坐标系中用半径、theta（q）和 phi（f）表示坐标值。

Pro/E 将基准坐标系命名为 CS#，其中#是已创建的基准坐标系的号码。如果需要，可在创建过程中使用"坐标系"对话框中的"属性"选项卡为基准坐标系设置一个初始名称。或者，如果要改变一现有基准坐标系的名称，可在模型树中的基准特征上右键单击，并从快捷菜单中选取"重命名"。

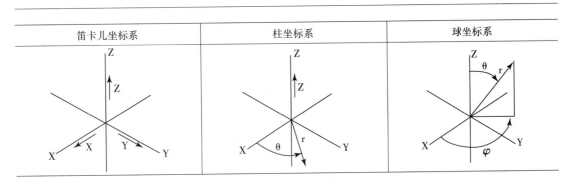

图 7-18　坐标系分类

一个基准坐标系需要使用六个参照量，其中三个相对独立的参照量用于确定原点位置，另外三个相对的参照量用于确定坐标系方向。下面分别介绍坐标系的定位和定向。

a. 坐标系定位

Ⅰ. 单击"插入"→"模型基准"→"坐标系"，或者单击"基准"工具栏上的"坐标系开关"按钮，"坐标系"对话框打开，其中的"原点"选项卡处于活动状态。

Ⅱ. 在图形窗口中选取三个放置参照。这些参照可包括平面、边、轴、曲线、基准点、顶点或坐标系。系统根据所选定的放置参照，实现原点定位。若需要偏移坐标系原点，则可在"偏移类型"下拉框中选择偏移类型，并指定偏移量。

Ⅲ. 根据所选定的参照，系统会自动地确定缺省的坐标系方向，单击"确定"按钮即可创建具有缺省方向的新坐标系。若用户需要使用自定位方向，则单击"方向"选项卡以手工定向新坐标系。如果选取一顶点作为原点参照，则系统将不能提供缺省方向，此时必须手工定向坐标系。

b. 坐标系定向

Ⅰ. 调出"坐标系"对话框后，单击"定向"选项卡。

Ⅱ. 在"定向根据"部分，单击下列选项之一。

参照选取。该选项允许通过为坐标系轴中的两个轴选取参照来定向坐标系。为每个方向收集器选取一个参照，并从下拉列表中选取一个方向名称。缺省情况下，系统假设坐标系的第一方向将平行于第一原点参照。如果该参照为一直边、曲线或轴，那么坐标系轴将被定向为平行于此参照。如果已选定某一平面，那么坐标系的第一方向将被定向为垂直于该平面。系统计算第二方向，方法是：投影将与第一方向正交的第二参照。

所选坐标轴。该选项允许定向坐标系，方法是绕着作为放置参照使用的坐标系的轴旋转该坐标系。为每个轴输入所需的角度值，或在图形窗口中右键单击，并从快捷菜单中选取"定向"，然后使用拖动控制滑块手动定位每个轴。位于坐标系中心的拖动控制滑块允许绕参照坐标系的每个轴旋转坐标系。要改变方向，可将光标悬停在拖动控制滑块上方，然后向着其中的一个轴移动光标。在朝向轴移动光标的同时，拖动控制滑块会改变方向。

设置 Z 轴垂直于屏幕。此按钮允许快速定向 Z 轴，使其垂直于查看的屏幕。

Ⅲ. 单击"确定"完成坐标系定向。

（2）基础特征与工程特征

①基础特征

基础特征是指最简单、最基础的特征。在实际的三维模型中，使用最多的就是基础特征。三维实体模型可以看作是一个个的特征,按照一定的先后创建顺序所组成的集合。可以说,基础特征是三维实体造型的基石，没有基础特征，就无法创建出合乎设计者要求的三维模型。

Pro/E 中的基础特征都可以通过"基础特征"工具栏调用。

"基础特征"工具栏中包括了 5 个按钮，代表了 5 个基础特征工具，分别是拉伸工具、旋转工具、可变剖面扫描工具、边界混合工具、造型工具。另外，还有一些工具按钮没有列在工具栏中，如扫描工具、混合工具、扫描混合工具、螺旋扫描工具等。

创建基础特征时一般是按要求创建出形成特征的草绘图形。草绘的图形往往就是基础特征的路径和截面。

②工程特征

工程特征就是具有一定工程应用意义的特征，如孔特征、倒角特征、圆角特征等。工程特征是根据工程需要，使用一定方法创建的具有特征性质的图形特征。凡是工程特征能够创建的实体模型，使用基础特征都可以创建，但工程特征是专门为工程要求设计的，效率较高。

工程特征的显著特点是它并不能够单独存在。工程特征必须依附于其他已经存在的特征之上，例如，孔特征必须切除已经存在的实体材料，倒圆角特征一般会旋转切去已经存在的边线。在使用 Pro/E 进行实体建模时，一般选创建基础特征，然后再添加工程特征进行修饰，最后生成满意的实体模型。

要创建一个工程特征，必须具有以下两种参数：

定位参数。工程特征并不能单独存在，它只能依附于其他已经存在的实体特征，因此就需要对工程特征进行定位。在设置定位参数时，常常需要使用已有特征中的适当几何图元，如点、线、面等，作为定位参照，然后使用一组相对于定位参照的位移或者角度值对工程特征进行定位。

形状参数。形状参数用于确定特征的形状和大小。各种不同的工程特征具有不同的形状。

定位参数和形状参数是工程特征的基本参数，因此创建工程特征的主要任务就是设置定位参数和形状参数。

二、基础特征与工程特征的创建实例

本书通过一个杯子（图7-19）的设计实例来说明在 Pro/E 中的基础特征和工程特征及其创建过程。

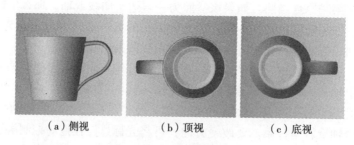

（a）侧视　　　　　（b）顶视　　　　　（c）底视

图7-19　带把手的杯子

基本结构与尺寸设计要求：

上口外尺寸 $\varphi70$；下端外尺寸 $\varphi50$；壁厚 1.5；底部有深度为 1 的凹坑；手柄为偏平状变截面形式，下端为椭圆 8×2；上端为椭圆 9×1.5。其他部位按塑料件加工及使用的要求设计。

本例中主要使用了旋转特征和混合扫描特征两种基础特征，倒圆角特征和壳特征两种工程特征。

操作步骤为:

1. 新建零件文件

(1) 新建零件文件,取名称为 cup,并取消"使用缺省模板",如图 7-20。

(2) 在"新建"对话框上单击"确定"按钮,弹出"新文件选项"对话框,选择"模板"选项组中的 mmns_ part_ solid 选项,单击"确定",进入零件设计模式,如图 7-21。

图 7-20　新建零件文件

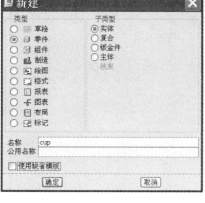

图 7-21　新文件选项

2. 创建旋转特征 1 (杯体)

(1) 单击"旋转工具"按钮,打开旋转操控板,如图 7-22。

(2) 在旋转操控板上,指定要创建的模型为"实体"。

(3) 进入"位置"上滑面板,单击"定义"按钮,弹出"草绘"对话框。

(4) 选择 RIGHT 基准平面作为草绘平面,其他设置默认,单击"草绘"按钮,进入草绘模式,如图 7-23。

也可以先创建草绘,再运用旋转工具创建实体。

(5) 草绘旋转剖面(图 7-24),注意设置旋转轴。

(6) 接受默认的旋转角度 360°,完成旋转特征 1 的创建,如图 7-25。

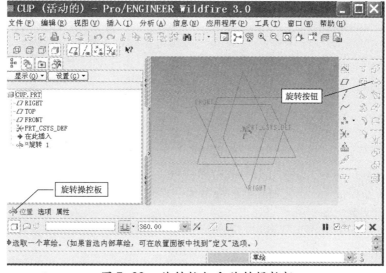

图 7-22　旋转按钮和旋转操控板

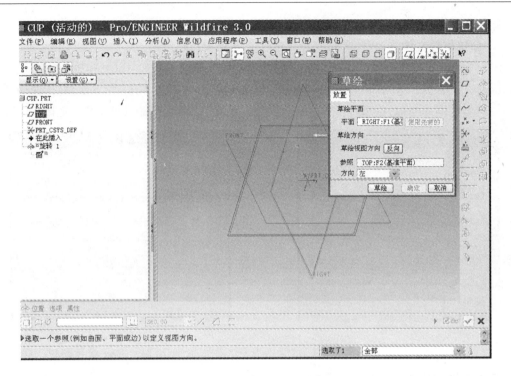

图 7-23　基准平面选择

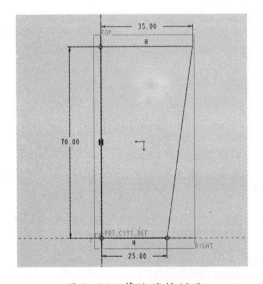

图 7-24　草绘旋转剖面

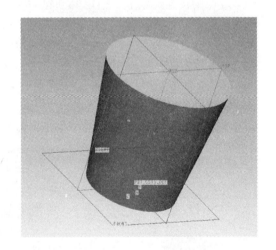

图 7-25　创建旋转特征 1

3. 创建旋转特征 2（挖出杯子底部的凹坑）

（1）单击"旋转工具"按钮，打开旋转操控板。

（2）在旋转操控板上，指定要创建的模型为"实体"，并单击"切除"按钮。

（3）进入"位置"上滑面板，单击"定义"按钮，弹出"草绘"对话框。

（4）在"草绘"对话框中，单击"使用先前的"按钮，进入草绘模式。

（5）草绘剖面，注意添加中心线，如图 7-26 所示。

（6）单击"继续当前部分"按钮，完成剖面并退出草绘器。

（7）接受默认的旋转角度为 360°。

（8）在旋转操控板上，单击"完成"按钮。此时按【Ctrl＋D】组合键，创建的旋转特征 2 如图 7-27 所示。

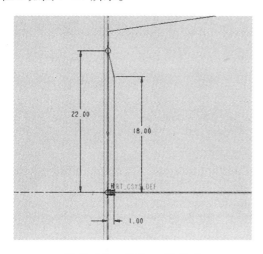

图 7-26　草绘凹槽截面

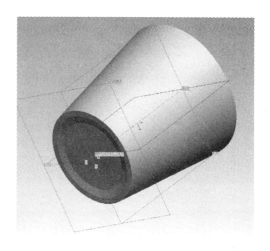

图 7-27　以旋转方式切除底部材料

4. 倒圆角（倒出杯体下沿的圆角）

（1）单击"倒圆角工具"按钮，打开倒圆角操控板。

（2）在倒圆角操控板上，输入当前倒圆角半径为 2。

（3）选择如图 7-28 所示的轮廓边。

（4）单击"完成"按钮，完成倒圆角，如图 7-29。

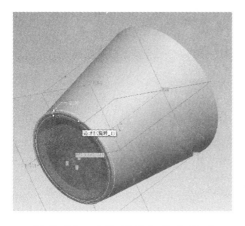

图 7-28　选择倒圆角的边参照

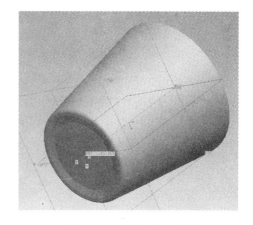

图 7-29　倒圆角的效果

5. 抽壳

（1）单击"壳工具"按钮，打开如图 7-30 所示的壳操控板。

（2）如图 7-30 所示，选择零件的大端面作为要移除的曲面，即作为开口面。

（3）在壳操控板上，将默认厚度值改为 1.5。

（4）单击"完成"按钮，抽壳效果如图 7-31 所示。

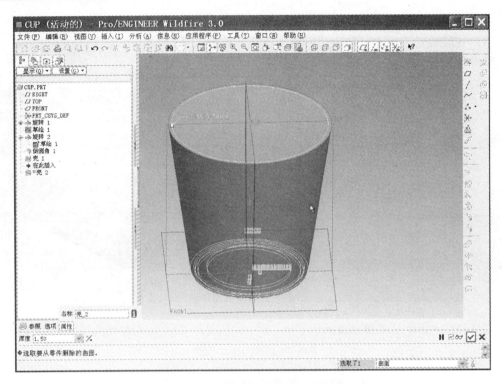

图 7-30　壳操控板和选择要移除的曲面

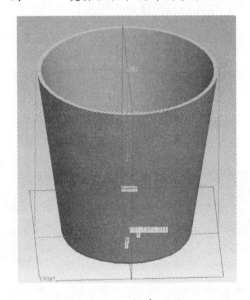

图 7-31　抽壳效果

6．以扫描混合的方式创建手柄

（1）从主菜单栏上，选择菜单"插入"→"扫描混合"命令，打开扫描混合操控板。并在扫描混合操控板上，指定要创建的模型为"实体"，如图 7-32。

（2）在工具栏中，单击"草绘工具"按钮，弹出"草绘"对话框。

（3）选择 RIGHT 基准平面作为草绘平面，以 TOP 基准平面为"左"方向参照，单击"草绘"按钮，进入内部草绘器中。

（4）绘制如图 7-33 所示的样条曲线。按单击"继续当前部分"按钮。

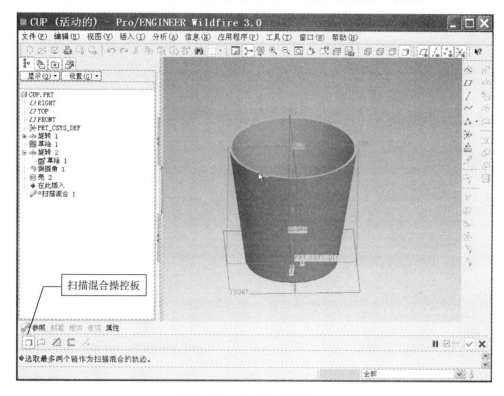

图 7-32　混合扫描操控板

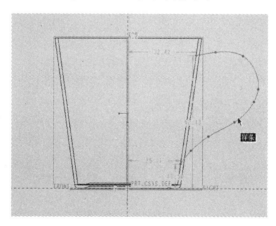

图 7-33　草绘轨迹

（5）在扫描混合操控板上，单击"退出暂停"（继续使用此工具，简称为继续）按钮。

（6）选择刚创建的曲线作为轨迹线，进入扫描混合操控板的"参照"上滑面板，接受如图 7-34 所示的默认选项。注意其起点，如果要改变轨迹线的起始点，可将鼠标光标移到轨迹线显示的箭头上，单击一下，此时箭头将切换至轨迹线的另一端点上。

（7）在操控板上选择"剖面"选项，打开"剖面"上滑面板。默认时，"草绘截面"选项处于被选中的状态，此时选择扫描起始点，系统将激活"剖面"上滑面板上的"草绘"按钮，如图 7-35 所示。

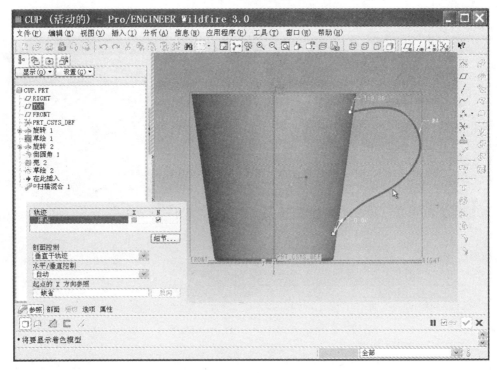

图 7-34　轨迹和参照设置

（8）单击"草绘"按钮。在接着弹出的草绘器中单击"椭圆"按钮，绘制如图 7-36 所示的剖面 1，单击"继续当前部分"按钮。注意，要在系统生成的草绘原点绘制。

（9）在"剖面"上滑面板上单击"插入"按钮，"剖面"上滑面板上将自动跳出剖面 2，并要求设计者选择截面位置。

同理，选择曲线的终止点，绘制图 7-37 所示的剖面 2。

（10）单击"完成"按钮，完成的扫描混合特征如图 7-38 所示。

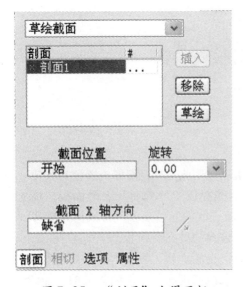

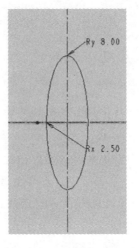

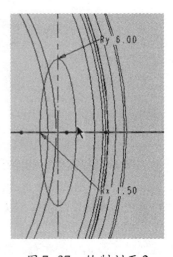

图 7-35　"剖面"上滑面板　　　图 7-36　绘制剖面 1　　　图 7-37　绘制剖面 2

7. 以旋转特征方式切除手柄突入杯体多余的材料（图7-39）

（1）单击"旋转工具"按钮，打开旋转操控板。并在旋转操控板上指定要创建的模型为"实体"，并点击"切除"按钮。

（2）进入"位置"上滑面板，单击"定义"按钮，弹出"草绘"对话框。在"草绘"对话框中，单击"使用先前的"按钮，进入草绘模式。

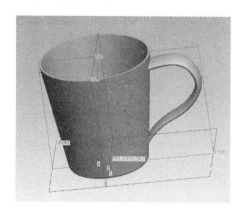

图7-38 创建手柄

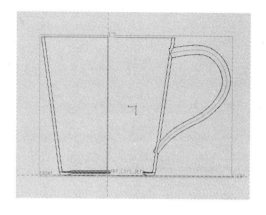

图7-39 需切除的材料

（3）在工具栏中单击旬（隐藏线）按钮，接着草绘剖面（要注意添加中心线和切除剖面的位置）如图7-40所示。

（4）单击"继续当前部分"按钮，完成剖面。此时接受默认的旋转角度为360°。

（5）在旋转操控板上，单击"完成"按钮，如图7-41所示。

图7-40 旋转切除草绘截面

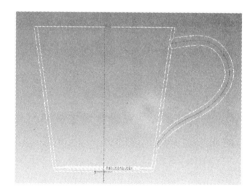

图7-41 切除后的效果

8. 倒圆角

（1）单击"倒圆角工具"按钮，打开倒圆角操控板。在倒圆角操控板上，输入当前倒圆角集的半径为0.6。

（2）按住 Ctrl 键选择如图7-42所示的边链（图中深色部分）。

（3）单击"完成"按钮。至此，带把手杯子的三维建模就算完成了，如图7-43所示。

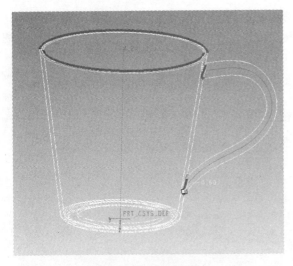

图 7-42　倒圆角

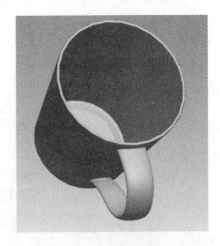

图 7-43　完成的杯子实体

第三节　Pro/E 工程图的绘制

工程图是许多场合必需的二维图纸。Pro/E 提供了强大的工程图功能，可以利用三维模型自动生成所需的各种视图，而且工程图与模型之间是全相关的，无论何时修改模型，其工程图将自动更新，反之亦然。Pro/E 还提供了多种图形输入输出格式，如 DWG、DXF、IGS、STP 等，可以和其他二维绘图软件交换数据。下面结合上一节设计的杯子实例介绍工程图的绘制方法。

一、工程图的基本操作

1. 使用缺省模板自动生成工程图

使用主菜单的"文件"→"新建"（N）…→，文档类型选择"绘图"，输入文档名称，勾选"使用缺省模版"，选择欲生成工程图的模型文件，选择图纸大小→确定→进入工程图环境，可自动生成模型的三个视图。

由于 Pro/E 自动生成的工程图往往不符合我国制图标准，如投影分角、文字标注样式、标题栏格式等，需要详细设定工程图环境变量。一般不采用缺省模板。

2. 不使用模板生成工程图

（1）打开主菜单"文件"→"新建"（N）…→，在出来的"新建"对话框中，去掉"使用缺省模版"前的勾，选择欲生成工程图的模型文件，在"指定模版"栏选择"空"模版→选择图纸大小及方向→确定→进入工程图环境，可显示一张带边界的空图纸。

（2）在屏幕右侧的绘图工具栏中选取"创建一般视图"工具，或主菜单"插入"→"绘图视图"（V）→"一般"（E）…→在图形窗口给定视图位置→打开图 7-44 所示的绘图视图对话框，在此给定视图名称、视图方向→确定。

（3）生成其他正投影视图：打开主菜单"插入"→"绘图视图"（V）→"投影"

（P）…→在图形窗口给定视图位置→自动在该处生成相应的投影视图（如果图形窗口中已有两个以上视图，生成投影视图时须指定父视图）。

3. 工程图的主要操作

（1）调整视图位置：为防止意外移动视图，缺省情况下视图被锁定在适当位置。要调整视图位置必须先解锁视图：选取视图→右键→在弹出菜单中去掉"锁定视图移动"前的勾，这时工程图中的所有视图将被解锁，可以通过拖动鼠标进行移动。调整视图位置时各视图间自动保持对齐关系。

（2）删除视图：选中视图→Delete。

（3）修改视图：点选视图→右键→在弹出菜单中点选"属性"→打开图7-44所示的绘图视图对话框，在此可重新定义视图名称、视图类型、可见区域、比例、剖视等。

（4）标注尺寸：在屏幕右侧的绘图工具栏中选取"显示与拭除"按钮，或打开主菜单"视图"→"显示与拭除"（S）…→打开图7-45所示的对话框，可以显示（或取消显示）模型尺寸。

工程图环境中的显示控制与零件、装配等环境不同，在这里只能进行画面的缩放（滚动鼠标中间滚轮）和平移（按下并拖动鼠标中键）

图7-44　生成工程图对话框　　　　　图7-45　显示/拭除尺寸对话框

二、Pro/E 工程图的环境变量

Pro/E 提供了几种工程图标注选择，如 JIS、ISO、DIN 等，其相关参数分别放在 Pro/E 安装目录 \ text \ 下的 * * *. dtl 文件中。

Pro/E 配置文件 config. pro 中的语句"drawing_ setup_ file 路径 \ 文件名. dtl"用以加载相应文件中设置的工程图环境变量。启动 Pro/E 时，在加载 config. pro 的同时，也加载了其中指定的 dtl 文件。当启动时①找不到 config. pro，或②config. pro 中未指定 dtl 文件，或③config. pro 中指定的 dtl 不存在时，自动使用"Pro/E 安装目录 \ text \ 下的 prodetail. dtl"

中的工程图环境变量的设置。

工程图的常见环境变量见表7-4。

表7-4　工程图常见的环境变量

环境变量	设置值	含　义
drawing_ text_ height	3. 500000	工程图中的文字字高
text_ thickness	0. 00	文字笔画宽度
text_ width_ factor	0. 8	文字宽高比
projection_ type	THIRD_ ANGLE/ FIRST_ ANGLE	投影分角为第三/第一角分角，我国采用 第一分角 FIRST_ ANGLE
tol_ display	YES/NO	显示/不显示公差
Drawing_ units	Inch/foot/mm/cm/m	设置所有绘图参数的单位

修改工程图环境变量的方法是：

（1）编辑修改某一 dtl 文件，并将其通过"drawing_ setup_ file 路径 \ 文件名. dtl"指定在 config. pro 中。

（2）在不使用 config. pro 的情况下，将设置值设定在"Pro/E 安装目录 \ text \ 下的 prodetail. dtl"中。可以直接修改 prodetail. dtl 文件，或将做好的 dtl 文件命名为 prodetail. dtl。

（3）在 Pro/E 工程图环境中，打开主菜单"文件"→"属性"→"绘图选项"→打开图7-46所示的对话框，查找或修改工程图环境变量。

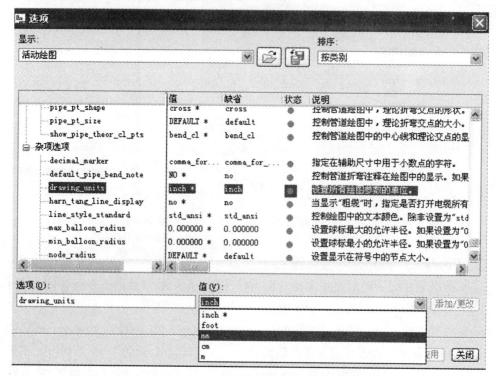

图 7-46　工程图环境变量

三、图框格式与标题栏

1．使用系统定义的图框格式

Pro/E 系统自带若干个图框格式（放在"Pro/E 安装目录 \ Formats \ "下），选用这些图框格式，可以在新建工程图文档时，文件→新建（N）…→文档类型选择"绘图"，输入文档名称，去掉"使用缺省模版"前的"✓"→确定（见图 4-47），打开图 7-48 所示的"新制图"对话框，在"指定模版"栏选择"格式为空"→选择一款系统给定的图框即可。

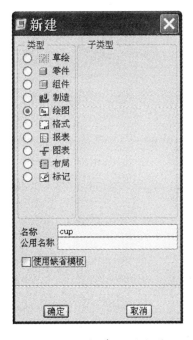

图 7-47　新建绘图文件

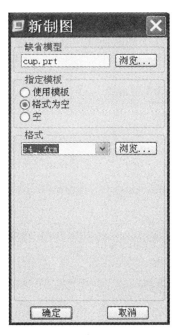

图 7-48　新制图对话框

2．用户自定义图框格式与标题栏

（1）"文件"→"新建"…→文档类型选择"格式"，输入文档名称→确定→打开"新格式"对话框，"指定模版"栏选择"空"，然后选定图纸的方向及大小→"确定"。

（2）进入格式环境，用以定义一种图框格式。可以方便地用主菜单的"表（B）"菜单或右侧工具栏中的"表"工具创建标题栏。也可以用右侧工具栏中的绘制工具绘制并编辑标题栏。

（3）将设计好的标准图框和标题栏保存（存为 frm 文件），以后在进行工程图绘制时，通过在新建工程图文档时的"新制图"对话框中的"指定模版"栏选择"格式为空"，然后选定上面做好的 frm 文件。

也可以将其他二维软件中画好的图框（如 AutoCAD、CAXA 等）保存为 . frm、. igs 等格式来使用或用上述方法在工程图环境临时制作标题栏，工程图环境中有相应的工具。

四、工程图创建示例

前面已经对工程图环境中的相关命令和用法作了一些介绍，下面针对第二节中介绍的杯子模型，介绍创建工程图的一般步骤。

1．创建工程图文件

打开主菜单"文件"→"新建"→"绘图"工具栏中，单击"新建"按钮，系统弹出

"新建"对话框。在"类型"分组框中选择"绘图"选项，在"名称"文本框中输入工程图名称为"cup"后，取消"使用缺省模板"选项，单击"确定"按钮，如图7-47所示。

系统弹出"新制图"对话框，单击"浏览"按钮打开先前存盘的"cup. prt"文件。在"指定模板"分组框中选择"格式为空"选项后，在"浏览"项里选择"s4_ . frm"（这是本例中已在CAXA软件中导出并经Pro/E转存的标准A4幅面图框格式文件，读者也可另行设置），如图7-48所示。单击"确定"按钮，进入工程图环境。

2. 配置工程图环境

在工程图环境中，从主菜单中依次单击"文件"→"属性"，在弹出的"文件属性"菜单中选取"绘图选项"选项，打开"选项"对话框，如图7-46所示。

按照表7-5所示，修改主要的配置选项值，具体修改方法见本章中的相关内容。

表7-5　绘图配置选项

配置选项	含　义	缺省值	修改值
drawing_ text_ height	设置图中文字的高度	0.15625	5
projection_ type	创建投影视图的方法（我国为第一分角）	THIRD_ ANGLE	FIRST_ ANGLE
dim_ leader_ length	箭头在尺寸界线外侧的尺寸线长度	0.5	10
draw_ arrow_ length	引导箭头的长度	0.1875	3
draw_ arrow_ width	引导箭头的宽度	0.0625	1
draw_ arrow_ style	箭头样式	closed	filled
tol_ display	显示/不显示公差	YES/NO	NO
drawing_ units	绘图参数的单位	inch	mm

3. 创建主视图

单击"绘制"工具栏中的"新建"按钮，根据系统提示在图纸左上角选取一点作为绘制视图的中心点，同时，系统打开"绘图视图"对话框，如图7-50所示。

在"绘图视图"对话框中的"视图类型"分组框中选取"几何参照"选项，接着在"参照1"下拉列表框中选取"左"选项，然后在工作区中选取模型的相应参照面（RIGHT面）；在"参照2"下拉列表框中选取"底部"，同理，在工作区中选取模型的底面（曲面F7）作为参照。完成后单击"应用"按钮，生成的主视图以及使用的"绘图视图"对话框如图7-50所示。

在"绘图视图"对话框中"类别"列表中选中"比例"选项后，在对话框右侧选取"定制比例"选项，可以确定输入绘图的比例。本例中输入比例为0.7（图7-49）。

图7-49　定制比例

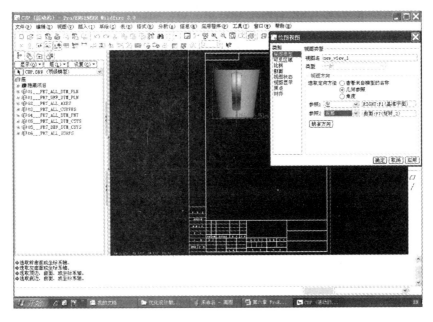

图 7-50 创建主视图

4. 创建投影视图

选中前一步中创建的主视图后，在右键快捷菜单中选择"插入投影视图…"选项。鼠标上附着一个边框，移动鼠标，使边框位于主视图的相应位置，单击鼠标，可放置投影视图。最后还可以在图面的适当位置放置一个普通投影图（三维图）如图 7-51 所示。

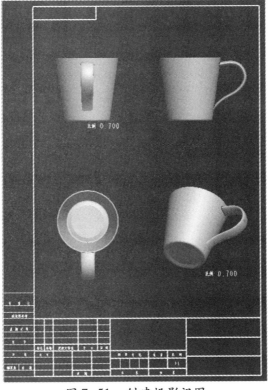

图 7-51 创建投影视图

为了表示产品的内部结构，还可以创建局部视图、剖面图等，如图7-53所示。

5．显示尺寸

选择"无隐藏线"模式。在"绘制"工具栏中单击"打开显示/拭除对话框"按钮，系统弹出"显示/拭除"对话框，单击"显示"按钮，弹出"显示"界面后，选中"尺寸"按钮。

在"显示"界面中，选取"显示方式"列表框中的"特征和视图"选项，然后在主视图中逐次点击图元，单击"预览"，选中"带预览"，可以看到系统自动进行尺寸标注。单击"关闭"按钮。显示的尺寸如图7-52。

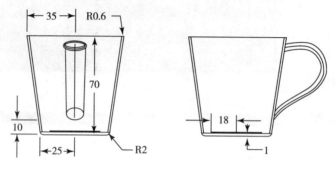

图7-52　显示尺寸

6．调整尺寸

自动标注的尺寸有些是不需要的，有些位置不对，还有些尺寸并没有标出来。需要进行调整，包括拭去、移动和添加尺寸。读者可以自行练习相关操作。

7．添加注释

单击"绘制"工具栏中的"创建注释"按钮，系统弹出"注释类型"菜单，接受所有缺省选项后，单击"制作注释"选项。

系统显示"获得点"菜单，用鼠标在工作区中选择注释起始点后，系统在消息区中显示文本框，用于注释内容的输入。输入注释内容后，单击"完成/返回"按钮，返回工作区。

在工作区中，双击注释内容，系统弹出"注释属性"对话框。单击"文本样式"后，打开"文本样式"选项卡，可以进行文本样式的调整，包括大小、高宽比例等。单击"确定"按钮，完成注释创建。

图7-53是使用Pro/E绘制的工程图参考图样。

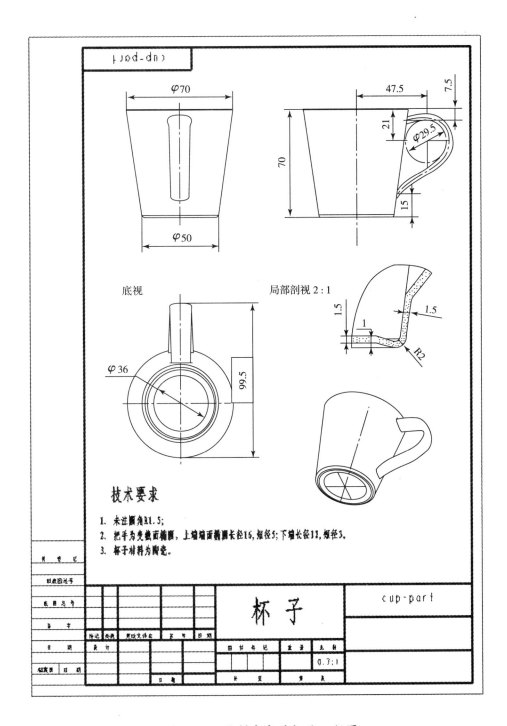

图 7-53　绘制完成的杯子工程图

习　题

试以图7-54作为参考，使用PRO/E软件设计一个变截面扭柱型香水瓶瓶身。基本参数如下：

瓶身高：100mm；瓶口直径：14mm；瓶颈高度：10mm；底部截面：边长为14mm的六

边形；顶部截面：边长为12mm的六边形；扭曲角度：5度；壁厚：2mm。

其他说明：

底部为内凹2mm的球面，瓶口出暂时取圆柱形状，各处圆角取R1。其他未定参数可自己设定。

图7-54　习题参考图

第八章 常用 CAD 软件的二次开发

第一节 AutoCAD 软件的二次开发

常用的 AutoCAD 开发工具有 Visual AutoLISP、VBA 和 Object ARX 等。

Visual AutoLISP 是为了增强 AutoLISP 程序开发能力而设计的一种软件工具，它以 AutoLISP 程序开发为基础，同时针对 AutoLISP 没有开发平台的问题，专门提供了 AutoLISP 语言集成开发环境，使源代码的创建、修改、程序测试和调试等工作更加方便，另外还提供了用 AutoLISP 编写独立应用程序的手段。

VBA（Visual Basic for Application）是以 VB（Visual Basic）语言为基础、面向对象的编程环境，它通过 AutoCAD ActiveX Automation 接口操作 AutoCAD，在此环境中，用户可方便地通过 AutoCAD 提供的对象模型创建对象，并进行相应的编辑和操作。

Object ARX（AutoCAD Runtime eXtension）是一个以 C++ 语言为基础、面向对象的开发环境和应用程序接口。Object ARX 程序本质上是 Windows 动态连接库程序，它与 AutoCAD 共享地址空间，可直接调用其核心函数，还可以直接访问 AutoCAD 数据库的核心数据结构和代码，以便运行期间能够扩展 AutoCAD 固有的类及其功能。Object ARX 程序与 AutoCAD、Windows 之间均采用 Windows 信息传递机制直接通信。

通过 Object ARX 开发 AutoCAD 是以上三种开发工具中最直接、最全面的一种方式，开发功能最强大，而且开发的功能与 AutoCAD 结合得最完美，但此方法对开发者要求较高，需要掌握 Visual C++ 的基础知识和 Object ARX 的类库结构，而且具有一定的风险，若开发不善，可能导致 AutoCAD 的崩溃。

因 VBA 继承了 Visual Basic 语法简单、功能强大的优点，所以利用 VBA 通过 AutoCAD ActiveX 接口进行 AutoCAD 二次开发，使用户易学、易用，界面设计也很方便。

基于实际需要和篇幅限制，本节仅介绍利用 Visual LISP 和 VBA 两种开发工具对 AutoCAD 进行二次开发的基本方法。

一、Visual LISP 开发工具及其应用

1. Visual LISP 开发环境

在 AutoCAD 环境下，点击菜单："工具"→"AutoLISP"→"Visual LISP 编辑器"，可进入 Visual LISP 集成开发环境，如图 8-1 所示。

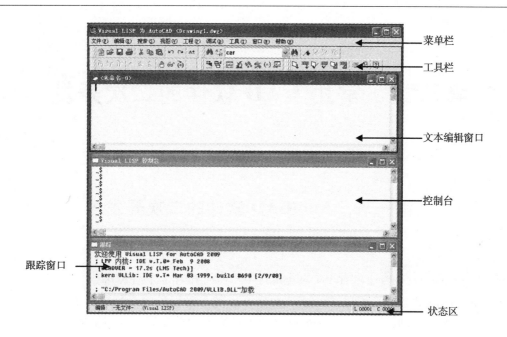

图 8-1　Visual LISP 编辑器界面

菜单区：集中了 Visual LISP 各种功能，单击其中任一项可启动相关的命令。

工具栏：含有 5 种常见的类型，如表 8-1 所示。

表 8-1　Visual LISP 编辑器工具栏类型

类型	图　　标	功　　能
标准工具栏		包含文件创建、存储、打开、打印、重作、取消、剪切、复制、粘贴命令
搜索工具栏		用于查找与替换文本，设置书签、删除
调试工具栏		含调试程序常用命令
视图工具栏		含有查看 AutoLISP 运行结果以及程序代码格式重排等功能
工具工具栏		用于设置文本格式选项、系统变量等

文本编辑窗口：是源程序输入窗口，用户可在此窗口输入、编辑、修改 AutoLISP 源程序。

控制台：可在此处输入并运行 AutoLISP 的命令，以查看运行结果。

跟踪窗口：编辑器启动后，能显示当前版本相关信息，若 Visual LISP 编辑器启动中出现错误，该窗口会给出错误信息。

状态区：用于显示菜单、工具按钮以及用户操作的帮助信息。

2．编写和加载 Visual LISP 程序

下面通过例8-1介绍 Visual LISP 程序的编写和加载方法。

例8-1　helloWorld. lsp 程序编写及加载。

①点击菜单："工具"→"AutoLISP"→"Visual LISP 编辑器"，启动 Visual LISP 编辑器；

②在 Visual LISP 编辑器界面中点击菜单："文件"→"新建文件"，出现文本编辑窗口；

③在文本编辑窗口中输入以下程序：

（defun c：helloWorld（）

　　（prompt " Hello，World!"）

　　（princ）

）

④点击菜单："文件"→"保存"，在弹出窗口中输入文件名：helloWorld. lsp，然后点击"保存"按钮保存文件；

⑤点击菜单："工具"→"加载编辑器中的文字"进行加载。

在控制台窗口中显示"；1 表格 从#＜editor LISP 文件路径名＞加载"后，表示程序加载成功。此时在 AutoCAD 的命令行若输入"helloWorld"，回车后立即显示以下信息：

"Hello，World!"

3．AutoLISP 程序的组成

AutoLISP 程序由一系列的表达式组成，与其他高级语言相比，具有突出的特点，其表达式由括号内的函数名和一组被操作对象组成，即：

（函数　被操作对象1　被操作对象2 …）

括号里由函数和其他成员组成的总体称作表，表中的成员用空格分开。每个表都是一个表达式，因此，AutoLISP 程序是一种对表进行处理的语言。

4．AutoLISP 语言基础

（1）常用的数据类型

①整型（INT）：AutoLISP 支持32位有符号整数，范围为 $-2147483647 \sim 2147483647$。

②实型（REAL）：实型数是带小数点的数，用至少有14位有效数的双精度浮点数保存。实型数也可以用科学计数法表示，例如：0.12E9 表示 0.12×10^9。

③字符串型（STR）：字符串是由双引号引起来的字符序列，最大长度为100个字符，""表示长度为0的空字符串。字符也可以用"\nnn"表示，其中 nnn 为该字符的八进制 ASCII 码，例如 A 可表示为 \101。一些常用的控制字符可以用"\nnn"和"\转义字符"两种格式表示，见表8-2。

表8-2　常用控制字符的表示方法

控制字符	用"\转义字符"表示	用"\nnn"表示
\	\ \	\114
""""	\"	\042

续表

控制字符	用"\转义字符"表示	用"\nnn"表示
Esc	\e	\033
换行	\n	\012
Enter	\r	\015
Tab 键	\t	\011

④表（LIST）：表以"（"开始，以"）"结束，是由若干个由空格分开的元素构成的整体。AutoLISP 程序由许多表组成，每个表都是一个语句。表中的元素可以是变量、数字、函数或其他表，表中的元素数称为表的长度，（）的长度为0。（+123）、（sin（*0.5 pi））、（A B）、（A（05））都是合法的表。在 AutoLISP 中，点的坐标通常用表表示，例如 x 坐标为50、y 坐标为70的点表示为（50 70）。

使用表时需要注意：AutoLISP 程序默认表的第一个元素是函数名，其后的元素是被操作的参量。若将表（0 1）赋给变量 b，使用下面的语句就会出现错误：

（setq b（0 1））

其原因是（0 1）被认为是一个表达式，"0"被认为是一个函数名，实际上没有"0"这个函数。正确的写法是：

（setq b'（0 1））

该语句多了符号"'"，其作用是返回表达式本身而不是表达式所求的值。

⑤函数（SUBS）：函数相当于子程序，其包含内部函数和外部函数。AutoLISP 提供的或 AutoLISP 定义的函数为内部函数。

⑥文件描述符（FILE）：类似文件的指针，是 AutoLISP 赋予被打开文件的标识符。

另外还有实体名（ENAME）、选择集（PICKSET）、VLA 对象等，这里不再详述。若要查询数据类型，则使用 type 函数，可写为：（type item），其中 item 可以是任意类型的项目。

（2）符号

AutoLISP 语言中，变量名和函数名是用符号表示的，符号可用除以下字符外的任何可打印字符构成：

"（"，"）"，"."，"."，"'"，"""，"；"。

符号不能只由数字构成，符号中的字母大小写等价，长短虽然没有限制，但是最好不要超过6个字符，否则会增大存储空间、降低运行速度。

另外，以下几个符号在 AutoLISP 中已经被预定义，并可直接使用。

①nil：表示尚无定义，如果将 nil 赋给某一已定义的变量，其结果是取消该变量的定义，释放其存储空间。nil 作为逻辑变量，相当于 false。

②T：作为逻辑变量的值，相当于 true。

③PAUSE：与 command 函数配合使用，用于暂停，等候用户输入。

④PI：定义为常量 π。

（3）变量的数据类型

在 AutoLISP 程序中，无须事先对变量作类型说明，变量被赋予值的类型即为变量的类型。如果需要转换数据类型，可通过以下方法实现：

整型数转化为实型数：（float a），得到 a 的实型数。

实型数转化为整型数：（fix 4.3），得到 4。

将实型数转化为字符串：（rtos，a［，mode，precision］），按 mode 和 precision 指定的格式，将给定的实数 a 进行转化，并返回字符串。其中 precision 为精度，即小数位数，mode 的取值为 1、2、3、4、5，分别为科学进制、十进制、工程制、建筑制、任意分数制。

（4）用 AutoLISP 语言开发 AutoCAD 的常用功能

①变量赋值

格式：（setq 变量名 表达式）。

功能：将表达式的值赋给变量。

例：（setq a 3）表示 a = 3；

（setq a（ + a 3））表示 a = a + 3。

②算术运算

常用的算术运算功能的实现方法见表 8-3。

表 8-3　常用算术运算功能的实现

算术运算函数及其使用格式	功　　能
（ + a 1）	加法：a + 1
（ - a 1）	减法：a - 1
（ * a 2）	乘法：a × 2
（／a 3）	除法：a ÷ 2
（1 + a）	a + +
（1 - a）	a - -
（sqrt a）	$\sqrt{a}$
（abs a）	$\mid a \mid$
（expt a b）	a^b
（exp a）	e^a
（sin a）	sin（a）
（cos a）	cos（a）
（atan a）	atan（a）
（rem a b）	计算 a/b 的余数
（min a b c …）	求 a、b、c…中的最小值
（max a b c …）	求 a、b、c…中的最大值

③关系运算

关系运算函数及其使用方法见表 8-4。

表 8-4 关系运算符及其使用方法

关系运算函数		使用举例	功　能
=	等于	(= a 1)	当 a 等于 1 时为真
>	大于	(> a 1)	当 a 大于 1 时为真
<	小于	(< a 1)	当 a 小于 1 时为真
> =	大于等于	(> = a 1)	当 a 大于等于 1 时为真
< =	小于等于	(< = a 1)	当 a 小于等于 1 时为真
/ =	不等于	(/ = a 1)	当 a 不等于 1 时为真

④逻辑运算

逻辑运算函数及其使用方法见表 8-5。

表 8-5 逻辑运算符及其使用

逻辑运算函数	使用举例	功能说明
eq	(eq expr1 expr2)	判断两个表达式 expr1 和 expr2 是否同一
equal	(equal expr1 expr2 [fuzz])	判断两个表达式 expr1 和 expr2 是否相等，具有约等于功能，其中 [fuzz] 用于指定 expr1 和 expr2 差值的大小
and	(and (> a 3) (< a 6))	与操作：若 a 同时满足 a>3 和 a<6，则表达式为真，否则为假
or	(or (< a 3) (> a 6))	或操作：若 a 满足 a<3 或 a>6，则为真，否则为假
not	(not (> a 1))	非操作：若 a>1 为真，则表达式值为假

⑤分支判断

分支判断可以通过 if 函数和 cond 函数实现。

if 函数的使用格式如下：

(if (条件) (表达式 1) (表达式 2))

功能：判断当条件为真，则执行表达式 1，为假则执行表达式 2。

说明：

a. if 函数使用时可以没有表达式 2；

b. if 语句可以嵌套使用。例如：

(if (= a 3)

 (print " YES!!")

 (if (= a 4)

  (print " NO.")

  (print " other.")

)

)

其功能为：判断 a 是否等于 3，为真则输出"YES!!"，为假则判断 a 是否等于 4，为真就输出"NO."，为假则输出"other."，相当于 C 语言中 if…else if…else 语句。

c. 表达式 1 和表达式 2 只能是单一的一个表达式，如果希望当条件满足或不满足时执行多个表达式，则需要使用 progn 函数，其格式为：

（prong

　　（表达式 1）

　　（表达式 2）

　　　…

　　）

此函数的作用是顺序地对每一个表达式进行求值，并返回最后那个表达式的值。在仅能使用一个表达式充当操作数，却要对多个表达式求值时，需要使用此函数。

cond 函数为多分支判断函数，其使用格式如下：

（cond

（（条件 1）（表达式 1））

（（条件 2）（表达式 2））

（（条件 3）（表达式 3））

　　…

　　）

其作用是判断条件 1、条件 2、条件 3 等条件中哪个条件为真，并执行其后的表达式。另外，此处的表达式也只能是一个，如果要执行多个表达式，需使用 progn 函数，

⑥通过 while 函数实现循环

while 函数的作用是对测试表达式进行求值，若其值不是 nil，则执行循环体内的表达式，直到测试表达式的值为 nil 为止。具体使用方法见后续的程序举例。

⑦数据的交互输入

程序在运行中，往往需要用户输入某些数据，如点的坐标、角度值、字符串等，此时需使用交互性数据输入函数。常用的交互性输入函数有下列几种：

a. getreal 函数，实型数据输入函数，其使用格式为：

（getreal " 提示字符串"）

如：（setq a（getreal " 请输入 a:")），本语句在执行时，将提示用户" 请输入 a:"，并等待用户输入一个实数值，然后将其直接赋给 a。

b. getint 函数，整型数据输入函数，其使用格式为：

（getint " 提示字符串"）

用法与 getreal 函数相同。

c. getstring 函数，字符串输入函数，其使用格式为：

（getstring ＜ cr ＞" 提示字符串"）

该函数的使用方法与以上两个函数基本相同，只是多了一个参数＜ cr ＞。当该参数为 T时，接受带有空格的字符串输入，如果省略不标，在输入字符串时，遇到空格则认为输入结束。

d. getpoint 函数，点坐标输入函数，其使用格式为：

（getpoint " 提示字符串"）

当执行此函数时，将显示"提示字符串"，并等待用户输入一个点的 x、y 坐标，也可以用鼠标在屏幕上直接取点。

e. getangle 函数，角度输入函数，其使用格式为：

（getangle ＜基点＞ " 提示字符串"）

此函数在执行时，要求用户输入以弧度为单位的角度值，如果语句中指定了＜基点＞，则在输入第二点后，这两点连线与零度基准线的夹角即为函数返回的角度值。

f. getdist 函数，距离输入函数，其使用格式是为：

（getdist ＜基点＞"提示字符串"）

此函数在执行时，要求用户输入一个数，或用鼠标输入两个点，输入的数或两点间的距离作为函数的返回值。

若语句中指定了基点坐标，执行此函数时，直接输入一个点的坐标，以基点与输入点之间的距离作为函数的返回值。

⑧定义 AutoLISP 函数

AutoLISP 语言中的函数概念比较广泛。其他高级语言中所说的函数、子程序、过程、运算符等，在 AutoLISP 语言中都称之为函数。

函数的定义需要使用 defun 函数，其格式为：

（defun 函数名（变量表/局部变量表）

函数中的语句……

）

在函数的变量表中，"/"前的变量相当于函数的形参，"/"后的变量则是局部变量。需要说明的是，函数中使用到的但没有列在局部变量表中的变量都是全局变量。为了区分局部变量和全局变量，习惯上全局变量以"＊"开头和结尾。

调用自定义函数和系统提供函数的方法相同：

（函数名［参数］）

表中第一个元素是被调用的函数名，后面的元素是调用函数所需提供的参数，该参数可能没有，也可能有多个。

例如：（setq a 3），setq 为调用的函数名，a 和 3 为提供的参数。

⑨定义 AutoCAD 命令

定义 AutoCAD 命令的方法与定义函数的方法基本相同，只是在函数名前加上"c："。其格式为：

（defun c：函数名（/局部变量表）

函数中的语句……

）

当将所定义的函数加载到 AutoCAD 以后，在命令行中直接输入函数名，就可以运行函数，其过程与执行 AutoCAD 自身的命令相同。

⑩在 AutoLISP 程序中调用 AutoCAD 命令

AutoLISP 程序要调用 AutoCAD 命令需使用 command 函数，调用 AutoCAD 命令需要对所调用命令本身的执行过程十分了解。调用格式如下：

（command " AutoCAD 命令" ＜命令需要的数据＞ …）

命令需要的数据经常不止一个，其排列顺序须和 AutoCAD 中使用同一命令时提供数据的顺序相同。具体使用情况参见后面的程序。

⑪程序中的注释

注释可提高程序的可读性。AutoLISP 程序中注释形式有四种，即整行、后半行、整段、行间注释。

整行或后半行注释是以分号";"开头,其后为注释部分。

整段或行间注释则以";｜"开头,以"｜;"结尾,中间为注释部分。

5. AutoLISP 程序编制示例

如下所示程序:

```
(defun c：drawrectang (/ point1 point2 stext)        ；定义 drawrectang 函数,并设置
                                                       point1、point2、stext 为局部变量
    (setq point1 (getpoint " ＼n 输入左下角点:"))        ；取得矩形的左下角点的坐标
    (setq point2 (list ( + (nth 0 point1) 20)          ；将左下角点的 x、y 坐标分别加
(  + (nth 1 point1) 30)))                               20 和 30,得到矩形右上点坐标
    (command " rectang" point1 point2)                 ；绘制矩形
    (setq stext (getstring " ＼n 标号:"))               ；取得标号字符串
    (command " text" " TR" point1 10 0 stext)          ；写出字符串
    (princ)                                             ；静默退出
)
```

程序中用到 list 函数和 nth 函数。

List 函数作用是将任意数目的表达式组合成一个表。如 (list 'a 'b 'c),则返回表 (a b c)。

nth 使用格式为:(nth n 表),作用是返回表中的第 n 个元素,表中元素编号从 0 开始。例如:(nth 3′(a b c d e)),返回 d。

这一程序的功能是绘制一个长 20、高 30 的矩形,并在左下角标注一个标号。该程序在功能上有一些不足:不能实现连续绘制;不能将上次的输入作为默认值;没有错误处理函数。下面通过对该程序的完善来了解 AutoLISP 程序的编制。

(1) 实现重复操作功能

在运行 AutoCAD 命令时,执行完一次命令后,并不会直接退出,而是提示是否继续,当直接按 Enter 键时,命令才结束运行。以上功能可通过设置 loopFlag 标志,利用 while 循环予以实现。其修改后程序如下:

```
(defun c：drawrectang (/ point1 point2 stext loopFlag)  ；增设 loopFlag 为局部变量,作
                                                         为判断是否继续运行程序标志
    (setq loopFlag T)                                  ；将 loopFlag 值设为 True
    (while loopFlag                                     ；如果 loopFlag 值为 True,则继
                                                         续,循环运行程序
        (setq point1 (getpoint " ＼n 输入左下角点:"))    ；输入矩形左下角点的坐标
        (if ( = point1 nil)                             ；判断是否输入了矩形左下角点
                                                         的坐标
            (setq loopFlag nil)                         ；没有输入,则设 loopFlag 值为 nil
            (progn
                (setq point2 (list ( + (nth 0 point1) 20) ( + (nth 1 point1) 30)))
                (command " rectang" point1 point2)
                (setq stext (getstring " ＼n 标号:"))
```

```
          (command " text" " TR" point1 10 0 stext)
        )
      )
    )
  (princ)                                              ; 静默退出
)
```

经过改进，程序完成一次绘制后不会退出，而是要求再次输入左下角点坐标，若用户没输入坐标而是按 Enter 键，程序则退出。

（2）将上次的输入作为默认值

在执行 AutoCAD 系统的绘图命令时，很多情况下，系统会自动记录用户输入的值，并作为下一次输入的默认值，下面介绍如何实现这一功能。

此功能有两种情况：一是在命令执行过程中需反复标注时，能把上次标注的值作为默认值；二是能把上次命令运行中输入的值作为下次运行命令时的默认值。第一种情况只要设置一个局部变量用来存储上次的输入值便可，而第二种情况则需通过全局变量来解决。对 drawrectang 程序进行改进如下：

```
(defun c：drawrectang (/ point1 point2 stext loopFlag)
  (if ( = *drawrectang_ lastMarkString* nil)        ; 第一次运行时设置为空字符串
    (setq *drawrectang_ lastMarkString* "")
  )
  (setq loopFlag T)
  (while loopFlag
    (setq point1 (getpoint " \ n 输入左下角点:"))
    (if ( = point1 nil)
      (setq loopFlag nil)
      (progn
        (setq point2 (list ( + (nth 0 point1) 20) ( + (nth 1 point1) 30)))
        (command " rectang" point1 point2)
        (setq stext (getstring (strcat " \ n 标号 <" *drawrectang_ lastMarkString*
" >:"))))
        (if ( = stext "")                            ; 如果 stext 的值为空，则使之为上
                                                     ;   次的输入值，否则将其输入值记录
        (setq stext *drawrectang_ lastMarkString*)
        (setq *drawrectang_ lastMarkString* stext)
        )
        (command " text" " TR" point1 10 0 stext)
      )
    )
  )
  (princ)                                            ; 静默退出
)
```

在以上的程序改进中，增加了一个全局变量 ＊drawrectang_ lastMarkString＊，用来存储上次 stext 的输入值，并作为默认值。使用 strcat 语句的作用是组合字符串。

（3）设置、保存、恢复系统变量

以上程序运行时，AutoCAD 状态栏信息在不停地滚动，滚动的内容可通过 F2 键查看。要使状态栏只显示对我们有用的内容，必须在程序中添加如下语句：

```
（defun c：drawrectang （/ point1 point2 stext    ; 增加两个用于存储系统变量的参数
loopFlag save_ cmdecho save_ osmode）
  （setq save_cmdecho （getvar "cmdecho"））       ; 保存 AutoCAD 系统变量 cmdecho 的值
  （setq save_ osmode （getvar " osmode"））        ; 保存 AutoCAD 系统变量 osmode 的值
  （setvar " cmdecho" 0）                          ; 使 cmdecho 的值为 0，关闭回显
  （setvar " osmode" 0）                           ; 使 osmode 的值为 0,关闭"对象捕捉"
  …                                               ; 原来的程序
  …
  （setvar " osmode" save_ osmode）                ; 还原 osmode 的初始值
  （setvar " cmdecho" save_ cmdecho）              ; 还原 cmdecho 的初始值
  （princ）                                        ; 静默退出
）
```

通过以上改进，可使 AutoCAD 命令行不再逐步地显示运行过程，而只显示所需提示。此功能是通过 setvar 函数设置两个 AutoCAD 系统变量 cmdecho 和 osmode 来实现的。

cmdecho 用于控制 AutoLISP 程序在运行 command 函数时 AutoCAD 是否回显前面的提示及输入的参数值。其值设置为 0，回显关闭，设置为 1 则回显打开。osmode 用于控制"对象捕捉"的运行模式。当它设置为 0，则关闭所有捕捉。由于它们都是系统变量，往往会对绘图产生影响，因此为了在运行 AutoLISP 程序后系统不必重新设置，在程序的末尾对 Auto-CAD 的系统变量进行了恢复。以上语句可以直接套用。

（4）增加错误处理函数

以上程序在运行中如果被强制中断，系统变量则无法恢复，为了避免这一情况出现，需要自定义一个错误处理函数。为了更好地说明错误处理函数的编写和使用，首先提供以上程序的修改结果：

```
（defun c：drawrectang （/ point1 point2 stext    ; 增加两个用于存储系统变量的参数
loopFlag save_ cmdecho save_ osmode）
  （setq save_ error ＊ error ＊）                 ; 保存原来的 ＊error＊ 函数为 save_ error
  （setq ＊error ＊ new_ error）                   ; 将 ＊error＊ 函数用新的错误处理函数
                                                   new_ error 代替原来的程序
  …
  …
  （setq ＊error ＊ save_ error）                  ; 还原原来的 ＊error＊ 函数
（princ）
）
（defun new_ error （s）
  （princ （strcat " 错误:" s）                    ; 打印错误原因
```

```
（setvar " osmode" save_ osmode）          ；还原 osmode 的初始值
（setvar " cmdecho" save_ cmdecho）        ；还原 cmdecho 的初始值
（setq *error* save_ error）               ；恢复原来的 *error* 函数
（princ）                                   ；静默退出
）
```

经过以上改进，当程序执行中用 Esc 键强制终止程序的时，便会执行我们编写的错误处理函数，显示错误原因并退出程序。

以上程序中的函数 *error*，即为错误处理函数。

（5）增加 UNDO 控制

UNDO 操作原理是将一系列操作编组，被编组的一系列操作将被认为是单步操作。其实现方法如下：

在（command " rectang" point1 point2）之前加入语句：

（command "undo" "be"）

在（command " text" " TR" point1 10 0 stext）语句之后添加：

（command " undo" " e"）

其中"be"代表"开始"，"e"代表"结束"。通过以上改进，便可以将绘制矩形和写字符串两个操作编为一组，一次执行 undo 命令可同时取消两个操作。

6. DCL 及对话框设计

DCL 是对话框控制语言（Dialog Control Language）的缩写。DCL 对话框是在 AutoCAD 系统内使用的对话框，它的定义存储在后缀为 *. dcl 的 ASCII 文件中，文件中的内容遵循 DCL 语法。AutoLISP 支持 DCL 对话框，事实上，AutoLISP 只能使用 DCL 对话框作为图形化交互界面。

使用 DCL 对话框，必须包括两个内容：一是对话框文件的编写，二是用程序驱动对话框。

（1）对话框文件的编写

AutoCAD 系统定义的对话框存放在 ACAD. dcl 文件中，文件 BASE. dcl 为用户提供了一些常用的标准控件。编写对话框文件绝大多数是基于标准控件进行的。

用户定义的对话框文件包含 4 个部分：

①其他 DCL 文件（若不需要包含其他 DCL 文件，可无此内容）；

格式为：@ include " 路径 \ \ DCL 文件名"

②控件定义（若只是使用预定义的控件则不需要此内容）；

③定义对话框；

④控件的引用及指定相关属性值。

在一个对话框文件中可以定义多个对话框。

现以设计图 8-2 所示的对话框为例，说明对话框文件的具体结构和格式。

编写对话框文件，首先要合理设计并分析对话框的结构，图 8-2 中的对话框包含两行，第一行含有两个加框列控件，第二行则由 ok_cancel 组合控件（"确定"按钮和"取消"按钮）构成。同时两个加框列中又含有其他控件。其层次结构如图8-3表示。

图 8-2　对话框示例

$$
对话框
\begin{cases}
行
\begin{cases}
加框列（输入数据）
\begin{cases}
编辑框（输入半径）\\
按钮控件（开始计算按钮）
\end{cases}\\
加框列（计算结果）
\begin{cases}
编辑框（周长）\\
编辑框（面积）
\end{cases}
\end{cases}\\
ok\_cancel 控件（确定、取消按钮）
\end{cases}
$$

图 8-3　对话框的结构

下面是为该对话框编写的对话框文件：

```
//定义对话框
jisuan：dialog {
    label = " 计算圆的面积和周长"；          //设置对话框 label 属性为" 计算圆的面积和周长"
     : row {                             //引用行
     : boxed_ column {                   //引用加框列
       label = " 输入数据"；              //设置加框列的 label 属性
          : edit_ box {                  //引用文本编辑框
            label = " 半径 R"；           //设置文本编辑框的 label 属性
            edit_ width = 8；            //设置文本编辑框的宽度
            key = " R"；                 //设置文本编辑框的关键字为 R
          }
          : button {                     //引用按钮控件
            label = " 开始计算"；         //设置文本编辑 label 属性
            key = " js"；                //设置关键字为 js
          }
       }
     : boxed_ column {                   //引用加框列
       label = " 计算结果"；             //设置 label 属性
          : edit_ box {                  //引用文本编辑框用于显示周长
            label = " 周长"；            //设置文本编辑框的 label 属性
            edit_ width = 8；            //设置文本编辑框的宽度
            key = " L"；                 //设置关键字为 L
          }
          : edit_ box {                  //引用文本编辑框用于显示面积
            label = " 面积"；            //设置文本编辑框的 label 属性
            edit_ width = 8；            //设置文本编辑框的宽度
            key = " S"；                 //设置关键字为 S
          }
       }
    }
    ok_cancel；                          //引用 ok_cancel 控件
}
```

从以上对话框文件的结构可以看出，对话框文件要按照所设计的对话框结构层次编写，还应给每一个控件定义一个关键字，以便使用对话框时实现程序与控件之间的数据传递。

DCL 对话框不能进行可视化设计，对于设计好的对话框文件，可以通过点击下拉菜单"工具"→"界面工具"→"预览编辑器中的 DCL"进行查看。当弹出的对话框要求输入要查看的对话框名称时，只要输入所编辑的对话框名称，点击"确定"便可以查看。

编写对话框文件，应了解控件和控件相应的属性，请参阅参考书。

（2）程序驱动对话框

要让对话框能够实现一定的功能，必须靠程序驱动。对话框驱动程序包含下列内容：

①使用 load_ dialog 函数将 DCL 对话框加载到内存中。加载对话框时，会返回 DCL 标识码，在后续的函数调用中需要用它来标识对话框。

②通过 new_ dialog 函数，将对话框名和 DCL 识别码作为参数传递给该函数。

③通过设置控件值、列表和图像使对话框初始化。

④调用 start_ dialog 函数，将对话框的控件传递给 AutoCAD，从而用户可以操作对话框。

⑤根据 start_ dialog 函数的返回值进行相应的处理。

⑥调用 unload_ dialog 函数，从内存中删除对话框。

下面是图 8-2 中对话框的程序驱动代码：

```
(defun c：jsy (/ dlg_ id)
    (setq dlg_ id (load_ dialog " dlg1.dcl"))        ;加载对话框,并将标号赋值给
                                                        dlg_id
    (if (〈 dlg_ id 0) (exit))                         ;如果载入失败则退出
                                                       ;在屏幕上显示对话框,如果启动
                                                        对话框失败,则退出对话框
    (if (not (new_ dialog " jisuan" dlg_id)) (exit))
    (action_ tile " js" " (act)")                      ;点击"开始计算"按钮,启动回
                                                        调函数 act ( )
    (start_ dialog)                                    ;显示对话框
    (unload_ dialog dlg_id)                            ;卸载对话框文件
    (command " Circle" ´(100 100) r)                  ;以 (200,200)为圆心,以输入
                                                        的 r 为半径绘制圆
    (princ)
  )
(defun act ( )
    (setq r (atof (get_ tile " R")))
    (set_ tile " L" (rtos ( * 3.14159 ( * 2 r)) 2 2))
    (set_ tile " S" (rtos ( * 3.14159 ( * r r)) 2 2))
)
```

（3）对话框控件及相关属性

控件是构造对话框的基本元件，例如按钮、编辑框等，AutoCAD 为用户预定义了 23 种控件类型和 8 个常用控件，每一种控件属于一种类型，每一个控件有多个属性，每一个属性都有一个名字和值。表 8-6 列出了常用的部分控件及属性。

表 8-6　常用控件及属性

常用控件 常用属性	button 按钮	boxed_ column 加框列	edit_ box 编辑框	list_ box 列表框	popup_ List 下拉列表	image 图像	text 文本
action	√		√	√	√	√	√
alignment	√	√	√	√	√	√	√
aspect_ ratio						√	
color						√	
edit_ width			√		√		
fixed_ height	√	√	√	√	√	√	√
fixed_ width	√	√	√	√	√	√	√
height	√	√	√	√	√	√	√
width	√	√	√	√	√	√	√
is_ cancel	√						
is_ default	√						
label	√	√	√		√		
is_ enabled	√		√	√	√	√	
key	√		√	√	√	√	√
value			√	√	√	√	√

表中的控件含义与 VB、VC 中控件的含义相同，本书不再赘述。其他控件及其属性可参阅相关参考文献。

开发者除了使用预定义控件之外，也可以创建新的控件，创建新控件需要在对话框定义之外定义一个新的控件类型。

定义控件的格式为：

name：item1 ［：item2：item3…］｛attribute1 = value1；attribute2 = value2；…；｝

其中，name 为新的控件的名称，由字母开头且由字母、数字或下画线组成。item1 表示 name 作为实例继承 item1 的属性。如果 attribute1 是控件 item1 的某一属性，value1 即为该属性的值，如果控件 item1 中不包含 attribute1，则 attribute1 为 name 控件的新属性。

（4）控件的引用

只能引用已定义的控件类型，引用的结果是得到一个控件的实例。在引用控件过程中，可以改变控件属性。建立 DCL 文件时，绝大多数情况下是引用预定义的控件。

引用控件有两种格式：

①name；

name 为控件类型名。这种方法用于不需要修改属性，也不增加新属性的场合。例如：

ok_ cancel_ help；

②：name

｛attribute = value；

…;

}

其中，name 是控件类型名。{} 之内的内容是对该控件属性的修改或补充。

7. 程序的自动加载

以上对 AutoLISP 程序的加载是通过 Visual LISP 编辑器中菜单"工具"→"加载编辑器中的文字"项来实现的，下面介绍在 AutoCAD 启动中自动加载 AutoLISP 程序的方法。

（1）使用 load 函数实现自动加载

通过修改 acad2009doc. lsp 可实现在 AutoCAD 2009 启动时自动加载 LISP 程序，其方法是：

如果 AutoCAD 2009 安装在 C：\ AutoCAD 2009 \ 目录下，所需加载的程序 draw1. lsp 在 D：\ mylisp \ 目录下，使用 Visual LISP 编辑器打开 acad2009doc. lsp，其所在位置在 AutoCAD 2009 安装目录下的 support 子目录中，然后，在此文件末尾的（princ）的前面添加以下语句：

（load" d：\ \ mylisp \ \ draw1. lsp"）

保存后，重新启动 AutoCAD 2009 时，draw1. lsp 能够自动被加载。

若将 draw1. lsp 拷贝到 AutoCAD 2009 安装目录下的 support 子目录中，上面的语句可改写成：（load " draw1. lsp"）

有时为了便于对自定义的程序进行管理，将所有自定义程序文件都放在单独的目录里，这时也可以通过以下方法进行加载。

首先将目录添加到支持文件搜索的路径中，然后在使用 load 语句时，就不必输入路径了。将目录添加到"支持文件搜索路径"的方法是：点击 AutoCAD 2009 的菜单"工具"项中的"选项"子菜单，在"文件"选项卡中选择"支持文件搜索路径"，然后按"添加"按钮，直接键入目录名称完成添加，也可以在要求输入路径时点击"浏览"按钮，选择所需添加的目录完成添加。

（2）使用 autoload 函数实现自动加载

当一个 AutoLISP 程序中定义了多个命令，可通过 autoload 函数实现有选择的加载命令，以节约内存资源。其调用格式是：

（atuoload filename′（cmdlist））

例如加载 draw1. lsp 中定义的 drawrectang 命令和 drawline 命令，可以在 acad2009doc. lsp 文件的最后一个（princ）之前添加以下语句：

（autoload " draw1. lsp"′（" drawrectang" " drawline"））

这样 AutoCAD 启动时只加载 draw1. lsp 中定义的 drawrectang 和 drawline 两个命令。应注意的是，draw1. lsp 需在"支持文件搜索路径中"，否则应将完整路径名写上。

二、AutoCAD 的 VBA 开发工具及其应用

VBA 提供了一个面向对象的编程环境，是一种面向对象的设计语言，它继承了 VB 的语法，具有语法简单、功能强大的特点。VBA 程序通过 ActiveX Automation API 操纵 AutoCAD。ActiveX Automation 是一套微软标准，该标准允许通过外显的对象由一个 Windows 应用程序控制另一个 Windows 应用程序。

1. 对象的概念

VBA 是一种面向对象的开发工具，用 VBA 对 AutoCAD 进行二次开发的基础是建立不同

类型对象和对各种对象的调用。任何具有属性的事物都可以称为对象。在 AutoCAD 中，所有具体的直线、圆、圆弧、图层、模型空间等都属于对象，但并非所有的对象都是直观的，如 AutoCAD 中的 ThisDrawing 对象。不论是具体的对象还是相对抽象的对象，它们都具有自己的类型、属性和方法。

对象的类型定义了对象是什么，建立对象必须从定义对象的类型开始。例如：

Dim Line1 As AcadLine

该语句定义了一个名为 Line1 的对象，其类型为 AcadLine（直线）。

属性是对象的个性特征，它定义了对象是什么样的，例如一条线段的长度、线型，一个圆的直径、圆心、线型和颜色等，同一类对象可通过不同的属性定义相互区别。

方法确定了对象能进行怎样的工作，是对象提供的函数，调用对象方法就是调用一个个函数来实现一定的功能。对象方法的调用在 VBA 中有两种方法，现以在图形空间中插入一条直线为例说明。

方法一：

Dim Line1 As AcadLine

Set Line1 = ThisDrawing. ModelSpace. AddLine（pt1，pt2）

方法二：

ThisDrawing. ModelSpace. AddLine pt1，pt2

第一种方法是首先定义一个名为 Line1、类型为 AcadLine 的对象，然后调用 ThisDrawing 对象的子对象 ModelSpace 的 AddLine 方法来建立直线，其中 AddLine 方法有两个参数，即 pt1、pt2，它们分别为直线的起点和终点。第二种方法则没有定义直线类型的对象，而是直接调用 AddLine 方法建立直线。

以上两种方法中，若以后要对对象进行编辑，则第一种方法比较适用，但如果只是为了建立一条直线，则第二种方法更加简单。另外，在第一种方法中，AddLine 的参数要用括号括起来，而第二种方法中，AddLine 方法的两个参数不需用括号。

2. AutoCAD 与 ActiveX Automation

ActiveX Automation 是 AutoCAD 的编程接口，通过 Automation 技术，AutoCAD 提供了由 AutoCAD 对象模型描述的可编程对象，这些可编程对象可由其他应用程序创建、编辑和操作。使用 VBA 对 AutoCAD 的开发就是通过 ActiveX Automation 提供的可编程对象建立对象，并利用相应的对象方法和属性实现对 AutoCAD 的操作和访问。

ActiveX Automation 提供了多种类型的对象，例如图形实体对象（如直线、圆弧等）、样式对象（如线型、文本样式）、组织结构对象（如层、组）、图形结构对象（如视图等）。这些对象都以应用程序对象为根对象，有层次地组织在一起。对象分层结构见图 8-4，在该层次结构中，下一级各个对象称为上一级对象的成员。

3. 使用 VBA 开发 AutoCAD

（1）基本概念

①全局工程：相对于嵌入工程而言，是保存在硬盘上、以 DVB 为扩展名的独立文件。在 AutoCAD 运行的时，可将全局工程加载到系统中，用它完成包括打开、关闭图形在内的操作。

②嵌入工程：被保存在 AutoCAD 某一图形文件中的嵌入工程，能在 AutoCAD 打开包含该嵌入工程的图形文件时自动被加载，它不能打开或关闭 AutoCAD 图形，仅能对所在的图形文件进行操作。

③宏：宏是一个可执行子程序，每个工程中至少包含一个宏。

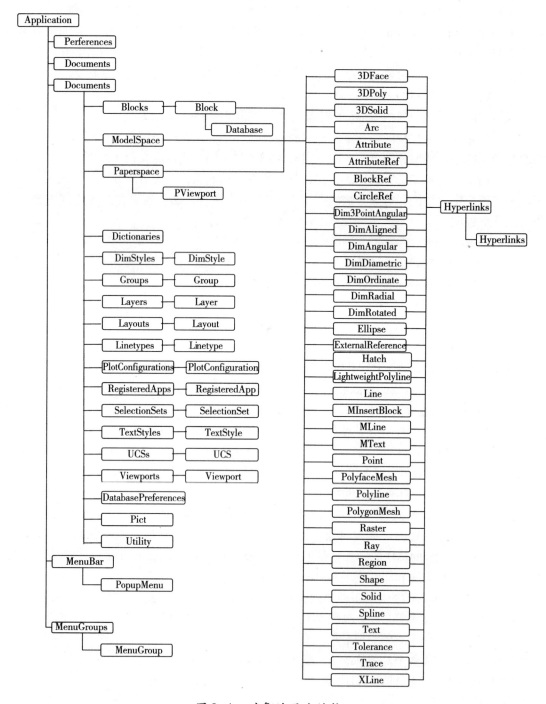

图 8-4　对象的层次结构

（2）VBA 管理器

VBA 的启动可通过选择菜单"工具"→"宏"→"VBA 管理器"，弹出图 8-5 所示的"VBA 管理器"对话框。

VBA 管理器具有创建、保存、加载、卸载、嵌入和提取一个工程的功能。

创建工程：点击"新建"按钮，则系统会自动添加一个名为"ACADProject"的全局工程。如果要修改工程的名字，必须在 VBA 集成开发环境中的属性对话框中修改。

保存工程：选择需要保存的工程名字，点击"另存为"按钮，将工程以适当的文件名保存在指定的目录中。注意，工程名与工程文件名是两个不同的概念，二者可以不同。

加载工程：点击"加载"按钮，打开 VBA 工程对话框，在对话框中选择需要打开的工程文件，然后单击"打开"按钮，便可将需要加载的工程文件加载。

图 8-5　"VBA 管理器"对话框

卸载工程：当不需要再使用一个工程时，为节省系统资源，可在 VBA 管理器中选中此工程，点击"卸载"按钮，将其卸载。

嵌入工程：将所要嵌入的工程选中，然后点击"嵌入"，便可在该图形文件中嵌入一个工程，当此图形文件打开和关闭时，该工程也会相应的加载和卸载。

提取工程：提取工程是嵌入工程的反向操作，目的是把工程从 AutoCAD 图形文件数据库中删除。其操作是选择要提取工程所在的图形文件名，然后点击"提取"按钮，系统弹出对话框问："是否在删除之前输出 VBA 工程"，点击"是"则可将工程存入到工程文件中，点"否"则直接将工程从图形文件中删除。

（3）VBA 集成开发系统

VBA 集成开发系统的启动可以通过 AutoCAD 的菜单栏中"工具"→"宏"→"Visual Basic 编辑器"来实现，也可以在 VBA 管理器中选择"ACADProject"工程，然后点击"Visual Basic 编辑器"按钮，便可进入 VBA 集成开发环境界面，如图 8-6 所示。

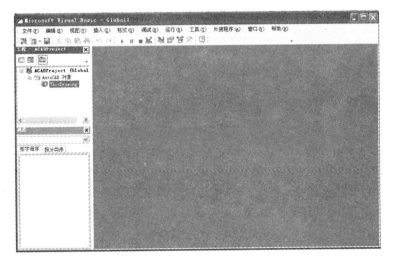

图 8-6　VBA 集成开发环境界面

VBA 集成开发环境中，包括菜单栏、工具栏、工程窗口、代码窗口、属性窗口、对象浏览器、界面设计窗口等，与 VB6.0 开发环境基本类似。

下面通过例 8-2 说明用 VBA 开发 AutoCAD 的过程。

例 8-2 HelloVBA 程序编写及运行过程。

①在 AutoCAD 的环境下，选择"工具"→"宏"→"VBA 管理器"菜单项，启动 VBA 管理器，点击"新建"按钮，在当前图形中建立一个全局工程 ACADProgram。

②在"工程"表列中选择刚刚建立的 ACADProgram 工程，单击 VBA 管理器中的"另存为"按钮，在弹出的"另存为"对话框中输入工程文件的名称并选择适当的保存路径，再点击"保存"按钮，文件被保存并关闭对话框。

③在"工程"列表中选中工程 ACADProgram，单击"Visual Basic 编辑器"按钮，启动 AutoCAD VBA 的集成开发环境。

④在"工程资源管理器"窗口中选择 ThisDrawing，选择"视图"→"代码窗口"菜单项，或者直接双击 ThisDrawing，弹出代码窗口。

⑤在 VBA 集成开发环境中，选择"插入"→"过程"菜单项，系统会弹出图 8-7 所示的"添加过程"对话框。在"名称"文本框中输入 HelloVBA，"类型"为"子程序"，"范围"为"公共的"，单击"确定"按钮。

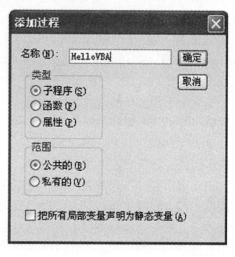

图 8-7 "添加过程"对话框

⑥在代码窗口中补全以下代码：

```
Public Sub HelloVBA (  )
    Dim pt (0 To 2) As Double        ´定义点
    pt (0) = 100                     ´为点的 x 坐标赋值
    pt (1) = 100                     ´为点的 y 坐标赋值
    pt (2) = 0                       ´为点的 z 坐标赋值
    Dim Value As Integer             ´显示对话框，并添加文字
    value = MsgBox ("Hello，VBA！"
& vbNewLine & "是否在图形中添加?"，vbYesNo，"获得用户选择")
    If value = 6 Then                ´6 代表 vbYes
        ThisDrawing. ModelSpace. AddText
"Hello，VBA！"，pt，10
    End If
End Sub
```

⑦点击保存图标，将当前的工程保存在默认位置。

⑧在 VBA 集成开发环境中按 F5 键，系统会弹出"宏"对话框（如果当前仅使用一个宏，则不会弹出该对话框，而是直接执行该宏），从中选择名为 HelloVBA 的宏，单击"运行"按钮，就能在 AutoCAD 主程序中运行。

⑨运行后，出现如图8-8所示的对话框。

⑩切换到AutoCAD窗口，采用"范围"显示后，可以看到如图8-9所示运行效果。

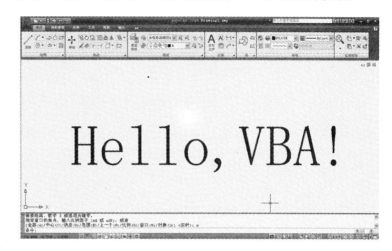

图8-8　程序运行中的对话框　　　　　图8-9　显示运行结果的画面

（4）窗体界面设计（设计方法、过程、添加内容）

用VBA开发AutoCAD必须考虑人机交互方式，AutoCAD中人机交互可通过两种方式进行：一是在命令行中输入命令和参数进行；二是通过对话框进行。第二种方法非常通用，因此，用VBA开发AutoCAD时，经常要考虑对话框的设计。

对话框的设计离不开控件的使用，要搞好对话框设计，必须掌握事件驱动以及与控件相关的一些概念。

①控件。当点击菜单项"插入"→"用户窗体"后，会弹出"工具箱"，其中包含的常用控件名称和功能见表8-7。

表8-8列出了常用控件属性及其作用。

表8-7　常用控件的图标、名称及功能

控件图标	名称	功　　能
A	Label（标签）	用于显示用户界面上用户无法编辑的文本。常用于标记其他控件。一般不用进行太多操作
abl	TextBox（文字框）	文本框控件，用于显示可编辑的文本，相当于一个小文本编辑器，通过Text属性，可以设置文本和读取输入的文本
[xyz]	Frame（框架）	用于在窗体上绘制方框和组合其他元素
☑	CheckBox（复选框）	用于提供用户作选择，用户可以选择一个或多个选项
◉	OptionButton（选项按钮）	用于用户作单项选择

续表

控件图标	名称	功　能
	Image（图像）	用于显示图形
	CommondButton（命令按钮）	用于提供用户执行某个命令
	ComboBox（复合框）	控件中包含一系列选项，用户可以选择其中的一个或几个选项，同时包含一个文本编辑框，允许用户在文本编辑框中输入新的字符串
	ListBox（列表框）	功能与复合框相似，但没有文本编辑框，不允许用户输入新的字符串
	HScrollBar（水平滚动条）	用于横向的移动浏览或更改数值
	VScrollBar（垂直滚动条）	用于纵向的移动浏览或更改数值

表8-8　对象常用属性

属性名称	作　用
Caption	用于设置标记控件或窗体的文本，一般直接显示在控件或窗体上，例如命令按钮上显示的标题等
Name	用户设置控件的名称。通过该属性可以访问控件的各种属性和使用控件的的各种方法
Font	用于设置控件文本所用字体的型号和大小
Text	用于设置接收输入的控件（如 TextBox 控件）上显示的文本
BackColor	用于设置接收输入的文字或者绘制图形时的背景颜色
ForeColor	用于设置接收输入的文字或者绘制图形时的前景颜色
Width	用于设置控件的宽度尺寸
Height	用于设置控件的高度尺寸
Left	用于设置控件的左上角横坐标，表示为容器（通常为窗体）的单位
Top	用于设置控件左上角的纵坐标，表示为容器（通常为窗体）的单位
Enabled	用于设置控件是否可用。当其值为 True，则控件可接受输入，否则，当其值为 False，则控件呈灰色，不接受用户输入
Visible	用于设置控件是否可见，当其值为 True，运行时控件可见

　　当使用某一控件并让它完成一定的动作时，必须采取调用对象的方法，例如使用下列语句调用列表框的方法 AddItem，可向名为 Students 的列表框中添加一个学生的名字"Tom"。

　　Students AddItem " Tom"

　　对象的方法因对象不同而不同，这里不能一一列举。

　　②事件驱动。如前所述，对象具有很多方法，而方法的触发则是通过外部事件的激发来实现。例如：对话框中包含若干个"按钮"，当用鼠标点击按钮，按钮发生被按下的事件，这时，该事件就将激发程序运行，执行与此事件关联的程序代码，从而实现人与计算机程序

间的交互。

事件中最常用的是鼠标事件和键盘事件，表8-9列举了键盘事件和鼠标事件及其发生的条件。

表8-9　键盘事件和鼠标事件

类型	事件名称	发生条件
鼠标事件	Click	单击鼠标左键的时候发生
	DblClick	双击鼠标时发生
	MouseMove	鼠标移动的时候连续发生
	MouseDown	鼠标左键或右键按下时发生
	MouseUp	鼠标左键或右键弹起时发生
键盘事件	KeyDown	键盘键按下时发生
	KeyUp	键盘键弹起时发生
	KeyPress	键盘键下按抬起一次发生一次

③对话框设计。前面已经介绍了常用的控件名称和常用属性，这里通过例8-3来说明如何设计对话框。

图8-10　设计对话框示例

表8-10　图8-10所示对话框中的控件及属性

控件类型	属性			
	Name	Caption	Enabled	Font
Label	Label1	输入半径：	—	—
Label	Label2	周长：	—	—
TextBox	TextBox1	—	Ture	宋体，三号字
TextBox	TextBox2	—	False	宋体，三号字
CommondButton	CommandButton1	确定	—	—
CommondButton	CommandButton2	计算周长	—	—

例8-3　设计图8-10所示对话框，在输入半径后，点击"计算周长"按钮，立即计算出周长，并在指定的圆心处，按输入的半径画圆。具体设计步骤如下：

①通过VBA管理器，建立全局工程ACADProgram，并保存，然后启动AutoCAD VBA的

集成开发环境。

②点击菜单"插入"→"窗体", VBA 自动建立一个 userform1 的窗体, 同时在窗口中出现工具箱。

③将所需的控件从控件栏拖拽到窗体中, 并按上图排列, 然后调整相应的控件属性。

关于控件类型、名称和所需调整的属性见表 8-10。

④为控件添加程序代码。双击命令按钮"CommandButton2", 弹出代码窗口, 在代码窗口中填写如下代码:

```
Private Sub CommandButton2_ Click ()
    Dim r As Double
    Dim l As Double
    Dim pt (0 To 2) As Double '定义圆心
    Dim objCir As AcadCircle '定义一个类型为圆的对象
    r = TextBox1. Text
    l = 2 * r * 3. 1415
'设置圆心坐标为 (0, 0, 0)
    pt (0) = 0
    pt (1) = 0
    pt (2) = 0
    Set objCir = ThisDrawing. ModelSpace. AddCircle (pt, r) '以 pt 点为圆心, 绘制圆
    TextBox2. Text = l '在文字框 TextBox2 中显示周长
End Sub
```

双击命令按钮"CommandButton1", 在弹出的代码窗口中填写如下代码, 用以退出程序:

```
Private Sub CommandButton1_ Click ()
    End
End Sub
```

⑤点击菜单"运行"→"运行子过程/用户窗体", 可看到运行结果, 在输入半径后, 程序会计算出周长, 并在原点处绘制一个圆。

通过此例子, 主要掌握具有对话框的 VBA 程序开发的过程: 首先进行界面设计, 然后为界面上的控件添加运行代码, 同时确定由什么事件来激发程序代码的运行, 上例中程序代码是被 Click 事件激发的。

(5) 用户输入方法

用 VBA 开发 AutoCAD 时, 必须考虑用户如何输入参数, 常用输入方法有两种: 一种是利用对话框进行, 实现方法可以仿照上例完成, 这里不再细述, 另一种是通过 Utility 对象的属性和方法来实现。Utility 对象是 ThisDrawing 对象的一个子对象, 它定义了一些用户输入的方法。这些输入方法会在 AutoCAD 的命令提示行中提示文字, 要求不同类型的输入。

Utility 对象有关用户输入的方法主要有以下几种。

GetAngle: 获取角度值

GetCorner: 获取对角点

GetDistance: 获取两点之间的距离

GetEntity：获取实体对象

GetInput：获取整数

GetKeyword：获取关键词

GetOrientation：获取方向

GetPoint：获取点坐标

GetReal：获取实数

GetRemoteFile：获取远程文件名

GetString：获取字符串

GetSubEntity：获取子对象

每个用户输入的方法都会在 AutoCAD 的命令提示行中显示，并且返回所要求类型的特定值。如 GetString 返回一个字符串，GetPoint 返回点的坐标。下面详细说明其中最基本的 GetString 和 GetPoint 的使用方法。

①GetString

GetString 的使用格式如下：

字符串型变量 = ThisDrawing. Utility. GetString（参数 1，参数 2）

该语句要求在 AutoCAD 提示行中输入一个字符串，并将此字符串赋值给一个字符串型变量。在 GetString 方法中有两个参数：参数 1 如果为 0，表示不接受空格，一旦输入的字符串中出现空格，就终止输入；参数 1 如果为 1，则输入的字符串中可以包含空格，要终止输入需使用 Enter。参数 2 是提示行中出现的字符串。例如：

Sub GetInputName（）

　　Dim InPutName As String

　　InPutName = ThisDrawing. Utility. GetString（1，vbCrLf & " 请输入您的姓名:"）

　　MsgBox " 姓名:" & InPutName

End Sub

运行该程序并在命令行提示后输入"小明"，按 Enter 键后弹出消息框，如图 8-11 所示。

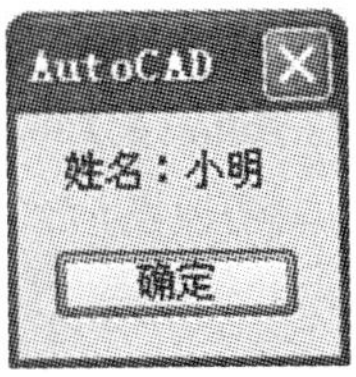

②GetPoint

GetPoint 的使用格式为：

变量 = ThisDrawing. Utility. GetPoint（参数 1，参数 2）

其中变量为 Variant 型，参数 1 为输入坐标的基准点，可以省略，省略时，则输入坐标的基准点默认为原点，参数 2 是提示行中要显示的提示字符串。下面通过例 8-4 进一步学习和熟悉 GetPoint 的用法。

图 8-11　消息框

例 8-4　过两点绘制直线的程序实例。

```
Public Sub wtgetp（）
    Dim SP（0 To 2）As Double    ´定义存放起点坐标的数组
    Dim EP（0 To 2）As Double    ´定义存放终点坐标的数组
    Dim SPP As Variant          ´定义起点
    Dim EPP As Variant          ´定义终点
    Dim WtLine As AcadLine       ´定义一个直线类型的对象
    SPP = ThisDrawing. Utility. GetPoint(,vbCrLf & "输入直线起点")    ´获取起点坐标
```

```
SP (0) = SPP (0)
SP (1) = SPP (1)
SP (2) = SPP (2)
EPP = ThisDrawing. Utility. GetPoint(SPP, vbCrLf & "输入直线终点")  ′获取终点坐标
EP (0) = EPP (0)
EP (1) = EPP (1)
EP (2) = EPP (2)
Set WtLine = ThisDrawing. ModelSpace. AddLine (SP, EP)    ′绘制直线
End Sub
```

其余输入方法的使用可参考有关资料。

（6）创建基本实体对象

关于常用实体对象如直线、圆、圆弧、椭圆等的建立方法在第二章中已有叙述，此处从略。

（7）图形对象的图层、线型和颜色的操作

①图层操作

在使用 AutoCAD 时，为了方便，经常将不同图形对象绘制在不同图层上，因此在创建图形对象时，有必要掌握以下几种对图层的操作：

a. 创建图层。可通过 Add 方法创建图层，例如创建一个名为"图层1"的图层，其代码如下：

```
Dim LayerObj As AcadLayer  ′定义一个图层类型的对象
Set LayerObj = ThisDrawing. Layers. Add ("图层1")  ′创建图层
```

b. 设置图层的颜色。图层的颜色可通过对图层对象的 Color 属性进行设置。颜色值的范围为 0 到 255，对于 7 种标准色可使用名称。

c. 设置图层线型。图层线型的设置要通过对图层对象的 Linetype 属性设置予以实现，线型的名称可以通过查看 acad. lin 文件获得。需要注意的是，在设置线型时，应保证相应的线型在 AutoCAD 中已经加载。

d. 切换图层。用户所有的绘图操作只能在当前图层上进行，切换图层需要使用图形对象的 ActiveLayer 属性，其设置方法为：

```
ThisDrawing. ActiveLayer = 图层对象
```

e. 打开和关闭图层。通过图层对象的 LayerOn 属性，可以设置图层是否打开和关闭，当此属性值为 TRUE 时，图层被打开，为 FALSE 时，图层被关闭。

f. 冻结和解冻图层。当设置图层对象的 Freeze 属性为 TRUE 时，该图层被冻结，当属性值为 FALSE 时，该图层解冻。

g. 锁护和解锁图层。当设置图层对象的 Lock 属性值为 TRUE 时，该图层被锁护，当属性值为 FALSE 时，图层解锁。

②图形颜色设置

参见第二章第四节。

③修改图形的线型

图形对象的线型修改包括线型类型修改和比例修改两个内容。对象线型类型修改通过设置图形对象的 Linetype 属性予以实现，但所设定的线型必须是已经加载到 AutoCAD 中的线

型。对线型比例的修改则通过设置对象的 LinetypeScale 属性来实现，线型比例越大，单位长度内线型的组成元素越少。

例 8-5　对一个圆的线型类型和比例进行操作的程序实例。

```
Public Sub Newlayer ( )
    Dim cir As AcadCircle
    Dim Cenpt As Variant    ´定义圆的中心，由于使用了 GetPoint 方法，因此定义为 Vari-
ant 类
    Dim S As Double
    Dim R As Double
    Cenpt = ThisDrawing. Utility. GetPoint ( , " 输入中心点" )
    S = ThisDrawing. Utility. GetReal ( " 请输入线型比例" )
    R = 50
    Set cir = ThisDrawing. ModelSpaceAddCircle ( Cenpt, R )
    cir. Linetype = " HIDDEN"
    cir. LinetypeScale = S
    cir. Update
End Sub
```

（8）通用图形对象的编辑

图形对象的编辑操作包括复制、移动、删除、分解、阵列、旋转、比例缩放、延伸、裁剪等。

①复制对象。使用 CopyObjects 方法可对多个对象进行复制，并进一步建立新的对象。其工作过程如下。

a. 建立一个对象类型（Object 类型）数组，将选择所要复制的对象收集到数组中；

b. 通过 CopyObjects 方法复制对象数组中的每一个对象，并将复制后的对象存放到另一个对象数组中。

实现方法如下：

```
Dim ObjectCollection1 ( 0 To 1 ) As Object
Dim ObjectCollection2 ( 0 To 1 ) As Object
( 初始化 ObjectCollection1，略 )
ObjectCollection2 = ThisDrawing. CopyObjects ( ObjectCollection1 )
```

以上对 ObjectCollection2 的定义可以用以下的语句代换：

```
Dim ObjectCollection2 As Variant
```

例 8-6　通过复制创建新的对象，并应用新的属性程序实例。

```
Public Sub CopyCir ( )
    Dim cirObj1, cirObj2 As AcadCircle
    Dim cirObjcopy1, cirObjcopy2 As AcadCircle
    Dim ObjCollection1 ( 0 To 1 ) As Object
    Dim ObjCollection2 As Variant
    Dim center ( 0 To 2 ), centercopy ( 0 To 2 ) As Double
    Dim radius1, radius2 As Double
```

```
        '定义圆心、半径
        center（0）= 0：      center（1）= 0：      center（2）= 0
        centercopy（0）= 50：centercopy（1）= 50：centercopy（2）= 0
        radius1 = 30：      radius2 = 40
        '绘制以 center 为圆心的两个同心圆
        Set cirObj1 = ThisDrawing. ModelSpace. AddCircle（center，radius1）
        Set cirObj2 = ThisDrawing. ModelSpace. AddCircle（center，radius2）
        ZoomAll
        '初始化对象数组 ObjCollection1
        Set ObjCollection1（0）= cirObj1
        Set ObjCollection1（1）= cirObj2
        '通过 CopyObjects 方法将 ObjCollection1 中的对象复制到 ObjCollection2 中
        ObjCollection2 = ThisDrawing. CopyObjects（ObjCollection1）
        '通过 ObjCollection2 创建新的对象，并应用新的属性
        Set cirObjcopy1 = ObjCollection2（0）
        Set cirObjcopy2 = ObjCollection2（1）
        cirObjcopy1. center = centercopy '设置 cirObjcopy1 的圆心
        cirObjcopy1. color = acBlue      '设置 cirObjcopy1 的颜色为蓝色
        cirObjcopy2. center = centercopy '设置 cirObjcopy2 的圆心
        cirObjcopy2. color = acBlue      '设置 cirObjcopy2 的颜色为蓝色
        ZoomAll
End Sub
```

例 8-6 程序运行后，首先以原点为圆心创建两个同心圆，其半径分别为 30 和 40，然后通过复制创建两个新的对象，其圆心为点（50，50），颜色为蓝色。

②偏移对象。使用对象提供的 Offset 方法可以实现在偏离原对象一定距离的地方创建一个新对象。

Offset 方法仅需一个距离值参数。如果该值为正，则向外偏移绘制一条较大的曲线，若为负值则绘制一条"较小"的曲线。由于偏移操作的结果是得到一条新曲线，可能获得的曲线与原曲线类型不同，因此，用偏移方法返回的新对象或对象阵列的数据类型应该预先定义为变量型 Variant。

例 8-7 将一个圆向外偏移 2.5，并将线型改成 HIDDEN，比例修改为 3 的程序实例。

```
Public Sub OffsetCir（）
    Dim CircleObject As AcadCircle  '定义一个 AcadCircle 类的对象
    Dim CenPoint As Variant         '定义圆的中心，由于使用了 GetPoint 方法，因此定
                                    '义为 Variant 类
    Dim Radius As Double            '定义半径为 Double 类
    Dim OffsetCircle As Variant     '定义一个用于存储 Offset 方法的返回值的对象
                                    '绘制圆
    CenPoint = ThisDrawing. Utility. GetPoint（" 输入中心点"）
    Radius = ThisDrawing. Utility. GetReal（" 请输入半径"）
```

Set CircleObject ＝ ThisDrawing. ModelSpace. AddCircle（CenPoint，Radius）

´偏移圆

OffsetCircle ＝ CircleObject. Offset（2.5）

´修改对象属性

OffsetCircle（0）. Linetype ＝ " HIDDEN"

OffsetCircle（0）. LinetypeScale ＝ 3

End Sub

③镜像对象。镜像需要使用对象的 Mirror 方法实现，是相对镜像线对称地创建对象的副本，可以对所有图形对象进行操作。Mirror 具有两个参数，即镜像线的端点坐标，在三维空间，镜像平面是垂直 UCS 坐标系的 XY 平面且包含镜像线的平面。

另外使用 Mirror 方法对文字进行镜像，文字会进行反转，如果不需要文字反转，可通过在程序开头和结尾添加以下语句实现：

Dim mirrtextold As Integer

Set mirrtextold ＝ GetVariable（mirrtext）

SetVariable mirrtext，0

……

SetVariable mirrtext，mirrtextold

④阵列对象。用户可以使用阵列方法将对象以环形或者以矩形形式复制出来。

a. 环形阵列。进行环形阵列需要使用 ArrayPolar 方法。此方法需要三个参数：环形阵列创建的对象数目、阵列角度（单位为弧度，逆时针为正）和阵列的中心点坐标。

b. 矩形阵列。进行矩形阵列需要使用对象提供的 ArrayRectangualar 方法，具体使用格式为：

对象 2 ＝ 对象 1. ArrayRectangular（ArrayRows，ArrayCols，Levels，ArrayRowDis，Array-ColDis. LevelDis）

其中，对象 2 应定义为 Variant 类型，对象 1 可为任意图形对象。

ArrayRows 为列数，ArrayCols 为行数，Levels 为层数，ArrayRowDis 为列距，ArrayColDis 为行距、LevelDis 为层距。如果在平面内进行对象阵列，则层数为 1，层距为 0。

⑤移动对象。移动对象是将图形对象沿指定方向平移，但不改变其方位和大小。平移操作需要使用对象提供的 Move 方法予以实现。该方法的使用格式如下：

对象. Move PT1，PT2

或：Set 对象 1 ＝ 对象 2. Move（PT1，PT2）

其中，对象 1、对象 2 是各种图形对象，对象 1 应定义为 Variant 对象，PT1 为基点坐标，PT2 为终点坐标。

⑥旋转对象。图形对象的旋转可以通过对象提供的 Rotate 方法实现。这个方法的使用格式如下：

对象. Rotate PT，RA

其中，对象可以是各种图形对象，PT 为旋转的基准点，RA 为选转的角度。

⑦对象比例。对象的比例缩放可以通过两种方法实现：比例缩放和矩阵变换。

a. 比例缩放。比例缩放需要使用对象的 ScaleEntity 方法，此方法的使用格式如下：

对象. ScaleEntity PT，SF

其中，对象为各种图形对象，PT 为基点坐标，SF 为比例系数。

b．矩阵变换。矩阵变换操作需要使用对象的 TranformBy 方法，该方法的使用格式如下：

对象.TranformBy Matrix

其中，对象为任意图形对象，Matrix 为变换矩阵，其规则如下：

$$
\begin{bmatrix}
R00 & R01 & R02 & M0 \\
R10 & R11 & R12 & M1 \\
R20 & R21 & R22 & M2 \\
0 & 0 & 0 & 1
\end{bmatrix}
$$

其中，R 开头的数据用于旋转，M 开头的数据用于平移。

4．带有界面的 VBA 程序的设计步骤

基于对象的事件驱动编程机制，VBA 程序设计遵循以下步骤：

（1）程序界面设计；

（2）定义界面中对象的属性；

（3）定义各个可能用到的对象；

（4）给事件编写相应的代码；

（5）为 ThisDrawing 对象添加子程序，用于启动界面。

下面以一个完整的实例说明 VBA 程序开发 CAD 的过程。

例 8-8 编制一个用于参数化绘制 0201 纸箱展开图的程序。

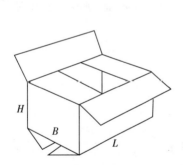

图 8-12 0201 纸箱立体图

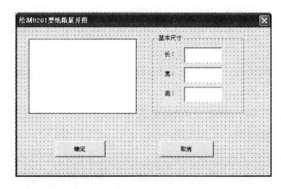

图 8-13 窗体界面设计

①启动 VBA 管理器，并建立一个工程"ACADProject"，然后启动 VBA 编辑器；

②点击菜单项"插入"→"用户窗体"，建立一个 Height 为 250，Width 为 400 的窗体；

③设计如图 8-13 所示对话框界面；

表 8-11 图 8-13 中所用控件及属性

控件类型	属　　性			
	Name	Caption	Enabled	Default
Label	Label1	长：	—	—
Label	Label2	宽：	—	—
Label	Label3	高：	—	—
TextBox	TextL	—		

控件类型	属　　性			
	Name	Caption	Enabled	Default
TextBox	TextB	—	—	—
TextBox	TextH	—	—	—
Image	Imagebox	—	—	—
Frame	Frame1	基本尺寸	—	—
CommondButton	CommandButton1	确定	—	True
CommondButton	CommandButton2	取消	—	False

此处 Image 控件"Imagebox"还须修改以下属性：

修改 Picture 属性，选择要在 Imagebox 中显示的图片；

修改 PictureSizeMode 属性，其值为"3 – fmPictureSizeModeZoom"，使图片适应 Image 控件的大小；

修改 PictureAlignment 属性，其值为"2 – fmPictureAlignmentCenter"，使图片适应的中心与 Image 控件的中心对齐。

④双击窗体，在代码窗口中上方右侧选择框中选择 Initialize（初始化），系统自动建立空的 UserForm_ Initialize（）子程序，在其中添加以下代码，完成对话框的初始化，设置默认值。

```
TextL. Text = 50
TextB. Text = 50
TextH. Text = 50
```

⑤双击"CommandButton1"按钮控件，在代码窗口中添加"CommandButton1"按钮控件的 Click 响应程序，代码如下：

```
Private Sub CommandButton1_ Click （）
    Dim L As Double
    Dim B As Double
    Dim H As Double
    Dim i As Integer 循环变量
    '获取纸箱的长、宽、高
    L = Val （TextL. Text）
    B = Val （TextB. Text）
    H = Val （TextH. Text）
    Dim SP As Variant
    Dim EP （0 To 2） As Double
    Dim SPP （0 To 2） As Double
    Dim EPP （0 To 2） As Double
    Dim XP1, XP2, XP3, XP4, XP5, XP6, XP7, XP8, XP9 As Double
    Dim YP1, YP2, YP3, YP4 As Double
```

```
UserForm1. Hide    '隐藏窗体
SP = ThisDrawing. Utility. GetPoint( , vbCrLf & "请输入绘图基点:")'确定绘图基点坐标
EP (0) = SP (0) + 2 * L + 2 * B
EP (1) = SP (1)
EP (2) = SP (2)
Dim HLA, HLB As AcadLine
Dim WAIKUO As AcadPolyline
Dim Pt (0 To 98) As Double
'为实线的各个端点坐标赋值
For i = 2 To 95 Step 3
Pt (i) = 0
Next
XP1 = SP(0) - 20: XP2 = SP(0) : XP3 = SP(0) + L - 3: XP4 = XP3 + 6
XP5 = XP3 + B: XP6 = XP4 + B: XP7 = XP5 + L: XP8 = XP6 + L: XP9 =
EP(0) :
YP0 = SP(1) - B / 2 : YP1 = SP(1) : YP2 = SP(1) + H : YP3 = SP(1) + H +
B / 2
Pt (0) = SP (0) :    Pt (1) = SP (1) :    Pt (3) = XP1 :    Pt (4) = YP1
Pt (6) = XP1 :    Pt (7) = YP2 :    Pt (9) = XP2 :    Pt (10) = YP2
Pt (12) = XP2 :    Pt (13) = YP3 :    Pt (15) = XP3 :    Pt (16) = YP3
Pt (18) = XP3 :    Pt (19) = YP2 :    Pt (21) = XP4 :    Pt (22) = YP2
Pt (24) = XP4 :    Pt (25) = YP3 :    Pt (27) = XP5 :    Pt (28) = YP3
Pt (30) = XP5 :    Pt (31) = YP2 :    Pt (33) = XP6 :    Pt (34) = YP2
Pt (36) = XP6 :    Pt (37) = YP3 :    Pt (39) = XP7 :    Pt (40) = YP3
Pt (42) = XP7 :    Pt (43) = YP2 :    Pt (45) = XP8 :    Pt (46) = YP2
Pt (48) = XP8 :    Pt (49) = YP3 :    Pt (51) = XP9 :    Pt (52) = YP3
Pt (54) = XP9 :    Pt (55) = YP0 :    Pt (57) = XP8 :    Pt (58) = YP0
Pt (60) = XP8 :    Pt (61) = YP1 :    Pt (63) = XP7 :    Pt (64) = YP1
Pt (66) = XP7 :    Pt (67) = YP0 :    Pt (69) = XP6 :    Pt (70) = YP0
Pt (72) = XP6 :    Pt (73) = YP1 :    Pt (75) = XP5 :    Pt (76) = YP1
Pt (78) = XP5 :    Pt (79) = YP0 :    Pt (81) = XP4 :    Pt (82) = YP0
Pt (84) = XP4 :    Pt (85) = YP1 :    Pt (87) = XP3 :    Pt (88) = YP1
Pt (90) = XP3 :    Pt (91) = YP0 :    Pt (93) = XP2 :    Pt (94) = YP0
Pt (96) = SP (0) :  Pt (97) = SP (1) :  Pt (98) = 0
Set WAIKUO = ThisDrawing. ModelSpace. AddPolyline (Pt)
'绘制虚线
Dim MVL1, MVL2, MVL3, MVL4 As AcadLine
Set HLA = ThisDrawing. ModelSpace. AddLine (SP, EP)
SPP (0) = SP (0)
SPP (1) = SP (1) + H
```

```
        SPP (2) = 0
        EPP (0) = EP (0)
        EPP (1) = EP (1) + H
        EPP (2) = 0
        Set HLB = ThisDrawing. ModelSpace. AddLine (SPP, EPP)
        Set MVL1 = ThisDrawing. ModelSpace. AddLine (SP, SPP)
        SPP (0) = SPP (0) + L
        EPP (0) = SPP (0)
        EPP (1) = SP (1)
        EPP (2) = SP (2)
        Set MVL2 = ThisDrawing. ModelSpace. AddLine (SPP, EPP)
        SPP (0) = SPP (0) + B
        EPP (0) = SPP (0)
        Set MVL3 = ThisDrawing. ModelSpace. AddLine (SPP, EPP)
        SPP (0) = SPP (0) + L
        EPP (0) = SPP (0)
        Set MVL4 = ThisDrawing. ModelSpace. AddLine (SPP, EPP)
        '修改线条的类型为 HIDDEN
        HLA. Linetype = " HIDDEN" : HLB. Linetype = " HIDDEN"
        MVL1. Linetype = " HIDDEN" : MVL2. Linetype = " HIDDEN"
        MVL3. Linetype = " HIDDEN" : MVL4. Linetype = " HIDDEN"
        HLA. Update : HLB. Update
        MVL1. Update : MVL2. Update : MVL3. Update : MVL4. Update
        Unload Me'卸载窗体
    End Sub
```

⑥双击"CommandButton2"按钮控件，在代码窗口中添加"CommandButton2"按钮控件的 Click 响应程序。代码如下：

```
Private Sub CommandButton2_ Click ()
Unload Me
End Sub
```

⑦双击"ThisDrawing"，然后单击菜单项："插入"→"过程"，插入名为"drawbox"的子程序，最后在代码窗口中补全以下代码：

```
Public Sub drawbox ()
    UserForm1. Show
End Sub
```

⑧在 AutoCAD 环境下，点击"工具"功能卡→"应用程序"→"运行 VBA 宏"按钮，在弹出的对话框中选择 Thisdrawing. drawbox 项，并单击"运行"按钮，进入程序运行界面如图 8-14 所示。

⑨修改长、宽、高分别为 100、60、80，单击"确定"按钮，命令行提示输入基点坐标，输入（50，50）后回车，得到结果如图 8-15 所示。

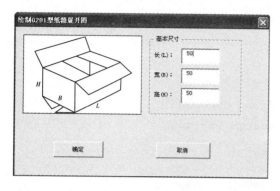

图 8-14　程序运行界面

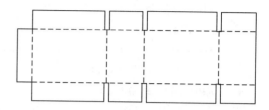

图 8-15　0201 纸箱展开图

需要说明的是，此程序中使用了 HIDDEN 线型，但 AutoCAD 默认只安装了一种线型（continuous），没有 HIDDEN 线型，因此必须事先加载线型后才能运行，否则会提示错误。

第二节　Pro/E 软件的二次开发*

Pro/E 软件的二次开发就是使用 PTC 公司的开发工具，运用高级编程语言，制作可以用于 Pro/E 的自定义功能模块插入到 Pro/E 的主菜单中以便用户使用。本节主要讲述 Pro/E 的二次开发及其工具、利用 Pro/E 软件开发专用设计模块的方法。

一、Pro/E 的二次开发及其工具

1. Pro/E 二次开发的对象

（1）族表（Family Table）

族表本质上是相似零件的集合，通过电子表格管理，实现"表格驱动"，对相同或相近结构零件特别是标准零件的管理很方便。族表通过建立通用零件（父零件），在此基础上对其各参数加以控制可生成派生零件。

使用族表可以生成和存储大量简单而细致的对象，可将零件标准化，既省时又省力；零件的标准库建立，使得零件可以从零件文件中生成，而无须重新构造；零件产生细小的变化时无须用关系改变模型。

族表提高了标准化元件的用途，用它可以在 Pro/E 中表示实际的零件清单。由于来自同一族表的模型相互之间具有互换性，因此利用族表使组件中的零件和子组件容易互换。

利用零件族表虽然能够提高造型的效率，但要实现程序的自动建模却有一定的局限性。如只能生成一个完整的新零件，不能自动修改零件的现有特征，也不能在现有的零件上新增特征。另外，当标准件受到多种工程因素影响或需要进行力学分析时，使用者难以做出快速而准确的判断。所以族表适合于用来开发螺钉、垫圈、挡圈等简单的标准件。

（2）用户自定义特征（User Define Feature，UDF）

用户自定义特征（UDF）是指用户将已经创建的特征（可以为多个特征）定义为一个单独的特征，并允许像加入标准特征一样将其加入到以后的设计中去。每个 UDF 需要的信

息包括选定的特征、所有相关尺寸、选定特征之间的所有关系以及零件上放置 UDF 的参照列表，然后把这些信息保存在一个后缀名为 ". gph" 的文件中。在创建和修改 UDF 的过程中，UDF 对话框提供这些 UDF 元素的运行状态。

UDF 适用于特定产品中的特定结构，可以作为一个特征添加到现有零件上。有利于设计者根据产品特征快速生成几何模型。使用用户自定义特征的方法实现程序自动建模的缺点与零件库类似，都是要预先设计好模板，与使用族表开发的标准零件库相比，其灵活性较好。

（3）程序（Program）

对于每一个模型来说，Pro/E 软件都有一个设计步骤和参数列表——Program。它记录了一个零件的绘制过程及该零件包含的所有特征信息，其中有主要设计步骤和编辑后可用于编程的参数。它是由类似 BASIC 的高级语言构成的，用户可以根据设计需要来编辑该模型的 Program，使其作为一个程序来工作。通过运行该程序，系统通过人机交互的方法来控制系统参数、特征出现与否和特征的具体尺寸等。只需在 Program 中进行少量编程工作，就可以将标准件的装配特征信息"附加"到标准件中。Program 主要用于开发简单的控制程序，实现一些简单的功能，但它无法与 Pro/E 集成，无法与外部数据库相连，不适合开发大型的 CAD 系统，只可用于开发一些简单的零件库。

（4）J – link

从 2000i 版本开始，Pro/E 推出了基于 Java 语言的 J – Link 新接口，它是一种用来扩展、定制和自动处理 Pro/E 功能的强大工具。J – link 是一个面向对象、独立于平台且向上兼容的基于 Java 的应用程序接口，它是对 Pro/TOOLKIT 进行封装而来的。其主要功能如下：

① 定制用户界面，处理窗口和视图。包括：打开和关闭窗口，刷新视图及旋转模型，处理文件，如检索文件、重命名文件等。

② 处理特征，获取和处理特征的参数、尺寸和关系、压缩、恢复以及重排特征。

③ 建立和处理组建系列表，旋转和处理几何图形，处理层。访问和处理部件，包括生成材料清单和替代组件。

④ "侦听" 特征创建等事件，并应用这些事件来触发动作。

⑤ 输出 IGES、DXF、绘图文件等多种格式的文件。

（5）Pro/TOOLKIT 程序

Pro/TOOLKIT 是 PTC 公司为 Pro/E 软件提供的客户化开发工具包，即应用程序接口（API）。其主要目的是让用户或第三方通过 C 语言程序代码扩充 Pro/E 系统的功能，开发基于 Pro/E 系统的应用程序模块，从而满足用户的特殊要求。用户还可以利用 Pro/TOOLKIT 提供的 UI 对话框、菜单以及 VC 的可视化界面技术，设计出方便实用的人机交互界面，从而大大提高系统的使用效率。Pro/TOOLKIT 工具包提供了开发 Pro/E 所需的函数库文件和头文件，使用户编写的应用程序能够安全地控制和访问 Pro/E，并可以实现应用程序模块与 Pro/E 系统的无缝集成。

Pro/TOOLKIT 采用面向对象的程序设计方法（Object – Oriented Programming）。在 Pro/E 和应用程序之间主要是通过特定的数据结构来传递信息，对应用程序来说，这种结构并不能直接访问，而是通过 Pro/TOOLKIT 提供的函数来访问。

（6）Visual Basic 应用程序编程接口（API）

Pro/E Wildfire 4.0 以后的版本推出了 Visual Basic 的新编程接口。用户可以使用这个新

API，通过 Visual Basic. NET 应用程序和应用程序（如 Microsoft Word、Excel 或 Access）中的 Visual Basic 宏来自动化及自定义 Pro/E。它与 Visual Basic. NET 2005 和 Visual Basic for Application 兼容。

本书主要介绍应用 Pro/TOOLKIT 进行二次开发的方法。

2. 本节使用的开发工具介绍

（1）Pro/TOOLKIT

Pro/TOOLKIT 是 Pro/E 软件提供的二次开发工具箱，它可以使用户或第三方通过 C 程序代码扩充 Pro/E 系统的功能，开发基于 Pro/E 系统的应用程序模块，从而满足用户的特殊要求。不仅如此，还可以利用 Pro/TOOLKIT 提供的 UI 对话框、菜单以及 VC 的可视化界面技术，设计出方便实用的人机交互界面，从而大大提高系统的使用效率；它还可以对 Pro/E 进行功能扩展，满足客户的特定需求。它封装了许多针对 Pro/E 底层资源调用的库函数与头文件，借助第三方编译环境（C 语言、VC + +语言等）进行调试。

（2）Visual C + + 6.0

Visual C + + 6.0 是优秀的 Windows 应用程序开发平台，它提供了两套完整的 Windows 应用程序开发系统：一种是 Windows SDK 提供的 API，可供 C/C + +语言进行编写 Windows 应用程序；另一种是 MFC 类库 Microsoft Foundation Class），可以使用户更加方便地进行程序开发，本书所述的二次开发就是通过 MFC 创建了瓦楞纸板缓冲衬垫设计模块的整体显示框架。

二、创建 Pro/TOOLKIT 应用程序

1. 创建 Pro/TOOLKIT 应用程序的基本方法

Pro/TOOLKIT 应用程序是指利用 Pro/E 系统提供的 Pro/TOOLKIT 工具包，用 C 语言进行程序设计，采用 C 编译器和连接器创建能够在 Pro/E 环境中运行的可执行程序（文件后缀名为 EXE）或动态连接库（文件后缀名为 DLL）形式的程序。对于不同的操作系统平台，在编译和连接生成 Pro/TOOLKIT 应用程序时，编译器选项和所需的系统库文件通常是不同的。要使 Pro/TOOLKIT 应用程序在 Pro/E 环境正常运行，必须正确设置编译和连接选项。

创建 Pro/TOOLKIT 应用程序有两种方法：一种方法是利用 Make 文件创建 Pro/TOOLKIT 应用程序，另一种方法是利用 VC 向导创建 Pro/TOOLKIT 应用程序。

（1）利用 Make 文件创建 Pro/TOOLKIT 应用程序

Make 文件主要是用来控制、组织文件的编译方式，也就是规定各种文件如何进行编译和连接并最终生成可执行程序的过程。Pro/E 默认安装时，在 \ protoolkit \ i486_ nt \ obj 文件夹中，文件名前缀为 Make_ 的文件为 Pro/TOOLKIT 工具包提供的 Make 文件范例，将其扩展名改为. mak，就可在 VC 环境中打开该文件，并可直接创建应用程序。用户可以将 Make 文件范例复制和修改，生成自己所需的 Make 文件。主要修改的内容为：

Make 文件名、输出文件名、Pro/TOOLKIT 的安装位置及为目标文件指定的 C 源程序等。

Make 文件是从 UNIX 系统中移植过来的，很多规范和语法都遵循着 UNIX 系统的习惯，其编写过程比较复杂。完全理解清楚具体的编译连接方式的各种符号的意义需要 UNIX 编程知识。采用 Make 文件的方法创建 Pro/TOOLKIT 应用程序必须手工修改 Make 文件，程序的设计和调试均不方便，所以这种方法一般不常用。

（2）利用 VC 向导创建 Pro/TOOLKIT 应用程序

利用 VC 向导创建 Pro/TOOLKIT 应用程序可以使用强大的 MFC 类库，特别是利用 VC 对话框可视化技术设计出友好的人机交互界面。虽然 Pro/TOOLKIT 提供了一套自己的对话框控件，包括组合框、编辑框、单选控件等，但远不如 MFC 的 Windows 通用控件资源丰富，并且界面风格与 Windows 有一定差异。

2. 利用 VC 向导创建 Pro/TOOLKIT 应用程序基本框架

VC 的集成开发环境采用工程来管理所有 C＋＋源程序、头文件、库文件和各种资源，程序的设计、编译、连接和调试均十分方便。利用 VC 的应用程序设计向导可以方便快速地创建 Pro/TOOLKIT 应用程序的基本框架。操作步骤为：

（1）新建项目

进入 VC＋＋集成开发环境，选择 New→Projects 中选择 MFC AppWizard［dll］类型并输入项目名称、选择存储位置，点击"OK"按钮，此设置的目的是为了能利用 VC 提供的 MFC 类库，如图 8-16 所示。

在弹出的 MFC DLL 向导对话框中选择连接类型，一般选择共享动态连接类型，如图 8-17 所示。

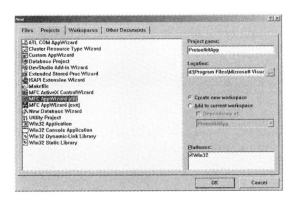

图 8-16　新建 MFC 项目

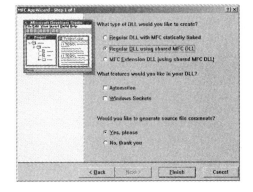

图 8-17　选择类型

（2）包含文件和库文件

选择菜单 Tool→Options。在弹出的"Options"对话框中选择"Directories"选项卡，在"Show directories for："下拉列表框中选择"Includes"，然后添加 Pro/TOOLKIT 头文件所在的三个文件夹位置：

D：\ Program Files \ proeWildfire 2. 0 \ protoolkit \ includes

D：\ Program Files \ proeWildfire 2. 0 \ protoolkit \ protk_ appls \ includes

D：\ Program Files \ proeWildfire 2. 0 \ prodevelop \ includes

结果如图 8-18 所示。

在"Show directories for："下拉列表中选择"Library files"，然后添加 Pro/TOOLKIT 库文件所在的文件夹位置：

D：\ Program Files \ proeWildfire 2. 0 \ protoolkit \ i486_ nt \ obj

D：\ Program Files \ proeWildfire 2. 0 \ prodevelop \ i486_ nt \ obj

结果如图 8-19 所示。

包含文件和库文件的设置主要是为了 VC 编译连接程序时，可以找到 Pro/TOOLKIT 头文件和库文件所在位置。

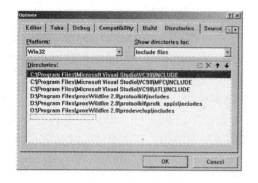

图 8-18 添加头文件目录

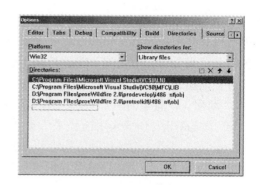

图 8-19 添加库文件目录

（3）属性设置

选择菜单 Project→Settings，在弹出的"Project Settings"对话框中选择"C/C++"属性页，然后在"Preprocessor definitions"（预定处理定义）栏添加：Pro_ USE_ VAR_ ARGS，如图 8-20 所示。

选择 Link 属性页，并在 Category 列表框中选择 General，然后在 Object/Library modules 栏中添加三个库文件：Protk_ dll. lib、wsock32. lib、mpr. lib，这三个库文件是编译连接 Pro/TOOLKIT 函数时需要使用的库文件，如图 8-21 所示。

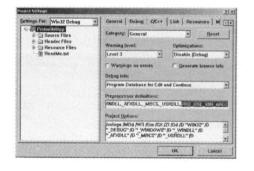

图 8-20 预定处理定义

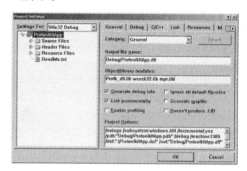

图 8-21 添加库文件

在 Link 属性页的 Category 列表框中选择 Input，然后在 Ignore librarys 中输入忽略的库文件 libcmtd，此设置的目的是防止编译过程出现重定义的错误，如图 8-22 所示。

在 Link 属性页的 Category 列表框中选择 Customize，然后选中 Force file output（表示强制输出），如图 8-23 所示。

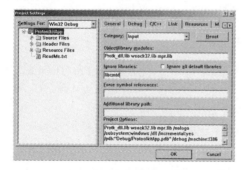

图 8-22 属性设置

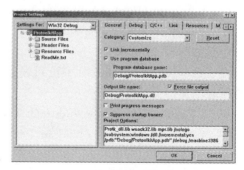

图 8-23 强制输出

由于 Pro/TOOLKIT 中的某些定义和开发环境中的一些函数定义有重复，这样编译时就会出现一些警告信息，通常可以不理会这些信息而强制生成程序文件。在 VC6.0 环境下，如果根据上面的设置，正常的警告错误信息为 31 条，而一些警告并非是因为程序的语法错误。

（4）在主文件添加 Pro/TOOLKIT 头文件，如图 8-24 所示。

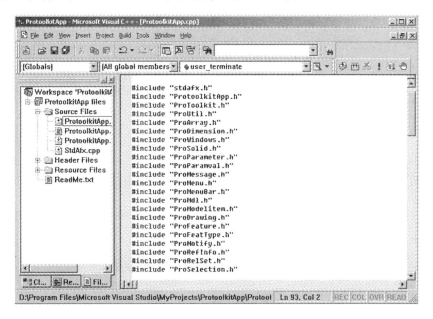

图 8-24　添加头文件

以上添加的头文件都是在 Pro/TOOLKIT 程序中经常被使用的头文件，在这里做一简单介绍。

Protoolkit.h 里面包含了 Pro/TOOLKIT 程序基本头文件的集合，如 ProANSI.h、ProWchar.h、string.h、stdlib.h，并定义了几个类型的宏，如宏 Pro_VALUE_UNUSED（-1）、枚举类型 ProBooleans（Pro_ B_ FALSE =0，Pro_ B_ TRUE =1）、枚举颜色类型 ProColortype。

ProUtil.h 头文件内定义 Pro/TOOLKIT 的基本数据类型以及常用函数，如 ProStringToWstring（）、ProFileOpen（）、ProPathCreate（）等。

ProMenu.h 定义了一些菜单按钮的操作。

ProMenuBar.h 定义了添加菜单工具栏菜单、菜单按钮时用到的函数。

ProWindows.h 里定义了进行窗口操作的函数，如 ProWindowCurrentGet（）、ProWindowRefresh（）、ProWindowCurrentSet（）等。

ProMdl.h、ProSolid.h 定义了用于对模型进行操作的函数，如获得当前模型、获得模型类型等很多函数，也是我们经常需要使用的。

ProParameter.h 定义了对参数进行操作的函数，ProParamval.h 定义了对参数的值进行操作的函数，ProRelSet.h 定义了对关系进行操作的函数，ProModelitem.h 定义了对模型项进行操作的函数，ProFeature.h 定义了用于特征操作的函数。

（5）添加 Pro/TOOLKIT 程序的初始函数和终止函数，如图 8-25 所示。

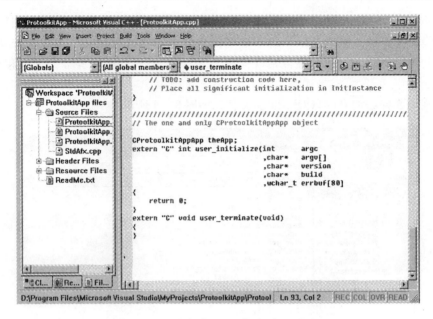

图 8-25 添加初始函数和终止函数

3. Pro/TOOLKIT 中的对象和动作

对象（Object）和动作（Action）是 Pro/TOOLKIT 中最基本的概念。

（1）对象及对象名

Pro/TOOLKIT 的对象实质是一种类型为结构体的数据，结构体中的成员描述了该对象的属性。例如，名为 ProFeature 的特征对象的结构体定义为：

```
typedef struct pro_ model_ item
    {
        ProType   type；
        int   id；
        ProMdl owner；
    } ProFeature；
```

结构体中的 type, id 和 owner 成员分别描述了该对象的类型、标识号和上级对象。为了便于区别，在 Pro/TOOLKIT 中所有对象的命名约定为：Pro +〈对象名〉，其中对象名用英文单词表示，第一个字母大写。如：ProFeature（特征对象），ProSurface（曲面对象）和 ProSolid（实体对象）等。

Pro/TOOLKIT 定义的对象分成两类：第一类对象本身是 Pro/ENGINEER 数据库中的一个项，如 ProFeature 和 ProSurface；另一类对象是抽象或临时对象，如调用有关选择操作时用来保存选择结果的数据对象。

（2）动作及 Pro/TOOLKIT 函数

对特定的 Pro/TOOLKIT 对象执行的某种操作称为动作，动作的执行是通过调用 Pro/TOOLKIT 函数库提供的 C 函数来实现的。与动作相关的 Pro/TOOLKIT 函数命名约定为：Pro +〈对象名〉+〈动作〉，表示〈对象〉和〈动作〉的英文单词首字母均用大写表示，如：ProSolidRegenerate（）（实体再生）、ProFeatureDelete（）（特征删除）。

在 Pro/TOOLKIT 中，用来表示动作的常用动词及意义为：

Get 直接从 Pro/E 数据库中获得信息，如 ProSolidOutlineGet（）（获得实体轮廓）；

Eval 提供简单的计算结果，如 ProEdgeLengthEval（）（计算边长）；

Compute 提供复杂的计算结果，如 ProSolidOutlineCompute（）（实体轮廓计算）。

4. Pro/TOOLKIT 的函数原型和函数的返回值

Pro/TOOLKIT 函数库提供的库函数均有相应的 ANSI 函数原型，并在相应的头文件中定义，在调用函数之前必须将头文件包含在 C 或 C + + 程序中。

大多数 Pro/TOOLKIT 函数返回值类型为 ProError，用来表示调用函数执行状态。ProError 为枚举类型的数据，定义为：

Typedefenum ProErrors

{

PRO_ TK_ NO_ ERROR	= 0,
PRO_ TK_ GENERAL_ ERROR	= - 1,
PRO_ TK_ BAD_ INPUTS	= - 2,
PRO_ TK_ USER_ ABORT	= - 4,

……

PRO_ TK_ APP_ VERSION_ MISMATCH	= - 96,
PRO_ TK_ APP_ COMM_ FAILURE	= - 97,
PRO_ TK_ APP_ NEW_ VERSION	= - 98,
PRO_ TK_ APP_ UNLOCK	= - 99

} ProError，ProErr；

其中最常用的返回值是 PRO_ TK_ NO_ ERROR，表示函数调用成功在程序中，通过检查函数的返回值不仅便于在调试时找出错误，更重要的是可以避免在执行时出现异常情况，提高了程序的可靠性。

5. Pro/TOOLKIT 应用程序的结构

从总体上来说，Pro/TOOLKIT 应用程序结构可以分为 3 个部分，即头文件包含部分、用户初始化函数部分和用户结束中断函数部分。

头文件部分即应用程序包含文件部分，也就是指 Pro/TOOLKIT 应用程序所使用对象函数的原型文件。每个 Pro/TOOLKIT 应用程序都必须包含头文件 "ProToolkit. h"。如果使用了 Pro/TOOLKIT 对象函数，则应包含该函数原型的头文件（. h 文件），否则在编译该文件时，会出现编译器不能对函数参数类型进行检查的错误。

Pro/TOOLKIT 应用程序的核心是用户初始化函数 user_ initialize（）和用户结束中断函数 user_ terminate（）。

user_ initialize（）是 Pro/TOOLKIT 应用程序的初始化函数，主要用来对同步模式的 Pro/TOOLKIT 应用程序进行初始化，任何同步模式的应用程序要在 Pro/ENGINEER 系统中加载都必须包含该函数，其作用相当于 C 程序中的 main（）函数，在该函数中设置用户的交互接口，如设置菜单、调用对话框后直接调用所需的函数等。在 Pro/ENGINEER 系统中加载 Pro/TOOLKIT 应用程序时，首先调用 user_ initialize（）函数。典型的定义格式为：

```
Extern " C" int user_ initialize（int argc, char * argv [ ],
        char * version, char * build, wchar_ t errbuf [ ]）
{
```

```
ProError status；
//用户添加的接口程序部分
……
return status；
        }
```

函数的参数 argc 表示在参数 argv 中的参数个数；argv 是一个 char 型的指针数组表示命令变量列表；version 为 Pro/ENGINEER 版本号（如：2001）；build 为 Pro/ENGINEER 的构建代码（如：2001180）。前 4 个参数均是 Pro/ENGINEER 系统向应用程序传递的参数，errbuf［］为输出参数，存放初始化失败的错误信息。如果在应用程序中不需要这些信息，在定义该函数时可以不定义这 5 个参数。函数返回 PRO_ TK_ NO_ ERROR 表示初始化成功。

user_ terminate（）函数在 Pro/ENGINEER 终止同步模式的 Pro/TOOLKIT 应用程序时调用（如退出 Pro/E 将终止应用程序的运行），该函数由用户定义，可以不执行任何动作。格式为：

```
extern "C" void user_ terminate（）
    {      //用户添加的终止代码
    ……
    }
```

6. 编写注册文件

在 Pro/E 中运行 Pro/TOOLKIT 应用程序，必须先进行注册。注册文件的作用是向 Pro/E 系统传递有关 Pro/TOOLKIT 和应用程序的信息。Pro/E 可通过此文件，来定位 Pro/TOOLKIT 应用的资源文件。

注册文件是一个简单的文本文件，每一行都有一个预先定义的关键词，一般格式如下：

```
name          YourApplicationName
startup       startupMode
exec_file     ExecutableApplicationFileName
text_dir      MenuOrMessageFileDirectionery
revision      RevisionNo.
End
```

其字段及意义如下

name：用来区分辅助程序中其他注册程序，这个名称可以和程序的文件名不相同。

startup：用来指定程序运行模式，动态连接库为 startup dll；多进程模式为 startup spawn

exec_file：程序位置，程序的存放位置可以采用绝对路径，也可以采用相对路径。相对路径是相对于 Pro/ENGINEER 的启动目录。

text_dir：资源文件位置，指定资源文件的存放位置。资源包括菜单信息文本、Pro/TOOLKIT 对话框资源、图片资源等。一般都是把资源文件放在一个文件夹 text 下，不同的语言版本的资源放在不同的文件下。

revision：版本设置，表示开发 Pro/TOOLKIT 程序的版本，可以设置为"2002"、"wildfire"等，一般不会影响程序的运行。

end：表示注册信息结束。

以上命令是注册文件所要求的基本输入，还有几个可选命令，例如 allow_ stop，用于定义在 Pro/E 软件系统运行时，是否可以随时打开和关闭有文件引入的 Pro/TOOLKIT 应用程序；delay_ start，用来指定在刚进入 Pro/E 软件系统时可否延迟打开该 Pro/TOOLKIT 应用程序等。

7. Pro/TOOLKIT 应用程序的运行与卸载

Pro/TOOLKIT 应用程序的注册有两种：一种是自动注册和运行，另一种是手动注册和运行。

（1）自动注册和运行

自动注册分为两种情况：一是必须将注册文件名取为 protk. dat，并保存于 Pro/E 安装目录下的 \ text 目录，或者保存于 Pro/E 的起始位置设定的目录；二是在 Pro/E 的 config. pro 文件中设定注册文件（系统变量名为 toolkit_ registry_ file）。

如果在注册文件中设置的 DELAY_ START 值为 TRUE，应用程序将自动运行。否则用手工启动运行。

（2）手动注册和运行

选择 Pro/E 界面上的 Utilities/Auxiliary Appliations 菜单项，选择"注册"按钮注册应用程序。注册成功后选择"启动"按钮运行应用程序。图 8-26（a）为注册 Pro/TOOLKIT 应用程序时的界面。如果在注册文件中包含了多个应用程序的注册内容，在列表框中将显示出相应的应用程序名。

如果在注册文件中设置的 ALLOW_ STOP 值为 FALSE 时，可以用手工终止应用程序的运行。选择需要终止运行的应用程序，先选择"停止"按钮，再单击"删除"按钮，如图 8-26（b）所示。

（a）程序注册

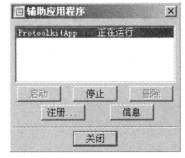
（b）程序终止

图 8-26　程序的注册运行与终止

三、基于 Pro/E 平台的缓冲衬垫设计模块开发

1. 平板电视的瓦楞纸板缓冲衬垫结构

市场上大多数平板电视可以分为座式和挂式两种，尺寸大小不等。其特点是结构类似、相关尺寸成一定比例，而且其质量也与电视机屏幕大小有一定关系。这将大大方便设计通用的衬垫结构。

本书设计的瓦楞纸板缓冲衬垫如图 8-27 所示。整机的缓冲衬垫由左右两部分组成，且相互对称，每一部分又是由内衬和外衬经过插装结合而成。内衬和外衬都是瓦楞纸板经过开槽、压痕、插装制成的一页成型免黏结的结构。左右两部分对称，可以提高设计和生产效率。其实物和结构图见图8-27和图8-28。

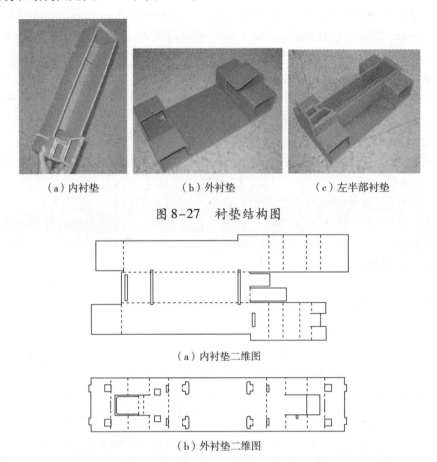

（a）内衬垫　　　　　　（b）外衬垫　　　　　　（c）左半部衬垫

图8-27　衬垫结构图

（a）内衬垫二维图

（b）外衬垫二维图

图8-28　衬垫二维图

可以看出，在实际使用这种缓冲衬垫时，被包装物各个方向实现支撑和缓冲的具体结构分别是：下方为两端的口子型结构；前后是立放的箱形结构；上方是层叠纸板结构。本书将介绍如何运用ProE软件的Pro/TOOLKIT工具开发出衬垫结构设计的专用模块，产品的缓冲作用则需要根据不同结构瓦楞衬垫的性能进行分析，读者可参阅相关文献。

2. 衬垫设计模块开发

本书开发的缓冲衬垫设计模块具有以下功能：通过输入和修改平板电视的技术参数，在给定模型的基础上自动生成平板电视的缓冲衬垫，并输出二维工程草图。衬垫的设计流程见图8-29。

（1）钣金件模型的建立

①模型样板

在Pro/E环境用人机交互方式建立三维模型样板。模型样板的创建方法与一般的三维模型相同，但必须注意以下几点：

a. 在对三维模型样板进行特征造型时，对二维截面轮廓，利用尺寸标注和施加相切、固定点、同心、共线、垂直及对称等关系实现对几何图形的全约束。

b. 正确设置控制三维模型的设计参数。设计参数可分为两种情况；一是与其他参数无关的独立参数；另一种是与其他参数相关的非独立参数。前者主要用来控制三维模型的几何尺寸和拓扑关系，后者可用以独立参数为自变量的关系式表示。实际上，参数化设计程序采用的是第一种情况的设计参数，对于后者可以不设置参数而直接用关系式表示。

②正确建立设计参数与三维模型尺寸变量之间的关联关系。在 Pro/E 中创建草图、加减材料和其他修饰特征时，系统将会以 d0、d1、d2、……默认的符号给特征的约束参数命名。系统的约束参数命名是由 Pro/E 系统自动创建的，其值控制三维模型的几何尺寸和拓扑关系，与用户建立的参数无关。要使用户建立的设计参数能够控制三维模型，必须使二者相关联。主要有两种方法：

其一是在创建或修改特征需要输入数值时，直接输入参数名。如在草图中标注或修改尺寸值时用参数名代替具体数值。

其二是利用 Pro/E 的关系式功能创建新的关系式，使 Pro/E 系统自动创建的约束参数名与设计参数关联。

考虑到瓦楞纸板衬垫折叠的形态及纸板属性，本书所建立的模型为钣金件模型。为了达到输入不同的参数可以产生不同外型尺寸的缓冲衬垫的目的，需要

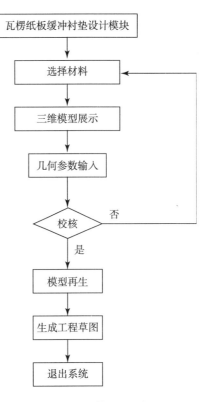

图 8-29　衬垫的设计流程

考虑的因素比较多，如参考平面、基准轴以及创建模型的方法等都需要详细地考虑。因此，必须选择简单、正确、有效的方法创建模型，使之能够通过修改参数获得其派生件。

（2）钣金折弯设置

为了在后期的钣金展开时得到相对准确的展开长度，钣金件在设计之前必须考虑到钣金折弯的问题，钣金折弯时，钣金材料会被拉伸，因此材料的长度会增加，反之，折弯的钣金被展开时，其材料会被压缩，则材料的长度会减少，材料增加或减少的幅度受下列因素所影响：材料类型、材料厚度、材料热处理、加工的状况及折弯的角度。在 Pro/E 中进行钣金折弯或展开时，系统会自动计算材料被拉伸或压缩的长度。在 Pro/E 中有两种方式来计算折弯处的展开长度尺寸，第 1 种方式是使用 Y 因子或 K 因子，第 2 种方式是使用折弯表（Bend table）。

①使用 Y 因子或 K 因子计算钣金展开长度

其计算公式如下：

$$L = (\pi/2 * R + Y * T)\ \theta/90$$

式中　L——钣金展开长度，如图 8-30（a）；

　　　R——折弯处的内侧半径，如图 8-30（b）；

　　　T——材料厚度；

　　　θ——折弯角度；

　　　Y——Y 因子，由折弯中线的位置所决定的一个常数，$Y = (\pi/2) * K$，$K = \delta/T$。

②使用折弯表计算钣金展开长度

Pro/E 系统缺省提供了 TABLE1，TABLE2 及 TABLE3 三种折弯表，其中 TABLE1 适用于

软黄铜及铜，Y 因子 $= 0.5$，K 因子 $= 0.35$；TABLE2 适用于硬黄铜、铜、软钢及铝，Y 因子 $= 0.64$，K 因子 $= 0.42$；*TABLE*3 适用于硬黄铜、青铜、硬钢及弹簧钢，Y 因子 $= 0.71$，K 因子 $= 0.45$。

除了上述 3 种折弯表外，也可自定义折弯表，通过设置→折弯许可→折弯表，设置折弯表。

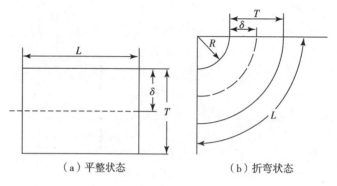

（a）平整状态　　　　　（b）折弯状态

图 8-30　钣金折弯示意图

瓦楞纸板不同于普通的钣金材料，它的折弯状态比较复杂，但总体上与一般的钣金折弯有相似点，都是拉伸面长度增加，压缩面长度减少，并且也有一条类似的折弯中性线。根据经验，C 瓦楞纸板折弯时可设置 K 因子为 2/3，如图 8-31 所示进行设置。

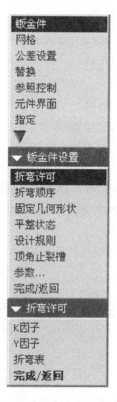

图 8-31　设置 K 因子

（3）衬垫的三维模型

钣金件设置完成以后，即可按照缓冲衬垫的成型过程建立缓冲衬垫的钣金件模型如图 8-32，模型尺寸为自定义。

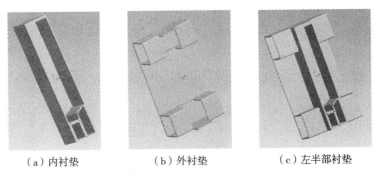

（a）内衬垫　　　　　　（b）外衬垫　　　　　　（c）左半部衬垫

图 8-32　建立衬垫的三维模型

其中内衬垫创建过程如图 8-33，具体操作过程如下。

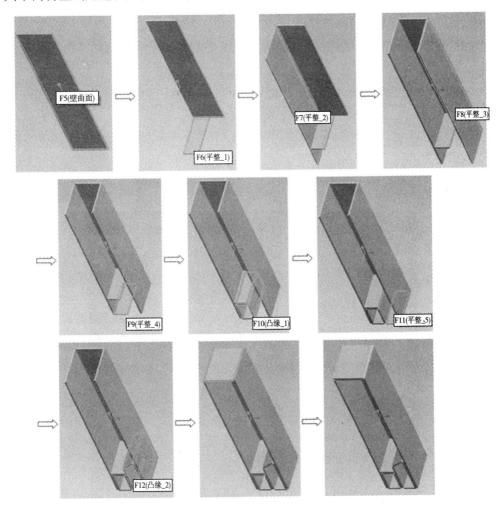

图 8-33　内衬垫的创建过程

①在 ProE 环境下新建零件，在子类型选择钣金件，然后输入零件名称，如图 8-34 所示。

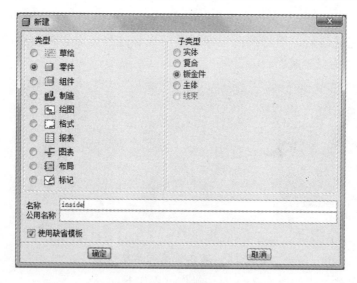

图 8-34　新建钣金件

②点击 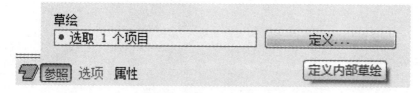 图标创建分离的平整壁。

③点击参照按钮下的定义按钮，然后选择 FRONT 平面为内部草绘平面，如图 8-35 所示。

图 8-35　参照

④在 Front 平面上草绘第一面平整壁，如图 8-36 所示。

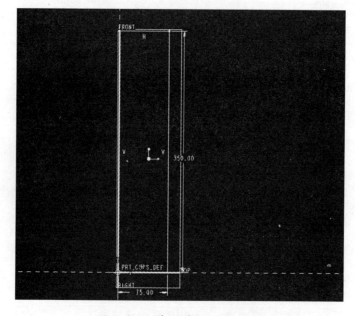

图 8-36　草绘第一面平整壁

⑤同上，在第一壁的下边缘选取一条边，然后点击按钮￼创建第二个平整壁。

⑥点击形状按钮，直接在图示中修改尺寸参数，对于复杂的形状，则点击草绘按钮进行草绘（图 8-37）。

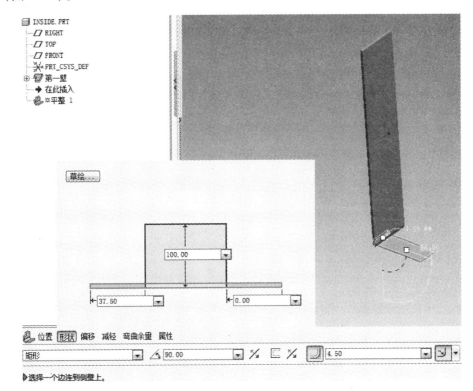

图 8-37　修改尺寸

⑦用相同的方法创建平整壁 2、3、4。

⑧选择需要创建凸缘壁的边，点击按钮，创建凸缘壁，如图 8-38 所示。

⑨选择"轮廓"→"草绘"，绘制凸缘壁截面，如图 8-39 所示。

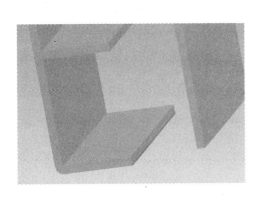

图 8-38　创建凸缘壁

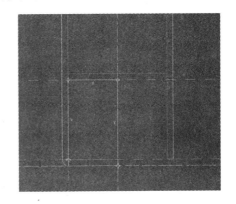

图 8-39　草绘凸缘壁截面

⑩选择标注折弯的外部曲面，完成凸缘壁的创建，如图 8-40 所示。

⑪用相同的方法创建其他的凸缘壁和平整壁。

外衬垫的创建过程与此类似，此处从略。

（4）建立参数关系

在 Pro/E 中创建草图、建立模型时，系统将会以 d0，d1，d2，……默认的符号给特征的约束参数命名。约束名是由 Pro/E 系统自动创建的，其值控制模型的几何尺寸和拓扑关系，与用户建立的参数无关。要使用户建立的设计参数能够控制模型，必须使二者相关联，即利用 Pro/E 的关系式（relations）功能创建的关系式，使系统的约束参数名与设计参数相关联。

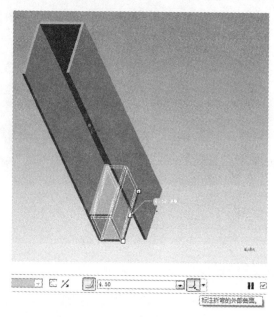

图 8-40　凸缘壁创建完成

值得注意的是，零件的约束参数名、用户建立的设计参数名、MFC 对话框中对应的输入框元件变量名称及用户建立的关系式要一一对应。

表 8-12 所示是为模块编辑框添加的衬垫设计参数成员变量。

表 8-12　用户创建参数

设计参数名	编辑框成员变量名
A	m_ A
L1	m_ L1
L2	m_ L2
B1	m_ B1
B2	m_ B2
H	m_ H
H1	m_ H1
H2	m_ H2

表 8-13 所示是为衬垫模型建立的参数关系式。

表 8-13 模型参数关系式

内部衬垫参数关系式	外部衬垫参数关系式
d0 = B1	d0 = B2 + 50
d1 = H1	d1 = （H − H1）/0.7 + H1 + T
d4 = （L1 − L2）/2	d4 = 92.5
d7 = d0/2	d17 = 100
d12 = d4	d24 = d4
d15 = （H − H1）/0.7 − 2 * T	d37 = d17
d23 = T	d44 = d4 − 27.5
d20 = d4	d45 = B1 + 2 * T
d21 = d15	d47 = （L1 − L2）/2 + T
d28 = d0/2	d55 = d47
d49 = d0/2	
d63 = H2	
d62 = A	

3. 菜单设计

（1）编写信息资源文件

信息文件是一种 ASCII 码文件，用来定义菜单项、菜单项提示等信息。在路径 D：\ Program Files \ Microsoft Visual Studio \ MyProjects1 \ ProtoolkitApp \ text \ chinese_ cn 下建立名为 message 的文本文档。

（2）编写菜单操作源程序

Pro/E 系统中的菜单项的添加是通过 ProCmdActionAdd （）和 ProMenubarmenuPushbuttonAdd （）函数实现的，函数定义如下：

ProCmdActionAdd （"test"，（uiCmdCmdActFn）ShowDialog，uiCmdPrioDefault，UsrAccessDefault，PRO_ B_ TRUE，PRO_ B_ TRUE，&caidan）

各参数的意义为：

"test"：在 Pro/ENGINEER 系统中使用的动作命令名；

（uiCmdCmdActFn）ShowDialog：用户激活菜单条命令时调用的动作函数名或称回调函数；

uiCmdPrioDefault：代表命令的优先级别为正常优先级，该优先级的动作函数将忽略除异步模式动作之外的其他动作；

UsrAccessDefault：确定菜单条是可选的；

PRO_ B_ TRUE：布尔值，确定在非激活窗口显示该菜单项；

PRO_ B_ TRUE：布尔值，确定在附属窗口显示该菜单项；

&caidan：调用动作函数 caidan 的命令标识号。该标识号在调用与动作相关联的 ProMenubarmenuPushbuttonAdd （）函数时作为输入参数。

ProMenubarmenuPushbuttonAdd（"menu1"，"瓦楞纸板缓冲衬垫设计模块"，"瓦楞纸板缓冲衬垫设计模块"，"设计者 ××"，NULL，PRO_ B_ TRUE，caidan，Msg）

参数的意义为：

"menu1"：父菜单名；

"瓦楞纸板缓冲衬垫设计模块"：分别为菜单名和菜单标签名；

"设计者 舒童"：菜单提示文本，该参数与信息文件中改组的标识关键字相同；

NULL：将该菜单项添加至菜单的首项或最后一项；

PRO_ B_ TRUE：表示将该菜单项添加至菜单最后一项；

caidan：为动作函数的命令标识号；

Msg：为信息文件名。

运用以上两个函数，在主菜单"二次开发"下创建"瓦楞纸板缓冲衬垫设计模块"、"内部衬垫参数设置对话框"、"外部衬垫参数设置对话框"和"工程图模块"四个菜单项，如图8-41所示。

图8-41　建立菜单

4. 用户对话框的创建

（1）使用 UI 对话框技术

利用 UI 对话框技术，在 Pro/TOOLKIT 应用程序中可设计出风格与 Pro/ENGINEER 系统对话框相似的人机交互界面。UI 对话框主要由对话框资源文件和相应的控制程序两大部分构成。

UI 对话框的设计主要包括两个方面：一是按界面的布局编写资源文件；二是针对 UI 对话框功能编写相应的控制程序 [44]。

①资源文件及组成

资源文件是用来定义和描述 UI 对话框外观及属性的文本文件。其主要内容包括 UI 对话框的组成部分元件或称控件、各元件的属性定义和元件的布局形式。

资源文件的结构如下：

（Dialog〈对话框名〉

　　　　（Components

　　　　　……

　　　　）

（Resources

……

　　　　）

）

Dialog〈对话框名〉为顶层语句，下面主要由两段构成，其中元件段（Component）声明了该对话框的所有元件，资源段（Resources）定义了各元件的属性及布局。元件声明的格式为：

（元件类型名　元件名）

如（PushButton OK），其中"PushButton"为类型名，"OK"为元件名。类型名 Radio-Group，InputPanel、Label、CheckButton 和 Separator 分别表示单选按钮、输入框、标签、复选框和分隔条。类型名为系统所定义，元件名为用户所定义，前者可理解为元件对象类，后者为元件对象的实例。

在资源段定义元件属性的格式为：

（元件名. 属性名 属性值）

如（OK. Label"确定"），其中"OK"为对象名，"Label"为"OK"对象的标签属性，属性值为字符串"确定"。

②编写资源文件

编写资源文件时应该注意区分大小写；为阅读方便，可以用"！"号标出注释内容，它对 UI 对话框的定义没有影响。此外，资源文件可用任何一种纯文本格式的文字处理软件编写，如 Word、写字板和记事本等，也可以用 VC 应用程序设计向导编写。无论用何种格式编写，都必须按纯文本格式保存，且文件扩展名为. res。保存在 Pro/ENGINEER 安装目录下的 \ text \ resource 子目录或注册文件中 TEXT_　DIR 字段指定目录下的 \ < language > \ resource 子目录下，其中 < language > 取决于当前使用的语言（如 usascii 或 Chinese_ cn）。

上述的 UI 对话框采用资源文件的形式来定义和描述界面组成元件、属性及布局，这种形式的优点是可以充分利用 Pro/TOOLKIT 提供的 UI 对话框操作函数和 Pro/ENGINEER 资源，设计出与 Pro/ENGINEER 界面风格相一致的人机交互界面。不足之处是用文本文件的形式定义对话框不能直观地反映界面布局，设计、修改和调试都比较困难。

（2）使用 MFC 的可视化对话框设计技术

MFC 是 VC 程序的一个重要的软件资源，为开发 Windows 应用程序提供了强大的支持，使用 MFC 可以充分利用 VC 开发环境提供的先进技术的工具，实现程序界面的可视化设计。与 UI 对话框相比，使用 MFC 的对话框界面布局上更为容易，修改和调试更为方便。所以本课题采用了 MFC 的可视化对话框设计技术。

MFC 的可视化对话框分为模式对话框和非模式对话框。模式对话框是 Windows 对话框界面的一种标准形式，在激活状态下不允许用户再选择和激活其他窗口，只有在关闭模式对话框之后，用户才能对其他窗口进行操作；无模式对话框不同于模式对话框，在激活状态下可以在不关闭该对话框的条件下激活另外的窗口，此时的无模式对话框只是处于非活动状态，若用鼠标选中则可以重新激活。与模式对话框相比，无模式对话框使用更为灵活，在操作顺序上没有太多的限制。本二次开发模块使用的是无模式对话框。

创建 MFC 对话框的一般过程如下：

①在 VC 集成开发环境中选择"Insert"菜单中的"Resource"菜单项显示如图 8-42 所示的"Insert Resource"对话框。选择资源类型为 Dialog，然后单击"New"按钮生成新的对话框。在生成的对话框界面单击鼠标右键弹出菜单，从该菜单中选择"Properties"项可以设置该对话框的标题等属性，如图 8-43 所示。

②用 ClassWizard 创建对话框类，自动生成 CDialog 派生类定义的头文件和相应的实现文件。操作步骤为：

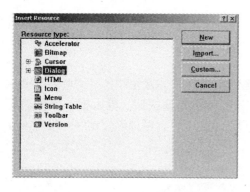

图 8-42　插入资源对话框

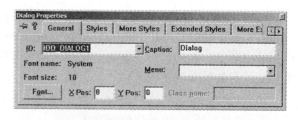

图 8-43　对话框属性设置

　　首先，用鼠标选择新生成的对话框并单击右键，从弹出菜单中选择 ClassWizard 项进入 Adding a Class 对话框，单击"OK"按钮进入创建 New Class 对话框，如图 8-44 所示，输入类名。

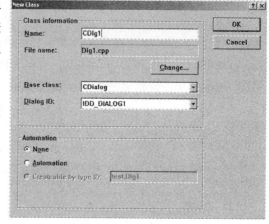

　　最后，单击"OK"按钮定义 CDialog 派生类，并生成相应的头文件和实现文件。

　　③创建和显示对话框，创建和显示对话框的程序代码在菜单动作函数中设计。

　　④生成 Pro/TOOLKIT 应用程序。

5. 模型调入及显示

　　进行钣金件参数化设计，首先要将建立的模型从硬盘中调入 Pro/ENGINEER 系统并

图 8-44　新类对话框

在其显示窗口中显示出来，模型的调入及显示的过程为：

　　利用 ProStringToWstring（）函数将模型文件的相对全路径文件名由字符型转换为宽字符型；

　　利用 ProMdlLoad（）函数将模型调入内存，并获得模型句柄；

　　利用 ProMdlDisplay（）函数完成模型的显示；

　　利用 ProSolidRegenerate（）函数完成模型的再生。

　　（1）ProStringToWstring（）的功能是将标准 ASCII 码字符转化为宽字符，在 Pro/TOOL-KIT 和 Pro/ENGINEER 中，所有对用户可见的字符及字符串（包括各种文本信息、键盘输入、文件名、尺寸及参数名等）都不是普通的 ASCII 码字符，也就是说不是字符 char，而是一种宽字符 wchar_ t。常用的 ASCII 码字符不能直接在 Pro/TOOLKIT 应用程序中作为输入输出的对象，必须进行转化。

　　ProStringToWstring（）函数的原型为：

　　ProStringToWstring（

　　wcha_ r ∗ wstr　　//out 宽字符指针

　　char ∗ str　　　　//in 普通字符指针

　　）

　　函数返回 The wide string

（2）ProMdlLoad（）函数的功能是将指定的模型读入内存。ProMdlLoad（）函数的原型为：

   ProError ProMdlLoad（

ProPath full_ path   // in 用来存储模型的全路径

ProMdlType type   // in 指定要读入内存的模型类型

ProBoolean ask_ user_ about_ reps   //定义是否调用定义模型简化表示对话框

ProMdl ∗p_ handle   //out 输出模型的模型句柄

   ）

函数可能返回的值为：PRO_ TK_ NO_ ERROR：函数成功地将模型读入内存

           PRO_ TK_ BAD_ INPUTS：输入的参数有一个或多个无效

（3）ProMdlDisplay（）函数完成指定的模型在窗口中的显示。其函数原型为：

  ProMdlDisplay（ProMdl model //in 指定要显示的模型）

函数可能返回的值为：PRO_ TK_ NO_ ERROR：表示函数成功的显示了模型

PRO_ TK_ E_ NOT_ FOUND：表示要显示的 model 为 NULL 或者没有显示的对象

PRO_ TK_ INVALID_ PTR：表示指定的模型没有在内存中

PRO_ TK_ GENERAL_ ERROR：表示有一个一般性质的错误，函数失败

PRO_ TK_ INVALID_ TYPE：表示指定了一个无效的模型类型

（4）ProSolidRegenerate（）函数的用途为再生指定的 ProSolid。其函数原型如下：

   ProSolidRegenerate（

   ProSolid p_ handle，//in 指定要再生的实体

   int flags   //in 指定某个位特征

   ）

函数可能返回的值为：PRO_ TK_ NO_ ERROR：函数成功再生 ProSolid

      PRO_ TK_ UNATTACHED_ FEATS：发现独立的特征，但再生没有错误

      PRO_ TK_ REGEN_ AGAIN：第一次再生模型过于复杂

      PRO_ TK_ GENERAL_ ERROR：再生失败

6. 参数获取及模型的再生

在钣金件零件设计中，由于三维模型的创建涉及草图、基准、曲面和实体等各类的特征，直接利用程序生成三维模型是非常困难的，参数化程序的设计十分烦琐和复杂，因此采用三维模型与程序控制相结合的方式。三维模型不是由程序创建，而是利用交互方式生成。在创建的零件三维模型基础上，根据零件的设计要求建立一组可以完全控制三维模型形状和大小的设计参数，并建立起约束参数和设计参数之间的相互关系。参数化程序针对钣金件的设计参数进行编程，实现设计参数的检索、修改和根据新的参数值生成新的三维模型的功能。采用 ProStringToWstring（）、ProMdlLoad（）、ProMdlCurrentGet（）、ProMdlToModelitem（）、ProParameterInit（）、ProParameterValueGet（）、ProParameterValueSet（）、ProSolidRegenerate（）八个函数实现参数的获取及模型的再生功能。

ProStringToWstring（）、ProMdlLoad（）和 ProSolidRegenerate（）前面已经介绍过，现在对其他五个函数的功能、原型及各参数的意义分别进行介绍：

（1）ProMdlCurrentGet（）的功能是获得模型的标识号，其原型函数为：

ProMdlCurrentGet（

ProMdl * p_ handle   //in 指定需要返回标识号的模型句柄

)

函数可能返回的值为：PRO_ TK_ NO_ ERROR：函数成功获得模型标识号

PRO_ TK_ BAD_ CONTEXT：输入参数无效

（2）ProMdlToModelitem（）函数的用途为把模型句柄转化为模型项。其原型函数为：

ProMdlToModelitem（

ProMdl handle,   // in 指定模型句柄

ProModelitem * p_ handle   // out 存放模型项语句

)

函数可能返回的值为：PRO_ TK_ NO_ ERROR：初始化句柄成功

PRO_ TK_ BAD_ INPUTS：输入参数无效

（3）ProParameterInit（）函数的功能为根据已知的参数名和父对象，获得指向 Parameter 类型对象的指针。其函数原型如下：

ProParameterInit（

ProModelitem * owner, //in 指定参数的父对象，可由 ProModelitemInit（）函数获得

ProName name, //in 指定模型中的设计参数名，设计参数名在建立模型时创建

ProParameter * param //out 存放初始化参数对象值

)

函数可能返回的值为：

PRO_ TK_ NO_ ERROR：函数调用成功，完成参数指针初始化

PRO_ TK_ BAD_ INPUTS：输入参数无效

PRO_ TK_ BAD_ CONTEXT：父对象不存在

PRO_ TK_ E_ NOT_ FOUND：在父对象中没有参数名指定的参数

（4）ProParameterValueGet（）函数的功能为获得参数对象的值。其函数原型如下：

ProParameterValueGet（

ProParameter * param , //in 指定参数对象指针，此对象由 ProParameterInit（）函数获得；

ProParamvalue * proval //out 输出参数对象的值

)

函数可能返回的值为：PRO_ TK_ NO_ ERROR：函数调用成功

PRO_ TK_ E_ NOT_ FOUND：父对象不存在

PRO_ TK_ GENERAL_ ERROR：指定的参数不存在，或函数无法执行

（5）ProParameterValueSet（）函数的功能为设置参数对象的值。其函数原型如下：

ProParameterValueSet（

ProParameter * param, //in

ProParamvalue * proval //in

)

返回值与各参数的意义与 ProParameterValueGet（）函数相同。

模型结构设计完成以后应当进行缓冲性能校核，此处从略。

7. 生成工程草图

虽然使用 Pro/ENGINEER 能够直接完成缓冲衬垫的三维模型设计，但在实际工作中，还需要将其转化为二维图，以便于打样或加工模切板。

Pro/TOOLKIT 应用程序中通常可以用两种方式创建工程图页面。

（1）根据工程图模板创建工程图页面

这种方法主要是通过 ProDrawingFromTmpltCreate（）函数来实现的。在调用该函数之前必须为新创建的工程图制定零件或组件模型以及工程图模板文件，系统将会按照工程图模板自动生成相关视图。用这种方法可以简化工程图的创建过程，但灵活性较差。

（2）不依赖工程图模板创建工程图页面

该方法使用比较灵活，可以为同一个零件或组件模型创建多个工程图页面，但需要编制较多的工程图代码。主要步骤为：

①不使用工程图模板进入工程图环境或用程序打开一个空的工程图页面；

②调用 ProMdlCurrentGet（）函数获得当前一工程图的句柄；

③调用 ProDrawingSheetCreat（）函数创建一个新的工程图页面；

④调用 ProDrawingCurrentSheetSet（）函数将新建的工程图页面设置为当前页面；

⑤调用 ProDrawingSolidAdd（）函数将零件或组件模型添加到当前页面中；

⑥生成工程图的相关视图。

虽然 Pro/ENFGINEER 具有自身的工程图设计功能，但现在企业中比较流行的工程图软件还是以二维软件 AutoCAD 为主，所以本模块仅仅实现了二维工程草图的自动生成功能，实际应用中还需要使用者在 AutoCAD 软件中对工程草图做适当的调整和补充，以达到工程应用的目的。

8. 创建注册信息文件

程序中用到的注册信息文件为：

name   ProtoolkitApp1

startup   dll

exec_ file .   \ MyProjects1 \ ProtoolkitApp \ Debug \ ProtoolkitApp1. dll

text_ dir .   \ MyProjects1 \ ProtoolkitApp \ text

allow_ stop   true

revision   Wildfire

end

在注册信息文件中，将应用程序的标识名定义为"Protoolkit App1"，此标识名并没有什么特殊意义，只是用来区别其他 Pro/TOOLKIT 程序。它可以与可执行文件同名，也可不同名，". \MyProjects1 \ ProtoolkitApp \ Debug\ ProtoolkitApp1. dll"为包含详细路径的应用程序名，这里应用了相对路径，而不是绝对路径，以提高程序的可移植性；". \ MyProjects1 \ ProtoolkitApp \ text"为完整的应用程序所需要的文本路径，用的也是相对路径；应用程序与 Pro/ENGINEER 的连接方式为"DLL（动态连接库）"；指定 allow_ stop 为"true"，允许在 Pro/E 工作时终止应用程序。

四、二次开发模块的使用

这里介绍二次开发模块的使用方法。

1. 启动二次开发模块

（1）双击桌面上的 Pro/E 图标，进入系统初始界面，注册运行所编写的 dll 文件，可以看到 Pro/E 界面上有"二次开发"这个菜单项。单击"二次开发"，会打开"瓦楞纸板缓冲衬垫设计模块"、"内部衬垫参数设置对话框"、"外部衬垫参数设置对话框"和"工程图模块"四个下拉菜单条，鼠标停留不动将显示"设计者 ××"的提示。如图 8-45 所示。

图 8-45　下拉菜单

（2）单击"瓦楞纸板缓冲衬垫设计模块"，弹出缓冲衬垫设计模块对话框，在这个对话框中，可以看到平板电视的正面和侧面简化图，并附带相应参数的含义介绍，方便用户对照图形获取平板电视的各项主要参数。在"选择包装材料"下拉列表中选择用于缓冲衬垫的包装材料。如图 8-46 所示。

（3）单击"缓冲衬垫模型展示"按钮，可以打开缓冲衬垫装配图展示衬垫外型。如图 8-47。

（4）分别单击"内部衬垫"和"外部衬垫"按钮可以对组件内的两个零件分别进行展示，如图 8-48 所示。

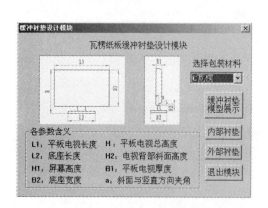

图 8-46　衬垫设计模块对话框

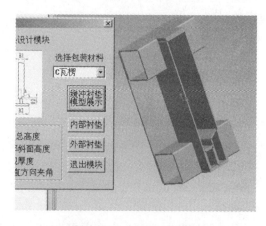

图 8-47　打开组件模型

（5）单击第二个菜单项，打开"内部衬垫参数设置对话框"，可以获取内部衬垫的各个参数值。根据实际情况输入平板电视的参数值并输入其重量，点击"计算并校核"按钮，校核此衬垫的可行性，如果可行则点击"模型更新"生成新的缓冲衬垫，如果不可行，则返回选择力学性能更好的包装材料。更新成功后退出该对话框，如图 8-49 所示。

（6）单击"缓冲衬垫设计模块"对话框中的"外部衬垫"，打开外部衬垫三维模型，然后点击第三个菜单项，打开"外部衬垫参数设置对话框"，修改参数并重新生成外部衬垫。如图 8-50。

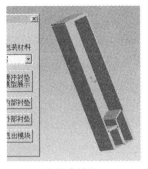
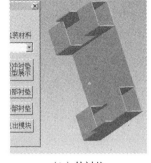

（a）内衬垫　　　　　　　　（b）外衬垫

图 8-48　内外衬垫展示

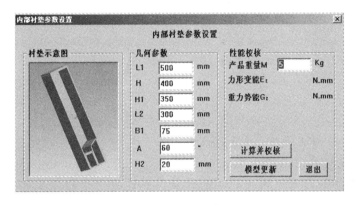

图 8-49　内部衬垫参数设置

（7）所有零件再生完毕后点击缓冲衬垫设计模块对话框中的"缓冲衬垫模型展示"按钮，可查看重新生成的衬垫总体模型。

（8）钣金件展开是 Pro/ENGINEER 的一个十分有用而方便的功能，分别手动展开内外部衬垫然后点击"工程图模块"菜单项，打开工程图模块对话框，如图 8-51 所示。可以分别生成内外衬垫的二维工程草图，进而存储为 dwg 格式文件，便于工程应用。

（9）点击缓冲衬垫设计模块中的"退出模块"按钮退出二次开发模块，关闭窗口并将清除所有内存。

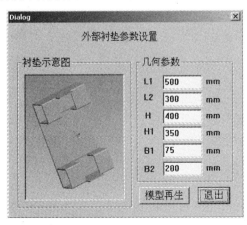

图 8-50　外部衬垫参数设置

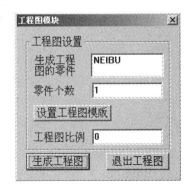

图 8-51　工程图模块

习 题

1. 用 Visual LISP 编制一个绘制五角星的程序，要求五角星绘制位置由鼠标拾取。

2. 自选盒型，用 Visual LISP 编制一个参数化绘制展开图的工具。

3. 采用 VBA 开发一个绘制以下图形的工具，要求以图形中心点为绘制基点，绘图时基点坐标由用户输入，所绘图形不包含文字标记。见图 8-52。

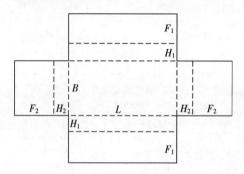

图 8-52 习题 3 插图

图中各参数值为：$L = 600\text{mm}$、$B = 300\text{mm}$，$H_1 = H_2 = 70\text{mm}$、$F_1 = 180\text{mm}$、$F_2 = 230\text{mm}$。

4. 怎样创建一个 PRO/TOOLKIT 应用程序？

5. 试简述 PRO/TOOLKIT 应用程序的结构，并说明它是怎样在 PRO/E 中注册和运行的？

第九章　运输包装 CAD

第一节　缓冲包装 CAD

一、缓冲包装设计概述

　　缓冲包装是包装保护功能的重要组成部分。在缓冲包装设计过程中，缓冲材料的选择和结构尺寸的计算不仅要查很多图、表，而且需要花大量的时间进行计算、分析和比较。整个设计过程烦琐、计算工作量大，设计出来的缓冲包装系统灵活性、可修改性和可扩充性差，生存周期短。随着科学技术的飞速发展，具有优良缓冲性能的新材料不断出现，传统的设计方法很难适应这种变化。为此，世界各国利用计算机辅助设计技术，相继成功地开发了各种缓冲包装设计软件，使缓冲包装设计能够方便有效地进行。

　　缓冲包装设计的原理在《运输包装》教材中已有详述，归纳起来，常用的缓冲包装设计方法有表9-1所示的四种。

表9-1　常用的缓冲设计方法

设计方法	A	B	C	D
已知条件	\multicolumn{4}{产品重量 W，产品脆值 G_m（$G_m = [G]$），等效跌落高度 H}			
使用曲线	$C - \sigma_m$ 曲线		$G_m - \sigma_{st}$ 曲线	
设计要求	指定使用某种密度的材料	缓冲承压面积 A 已定	缓冲承压面积 A 已定	缓冲材料最省
设计步骤	①从 $C - \sigma_m$ 图查取指定材料曲线最低点坐标（σ_m，C_{min}）；②计算承压面积 $A = WG_m/\sigma_m$；③计算衬垫厚度 $t = C_{min}H/G_m$	①计算最大应力 $\sigma_m = WG_m/A$；②从 $C - \sigma_m$ 图查取对应于 σ_m 具有较小 C 值的材料；③计算衬垫厚度 $t = CH/G_m$	①计算静应力 $\sigma_{st} = W/A$；②从跌落高度 H 的 $G_m - \sigma_{st}$ 图查取 σ_{st} 与 G_m 交点；③找出相适应的曲线（厚度）；④确定合理的衬垫厚度（t）	①以 G_m 值在 $G_m - \sigma_{st}$ 图中画一水平线；②找出水平线与每根曲线的交点，即一个 t 值和两个 σ_{st} 值；③以 σ_{st} 较大者计算承压面积 $A = W/\sigma_{st}$；④计算材料体积 $V = At$；⑤对每根相交曲线重复③④；⑥选定 V 最小者作衬垫材料

二、缓冲包装 CAD

要实现缓冲包装计算机辅助设计,首先要建立 CAD 数据库,包括流通环境数据库,缓冲材料特性数据库,流通运输环境载荷图谱等。为了提高系统的智能化水平,有的软件还建立了常用缓冲包装方案库,考虑了原设计产品的相似图谱,并按照一定的规则对输入的缓冲包装设计的参数条件进行编码,然后利用相似原理进行检索,寻求相似缓冲包装方案加以修改利用。下面以一个典型的包装 CAD 系统为例,简要介绍缓冲包装 CAD 的流程及其子模块的构建。

1. 包装 CAD 系统及缓冲包装 CAD 的流程

缓冲包装是包装系统的重要组成部分,综合考虑包括缓冲包装在内的防护包装设计、容器设计以及对缓冲包装相似设计方案进行修改重复利用等方面的要求,根据表 9-1 所列的缓冲包装设计方法,可以建立一个设计流程如图 9-1 所示的包装 CAD 综合系统。

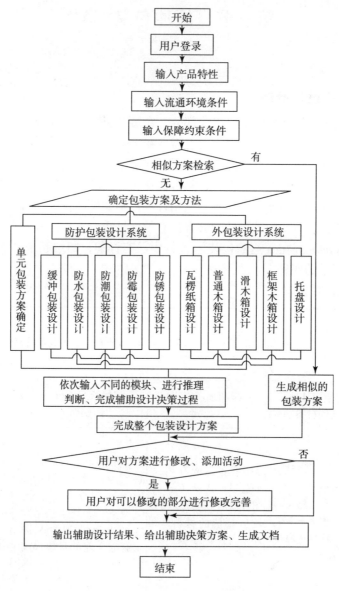

图 9-1　包装系统设计流程图

可以看出,缓冲包装 CAD 系统是其中的一个环节。

缓冲包装设计应考虑的因素:①产品及其包装件所经受的流通环境(跌落冲击,振动等）；②产品特性（脆值、结构尺寸与表面状态，重量等）；③缓冲材料特性；④缓冲包装系统结构设计及实验测试要求。

若已知被包装产品的重量、脆值、尺寸、流通过程中的等效跌落高度、运输振动条件等因素，以及相关的缓冲材料特性资料，就可以进行缓冲衬垫的设计计算、防振校核、尺寸校核和缓冲材料的性能校核。通过分析和比较，最后就能设计出既能保护产品、安全运输、又经济合理的缓冲包装衬垫，包括确定衬垫材料的类型和结构尺寸。图 9-2 给出了缓冲包装设计的一般流程。

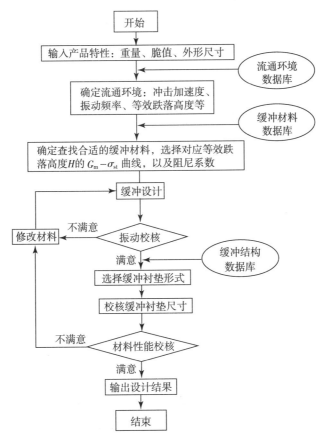

图 9-2　缓冲包装设计的一般流程

2. 相似设计方案的检索

这种检索是根据用户输入的影响缓冲包装设计的参数，如产品特性（脆值、重量、结构尺寸）、运输方式等，按一定的量值范围将它们分段用代码表示，以便计算机处理，还考虑了不同参数对相似性设计影响的权重，再利用相似原理进行判断。其流程框图如图 9-3 所示。其中包括常用典型缓冲包装方案库（见表 9-2）的建立和相似缓冲包装方案的检索利用。

（1）方案库

方案库通常用来存放典型产品和已设计成功并得到实践检验的缓冲包装方案，包括产品的脆值、重量、外形尺寸、固有频率等特征参数，以及运输环境参数等。

表9-2 典型缓冲包装方案库

名 称	字段名	是否主码	是否检索	类型	长度
产品名称	CpMc	Y	Y	C	50
产品重量码	CpZl	N	N	C	4
产品脆值码	CpCz	N	Y	C	4
轮廓尺寸–长码	CpCd	N	N	C	4
轮廓尺寸–宽码	CpKd	N	N	C	4
轮廓尺寸–高码	CpGd	N	N	C	4
轮廓尺寸–直径码	CpZj	…	…	…	…
运输方式码	YsFs	…	…	…	…
装卸方式码	ZxFs	…	…	…	…
有无脆弱部件	CrBj	…	…	…	…
脆弱部件脆值码	CrBjCz	…	…	…	…
脆弱部件固有频率码	CrBjPl	N	N	C	4

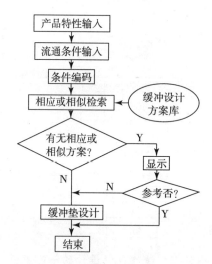

图9-3 相似方案的检索

（2）相似方案的检索

首先将输入的缓冲包装设计条件进行编码，分别建立下列各表。

①产品重量编码表（表9-3，权重值为2）。

表9-3 产品重量编码表

产品单元重量（kg）							
<5	5～10	10～15	15～25	25～35	35～50	50～65	>65
1	2	3	…	…	…	…	…

②产品脆值编码表（表9-4，权重值为2）。

表 9-4　产品脆值编码表

≤15	16～24	25～39	40～59	60～84	85～110	>110
1	2	3	…	…	…	…

③产品的轮廓尺寸（mm）。其中直方体轮廓尺寸编码见表9-5（权重值为1）；圆柱体轮廓尺寸编码见表9-6（权重值为1）。

表 9-5　直方体轮廓尺寸编码表

产品轮廓尺寸－长							
<250	250～350	350～450	450～550	550～650	650～750	750～850	>110
1	2	3	…	…	…	…	…
产品轮廓尺寸－宽							
<250	250～350	350～450	450～550	550～650	650～750	750～850	>110
1	2	3	…	…	…	…	…
产品轮廓尺寸－高							
<250	250～350	350～450	450～550	550～650	650～750	750～850	>110
1	2	3	…	…	…	…	…

表 9-6　圆柱体轮廓尺寸编码表

产品轮廓尺寸－长							
<250	250～350	350～450	450～550	550～650	650～750	750～850	>110
1	2	3	…	…	…	…	…
产品轮廓尺寸－直径							
<250	250～350	350～450	450～550	550～650	650～750	750～850	>110
1	2	3	…	…	…	…	…

④运输方式（权重值为1）。运输方式编码的原则是：如果输入的运输方式和所比较的运输方式相同，则运输方式编码为0，否则为1。

⑤装卸方式（权重值为1）。编码：机械装卸为0，人工装卸为1。

⑥脆弱部件。其中脆弱部件的脆值编码见表9-7（权重为2），脆弱部件的固有频率编码见表9-8（权重为1）。

表 9-7　脆弱部件脆值编码表

有无脆弱部件		产品许用脆值						
有	无	≤15	16～24	25～39	40～59	60～84	85～110	>110
1	0	1	2	…	…	…	…	…

表 9-8　脆弱部件的固有频率编码表

脆弱部件固有频率							
<2	2~3	3~5	5~10	10~20	20~30	30~100	>100
1	2	3	…	…	…	…	…

检索相应或相似缓冲包装设计方案的方法为：对用户输入的条件根据上述办法按一定的顺序进行编码，将输入条件的组合码和典型产品的缓冲设计方案的编码进行对比，其判断公式为：

①条件特征方差公式

$$\sigma_x^2 = \frac{1}{N}\sum_{i=1}^{N}(a_ix_i-\bar{x})^2;\ \bar{x}=\frac{1}{N}\sum_{N}^{1}a_ix_i;\ \sigma_y^2=\frac{1}{N}\sum_{i=1}^{N}(a_iy_i-\bar{y})^2;\ \bar{y}=\frac{1}{N}\sum_{N}^{1}a_iy_i$$

②输入条件和比较方案条件特征相关系数的计算公式

$$\sigma_{xy}=\frac{1}{N}\frac{|(a_ix_i-\bar{x})(a_ix_i-\bar{y})|}{\sigma_x\sigma_y}$$

其中 x_i 为输入条件的数字编码，y_i 为相似或相应缓冲包装方案的数字编码，N 为编码数量，a_i 为各特征的权重。

式中 σ_{xy} 的取值为 0 到 1 之间。如果该值为 0 或接近 0，则说明这输入的特征和缓冲包装方案的特征之间没有相似和相关性，而等于 1 或接近 1 则表明输入的条件特征与相似或相应的缓冲包装方案之间的相关和相似性很强。这里，可以取 $\sigma_{xy} > 0.95$ 时，即认为有相应或相似缓冲包装方案。

3. 缓冲包装设计模块

缓冲包装设计是根据产品的特性、流通环境条件、最大加速度—静应力曲线或缓冲系数—最大应力曲线、传递率—频率曲线等设计参数和缓冲包装设计原理，选择缓冲衬垫并计算其结构尺寸和判断缓冲包装方法，同时对衬垫进行性能校核。其设计流程包含了若干关键模块。

（1）衬垫材料的选择

缓冲衬垫材料的选择原理主要是利用所消耗的成本最小为约束条件，利用计算机自动筛选缓冲衬垫。在计算过程中，不符合条件的曲线将不参与计算和综合比较。其选择流程如图 9-4 所示。

（2）衬垫的结构设计

缓冲衬垫的结构设计主要包括确定衬垫的形状，衬垫的长、宽和高以及衬垫的有效缓冲面积和所需的材料体积。缓冲衬垫的结构形式主要有平垫、角垫和棱垫三种，它们主要适用于形状规则的产品，对于形状不规则的产品，例如产品有突起部位，这部分的强度较低，应采取适当的处理措施。本例将衬垫的形状做成材料结构图库的形式，就是将各种具有代表性的、已在生产实践中广泛使用的产品衬垫结构形式存入衬垫结构形式库中，用户可根据实际情况选择所需的衬垫结构形状，图库的结构形式见表 9-9；缓冲衬垫结构图库附表见表 9-10。

（3）衬垫的性能校核

由于材料的性能是多方面的，因而需要对所设计的衬垫进行性能校核，包括挠度校核、角跌落校核、防振校核和蠕变校核等，缓冲衬垫校核流程如图 9-5 所示。

表 9-9　缓冲衬垫结构图库主表

衬垫类型	衬垫代码
角垫	JD
棱垫	LD
平垫	PD
其他形式的衬垫	QD

表 9-10　缓冲衬垫结构图库附表

衬垫类型	衬垫结构图路径和名称
JD	D：\ 衬垫结构图 \ J1
JD	D：\ 衬垫结构图 \ J2
JD	D：\ 衬垫结构图 \ J3
LD	D：\ 衬垫结构图 \ L1
LD	D：\ 衬垫结构图 \ L2
LD	D：\ 衬垫结构图 \ L3
PD	D：\ 衬垫结构图 \ P1
PD	D：\ 衬垫结构图 \ P2
QD	D：\ 衬垫结构图 \ QD1
QD	D：\ 衬垫结构图 \ QD2

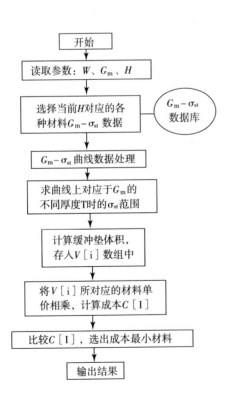

图 9-4　衬垫选择流程图

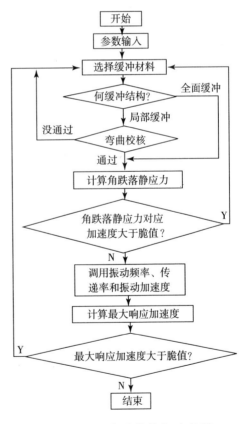

图 9-5　缓冲衬垫校核流程图

第二节 瓦楞纸箱结构 CAD

一、概述

迄今，美、日、法、德、加等发达国家已相继成功地开发了一批包装 CAD/CAM 系统软件，并已广泛应用。追求最优化和智能化的包装纸箱设计软件和纸包装设计制造一体化软件还在不断涌现。这些软件使设计者、制造者和顾客连成一体，共同介入包装纸箱设计、制造及市场化的全过程。

设计工作数字化无疑为数字化制造技术创造了条件。CAD 技术首先被用于纸箱结构设计图的绘制和处理，在此基础上，可建立纸箱的物理模型，通过模拟仿真对方案进行测试，如应力分析等。许多用户希望 CAD 系统能根据特征相似原理，只使用简单的新指令，就能将现成的设计方案进行修改和更新。当 CAD 系统将设计的结果以数据的形式向 CAM 系统传送后，CAM 系统根据传来的信息进行处理发出指令，控制纸箱的制造过程。

近年来，虽然我国包装科技人员在包装 CAD 领域做了许多有益的软件开发工作，并在各种刊物上屡有报道。但是，国产软件在系统性、实用性、市场化等方面还需要进一步加强和完善。

本节着重介绍瓦楞纸箱结构 CAD 系统的基本原理。

二、瓦楞纸箱设计的一般步骤

瓦楞纸箱的一般设计步骤归纳于表 9–11。这是纸箱 CAD 开发的重要依据。

表 9–11 瓦楞纸箱结构设计步骤

序号	设计步骤		设计内容	考虑因素与约束条件
1	输入商品信息		品名、规格、重量、内包装，……	□有无易损敏感零件 □有无特殊包装要求
2	纸箱结构尺寸设计	确定包装要素	单箱件数、净重、排列方式、箱型、楞型、隔挡、衬垫……	□商品性质与要求 □箱内容器性能 □市场惯例 □人体工程因素 □制箱用料率 □集装空间利用率……
		计算纸箱结构尺寸	内尺寸、制造尺寸、外尺寸	
		结构合理性	方案判别与遴选	
3	纸箱结构强度设计	流通要求堆码强度	堆码高度，底箱承重，安全系数，堆码强度	□强度计算方法选择 □纸箱材料选择 □面纸/芯纸对强度的影响 □隔衬件对纸箱强度的增强 □内容物的支撑性 □安全系数选择……
		纸箱设计承压强度	瓦楞纸板规格，重量，空箱抗压强度	
		强度安全性	方案判别与遴选	
4	输出设计结果	文字	品名、规格、件数、净重、毛重、体积、运输标志，瓦楞板规格，隔衬件规格，抗压强度计算结果	
		图样	纸箱箱片展开图，箱内商品排列图，箱内附件图，主立面构图（印刷用）	

三、瓦楞纸箱 CAD 系统

本书以一种见诸生产应用的国产瓦楞纸箱 CAD 软件——CADCBS 为例加以介绍。这是一种专用于瓦楞纸箱的结构化设计软件，用户输入原始数据，通过人机对话，可自动完成箱体结构尺寸计算、抗压强度计算、排料优化设计、平面展开图显示与绘制、立体结构图显示与绘制等工作。设计结果可以屏幕显示或打印方式输出或保存。限于篇幅，本书仅简单介绍软件的主要模块及流程。

1. 软件总体流程图（见图9-6）

2. 运行流程图（见图9-7）

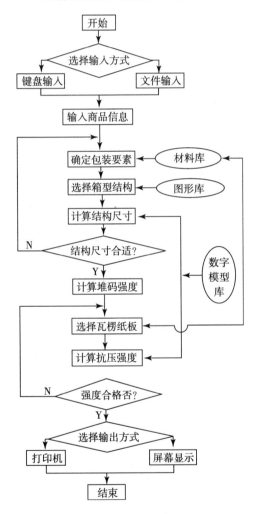

图 9-6　CADCBS 总体流程

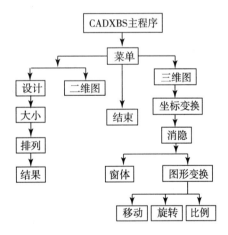

图 9-7　运行流程图

该软件的功能及其程序模块包括：

* CADCBS—进入 CADCBS. TRU 主程序
* 二维图形—平面图形编制子程序
* 消隐—立体图消隐子程序
* 图形变换—图形变换子程序

* 菜单—菜单子程序
* 三维图形—立体图形编制子程序
* 坐标变换—坐标变换子程序
* 窗体—立体图形开窗子程序

＊设计—纸箱设计子程序　　　　　　　＊大小尺寸—尺寸计算子程序

＊排列—排料设计子程序　　　　　　　＊输出结果—设计结果表达子程序

为保障软件运行，还设计了出错保护子程序 ERROR—1. SUB 和 ERROR—2. SUB；各类数据库如图形文件库、平面展开图数据库和立体图形数据库等。

3. 程序模块说明

（1）主程序 CADCBS. TRU

该程序主要考虑了库文件的连接，图形模式设置，窗口设置与通道传递，图形文件和数据文件的输入，箱型的输入和选择。

（2）菜单子程序 MENU. SUB

该模块用菜单形式控制程序流程，程序流程见图 9-8。用于连接箱型选择和纸箱设计中的大部分子程序。

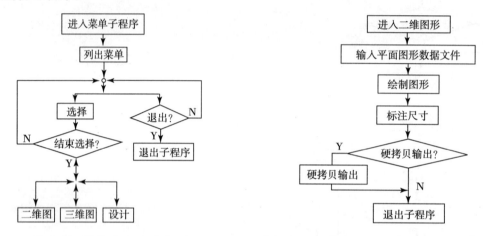

图 9-8　菜单子程序流程图　　　　　图 9-9　平面图形 D2 - PIC.SUB 程序流程图

（3）平面图形子程序 D2 - PIC. SUB

程序流程见图 9-9，用于绘制瓦楞纸箱展开图形。完成数据文件的输入、绘制平面展开图和尺寸标注。

（4）立体图形子程序 D3 - PIC. SUB

程序流程见图 9-10，用于绘制瓦楞纸箱立体结构图。完成数据文件的输入（包括纸箱的顶点坐标，箱面数，每个箱面的顶点数，每个箱面按逆时针输入点码）、坐标变换（通过 CHANG. SUB 来完成三维图形向二维图形的转换）、绘制主体结构立体图、消隐处理（调用 HIDE. SUB 完成消隐计算并消去隐藏线）、三维图形变换（调用 TRANSFORM. SUB 完成用户所需的平移，旋转和比例缩放等变换）和开窗口（调用 WINDOW. SUB 对立体图做开窗审视与修改）等操作，其流程见图 9-11。

（5）纸箱设计子程序 DESIGN. SUB

程序流程见图 9-12，用于完成瓦楞纸箱设计。包括输入设计纸箱的各项参数，如箱板楞型、瓦楞纸板规格、内装产品的原始数据等；结构尺寸计算；强度校核计算；排料和用料计算；集装箱及托盘规格选择和设计结果的确定和输出。

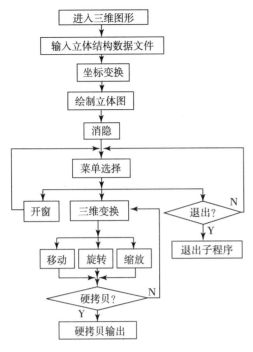

图9-10 立体图D3 – PIC.SUB程序流程图

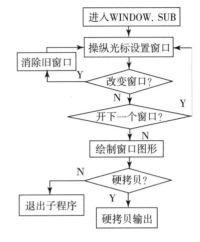

图9-11 窗口WINDOW.SUB程序流程图

第三节 纸箱结构优化CAD

一、概述

设计师在用瓦楞纸箱结构CAD软件进行纸箱设计时，除了需要不断变更与选择参数外。还要在以下几个方面作出判断：包装数量、重量、纸箱外形尺寸，纸箱制造的箱板用量及成本，纸箱在储存和流通中的空间利用率和运费，纸箱承压强度与安全性等。对不同商品、不同流通环节、不同市场，所考虑问题的侧重点不尽相同。这种情况下，设计师个人的经验非常重要。为了获得相对满意（但未必最佳）的方案，必须经过较长时间的总结和摸索。这是一种直觉的和经验性的优化设计过程。若将第五章中介绍的工程优化设计原理应用于瓦楞纸箱结构设计中，则会使原本偏于经验性的优化设计更趋理性化和数学化。

包装纸箱的优化设计包含两方面内容：一是将实际工程问题抽象为最优化数学模型；二是应用最优化方法求解这一数学模型问题。

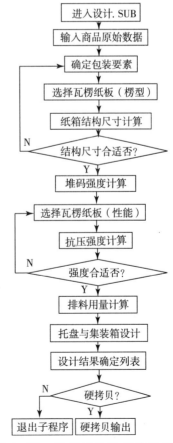

图9-12 纸箱设计子程序流程图

需要强调的是，产品设计考虑的因素众多。商品不同，设计方案的最终取舍标准会有所不同。因此，在进行瓦楞纸箱结构的优化设计时，可针对用户的不同要求，建立合适的优化目标函数，如使制造成本最小、运输费用最小或空箱抗压强度最好等。

下面介绍一种满足强度条件、要求制造成本和运输费用为最小的瓦楞纸箱结构优化CAD方法。

二、纸箱结构优化的数学模型

1. 目标函数

$$F = \left(K_1 S + \frac{K_2 V_2}{R V_1} \right) \frac{1}{N}$$

式中　F——每件商品所需包装纸箱成本和运输费用之和；

　　K_1——所用瓦楞纸板单价（元/m²）；

　　S——单个纸箱用料面积（m²）；

　　K_2——所用集装箱从起点到终点的运价率（元/集装箱）；

　　V_1——单个纸箱的体积（m³）；

　　V_2——集装箱容积（m³）；

　　R——集装箱内瓦楞纸箱的空间利用率（%）；

　　N——单个纸箱内商品（或内包装件）数量。

由上式可知，目标函数即为单个商品所耗的包装箱成本和集装箱运输费用二者之和，其自变量由纸箱内物品排列数量和方式、箱型以及纸箱在集装箱内的集装方式等因素确定。优化目的是求取目标函数在自变量为某特定值时的极小值。

以 0201 型纸箱为例，其目标函数中主要参数有：①纸箱用料面积；②单个纸箱内包装件数量；③纸箱体积；④集装箱内空间利用率；⑤集装箱内总装箱数。其中④与⑤是相关的。

2. 约束函数的建立

约束函数包括：①同样的包装重量或数量下的用料率；②排料裁切时为充分利用瓦楞纸板幅宽，对边余料的限制；③市场或流通环节或人体工程学因素对箱体外形尺寸和重量的限制等。

3. 抗压强度设计

进行强度设计时，可调整瓦楞纸箱的楞型、纸箱规格及其性能参数值、堆码条件和安全系数等变量，直到满意为止。需要指出的是，纸箱楞型和纸板规格调整后，可能使前面优化设计中假定的瓦楞纸板单价发生变化。如果差异较大，则需要用调整后的价格取代前者作重复计算。

4. 瓦楞纸箱结构优化 CAD 程序

按以上设计思路所开发的 CADC 程序，可通过人机对话方式实现纸箱结构的优化设计。其结构框图如图 9-13 所示。其中：

BIO——引导模块；

MI——设计任务主菜单，其中 A——纸箱结构和集装运输整体优化设计，B——瓦楞纸箱结构优化设计，C——瓦楞纸箱集装运输优化设计；

MIB——设计任务主菜单，其中 A1——箱内物品排列未定，B1——箱内物品排列方式已定，C1——纸箱内尺寸给定；

BIA，BIBa，BIBb，BIBc，BIC——人机对话式设计数据输入模块；

BI1——纸箱内包装参数输入，BI2——纸箱类型选择，纸箱设计参数，约束条件设定输入，BI3——集装运输工具参数输入；

BPA，BPBa，BPBb，BPBc，BPC——优化设计处理模块；

BP1——瓦楞纸箱有关尺寸处理，BP2——装箱排列处理显示，BP3——集装货物处理，BP4——优化方案排序；

BDA——整体优化方案显示模块，BDBa——结构优化方案显示模块；

BDC——集装排列优化显示模块；

MEA——设计结果输出菜单 A；

MEB1——设计结果输出菜单 B1；

MEB2——设计结果输出菜单 B2；

MEC——设计结果输出菜单 C。

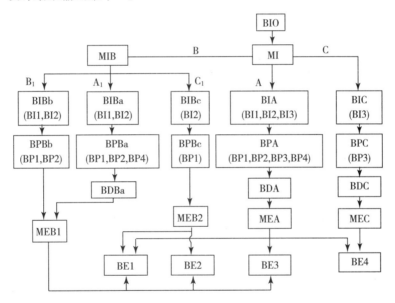

图 9-13　CADC 程序的结构

BE1——抗压强度设计，瓦楞纸板配料图形输出模块。

BE2——瓦楞纸箱结构设计图形输出模块。

BE4——集装箱内集装排列图输出模块。

运用上述优化设计程序，可以实现如下功能：

①完成纸箱结构和集装运的整体优化设计。

②完成纸箱结构的优化设计，适合 ISO 中所有箱型，适合不同内装形式和不同排列方法。

③完成给定纸箱的集装运输设计，包括不同运输工具如集装箱、托盘、车厢等。

④实现生产线上瓦楞纸板的最佳排料，减少边余料浪费。

⑤选择多项输出结果：如瓦楞纸板配料图、瓦楞纸箱结构图、瓦楞纸箱内部排列图、集装箱内部排列图等。

习　题

1. 运输包装设计包括哪些内容?
2. 试述缓冲运输包装 CAD 的方法?
3. 简述瓦楞纸箱结构优化设计 CAD 的主要思想?
4. 如何实现瓦楞纸箱包装 CAD?

第十章　包装纸盒 CAD

第一节　概　述

由于纸包装和其他材质的包装相比具有良好的包装保护性能以及成本低、易加工、环保、可回收、适于印刷、可实现自动化作业等优势，所以在包装领域占据重要地位。纸盒作为一类销售包装容器，被广泛用于包装食品、医药、电子、日用化工等产品。在礼品包装中也常常采用纸盒包装。

一、国内外纸盒 CAD 技术的发展情况

1. 国际流行的纸盒 CAD 软件品种多且功能好

在商品经济时代，商品门类众多，变化很快，以最快的速度向客户提供最满意的产品包装服务是包装设计人员所追求的目标。为了提高纸盒的设计效率和制造精度，推动纸盒设计、制造自动化，国内外众多软件公司都致力于包装纸盒 CAD 的研发，20 世纪 70 年代以来，先后成功研发了几百种纸盒 CAD/CAM 系统软件。表 10-1 列出了目前比较流行的软件。

表 10-1　常见的纸盒包装 CAD 软件

国家	公　　司	软件名称
德国	Marbach	Marbach 2D – 3D CAD/CAM
德国	ElCEDE	ElCEDE CAD/CAM
德国	LASERCOMB	Impact CAD/CAM
瑞士	ERPA	VERPAK/VPACK
加拿大	Engview	Engview Package Designer CAD
日本	邦友	Box – Vellum
美国	TOPS	TOPS Pro
美国	CAPE system	CAPE
美国	Cimex Corp	Cimpack
比利时	Esko – Graphics	Artios CAD
英国	AG/CAD	Kasemake
荷兰	BCSI Systems BV	Packdesign2000

此外，还有一些针对某一具体功能的专业软件，如用于包装纸盒装潢设计和拼大版的 ArtPro 软件、Pandora 软件等。

上述专业纸盒软件均以人机交互方式，进行创建纸盒结构、印刷图案以及优化排料等设计作业。都配有供调用选择盒型的盒型库，只要输入盒体的长、宽、高和纸板厚度，就可以立即输出纸盒展开图、模切排料图、印刷轮廓图及背衬加工图。而且可以显示纸盒的立体造型、模拟纸盒的开闭过程、自动排料，还能为纸盒 CAM 系统提供加工纸盒用的数据文件。

2. CAD 技术在我国纸盒行业的开发应用

CAD 技术在我国包装行业的应用起步较晚，和发达国家相比，差距较大，但发展很快。部分科研部门与高等院校在开发纸盒 CAD 软件方面取得了可喜的成果。例如，方正集团推出的 ePack 系统，是我国率先自主研发的基于中文平台的专业包装设计系统；上海激光研究所较早开发的"激光切割模板系统"，填补了我国在包装 CAD/CAM 技术上的一项空白。一些高校也先后开发出 TULI – SKH 折叠纸盒结构/模板设计软件和对话式纸盒自动设计系统——WCH 软件，这些软件同样具有国外专业软件的许多功能。

二、纸盒 CAD 软件的开发形式

目前国内外包装纸盒 CAD 作业主要采用两种形式：其一是使用专用包装 CAD 软件设计纸盒；其二是采用 AutoCAD、CAXA 等通用绘图软件进行纸盒设计。

自主开发的专用包装 CAD 软件功能齐全，专业化程度高，与硬件配合功能好，但系统复杂，价格昂贵。AutoCAD 是绘图功能强大的通用软件，利用该软件虽然也能完成纸盒结构设计，但因这类通用软件没有考虑纸盒制作工艺的特殊性，往往给生产带来不少问题。为此，以 AutoCAD 等通用 CAD 软件作为二次开发平台研发纸盒应用软件，从而解决了采用通用软件设计"不专业"，工作效率低的缺憾。目前，纸盒 CAD 软件自主开发和二次开发两种开发形式并存且各有千秋。

随着计算机技术的迅猛发展，包装行业期望推出功能更强大、价格又适中的包装软件，尤其对三维的展示功能提出了更高的要求。国内已有高校利用 OpenGL 的强大三维图形库以及合理的数据结构开发出移植性较好的包装 CAD 专用软件，不仅能够创建纸盒的三维立体图，而且可以动态显示纸盒的展开和成型过程。随着计算机可视化、虚拟现实环境等先进技术的进步，包装 CAD 技术必将向网络化、信息化、智能化方向发展。

第二节　纸盒 CAD 软件的开发

一、纸盒结构特点及常规纸盒参数化设计

1. 纸盒结构特点

无论折叠纸盒还是粘贴纸盒，按其基本造型结构可分为常规纸盒与异型纸盒。在常规纸盒中，管式折叠盒与盘式折叠盒是基础，管盘式折叠盒结构则由管式盒与盘式盒结合而成。

下面着重分析使用最多的常规折叠纸盒的结构特点。

（1）基本构成

管式折叠纸盒的结构如图 10-1 所示，由体板、盖板、底板、盖襟片及底襟片 5 个基本部分组成。体板有四块：前板、后板、左侧板和右侧板。盖板、底板、盖襟片、底襟片起封口和防尘作用，插入襟片起连接作用。

盘式折叠纸盒的结构如图 10-2 所示，由盒盖、盒底、体板、内折板及锁合襟片 5 个基本部分组成。锁合襟片起连接作用，内折板起固定作用。

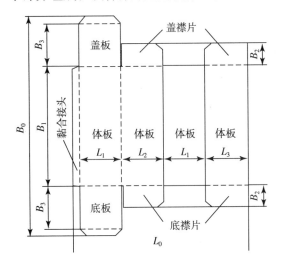

图 10-1　管式折叠纸盒的基本构成　　　　图 10-2　盘式折叠纸盒的基本构成

（2）盒底结构

盘式折叠盒采用固定式盒底，结构简单。管式折叠盒的盒底则有许多形式，如插入式、锁口式、插锁式、连续摇翼窝进式、撅压式、锁底式、自动锁底式等。

（3）盒盖结构

折叠盒的盒盖有摇盖、锁口摇盖、插别盖、罩盖、套盖等结构形式。

（4）功能性局部结构

为满足商品包装的特殊需要和方便消费者使用，纸盒上常常设计一些功能性局部结构，如开窗、展示、提手、简易封口、倒出口、间壁、多件组合等结构。

2．主要尺寸关系

纸盒展开图中的所有尺寸都是制造尺寸，其中总长、总宽（如图 10-1 中的 L_0 和 B_0）是计算盒材面积，供备料、分裁及设计制模的依据。折叠纸盒主要尺寸间的关系通常与纸盒的造型、成型方法及制造工艺的要求相关。

以图 10-1 中管式折叠盒为例，其前、后体板的长度皆为 L_1；左、右侧板长度 L_2、L_3 基本相等；B_1 为体板宽度；B_2 为盖、底襟片宽度，应小于 L_1 的一半；盖板与底板宽度为 B_3，应与 L_2 相当。这些尺寸值一般与纸盒的长、宽、高规格尺寸及盒板厚度有直接或间接的关系。

关于图 10-2 中盘式折叠盒的主要尺寸关系可自己分析。

3．常规纸盒的参数化设计

（1）参数化设计的特点

参数化设计是实现智能 CAD 的一种设计方法，通过在不同几何元素或特征之间建立各种尺寸关联和几何约束，设计者能够更好地表达设计意图，更加灵活地修改数学模型。

采用参数化设计技术开发折叠纸盒 CAD 软件，因程序建模时考虑了各结构尺寸之间的关系以及纸厚对相关尺寸的影响，所以用户操作时，只要根据提示输入或选择必要的参数，软件就会自动完成纸盒图形的绘制。从而不仅能够提高纸盒的设计效率，简化设计过程，而且容易保证纸盒的设计质量。

（2）参数化设计的实现

从前面的分析可以发现：①同类折叠盒的结构形状基本相同，尺寸之间相互关联，规格尺寸不同，其结构尺寸亦不同；②若将体板、盖板、底板、襟片等纸盒局部结构作为纸盒的零件，那么纸盒可视为这些功能零件按一定规则的组合。因此，当需要设计不同规格尺寸的折叠纸盒时，可采用参数化设计方法快速设计出对应纸盒的结构。

具体实现方法有以下两种：

①分类编制折叠纸盒程序

如图 10-1 所示的纸盒展开图中，在长度方向有 L_0、L_1 等 4 个尺寸，宽度方向有 B_0、B_1 等 4 个尺寸，按纸盒设计的原理，这些尺寸都可以写成纸盒的规格尺寸长 L、宽 B、高 H 以及盒材厚度 t 的函数，记为：

$$L_i = \varphi_i(L, B, H, t) \qquad i = 0, 1, \cdots, n$$
$$B_j = \psi_j(L, B, H, t) \qquad j = 0, 1, \cdots, m \qquad （在此处，n = m = 3）$$

只要选定适当的坐标系，纸盒展开图上各角点的位置坐标就很容易确定下来。

由于常规折叠纸盒的使用频率很高，为了提高软件的设计效率，往往将它们做成一个盒型库，库中的盒型可以不断扩充。软件运行时，用户只要选择所需盒型，根据提示，输入一组适当的参数，就可以立即得到相应的纸盒展开图。程序流程如图 10-3 所示。

②基于折叠纸盒是相关零件的集合编写程序

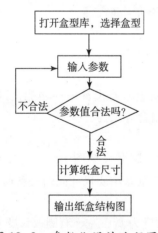

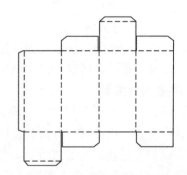

图 10-3　参数化设计流程图 1　　　　　图 10-4　盖板位置调整后的纸盒图形

无论是管式折叠盒，还是盘式折叠盒，其结构都是相关一组纸盒零件（如体板、襟片、盖板、底板等）的集合。基于这一点，开发纸盒 CAD 软件时，可建立如表 10-2 所示的纸盒常用零件参数化图库，即纸盒零件库。软件运行时，只要选取库中对应一组纸盒零件进行拼合，就能获得所需纸盒的结构图。图 10-4 是图 10-1 所示的管式盒在调整盖板零件的拼接位置后输出的图形。这种思路对异型盒的结构设计特别有用。程序流程如图 10-5 所示。

表 10-2　盘式折叠盒零件表

盒片零件	说明	图形	尺寸参数
前、后板	前后板结构相同		L_1 B_1
左、右侧板	左右侧板结构相同		L_2 B_1
盖板 底板	盖板与底板结构相同也可以不同		L_1 L_2
盖襟片 底襟片	盖襟片与底襟片可以相同也可以不同		L_2 B_2

二、纸盒拼版优化方法

当纸盒结构确定后、在制作纸盒模切版之前，要进行盒形拼版。拼版需考虑选择页面大小、拼排方式、拼排间隙、拼排方向，寻求拼排个数最大化，以提高盒材的利用率。这是一种典型的优化排料问题，在其他行业也会遇到，如冲压件排样、皮革排样、玻璃切割等作业。

折叠纸盒往往是不规则的排样件，无论是大批量生产，还是小批量加工，都须提高纸板的利用率；从生产方式上看，排样结果要满足模切版连续加工的特点，若采用特种加工，排样就要结合其工艺特点进行；

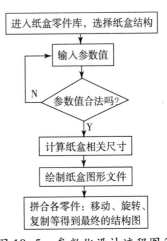

图 10-5　参数化设计流程图 2

计算机排样系统要有开放性，要能和其他纸盒 CAD/CAM 系统建立良好的数据交互。因此，折叠纸盒的优化排样在二维排样中具有很好的代表性。

若用数学的方法描述纸盒排样，就是将 n 个盒件 P_1、P_2……P_n 合理地排放在版面 P 中形成一个大版，使版面的利用率最高，或者说使排列的盒形所占的版面面积最小，并要满足下列约束条件：

P_i、P_j 互不重叠，i、$j=1$，2……n；$i\neq j$；

P_i 必须在 P 界内，$i=1$，2……n；

满足一定工艺要求。

纸盒拼版的过程实际上是对设计的盒形进行复制和排列的过程。盒形拼版一般有两种排法：①版面 P 不固定，要求排列 n 个盒件所使用的版面最小。②版面 P 固定，要求排列尽可能多的盒件。

这两种排法可以转化，其算法基本一样。因纸盒拼版要考虑纸板的纹理方向，故排样时一般不需旋转盒件，只需沿水平及竖直方向进行平移或镜像变换操作。因此，纸盒拼版首先要根据盒形的结构特点确定适当的排样模式，然后计算相邻盒形的间距，再进行盒形的平移即可。

1. 拼版模式

根据排样盒件的种类及其对应的生产批量，拼版模式可分为 3 种：同种盒件大批量排样，几种盒件小批量排样和多种盒件单件排样。

（1）同种盒件大批量排样

这是同种盒件在一个或几个规格的纸板上进行优化排样，要求排样结果既满足连续生产的要求，又有较高的纸板利用率。这种排样模式如图 10-6 所示，在生产中常见。

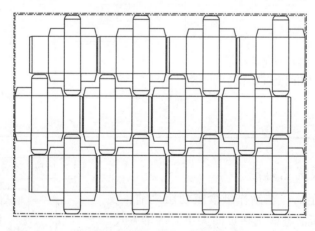

图 10-6　同一纸盒排样件排样

（2）几种盒件小批量排样

是指几种小批量纸盒需在同一阶段生产时所进行的排样。排样时，可根据各种纸盒的生产批量分配对应盒件的排样数，当某盒件的排样数较多时，可先进行"同种件批量排样"，构成该盒件群，然后再与其他盒件（群）一起排样，如图 10-7 所示。

（3）多种盒件单件排样

当多种纸盒要求的数量都仅有一两个时，需将这些盒件放在一张纸板上进行一次性排样，以节约盒板。由于各盒件间相互组合的方式众多，所以这种优化排样难度最大。尽管特殊加工工艺（如激光加工）对排样盒件的位置约束较少，评价排样优劣的标准仅有一个即盒材利用率，要得到最优解的难度仍然很大。一般采取寻找近优解的策略，即在有限的时间内，找到较好的拼版方案。图 10-8 是多种纸盒单件排样的一个示例。

具体纸盒排样流程如图 10-9 所示。

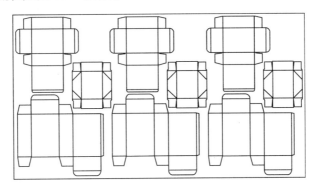

图 10-7　几种不同纸盒排样件排样

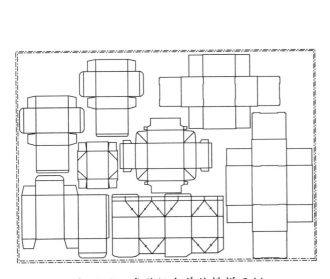

图 10-8　多种纸盒单件排样示例

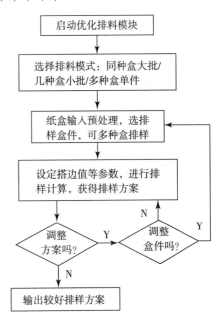

图 10-9　纸盒排样流程

2．数据预处理

在排样计算前，须对纸盒排样的相关数据进行适当的预处理。一个排样盒件的相关属性很多，比如各功能线的区分，外轮廓边界的提取，排样件包络矩形的大小、中心点、面积等。对这些数据的预处理能加快排样计算，有些信息对后续排样至关重要。

3．排样计算

优化排样的算法很多，表 10-3 列出了几种常用的计算方法。下面仅对矩形件优化排样的十字线法作一介绍。其他算法可参阅相关文献。

表 10-3　常用排样计算方法

分类	具体算法	详细分类
矩形排料算法	矩形排料算法的近似算法	顺序排料算法
		剩余矩形匹配算法
	智能优化算法在矩形排料算法中的应用	人工神经网络
		遗传算法
		模拟退火
		禁忌搜索
不规则形排料算法	矩形包络法	
	凸包算法及其平移技术	
	智能优化算法在不规则形排料中的应用	人工神经网络
		遗传算法
		模拟退火
		禁忌搜索
人工智能与算法的结合		

该算法简述如下：

设待排样纸板的长和宽分别是 L、W，纸板的数量足以排下 s 种矩形排样件，第 i 种矩形件的个数是 n_i，长度是 l_i，宽度是 w_i，于是所要排样的矩形件的总个数是 $n = \sum_{i=1}^{s} n_i$，设总共用了 N 张纸板，排样的目标是矩形件在互不重叠的前提下尽量提高纸材的利用率

$f = \max \dfrac{\sum_{i=1}^{s} (l_i w_i n_i)}{NLW}$，也就是在满足要求的前提下使用尽可能少的纸材。

通过划十字线的方法将一张纸材分为 4 块，选出 4 种纸盒依次排入 4 个矩形中，在考虑材料利用率的同时也考虑生产时的下料效率。

排在纸材上的第一种纸盒有 s 种选择，假设第一次排在纸材上的矩形件位于纸盒的左下角，考虑选择连续横排的方式（纵排的情况类似）。若选择了第 i 种盒件，则一排最多可排 $[L/l_i]$ 件，最多可以排 $[W/w_i]$ 行。若排样中每行排了 m 件，共排了 n 行，则：

$1 \leqslant m \leqslant \min([L/l_i], n_i)$，$1 \leqslant n \leqslant \min([W/w_i], n_i)$。于是，通过划十字线，第一块纸材就分成了 A、B、C、D 四个部分，如图 10-10 所示。

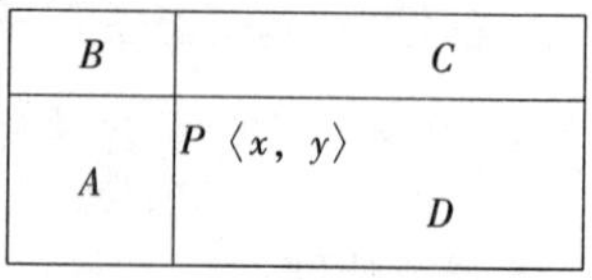

矩形 A 的长是 x，宽是 y，并且 $x = ml_i$，$y = nw_i$；矩形 B 的长是 x，宽是 $W-y$；矩形 C 的长是 $L-x$，宽是 $W-y$；矩形 D 的长是 $L-x$，宽是 y。

B	C
A	$P\langle x, y\rangle$ D

图 10-10　将纸材分成 4 部分

设纸材左下角坐标是 $(0, 0)$，则 P 点的坐标是 (x, y)。变更 P 点的位置，可寻求适当的 x，y，使 A、B、C、D 区域内能够排下足够多的盒件，使浪费的材料最少。假设选择第 i、j、k、t 种盒件分别排在矩形 A、B、C、D 中，则：

区域 A 可以利用的面积是 $\min(xy, l_i w_i n_i)$；

区域 B 可以利用的面积是 $\min([x/l_j][(W-y)/w_j] \cdot l_j w_j, l_j w_j n_j)$；

区域 C 可以利用的面积是 $\min([(L-x)/l_k][(W-y)/w_k] \cdot l_k w_k, l_k w_k n_k)$；

区域 D 可以利用的面积是 $\min \left(\left[(L-x)/l_t \right] \left[y/w_t \right] \cdot l_t w_t, l_t w_t n_t \right)$。

于是，接下来的目标就是选择适当的 i，j，k，t，使废料的面积 $Ming$ 最小，即：

$$Ming = LW - \min \left(xy, l_i w n_i \right) - \min \left(\left[x/l_j \right] \left[(W-y)/w_j \right] \cdot l_j w_j, l_j w_j n_j \right) -$$
$$\min \left(\left[(L-x)/l_k \right] \left[(W-y)/w_k \right] \cdot l_k w_k, l_k w_k n_k \right) -$$
$$\min \left(\left[(L-x)/l_t \right] \left[y/w_t \right] \cdot l_t w_t, l_t w_t n_t \right)$$

$$\begin{cases} x = m l_i, \ y = n w_i \\ 1 \leqslant m \leqslant \min \left(\left[L/l_i \right], n_i \right), \ 1 \leqslant n \leqslant \min \left(\left[W/w_i \right], n_i \right) \\ 1 \leqslant i, j, k, t \leqslant s \end{cases}$$

这是一个离散的优化问题。先随机选择一个 i（$1 \leqslant i \leqslant k$），再选择 m、n，满足以下条件：$1 \leqslant m \leqslant \min \left([L/l_i], n_i \right)$，$1 \leqslant n \leqslant \min \left([W/w_i], n_i \right)$，再找出合适的盒件种类 j、k、t，使以上的目标函数取最小值。

一张纸板排完后，更新盒件的数目，用同样的办法排第二张板。须注意的是排到最后，每种盒件的数目不是很多，所有剩余盒件的面积可能小于一张板的面积，再用以上的方法排样，纸材的利用率不会太高，所以排到最后一张板时，可考虑用另外的一种方法：在用以上的方法排样后，减少纸材的长度，将一块纸材分为几部分，对每一小部分用以上介绍的搜索算法进行排样。这样可以提高纸材的利用率。

算法步骤如下。

步骤 1：对整张纸材采用搜索算法，寻找盒件的最优组合。

步骤 2：若步骤 1 产生的盒件组合的利用率大于某个给定的值则接受该种盒件组合，否则转步骤 3。

步骤 3：将整张纸材分成几小部分，对每一小部分调用步骤 1 的搜索算法进行寻优。

三、纸盒 CAD 软件的开发

目前开发纸盒 CAD 软件通常有两种方法：①利用 VC、VB 等语言在 Windows 系统中进行自主开发；②以通用 CAD 软件为平台进行二次开发。

国外多数专业纸盒软件是采用第一种研发方法，如 ELCEDE、KRUSE、BARCO 等。由于这些软件是采用欧美制图标准，加上价格昂贵，所以国内使用不多。为解决国内纸盒行业的急需，一些单位和部门借助 AutoCAD、CAXA 等通用绘图软件作为开发平台，研发了纸盒 CAD 软件。下面介绍开发纸盒软件的第二种方法。

1. 软件的开发步骤

（1）纸盒 CAD 软件的开发程序

①选择包装材料。在了解内装物的档次、形状、重量、质地、销售对象、运输条件以及物流中的特殊包装要求等基础上，选择适当的包装材料。

②确定盒型及规格尺寸。先设定内装物的放置、排列方法、再确定盒型及其规格尺寸。

③尺寸计算。确定纸盒的内、外尺寸、制造尺寸以及各部分结构尺寸。

④编写绘制纸盒展开图和立体图的程序。

⑤制作样盒并修正尺寸。根据设计结果利用打样机制作出样盒，可按需要修正其尺寸。

设计好的纸盒数据可直接输入模切板 CAM 系统，用于刀模的生产。用纸盒 CAD 软件设计纸盒时，要能根据所选定的盒型和规格尺寸生成盒型图样，这一盒型设计功能使用 Auto-CAD 或 CAXA 的二维绘图平台及其图库管理功能不仅容易实现，而且应用图库管理系统还能对其管理的各类纸盒图样进行编辑，如修改线型、尺寸和技术要求等。

（2）建立参数化模型

在设计程序时，若采用参数化绘图生成盒型图样，必须做好以下处理工作。

①建立盒库类型。根据纸盒的结构特点，建立的盒库可分为以下三种类型：

a. 标准盒型，即常规纸盒，其中包括标准的折叠纸盒、扣盖式纸盒、摇盖式纸盒、包折式纸盒、多件包装纸盒等种类，每一种类中都包含常用的标准盒型。

b. 纸盒结构的类型，纸盒结构可分为基本结构和常用的功能结构。盒盖、盒底和盒体属于前者，后者是指功能性局部结构。

c. 异形盒型，即非常规纸盒，可分为扁状纸盒、推入式纸盒、异型截面纸盒等种类。

②确定可控参数。前面提到的常规纸盒可选择长、宽、高规格尺寸及纸板厚度为参数，对于异型纸盒，可按需要多选几个，以确保盒型定义准确。

③参数化设计。利用"纸包装结构设计"知识，建立纸盒结构参数化设计的数学模型。

（3）编写参数化程序

利用 AutoCAD 或 CAXA 等软件的二次开发接口与工具，编写参数化程序、设置菜单与对话框，创建标准纸盒库或纸盒零件库。见后面的例题。

2. 软件的功能

一个较完备的纸盒 CAD 软件应具备以下功能：

（1）绘图功能

能完成若干几何图形对象的绘制，如线段、圆及弧、椭圆及弧、贝塞尔曲线、星形线、倒角等，可以对图形进行分层操作。

（2）编辑功能

可对各种绘图元素进行编辑修改，如删除、复制、移动、旋转、镜像等操作。

（3）尺寸计算与标注功能

根据给定的纸盒规格尺寸能够计算折叠纸盒内（或外）尺寸以及所有的制造尺寸。并对纸盒图形中的距离、夹角、直（半）径等尺寸能进行自动标注。

（4）建有参数化盒型库

建立能实现参数化设计的常规折叠纸盒库，以便用户选用，并能对已创建的纸盒图形进行编辑修改。

（5）建有参数化纸盒零件库

对纸盒的体板、盖板、底板、襟片、锁口、折片等常用的结构建立零件库，以供用户组合设计纸盒时选用，设计中可以参数化绘图，并能对已创建的纸盒图形进行编辑修改。

（6）装潢设计功能

可在创建二维平面结构图的基础上，进行装潢设计，为后期出图做好准备。

（7）三维设计功能

能显示纸盒由二维平面结构图转为三维造型效果图的成型过程，检验其设计是否合理。

（8）拼版功能

进行合理排料，节省纸板用料和减少不必要的重复模切。

（9）抗压强度计算和强度校核。

（10）输出生产工艺单等技术文件。

（11）能生成其他纸盒 CAD／CAM 系统使用的纸盒数据文件。

纸盒 CAD 软件输出的纸盒数据文件通过纸盒 CAM 相关系统的接口能够实现 CAM 作业，如驱动弯刀机自动弯刀、驱动激光开模机在模切版基材上自动开槽、驱动打样机自动切制样盒。

纸盒 CAD 软件的功能模块如图 10-11 所示。

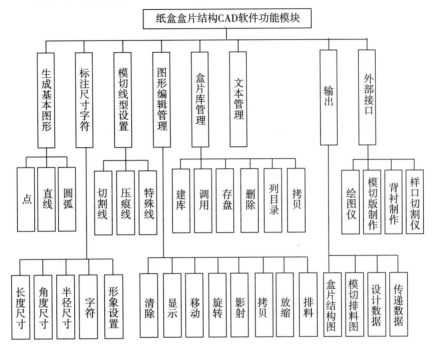

图 10-11　纸盒 CAD 软件的功能模块

3．举例

现以 AutoCAD 软件为平台，利用其二次开发工具创建参数化绘图软件。

（1）利用 AutoCAD 内嵌的 VBA 组件实现包装纸盒自动设计的解决方案

利用这种方法创建纸盒自动设计系统，具有简洁、有效、实用、开发成本低的特点。

例 10-1 现已确定待设计的纸盒为管式折叠纸盒，其结构如图 10-12 所示。试在 AutoCAD 中建立其参数化绘图程序。

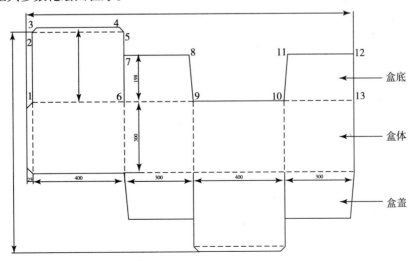

图 10-12　已知折叠纸盒结构

根据题意，须完成以下两项工作：一是在 VBA 环境下根据确定的可控参数编写参数化程序；二是创建参数输入对话框，驱动程序运行。具体创建过程如下：

①按照前述的设计程序，常规纸盒为设计对象，其可控参数可确定为纸盒的长、宽、高。其余尺寸与三个参数间的相关关系容易确定。在 AutoCAD 中画出该纸盒结构图保存备用。

②进入 VBA 编译环境，写参数化程序。在 Auto-CAD 中点击"工具"下拉式菜单→宏→Visual Basic 编辑器，则打开 VB 编辑器，如图 10-13 所示。

③在 VB 编辑器中，利用三个可控参数编写参数化程序，存储名为"zhihe.dvb"。

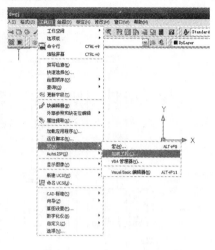

图 10-13　进入 VB 编辑器

该程序由下列模块组成：

参数控制（输入，调用）模块的代码如下：

```
Dim pt1 (0 To 2) As Double
  pt1 (0) = Val (UserForm1. TextBox4. text)
  pt1 (1) = Val (UserForm1. TextBox5. text)
  pt1 (2) = 0
  Dim a As Double
  Dim b As Double
  Dim c As Double
  a = Val (UserForm1. TextBox1. text)
  b = Val (UserForm1. TextBox2. text)
  c = Val (UserForm1. TextBox3. text)
```

此外，还有插入点模块、设置图层模块、绘制轮廓线模块、标注尺寸模块。

④在 VB 编辑器中利用工具箱等创建如图 10-14 所示的对话框。

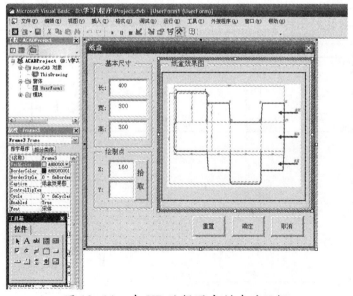

图 10-14　在 VB 编辑器中创建对话框

⑤点击运行程序。进入 AutoCAD 后，在对话框中输入长、宽、高参数值，指定图形插入点或输入坐标值，可立即输出如图 10-15 所示的纸盒图形。

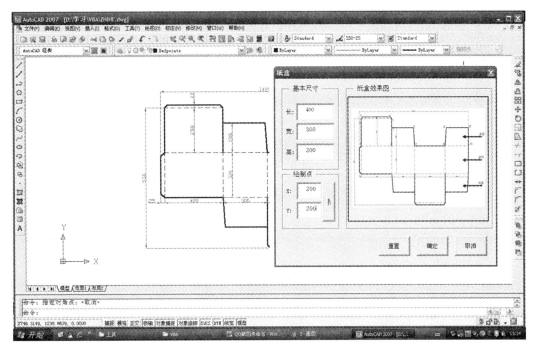

图 10-15　进入 AutoCAD 运行程序得到参数化图形

（2）采用 Auto LISP 语言开发参数化盒型库

Auto LISP 程序设计简单易懂，易配合 DCL 对话框设计与 PDB 函数的实现。

例 10-2　确定待设计的六面枕形盒（见图 10-16）为异形折叠纸盒，试在 AutoCAD 中建立其参数化绘图程序。

该程序主要由三个部分组成：一是用于定义对话框的 DCL 文件；二是用于控制对话框的操作 PDB 函数；三是用于驱动对话框的 Auto LISP 程序，使之完成各项功能。开发过程如下：

①绘制该盒型平面结构图并存为幻灯片在界面中使用。

②编辑 DCL 文件。DCL 定义的控件较多，如 button（按钮）、dialog（对话）、edit-box（编辑框）、image-button（图像按钮）、list-box（列表框）、column（列）、row（行）、text（文本）、space（空格）、image（图像）、OK-only、OK-cancel 等常用的控件。每种控件都有相应属性及语法，可参阅相关文献，这里不再阐述。

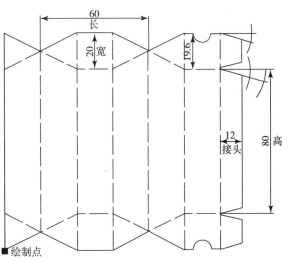

图 10-16　六面枕头盒形结构图

```
djselect：dialog｛
    label = " 六面枕头盒";
    ：boxed_ column｛
    label = " 样式选择";
    ：popup_ list｛
    label = " 纸盒展开图";
    key = " bk";
    width = 10;
    list = " ";
    ｝
    ：popup_ list｛
    label = " 三维立体图";
    key = " sk";
    width = 10;
    list = " ";
    ｝
        ｝
        ：boxed_ row｛
    label = " 基本尺寸";
    ：list_ box｛
    label = " ";
    key = " knm";
    width = 15;
    height = 10;
    list = " 长 \ 宽 \ 高";
    ｝
        ：boxed_ row｛
    label = " 绘制点";
    ：list_ box｛
    label = " ";
    key = " knm";
    width = 15;
    height = 10;
    list = " X \ Y";
    ｝
    ：image｛
    key = " zhihe_ image";
    aspect_ ratio = 20;
    width = 40;
    height = 10;
```

```
        color = 0 ;
    }
      }
   : boxed_ row {
   label = " " ;
      : button {
   label = " 重置…" ;
   key = " 重置" ;
   fixed_ width = true ;
   }
      : button {
   label = " 绘图…" ;
   key = " 绘图" ;
   fixed_ width = true ;
   }
     cancel_ button ;
   help_ button ;
      }
}
```

③编写 PDB 函数。代码如下：

```
(action_ tile key action_ expression)
(add_ list item)
(dimx_ tile key) (dimy_ tile key)
(done_ dialog [status])
(end_ image)
(end_ list)
(fill_ image x1 y1 x2 y2)
(get_ tile key)
(load_ dialog dclfile)
(mode_ tile key mode)
(new_ dialog dlgname dcl_ id [action_ expression [screen_ pt]])
(set_ tile key value)
(slide_ image x1 y1 x2 y2)
(start_ dialog status)
(start_ image key)
(start_ list key [operation [index]])
(term_ dialog)
(unload_ dialog dcl_ id)
(vector_ image x1 y1 x2 y2 color)
```

④定制菜单。可将程序制作成一个纸盒菜单命令。在屏幕上只要点击该命令，即可调出

对话框。方法如下：首先将 zhihe. LSP 拷入 D：/AutoCAD2007 下，用记事本打开 AutoCAD 的 acad. mnu 文件，在你喜爱的任一下拉式菜单中加入下行内容：

［折叠纸盒图库］^C^C（load "D：/AutoCAD2007/zhihe. LSP"）zhihe

存盘，并重新启动 AutoCAD 2007。系统将自动编译修改后的菜单 acad. mnu，折叠纸盒的菜单命令将出现在 AutoCAD 的界面中（见图 10-17）。

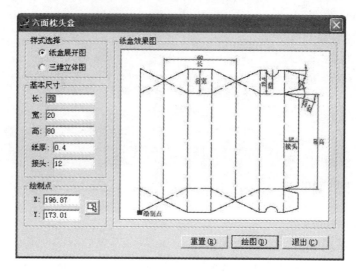

图 10-17　参数绘图对话框

第三节　纸盒 CAD 系统——Artios CAD 软件

一、Artios CAD 7.20 软件的基本功能

Artios CAD 是 ESKO 公司推出的专业纸盒结构设计软件，在我国包装行业应用较广。该软件主要有以下几大功能模块：

1. 设计功能模块

使用该模块，用户可以根据需要自定义设计盒型结构。

2. 盒型库

Artios CAD 拥有一个超过 1000 种盒型的大型盒型库。库中含有瓦楞纸盒和卡纸盒两大类，作业时先按盒材选择盒型，再调入到设计界面对其不满意的地方进行重新修改，使纸盒设计高效、简便，可大大提高工作效率。

3. 排版功能模块

Artios CAD 能对版面上的每一个图形进行跟踪并能展示各种各样用于每一纸张设计的图形。通过利用成本/预测功能，再结合公司的生产设备，可对每个图形进行生产成本预估；软件的智能排版功能，能根据成本最低来选择排版方案。所提议的解决方案可根据印张数、废料和每张图纸上的图形数量等不同要求进行排序，并提供图像反馈信息。

4．3D 检测功能模块

用户可将设计好的纸盒结构转换成 3D 模型，预览并检查在纸盒成型中可能出现的问题。

5．使用被包装对象的三维 CAD 数据进行包装设计

Artios CAD 可以将被包装物的三维数据直接导入，以该三维物品的最大外形尺寸及形状为基础，在执行模板制图功能时自动计算外包装箱的最佳尺寸，并且仅用鼠标操作就能依据三维数据进行缓冲包装的设计。

6．刀模、底模的图形制作

在制作纸盒图形的同时，可生成模具、底板所需的数据，以缩短印前工序的生产周期。通过最佳搭配方式对已生成的纸盒图形数据进行拼版操作，获得制作 CTP 所使用的拼版数据。同时还生成底模和刀模所需要的数据。

7．制作灵活多变的个性化规格说明书

Artios CAD 可从数据库获取必要信息，在规格说明书中添加单面图甚至是 3D 或拼版图。

二、Artios CAD 7.20 软件的使用方法

1．启动软件

操作过程如下：①点击开始按钮，然后指向程序；②在开始指示集中，指向 Artios CAD 文件夹，打开 Artios CAD 图标；③Artios CAD 的开始运行，屏幕会自动显示 Artios CAD 的启动界面。

2．新建一个文件

点击下拉式菜单"文件"→"新建文件"，弹出图 10-18 所示的新建文件对话框。在此对话框中设置设计单位（英寸/米制）和纸版编号后，进入图 10-19 所示的设计主界面。纸版编号是一组关于生产设计对象所使用纸板的数据。这些数据包括纸版的厚度、重量、成本、内部损失、外部增长、足量和余量。

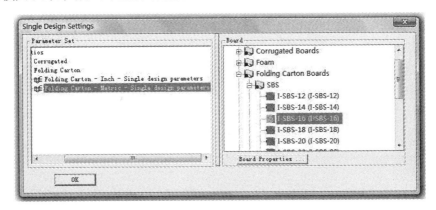

图 10-18　新建文件对话框

3．主界面简介

设计主界面由四个部分组成：视图栏和下拉式菜单、工具条、状态栏、绘图区，如图 10-19 所示。命令操作大多集中在视图栏、下拉式菜单以及工具条上，可以完成图层设置、线型设置、生成生产报表、转换为 3D 和参数设置等内容，画点、线、面、圆弧等图形，以及编辑与修改图线。状况栏则显示正在使用工具的资料和在需要时提示使用者输入更详尽的资料。

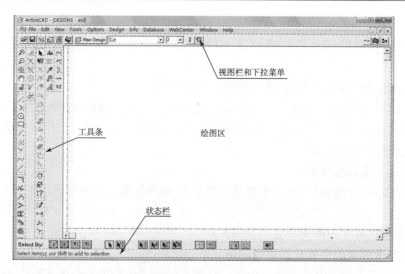

图 10-19 设计主界面

4. 工具条

工具条里收纳了软件中各类操作按钮，其功能和对应的图标见表 10-4。视图栏里独立工具条的显现情况可通过"工具"下拉菜单进行控制。

表 10-4 常用工具条的名称与功能

工具条名称	功 能	对应图标
变焦工具条	更改视觉角度、变焦放大或缩小、显示全部模式	
基本工具条	打开、保存、重建设计、把现有设计转换成生产文档、把现有设计转换成 3D 文档、创建出可打印的文档	
特性工具条	增加、删除和修整层面、线型设置、显示刀具点数、工具条设置以及自定义工具条设置	Main Design　Cut　▼　2　▼
特性工具条旁显现结构取向对话框	用于设定纹理或波纹的取向和方向；显现现有的取向（列印或未列印）；显现现有设计的数值单位（英制或公制形式）	←｜In
几何模型工具条	用来建立线条和图形	
尺寸工具条	用来创建和修改线条、角度和弧线的尺寸标注	
修整工具条	对图形进行编辑操作，如圆角、剪切等	

续表

工具条名称	功　　能	对应图标
辅助线工具条	用来控制辅助线（只在绘图时提供帮助，却不会被规划或生产）	
编辑工具条	用来改变设计中物件的形态，如移动或复印物件	
注释工具条	用来增加现有设计的文本、线宽及细节	
修整线条工具条	用来修整线条的不平直属性，例如为线条修整对齐柱心和方向	
延伸工具条	其中的按钮是用来创建延伸线条，使延伸线无尽地延伸和把圆弧延伸成圆形。这些延伸线都包含有可以创建新几何模型的延伸点。用来改变现有线条的平直特性	

5. 层的使用

Artios CAD 关于层的概念与 AutoCAD 定义的层相同，绘图前首先要设置不同的层，分别存放图形中的尺寸、不同线型等相关内容。利用特性工具条可进行层的设置、删除、移动、换层等操作。用图 10-20 所示界面，可创建生产层、窗口和切割层、尺寸层、注释层等。

6. 标准盒型库的调用

用上述工具条里的命令能够创建任意纸盒的结构图，若选用常规纸盒可直接调用 Artios CAD 的标准盒型库。操作过程如下：

（1）点击下拉式菜单"文件"→"运行一个标准"，则弹出标准纸盒结构图对话框，如图 10-21 所示。

在 Artios CAD 的标准盒型库中有纸板盒和折叠纸盒两类盒型，每一类型中又有许多符合欧美标准的结构图。左栏要求用户选择盒型。右边区域可显示所选纸盒的结构图及必要的文字说明，供用户预览。

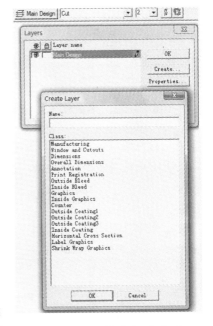

图 10-20　创建新层选项

（2）回到图 10-18 中的新建文件对话框，选择单位和纸版编号。

（3）进入图 10-22 所示的体板参数设置对话框，根据左边纸盒结构图中的尺寸参数，在计算器界面输入长、宽、高数值来确定参数值。把鼠标指针停留在其中某个变量上，系统会显示对变量的评述。若输入的变量值不符合要求，则会提示再输入一个较合理的数值，确定后进入图10-23所示的风格对话框，进行下一步参数设置。

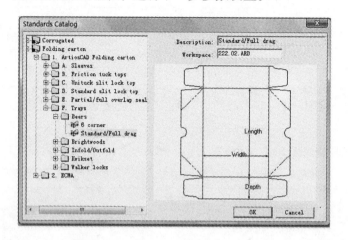

图 10-21　标准纸盒结构图对话框

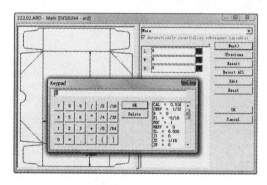

图 10-22　参数设置对话框

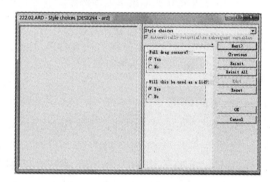

图 10-23　风格设置对话框

（4）打开襟片、锁口等结构设计对话框（见图10-24），根据左边纸盒结构图中的尺寸参数，在计算器界面输入长、宽、高具体数值，来确定各参数值。

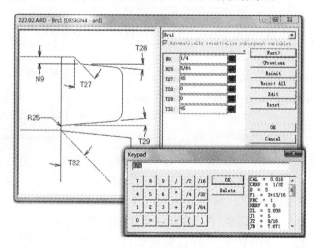

图 10-24　襟片参数设置对话框

（5）使用"下一个"和先前的按钮穿梭于菜单。如果确定所操作的菜单指令和变量都正确无误，点击"确定"，便能察看已完成的设计（见图10-25）。

在完成设计的纸盒结构图上，还能利用工具条绘图命令与编辑命令对图形进行修改。

7．标准纸板拼版

纸盒设计完成后，须根据纸盒的大小、结构、数量以及纸板的大小，进行优化排料，即拼大版。

点击"文件"→"创建标准布局"，按照弹出的提示，先确定保存设计纸盒结构图文件后，又继续弹出图10-26所示的标准布局参数设置对话框。

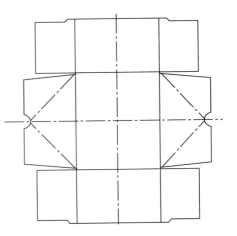

图 10-25　最终成型纸盒

布局参数的设置，包括：左右上下各边距、布局模式（该软件提供了五种模式，有普通单排、普通双排、对头单排、混合排样等），以及样件是否旋转某一角度。标准布局选项中还可以设置大小尺寸不同的布局。

布局参数设置后，打开图10-27所示的布局结果选项对话框，将列出各种可能的布局方案，用户只需点击每种方案就可以查看效果，以便选取和创建标准布局。

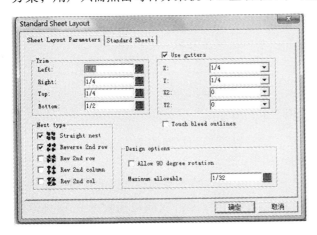

图 10-26　标准布局参数设置对话框

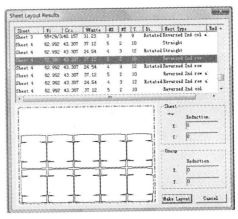

图 10-27　标准布局结果选项对话框

在获得最终结果之前，还要确定底板参数，在底板参数选项对话框（见图10-28）中，要求用户选定纸盒类别（是纸板盒还是折叠盒）、单位、承印物标准。此后系统会根据布局方案与底板的大小判断匹配程度。基本匹配时，能自动微调尺寸，自动得到标准布局图；若二者不太匹配，则弹出对话框，要求用户重新设置参数或忽略继续。

8．生产简介

Artios CAD 中有一个单元是生产模块，能为制作生产纸盒用的模切版提供设计数据。其中，智能布局和成本计算/成本估计是两个可选的功能模块，它们可以实现拼板布局和加工的自动化作业。

点击下拉式菜单"文件"→"新生产"，会弹出如图10-29所示的界面，将创建好的纸盒结构图加入到新的布局中，结构图将出现在屏幕的左下角。

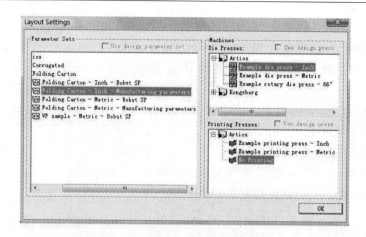

图 10-28　底板参数选项对话框

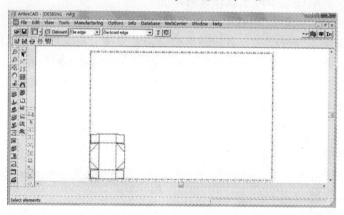

图 10-29　生产图

为了节省盒材，优化排料作业有两种方法：第一种可采用复制的办法进行手工排样；第二种是采用智能布局。智能布局操作过程如下。

步骤一：使用智能布局工具条的"数量与价格"按钮，检查和确认纸板的重量、价格无误后，再输入订单量，就能完成自动布局。纸板的重量与价格应该提前记录在资料中心（见图 10-30）。

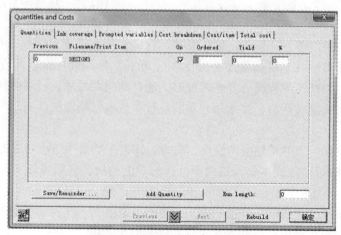

图 10-30　数量与成本选项

步骤二：结合成本计算/成本估计进行智能布局。点击智能布局工具条的"智能布局参数"按钮，打开如图 10-31 所示的对话框，先检查纸板材料的重量、价格是否正确后，设置纸板/模具成本标签。再打开"数量与价格"对话框，输入订单量，设置油墨覆盖范围，为提示的变量赋值，详细检查总成本，设定超长的百分比，完成最终的智能布局。

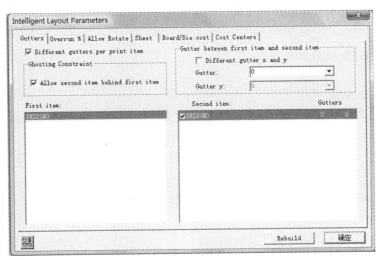

图 10-31　智能布局参数选项

三、Artios CAD 运行实例

例 10-3　运用 Artios CAD 软件，完成图 10-32 所示的利乐牛奶小号包装屋顶盒的设计。

步骤 1：分析设计过程

（1）从利乐牛奶小号包装屋顶盒的结构来看，可视为管式折叠纸盒。因 Artios CAD 标准盒型库中没有此类盒型，故采用软件的设计功能绘制纸盒结构图。

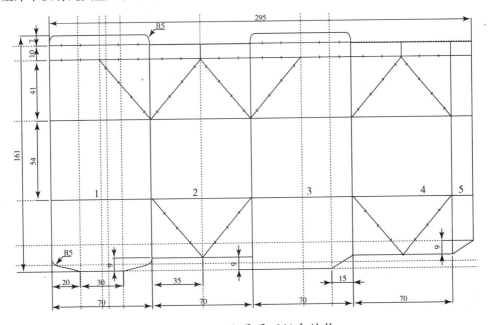

图 10-32　小号屋顶纸盒结构

（2）设计该盒需要用到切割线和内、外折叠线三种线型。

（3）观察本盒结构（见图10-32），可看成由五部分组成。1与3分别为前、后板及相关的盖板和底板，除了底板结构略有不同外，其余的结构尺寸基本相同；2与4则为左、右侧板及相关的襟片，二者的结构尺寸完全相同；5为黏结接头。设计时可画出1、2两部分，采用复制的办法得到3和4的部分结构，最后画出5。

（4）标注尺寸。

（5）检查/存盘/进行优化排料。

（6）出图。

步骤2：操作方法

在绘制设计图前，须注意以下几点：①在状态栏输入每一数值须按 Enter 键确定；②恢复上一步操作，用 Ctrl + Z 键；③使用自动捕捉功能，图形绘制准确；④删除一个元素，直接点选（目标选中变红色），按 Delete 键；⑤绘图时使用放大缩小等视角工具条可方便操作。

（1）建立一个新设计。点击菜单栏中"文件"→"新设计"；在弹出的参数对话框（见图10-18）中，点击"确定"，进入设计界面。

（2）设置层与线型

在特性工具条中打开层按钮，缺省值为主设计层，再建一个标注尺寸层……

（3）画第1部分

①用画直线命令画矩形轮廓。因已知直线的长度和方向，故可选用"直线角度/偏移"、"直线水平/垂直"、"直线角度/长度"三种工具中的最后一种绘制直线，利用拖曳方法设定直线的角度及长度，亦可在状态栏中输入直线的角度 0 和长度 161，按 Enter 键即完成该直线作图。点击鼠标右键将结束画直线命令。画出四条直线后完成图10-33所示的轮廓图。

②采用画辅助线命令，画出内部的折叠线。命令启动后，先选取矩形的上边线，再通过状态栏输入与这条线平行的距离7，便得到折叠线位置的辅助线（图10-34）。

③点击特性工具条，换到主层，将线型改为折叠线，如图10-35所示。

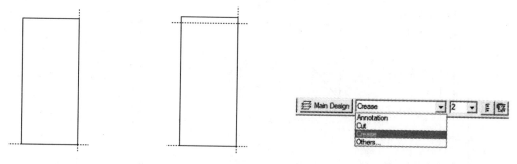

图10-33　完成轮廓线　　图10-34　完成辅助线　　图10-35　变更线型操作

④用画直线命令，在辅助线位置画出折叠线，如图10-36所示。

⑤由于有外折叠线，因此要在特性工具条上换线型，如图10-37所示。

⑥用画辅助线和画直线命令画出折叠线，如图10-38所示。

⑦修改底板底部形状。用辅助线命令定出切角线各位置，如图10-39所示。

⑧换线型，画直线。

⑨用修剪命令，将多余的线剪切掉。

选择修整内部工具命令，然后点击选取欲删除的部分即可，如图 10-40 所示。

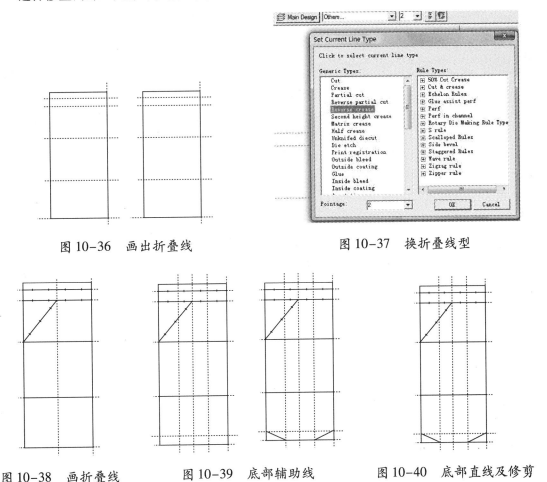

图 10-36　画出折叠线

图 10-37　换折叠线型

图 10-38　画折叠线　　　图 10-39　底部辅助线　　　图 10-40　底部直线及修剪

⑩用圆角命令，将顶部直角顶点处修成圆角，点击命令启动后，在状态栏中输入半径，再点击相邻二直角边线，最后完成第 1 部分的绘图（见图 10-41）。

（4）画第 2 部分

画第 2 部分所用的命令和画第 1 部分相似，用到直线命令、辅助线命令、换线型，具体过程略，结果如图 10-42 所示。绘制时可能要用到两个编辑命令：

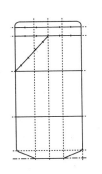

图 10-41　第 1 部分完成图

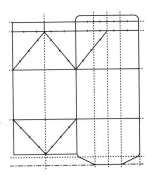

图 10-42　第 2 部分完成图

①移动命令。当第 1、第 2 两部分连接时，往往需要用移动命令才能拼合准确。选择需要移动的线或元素，点击移动命令图标 ⟠，选择移动点，移到合适的位置即可。

②改变线型命令。因第 1、第 2 两部分之间的公共线是折叠线而不是切割线，故须修改此线线型。直接双击该线段，弹出图 10-43 所示的特性对话框。从中可选择需要的线型。

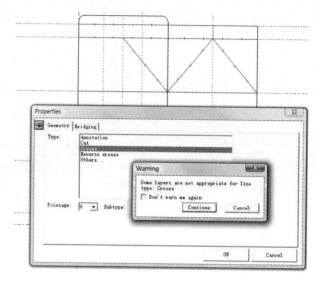

图 10-43　特性对话框

（5）绘制第 3、第 4 两部分图形

此步操作只需同时复制第 1、第 2 两部分图形即可。

①复制命令。当第 1、第 2 两部分全部选中、线条变红色后，点击复制命令，通过选择拾取点，并将拾取点移到合适位置，再单击左键，可完成复制（见图 10-44）。

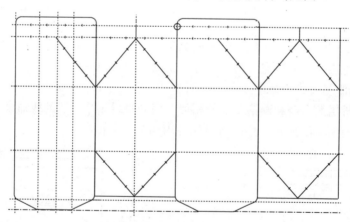

图 10-44　复制完成

②利用改变线型命令，修改中间的公共线线型。

（6）绘制第 5 部分

可用画直线命令配合辅助线命令完成作图，绘图中需要转换和修改线型。

（7）标注尺寸

①换层。将尺寸层转换成当前层。

②标注尺寸命令 ⊢⊣ 执行后，如图 10-45 所示，要依次选择两条平行的边线，两边线间的尺寸距离可自动测出和标注。执行半径标注命令 ⟍，能完成圆弧半径的标注。不过自动标注的尺寸形式不符合我国制图规定，因此需进行修改。

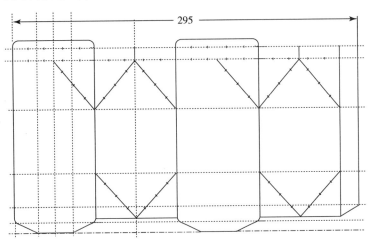

图 10-45　标注尺寸

③修改尺寸标注形式。双击尺寸后，将弹出如图 10-46 所示的修改尺寸标注形式对话框，利用此对话框可修改尺寸箭头形式和尺寸数字位置。

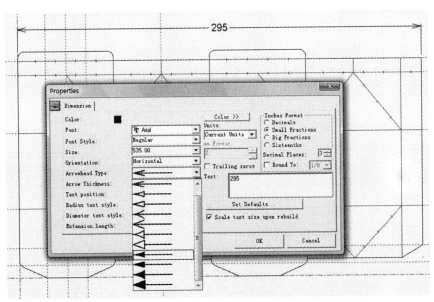

图 10-46　修改尺寸标注形式

若需要大量修改尺寸，可将其全部选中，单击右键，可在弹出的特性对话框中选择特性选项（见图 10-47），修改成所需的尺寸形式。

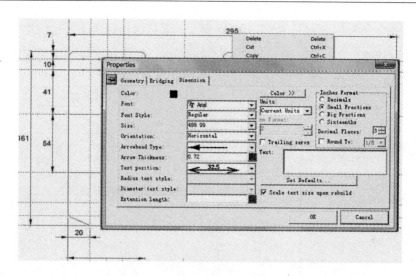

图 10-47　单击右键显示的属性对话框

最后可得到完整的纸盒结构图。

（8）优化排料

选择图 10-26 所示的"创建标准布局"对话框，按照前述的操作步骤，可得到图10-48所示的优化排料图。

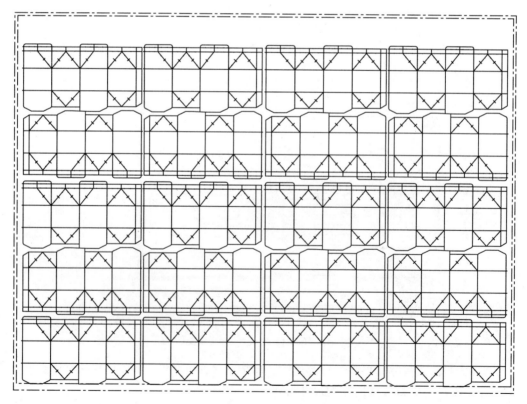

图 10-48　优化排料结果

<h1 style="text-align:center">习   题</h1>

1. 纸盒结构有什么特点？
2. 什么是参数化设计？
3. 一个完整的纸盒 CAD 系统应该具备哪些功能？
4. 利用 AutoCAD 二次开发功能，选择相应的语言，将纸盒标准库进行扩展，增加一个能实现参数化设计的新折叠纸盒。
5. 利用 Aritos CAD 完成图 10-49 中的汉堡折叠纸盒设计图的绘制，可自行设计也可以利用其标准盒库进行修改，并对其自动优化排料，输出结果。

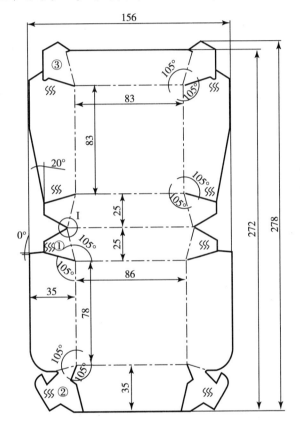

图 10-49 汉堡折叠纸盒设计图

第十一章 CAM 技术在包装中的应用

第一节 概　述

一、CAM 技术简介

计算机辅助制造（CAM）技术产生于 20 世纪 50 年代后期，是随着计算机技术的飞速进步而迅速发展起来的高新技术，现已成为集计算机图形学、数据库、网络通信等领域知识于一体的先进制造技术。

一般说来，CAM 是指利用计算机进行产品制造的统称。广义 CAM 是指利用计算机辅助完成从原材料到产品的全部制造过程，其中包括直接制造过程和间接制造过程；而狭义 CAM 是指计算机应用于制造过程中某个环节，通常是指数控加工环节。

二、数控技术

1. 计算机数控技术

数控技术 NC（Numerical Control）是 20 世纪中期发展起来的用数字化信号控制加工的技术。1952 年，世界首台三坐标立式数控铣床由美国麻省理工学院研制成功。这种以计算机指令方式控制的机床以惊人的速度发展成为一种灵活、通用、能够适应产品频繁改进的"柔性"数字控制机床。

数控机床通常由数控装置、伺服驱动系统等部分组成，其原理框图如图 11-1 所示。

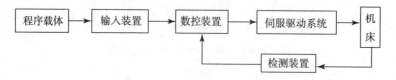

图 11-1　数控机床的组成

后来在 NC 基础上发展起来的计算机数控 CNC（Computer Numerical Control）技术，是一项根据存储在专用计算机存储器中的控制程序来完成部分或全部数控功能的技术。具有 CNC 技术的机床称为 CNC 机床，如今人们提及的数控机床一般都是指 CNC 机床。

虽然数控机床具有生产效率高、加工柔性好且精度高、可改善劳动条件、有利于现代化生产管理等特点，但初期投入大，维护费用高，对操作、管理人员的素质要求也较高，因此，企业应选用合适的数控设备，力争最好的经济效益，以提高自身的竞争力。

2. **CAM 与 CNC 系统的联系**

CAM 系统是以三维几何模型中的点、线、面或实体为驱动对象，生成加工刀具**轨迹**，并以刀具定位文件的形式经后置处理，向 CNC 机床提供 NC 代码。目前比较成熟的 **CAM** 系统主要有两种形式：一体化的 CAM 系统和相对独立的 CAM 系统。前者以内部统一的**数据格式**直接从 CAD 系统获取产品几何模型，而后者主要通过中性文件从其他 CAD 系统获取产品几何模型。

随着计算机技术的提高和软件的日趋完善，CNC 的发展与 CAD、CAM 互相促进、相辅相成，如图 11-2 所示，CAD 的发展，可以加速 NC 机床的设计；CAM 的发展，可加速 NC 机床在实际生产中的应用。

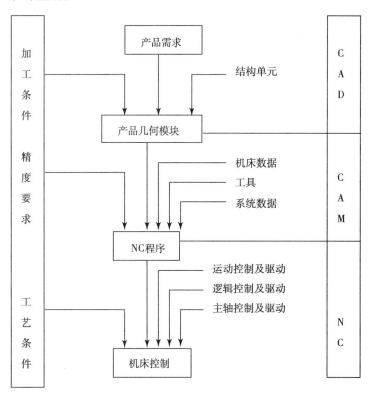

图 11-2　CAD、CAM 和 NC 关系示意图

三、虚拟制造技术

1. **虚拟制造（Virtual Manufacturing，VM）**

利用数控机床加工时，数控编程是一项繁重工作，编程质量在很大程度上决定了模具零件的加工质量。以往加工工艺是否合理完全决定于编程人员的个人经验，例如若不小心忽略下刀点、抬刀的安全高度、走刀方式等一些技术细节，在试加工中又没有及时纠正，轻者造成打刀、影响工件的制造质量而返工；重者造成工件报废，甚至发生人身设备事故。

在 CAM 软件的模拟仿真环境下，上述问题可以避免。通过在计算机软件上虚构出高速数控机床的加工环境，放上一个预先做好的"毛坯"，让"刀具"进行加工过程的动态模拟仿真。模拟仿真结束后，可根据"刀具"的运行情况和"工件"的加工效果来调整加工工艺路线。由于虚拟加工技术能够保证工件的加工质量，故能消除编程人员的后顾之忧。

2. 网络制造系统

在网络技术迅猛发展的今天，网络通信正在成为 CNC 机床加工中的主要通信手段和控制工具，为充分发挥网络作用，可将机床 CNC 操作系统软件与因特网连接，把 CNC 系统中自动存储、迅速处理的大量加工信息，如设计数据、图形文件、工艺资料、加工状态等，通过网络实时传输、交换，使机床具有遥控诊断等功能，从而极大提高了 CNC 的性能。

例如，开放式 CNC 系统通过使用遥控诊断技术，可在整套设备的不同组件中安装可编程控制器，用户在输入加工材料、切削刀具材料等信息后，系统可向用户推荐合适的切削速度、进给量、切削深度等加工数据，作为编程和加工的依据。如图 11-3 所示，若设备在加工中出现问题，可通过控制器和网络自动向设备的生产厂商发出相关信息，能在第一时间分析操作中出现的错误程序，并直接更新升级软件，使问题得到及时解决。

图 11-3　运行设备与开放式 CNC

四、包装 CAM 的发展状况

CAM 技术在包装行业的开发应用已有二十多年的历史，早在 20 世纪 80 年代，美国大陆塑料公司和德国 LKS 公司等就先后开发了"瓶体及模具 CAD/CAM 系统"和"纸盒样品切割绘图仪"等包装 CAD/CAM 的典型产品。目前，CAM 技术在包装行业的应用不仅范围越来越广，而且水平也越来越高。

CAD/CAM 技术在我国包装领域的推广应用起步较晚，但发展较快。近十几年来，经过我国广大包装科技人员的共同努力，先后开发了先进、实用的包装 CAD 专业软件。前已提到的北大方正开发的纸盒盒型设计系统、上海激光技术研究所研发的"激光切割模版系统"以及浙江华镭激光科技有限公司开发的中功率激光切割机等，分别填补了我国在包装 CAD/CAM 技术上的空白。目前，我国虽然能够生产纸盒打样机、数控激光切割机、自动弯刀机等包装 CAM 设备，但与世界发达国家仍有较大的差距。为我国早日建成世界包装强国，我们必须奋发图强，不懈努力。

第二节　纸盒模切版 CAM 系统

一、纸盒制造工艺

当前大批量生产纸盒均采用自动或半自动纸盒生产线，具有速度快、质量好、成本低的特点。

纸盒的制造工艺流程如图 11-4 所示。备料是根据纸盒制造尺寸和生产设备规格的需求，将纸板材料切割成一定大小的坯料；印刷及印后加工是根据设计要求，在坯料上进行印刷,并完成覆膜、上光、烫印等印后加工工序。纸盒模切工序通常在模切机上完成,首先要根据纸盒图形的设计要求制作模切版,在需要切割、压痕之处开槽,分别用切刀和压线刀安装、固

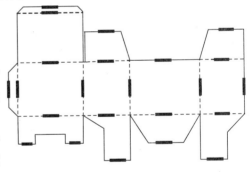

```
备料 → 印刷及印刷加工 → 模切 → 成品
                              制模切版
```

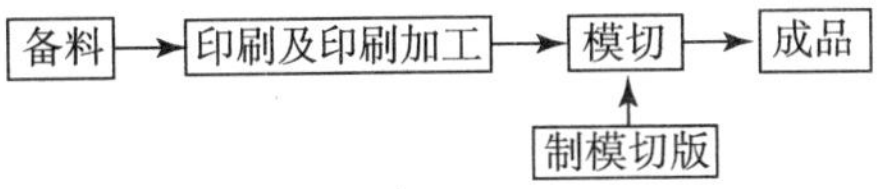

图 11-4 纸盒制造工艺流程

定。再将其固定在模切机上。加工时,当纸盒坯料进入模切版和底模(与压板固定)之间时,在压力的作用下,实现切断和压痕,成为所需的纸盒盒坯。

二、模切版的制作工艺

纸盒模切版分为刀模版和底模版两部分,刀模版常用木质胶合板作为基材,由模切刀、压痕线和模切胶条等制作而成;而底模版则由底模钢板和压痕底模所组成。

模切版的制作工艺为:绘制模切纸盒图形→切割模版→装模切刀和压痕线→开连接点→粘贴胶条→试切垫板→制作压痕底模版→试模切签样投产。

1. 绘制模切纸盒图形

作为模切版制作第一步,要按整版纸盒展开图绘出模切纸盒的图形。对于装模切刀和装压痕线的位置,必须在图上按纸箱制图国家标准明确标出。为避免制版过程中发生散版,需在封闭区域的边线上留出一段不予切断,此工艺叫做留桥,桥长和桥数的确定一般与胶合板的规格、纸盒的结构尺寸等因素有关。通常按封闭区域的大小及其最长边来确定,桥长一般为 2 ~ 8mm。

2. 切割模版

模切版的基材可为金属版和非金属版,其中使用最多的是多层胶合板,其厚度约为18 ~ 20mm。模版开槽方法分为机械锯槽和激光切槽两种。

机械锯槽是目前模版开槽的主要方法。锯槽用的超窄锯条其宽仅为 1.5 ~ 3.0mm,可以电动装夹,其厚度应与安装的模切刀或压痕线的厚度对应相等,通常为 0.7 ~ 2.0mm。锯床上配有打孔的电钻以及能自动收集锯末的吸尘系统,工作台上还配有气浮系统,以便大版面地开槽加工。

如图 11-5 所示,在锯槽加工前需进行留桥设计,以确定桥位、桥长和桥数。根据锯槽工艺要求,还须在各桥的两端以及纸盒图形的每个角点钻 $\varphi 3$ 的引导孔,以便刀具的进退或旋转。

图 11-5 设置留桥的纸盒展开图

3. 装模切刀和压痕线

模板开槽加工后,要根据所模切纸盒对应位置装模切刀和压痕线,为了保证模切质量,首先应选好的模切刀和压痕线。

模切刀按硬度之不同有软体刀和硬体刀之分,软体刀的刀身采用较低的硬度 HRC35,刀口部分经过淬火处理,硬度达到 HRC56,软体刀线整体可以弯出较小半径的圆弧;而硬体刀其整体淬硬至 HRC45,刀身亦有较高的强度。模切刀按刃口形状之不同,有标准刀和双锋刀两种。在模切厚度大于 0.5mm 的纸板时,推荐选用双锋刀,这种刀有两个斜刃,刃口异常锋利,容易切进纸板。

模切版上的压线线用于加工纸盒折叠处的压痕,已有系列产品。常用的压痕线的厚度有

0.7mm、1.42mm、2.13mm 等，其高度为 22 ~ 23.8mm。选用压痕线的原则是：压痕线的厚度要大于纸厚，压痕线的高度应等于模切刀的高度减去纸厚再减去 0.05 ~ 0.1mm。

4. 开连接点

模切版在投入使用之前，必须开连接点，即在模切刀刃部开出一定宽度的小口，使模切后的纸盒和废边在此点仍能连在一起。以便后续走纸、收纸动作顺畅。

开连接点需用专用设备刀线打口机，在开连接点处用砂轮磨削。因模切刀在搭桥处强度较弱，所以不宜在此处开连接点。连接点宽度有 0.3mm、0.4mm、0.5mm、0.6mm、0.8mm、1.0mm 等规格，常用规格为 0.4mm。连接点通常打在成型纸盒的隐蔽处，以免影响成品盒的外观。

5. 黏结模切胶条

为了模切加工时走纸顺畅，模切版装刀后，需在刀线的两侧粘贴弹性模切胶条。模切胶条有标准胶条、硬胶条和特硬胶条三种，为了保证模切的速度与质量，需要根据模切机机型、模切速度、模切材料等有关条件，选用模切胶条的硬度、尺寸及形状。模切胶条距刀线的理想距离是 1 ~ 2mm。

6. 试切垫板

在模切加工前，需将加工好的模切版在模切机上进行试切。为了能将试样均匀切透，需对切不透的局部进行垫板，即用 0.05mm 厚的垫板纸粘贴在模切版底部，对模切刀进行高度补偿。若局部垫板后仍有个别刀线模切不透时，则要位置垫板，即用窄条垫板纸直接粘在刀线底部进行高度补偿。

7. 压痕底模制作

压痕模按照材质的不同，有石膏压痕模、纸板压痕模、粘贴压痕模和钢质压痕模。其中钢质压痕模尺寸精度高，耐用，但加工成本也高；粘贴压痕模主要由压痕模、定位塑料条、强力底胶片、保护胶贴组成，使用时可以快速粘贴在压印平板上，故方便、实用。

各种压痕模的厚度一般为需压痕纸板的压实厚度。压痕槽的宽度可用下式计算：

$$B = (1.8 ~ 2.0)c + d \tag{11-1}$$

式中　B——压痕模槽宽度；

　　　c——纸板压实厚度；

　　　d——钢线厚度。

当纸板的纹向排列与压痕模槽平行时，系数取低值；与压痕模槽垂直时，系数取高值。

8. 试模切、生产

压痕底模版制作完成后，就可以试模切正式印张，要仔细检查产品的模切压痕质量，检查合格后将模切好的样品交客户签收，才能正式投入模切生产。

三、模切版的激光加工技术

模切版的优劣程度直接影响模切产品的质量，自动模切机的应用，对模切版的质量要求越来越高，手工制作的模切版已无法满足现代包装的生产要求，于是先进的激光切割技术在模切版加工中得到了广泛应用。

1. 激光切割原理和分类

（1）激光切割原理

激光切割是利用高能量密度的激光束对材料进行切割加工的先进技术，在机械、微电子和军事等领域广泛应用。

激光器是一种受激辐射的特殊光源，发射出来的激光，经过技术处理，可以做到其频率、相位、方向和偏振态等完全相同，因而激光具有许多宝贵的特性，如亮度高、颜色纯、方向性好和相干性强等。

激光切割原理如图 11-6 所示，利用经过聚焦的高功率密度（如 $105 \sim 109W/cm^2$）激光束照射工件，被照射的材料迅速熔化、气化、烧蚀或达到燃点，同时借助与光束同轴的高速气流吹除熔融物质，从而实现物件的切割。

激光切割头由聚焦透镜、气体喷嘴、高度传感器等构成，用伺服马达驱动。高度传感器用以控制焦点的空间位置。

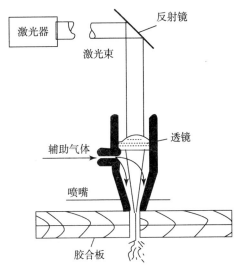

图 11-6　激光切割原理示意图

（2）激光切割的分类

激光切割可分为激光气化切割、激光熔化切割和激光控制断裂切割等类型，其中激光气化切割主要用于木板切割，激光熔化切割通常用于金属切割。

①激光气化切割。利用高能量密度的激光束照射工件，其温度迅速达到材料的沸点，开始气化，生成的气体在高速喷出的同时，在材料上就形成了切口。因材料的气化热一般很大，所以激光气化切割时需要很大的功率和功率密度。

激光气化切割多用于非金属材料（如木材、塑料、橡皮和布匹等）和极薄金属板的切割。

②激光熔化切割。利用激光使金属材料加热熔化，通过与光束同轴的喷嘴喷吹非氧化性气体，依靠气体的极大压力使液态金属排出而形成切口。激光熔化切割不需要使金属完全气化，因此所需能量只有气化切割的 1/10。

激光熔化切割主要用于一些不易氧化的材料或活性金属材料的切割，如不锈钢、铝及其合金材料等。

（3）用于切割的激光器

目前用于激光加工的激光器主要有 CO_2 气体激光器和钇铝石榴石固体激光器（YAG 激光器），由于切割对象是木板或纸板，因此采用输出波长能为非金属很好吸收的 CO_2 气体激光器。

CO_2 激光器的工作原理是利用封闭容器内的 CO_2 气体（CO_2、N_2、He 的混合气）作为工作物质经受激励振荡后产生光放大。气体通过施加高压电形成辉光放电状态，借助

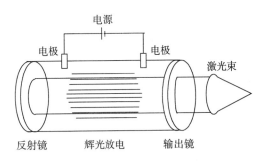

图 11-7　CO_2 气体激光器的基本结构

设置在容器两端的反射镜使其在反射镜之间不断受到激励后产生激光。如图 11-7 为 CO_2 气体激光器的基本结构。

2. 数控激光切割设备

随着激光切割技术的应用范围日益扩大，为适应不同尺寸、不同材料的切割加工需求，目前已开发出多种不同用途的数控激光切割设备。常用的数控激光切割机主要有切割头驱动式、切割台驱动式、切割头—切割台双驱动式等。下面介绍切割头驱动式数控激光切割机的工作原理。

切割头驱动式数控激光切割机的结构如图 11-8 所示，切割头安装在门架大梁上，可沿大梁作横向（Y方向）移动，门架则带动大梁使切割头作纵向（X方向）移动，切割头可沿其轴线作 Z 向移动，工件固定在切割台上，可实现开槽加工。

数控激光切割机可以加工较大的工件，而且占地面积较小，易与其他设备组成加工生产流水线。

采用 CO_2 激光器的数控激光切割机的主要构成除了激光器、切割头、数控系统、切割工作台外，还有导光系统、伺服系统、气源、水源及抽烟系统等。

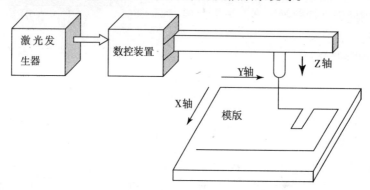

图 11-8　切割头驱动式数控切割机结构示意图

3. 激光加工模切版的特点

目前国内制作纸盒模切版的常用基材是木质胶合板，此外国外还流行使用纤维塑胶版和三明治钢板。

纤维塑胶板在温、湿度发生明显变化时尺寸比较稳定，通常采用数控水刀切割机开槽、加工，加工精度高，且不污染环境。"三明治模切版"其主体采用双层高硬度合金钢板夹以高强度的工程塑料复合而成，故有强度高、韧性好、不开裂变形的特点，是制作纸盒模切版的理想版材。用激光加工的三明治模切版尺寸精度高，可达到 ±0.1 ~ ±0.2 mm；使用寿命长，相当于木质激光版的 25 ~ 30 倍；此外，其平整度好，上机后几乎不用垫板调压，所以是平压平模切版的首选形式。

用数控激光切割机加工纸盒模切版具有下列特点：

（1）切割适应性好。数控激光切割机可实现多方向的进给运动，整个切割过程可以全部实现数控。操作时，只需改变数控加工程序，就可以调整激光功率和切割速度，以适用不同工件的加工。

（2）切缝质量好。激光切割属于非接触式切割，热影响区域小，噪声低，振动小，工件变形小；加工精度高，可达到 ±0.05mm；能够保证切缝两侧面与木板表面垂直，上下口等宽；炭化程度轻，能保证切缝对钢线有足够的接触面。

（3）切割效率高。用功率 1200W 的激光束切割 2mm 厚的低碳钢板，切割速度可达 0.6m/min，切割胶合板的最大速度可达 10m/min，而且切速能够连续可调。此外，因材料在切割时不需装夹固定，故可节省时间。

在实际生产中，纸盒模切版由 CAD 系统完成设计后，根据设计纸盒的相关数据，由数控激光切割机对模切版基材切割开槽、自动切刀机准确地切断刀材，自动弯刀机自动弯刀，既快捷又准确。如加工（787mm×536mm）排 15 个烟盒的对开版，从绘图到切割开槽仅用一小时就能完成。

加工纸盒模切版采用激光切割工艺，虽然因激光切割机价格昂贵使切割成本较高，但是随着现代包装科技的进步，激光切割技术在模切版生产中必将得到更广泛的应用。

第三节　纸盒样品 CAM 系统

一、盒型打样机

现代包装不仅关注包装的彩色图案设计，而且对纸盒造型十分重视。一些包装企业利用专业设计软件不仅能够完成折叠纸盒的结构设计，而且利用软件的 3D 功能显示所设计纸盒的三维立体效果，使客户可以在屏幕上看到产品包装的货架形象。此外，为了避免纸盒制品正式投产后再提出修改所造成的损失，最好能让客户预先拿到设计样品，以便适时修改。而纸盒打样机，则能快速、准确地满足以上要求。

目前使用的大多数盒型打样机至少包括以下几个组成部分：机台（包括工作台）部分、电气控制及驱动部分、真空吸附系统、组合工具头（切割/压线/绘图）、图形传输及操作系统等，有的打样机还配有压缩空气系统等。

纸盒打样机是比较典型的纸盒 CAM 设备，经过专业软件处理过的纸盒图形文件均含有纸盒图形中的压痕线型，切割线型（瓦楞纸/卡纸/胶片），可能还有尺寸标注、文字注解等（卡纸/胶片等）信息。当计算机将纸盒数据信息以一定的格式传送给打样机，打样机能够自动识别图形中的各种线型而选用相应的工具（切刀/压轮/笔），并根据设置的工作速度、工具类型、刀片切割的深度、压痕的深度等参数进行工作，直到完成盒型打样。图 11-9 为纸盒打样机的外观图。

图 11-9　盒型打样机

以下是某品牌纸盒打样机的主要技术参数。

机身设计：平板式，数字伺服马达驱动

材料固定方式：黏胶固定

有效工作范围：860mm×600mm

可装刀/笔数目：2（可搭配切割刀/笔/压痕刀）

最高速度：65cm/s

机械精度：0.005mm

最大刀压：10~600gf

定位标志读取精度：0.2mm

驱动指令：GP–GL/HP–GL

切割刀类型：钢刀片

切割材料：卡纸、硬纸板、瓦楞纸、透明纸、反光膜

二、盒型打样 CAM 软件系统

1. 盒型打样软件

当前推出的纸盒结构设计软件有多种，并且各具特色，有的软件在纸盒结构设计方面功能强大，有的软件除了具有设计纸盒结构功能外，还具有实现盒型打样功能。例如，邦友公司的 Box–Vellum 软件可在 PC 和 Macintosh 等平台上运行，具有完成前期的纸盒参数化结构设计、尺寸标注、桥接、排样到后期驱动纸盒打样机、数控切割机等功能；该软件具有包含220 种盒型的盒库，用户还可以不断扩充。

Cimex Corp 公司的 CIMPACK 软件是包装及刀模制造的专用软件。该软件除了拥有较强大的用于纸包装结构设计的绘图功能外，还能够解决一些只有在纸箱纸盒及刀模行业才会出现的问题，例如加工顺序的优化问题、线与线之间的平滑连接问题等。因此使用 CIMPACK，可显著地改善产品质量。

ESKO 公司的 Barco Artios CAD 系统是目前最流行的包装结构设计软件之一，它是包装专家进行设计所提供的专用工具，适用于结构设计、产品开发、虚拟原型及加工。该软件除了具有纸盒结构设计、绘图、自行扩充盒型库等功能外，也提供了纸盒打样、智能拼大版、模切版设计及其 CAM 加工等功能。此软件还提供成本预算功能，客户可结合本公司的生产设备，依据最低成本原则，利用智能排版功能，选择最佳的排版方案。

目前，类似这样的软件还有很多，MARBACH 公司的 Marba CAD 软件、Arden 公司的 Impact 软件、SERMA 公司的 ENG View 软件、荷兰 BCSI 系统公司的 Packsign 2000 软件等也都是十分出色的纸盒纸箱设计软件。

2. Artios CAD 的盒型打样功能

下面介绍 Artios CAD 软件中关于盒型打样的主要功能。

（1）智能拼大版

拼大版是包装纸盒生产中一项重要的工作，在拼版中优化排样，可最大限度地提高纸板的利用率。Artios CAD 能把加在承印物上的单一设计对象按照承印物的尺寸最优化排列，并能准确地显示所有的加工位置。

（2）模切版设计

由于 Artios CAD 软件已将模切版设计制作流程都集成在图 11-10 所示的图中，所以利用该软件设计模切版，已成为相对简单的程序化工作。

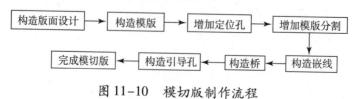

图 11-10　模切版制作流程

关于模切版制作流程说明如下：

①构造模切版。根据模切版的水平尺寸、垂直尺寸、对齐方法等属性设定模切版。

②增加定位孔。如图11-11所示，定位孔是模切机上安装模切版时使用的孔，Artios CAD预先对定位孔的设定进行了估算，用户只需选择其中合适的孔位即可。

③构造嵌线。嵌线是制作模切版极为重要的一环，设计结构最合理的嵌线路径一直是模切版制作者的追求目标。

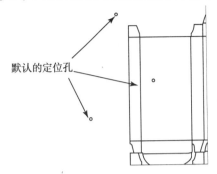

图11-11　模切版上的定位孔

Artios CAD根据嵌线类型和粗细对嵌线路径进行分类，嵌线路径将沿着设计轮廓的方向分布。当选择一条旋转嵌线路径时，Artios CAD会显示桥、桥起点和路径终点；而选中平直嵌线路径时，只显示桥以及嵌线路径的起始点，具体情况见图11-12。嵌线路径参数设定后，系统可绘出如图11-13所示的模切版嵌线路径图。

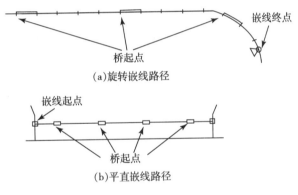

(a)旋转嵌线路径

(b)平直嵌线路径

图11-12　嵌线路径

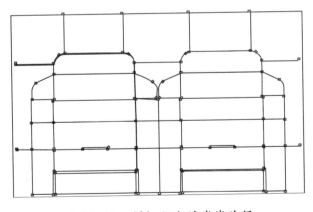

图11-13　模切版上的嵌线路径

④构造桥。纸盒模切版必须设置留桥。Artios CAD内嵌了留桥设置模块，用户根据提示可设置桥长、桥距和桥数等参数，在图11-14所示的界面中，提供了两种类型的固定桥让用户选择，其中"单面"桥只能在朝向纸箱内面的边上设置，而"双面"桥在朝向纸箱内

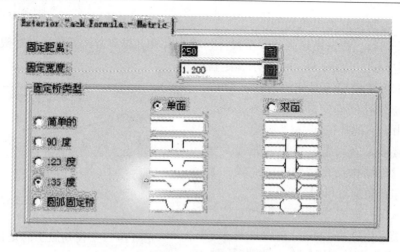

图 11-14　固定桥类型

外面的边上都要设置。

⑤构造引导孔。锯槽加工前，必须设定引导孔的位置并钻好此孔，以便锯槽中上下拖动模板时，锯条进退或旋转。Artios CAD 会根据需要自动创建引导孔，图 11-15 是设置了引导孔的模切版放大图。

现代模切机的运行速度很快，常因模切件的冲击而产生部分真空，以致堵塞模切机甚至毁坏设备，因此有必要在模切版上添加如图 11-16 所示的空气孔。和设置定位孔一样，用户只要调出软件预设的空气孔，根据需要从中选择即可。

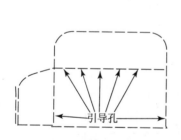

图 11-15　模切版上的引导孔

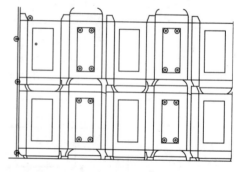

图 11-16　模切版上的空气孔

（3）3D 展示

3D 包装设计能够显示所设计的纸盒平面展开图在三维空间成型的效果。即使纸盒制作商和客户相距很远，通过网络也能迅速沟通，这为包装结构设计实现异地化、实时化提供了有力的技术保障。

Artios 3D 的主要步骤如下：

①在所设计的纸盒展开图上选定一个盒面作为纸盒的基面（固定面），成型时其他盒面都将围绕该面旋转折叠。

②折叠其他各部分，在展开图中出现而实际看不到的线条将被消除。

③按要求调节视角、仰角、光源和透视法，最终效果如图 11-17 所示。

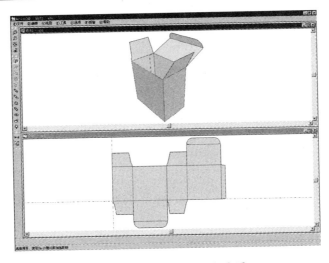

图 11-17　盒型 3D 效果图

3．加工实例

尽管各公司推出的盒型打样软件存在某些差异，但基本功能是一致的。下面通过一个实例，采用 Box – Vellum 软件和 GRAPHTEC 的 FC4210 – 60 纸盒打样机来说明盒型打样的操作过程。

（1）导入盒样。Box – Vellum 软件运行后，导入用其他设计软件绘制的盒样或者使用 Box – Vellum 软件中的绘制工具自行绘制的盒样。

（2）打样前的准备。在盒型打样机的切割台上放置纸板，根据该纸板的材质或厚度选择合适的切割刀头、压痕刀头，并调整到适合状态，这些是获得高质量盒样的保证。本例参数设置为：纸板克重 350 g/m²；切割刀片为超钢刀片、刀片压力 30、偏移值为 0、精度为 1、速度 10mm/s；油性圆珠笔压力为 40、速度 40mm/s、精度为 2。

（3）设定盒样的线型。按照图 11-18 所示的设置线型对话框的提示，将盒样中的所有线型按照实际情况进行标注，打样机将按不同的标注进行压痕、切割、打孔等相应的操作。此外，对某些线段需按设计要求调整其宽度。本例线型参数设置为：线宽 0.35mm、轮廓线为黑色、压痕线为绿色。

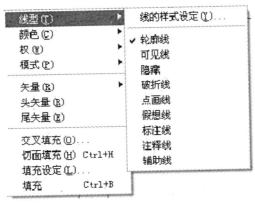

图 11-18　设置线型

（4）设置桥。可按图 11-19 所示的设定留桥对话框，为模切版设置留桥，通常根据设置留桥的线段是直线还是圆弧来设定桥距、桥长、桥数等参数。

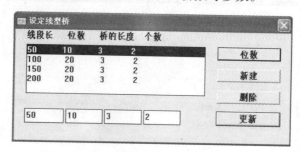

图 11-19　设置桥的参数

（5）排样。在图 11-20 所示的设定排样对话框内，根据制盒纸板与样盒的尺寸关系，来设置在该纸板上拼排盒样的数目及盒样间的距离。

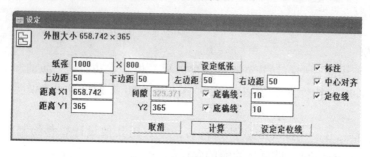

图 11-20　设定排样

（6）输出。将纸盒的相关数据准确传输给打样机，是确保正确输出的最关键环节。需按系统的选项提示，正确设定纸板的材质，确定切割、压痕刀具的加工速度，指定刀具开始工作的位置，设置输出盒样是否要缩放等参数。

如图 11-21 所示，本例输出的参数设置：纸板（慢速）、压痕和切割刀头速度均为 10mm/s、原样放大、偏移量为 X 向 150mm，Y 向 100mm。

图 11-21　输出参数设置

盒样输出参数设置完毕，计算机将向纸盒打样机传输数据指令，一组盒样仅用几分钟就可以加工出来。

第四节　底模 CAM 系统

一、底模 CAM 系统的组成

压痕底模是一种与刀模配套用于模切纸盒的专用模版，模切加工时，二者分别置于制盒纸板的两侧。用酚醛树脂制作的一例底模结构如图 11-22 所示。

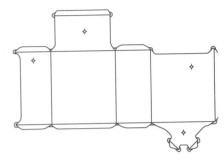

图 11-22　底模结构

加工底模用的数控雕刻机实为底模 CAM 系统的硬件设备，此外还需要对应的软件，将输入的数据处理成一系列加工的指令。采用 CAM 技术生产底模，不仅能缩短制作周期，而且容易保证压痕槽宽与切割深度等尺寸精度。由于加工底模雕刻版可采用制作模切版的同一设计程序和参数，故能保证二者尺寸精度的一致性。

应用 CNC 技术加工底模，其重复精度为 ±0.02mm，最大速度为 40m/min，主轴转速为 4000～5000r/min，气压为 6Pa，耗气量为 120L/min。

二、"智能底模"的操作步骤

1. 底模创建步骤

使用 Artios CAD 的"智能底模"工具可自动创建一个满足模切工艺要求的底模。创建的具体步骤如下：

（1）首先要确保设计对象周围没有间隙，并由切割线所构成。

（2）根据软件提供的创建底模工具，选取适当的参数。

（3）适当增加固定桥，并为底模的连接增设底模连接带。

（4）保存设计结果并将其数据输出用于底模切割。

2. 底模 CAM 的相关内容

本书结合利用 Artios CAD 软件进行底模的浮雕设计、固定桥设计、切割和折痕等设计要求，介绍底模 CAM 的相关内容。

（1）浮雕设计。因环绕底模一个区域的部分要铣去，从而形成浮雕。设计浮雕时，纸板的范围可根据围绕浮雕的铣切范围来确定。其中，在底模的全封闭压痕线的一侧进行铣切，形成半压痕线，于是就创建了一个如图 11-23 所示的凸起的浮雕范围。

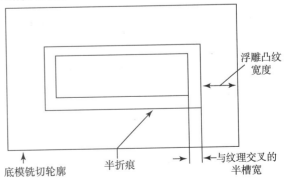

浮雕凸纹宽度

底模铣切轮廓　　半折痕　　与纹理交叉的半槽宽

图 11-23　用半折痕线定义浮雕面积

（2）蝶形孔设计。底模中的蝶形孔是在一条很短的直线内安排切割和折痕线时所设置的特殊结构。若切割和折痕线小于最小蝶形孔直径（一般可为 3/16 英寸）时，则用铣槽工具制作成压痕槽，若大于最小蝶形孔直径时，则制成如图 11-24 所示的蝶形孔。

（3）固定桥设计。用 Artios CAD 软件设计底模时，如图 11-25 所示，可对底模周边固定桥长度进行设置。

（4）切割顺序设计。为控制底模切割器上底模线的加工方向，如图 11-26 所示，可根据铣切方向设置底模切割顺序，是顺着纹理切割还是与纹理交叉切割等也要设置，以保证又好又快地完成切割。

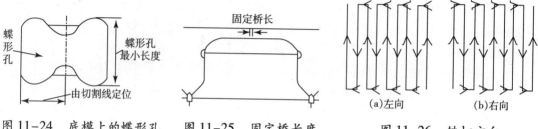

图 11-24　底模上的蝶形孔　　图 11-25　固定桥长度　　图 11-26　铣切方向

底模设计完成后，对底模结构进行预览将有助于检查底模打样后的实际状况，以免打样时出现偏差。用 Artios CAD 软件设计底模时，设置"底模槽宽度"的选项分别被选中（开启）和不选（关闭）时输出的底模图形如图 11-27 所示。

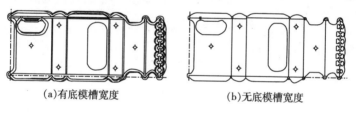

(a)有底模槽宽度　　　　　　　(b)无底模槽宽度

图 11-27　有、无底模槽宽度的底模图形

习　题

1. 包装 CAM 的发展状况如何？

2. 模切版的制作工艺是什么？

3. 什么是留桥？如果一个封闭线框的最长边长为 120mm，是否需要留桥，若要留桥以多少为宜？若最长边为 230mm，则要留桥以多少为宜？

4. 请简要叙述激光模切版的优缺点，并说明其在将来模切版制作中的地位。

5. 请查阅相关资料，介绍 3 个以上具备盒型打样功能的包装结构设计软件。

附录　第五章部分优化方法 **VB 计算程序**

5-1　黄金分割法优化计算程序

```
Private Function golden_ section（a1 As Single，a4 As Single，e As Single）As Single
    a1 = a1：a2 = a1 + 0.382 * （a4 - a1）
    a3 = a1 + 0.618 * （a4 - a1）：a4 = a4
    f1 = fun（a1）：f2 = fun（a2）：f3 = fun（a3）：f4 = fun（a4）
    Do
      If（f2 > = f3）Then
          a1 = a2：f1 = f2：a2 = a3：f2 = f3
          a3 = a1 + 0.618 * （a4 - a1）：f3 = fun（a3）
      Else
          a4 = a3：f4 = f3：a3 = a2：f3 = f2
          a2 = a1 + 0.382 * （a4 - a1）：f2 = fun（a2）
      End If
    Loop While（（a4 - a1）> e）
    a_ optm1 = （a2 + a3）/ 2
    golden_ section = a_ optm1
End Function
```

5-2　二次插值法优化计算程序

```
Private Function drop_curve（a1 As Single，a2 As Single，a3 As Single，e As Single）As Single
    Dim f1 As Single，f2 As Single，f3 As Single，f_ optm1 As Single，a_ optm1 As Single
    Dim d As Single，c As Single，b As Single
    f1 = fun（a1）：f2 = fun（a2）：f3 = fun（a3）
    d = （a1 * a1 - a3 * a3）* （a1 - a2）- （a1 * a1 - a2 * a2）* （a1 - a3）
    c = （（f1 - f3）* （a1 - a2）- （f1 - f2）* （a1 - a3））/ d
    b = （f1 - f3 - c * （a1 * a1 - a2 * a2））/ （a1 - a2）
    a_ optm1 = -b / （2 * c）
    f_ optm1 = fun（a_ optm1）

    Do While（（Abs（a_ optm1 - a2）> e））
      If（a_ optm1 > a2）Then
          If（f_ optm1 > f2）Then
              a3 = a_ optm1：f3 = f_ optm1
          Else
```

```
      a1 = a2：f1 = f2：a2 = a_ optm1：f2 = f_ optm1
   End If
Else
   If（f_ optm1 ＞ f2）Then
      a1 = a_ optm1：f1 = f_ optm1
   Else
      a3 = a2：f3 = f2：a2 = a_ optm1：f2 = f_ optm1
   End If
End If
d = （a1 * a1 - a3 * a3）* （a1 - a2）- （a1 * a1 - a2 * a2）* （a1 - a3）
c = （（f1 - f3）* （a1 - a2）- （f1 - f2）* （a1 - a3））／ d
b = （f1 - f3 - c * （a1 * a1 - a2 * a2））／（a1 - a2）
a_ optm1 = - b／（2 * c）：f_ optm1 = fun（a_ optm1）
Loop
drop_ curve = a_ optm1
End Function
```

5-3 修正 POWELL 法优化计算子程序

```
Private Sub powell_ main（n as integer，e as single，x（）as double）
   i = 0：k = 0
   f1（i）= f（x）
   For i = 0 To n - 1
       For j = 1 To n
       p（i，j）= 0
       If i + 1 = j Then p（i，j）= 1
       Next j
   Next i
     Do
         f0 = f1（0）：c = 0
         For j = 1 To n：x0（j）= x（j）：Next j
         For i = 1 To n
           Call test
           m = 1
           If c ＜ Abs（f1（i - 1）- f1（i））Then
             c = f1（i - 1）- f1（i）
             m = i
           End If
         Next i
       r = 0：k = k + 1：Print f1（i）
       For j = 1 To n：r = r + （x（j）- x0（j））^ 2：Next j
```

```
        r = Sqr (r)
        If r < e Then Call output: Exit Do
        For j = 1 To n: x (j) = 2 * x (j) - x0 (j): Next j
        i = n + 1: f1 (i) = f (x)
        For j = 1 To n: x (j) = (x (j) + x0 (j)) / 2: Next j
     If f1 (n + 1) < f1 (0) Then
         d = (f1 (0) - 2 * f1 (n) + f1 (n + 1)) * (f1(0) - f1(n) - c) ^ 2
         If d < 0.5 * c * (f1 (0) - f1 (n + 1)) ^ 2 Then
             For j = 1 To n: p (n, j) = (x (j) - x0 (j)) / r: Next j
             i = n + 1: Call test
             For j = 1 To n
               For i = m To n
                 p (i - 1, j) = p (i, j)
             Next i, j
                 f1 (0) = f1 (n + 1)
             End If
         End If
         f1 (0) = f1 (n)
     Loop
    End Sub


Private Sub test ( )
     h = 1: fx = 0
     Do
       Call chice_ point
       f2 = f1 (i): fx = fx + 1
       If f2 > = f0 And fx > 1 Then Exit Do
       If f2 > = f0 And fx = 1 Then h = - h
       f0 = f2: h = 2 * h
     Loop
     Do
       h = - 0.5 * h
       If 10000 * Abs (h) < e Then Exit Sub
       Do
         Call chice_ point
         f0 = f2: f2 = f (x)
       Loop While f2 < f0
     Loop
    End Sub
```

```
Private Sub chice_ point ( )
    For j = 1 To n: x (j) = x (j) + h * p (i - 1, j): Next j
    fl (i) = f (x)
End Sub


Private Sub output ( )
    For j = 1 To n: Print " x * ("; j; ") = "; x (j): Next j
    Print k; " f * = "; fl (n)
End Sub
```

参考文献

［1］ 王德忠主编. 包装计算机辅助设计. 北京：印刷工业出版社，2007.

［2］ 彭国勋主编. 物流运输包装设计. 北京：印刷工业出版社，2006.

［3］ 孙诚主编. 包装结构设计. 北京：中国轻工业出版社，2005.

［4］ 金国斌. 现代包装技术. 上海：上海大学出版社，2001.

［5］ ParametricTechnologyCorporation. Pro/ToolkitUser's Guide ［M］. USA：PTC，2001.

［6］ 孙家广等编著. 计算机图形学. 北京：清华大学出版社，2004.

［7］ 孙家广. 计算机辅助设计基础. 北京：清华大学出版社，2000.

［8］ 孙诚，金国斌，王德忠等. 包装结构设计. 北京：中国轻工业出版社，1995.

［9］ 峯村吉泰等编著. コンピュータグラフィックス. 日本森北出版株式会社，1990.

［10］ 张秉森，王玉编著. 计算机辅助设计教程. 北京：清华大学出版社，2005.

［11］ 钱学忠等编著. 新编VisualBasic程序设计实用教程. 北京：机械工业出版社. 2004.

［12］ 崔洪斌，方忆湘等编著。计算机辅助设计基础及应用. 北京：清华大学出版社，2002.

［13］ 张鄂. 机械与工程优化设计. 北京：科学出版社，2008.

［14］ 孟兆明，常德功. 机械最优设计技术及其应用. 北京：机械工业出版社，2008.

［15］ 杨浩编著. c语言入门经典. 北京：清华大学出版社. 2008.

［16］ 孙靖民，梁迎春. 机械优化设计. 北京：机械工业出版社，2007.

［17］ 和克智主编。包装CAD。北京：化学工业出版社，2006.

［18］ 赵国增主编. 机械CAD/CAM. 北京：机械工业出版社，2007.

［19］ 易红主编. 数控技术. 北京：机械工业出版社，2005.

［20］ 姚涵珍等主编. AutoCAD2004交互工程绘图及二次开发：北京：机械工业出版社，2004.

［21］ 张帆等编著. AutoCAD VBA开发精彩实例教程. 北京：清华大学出版社，2004.

［22］ 周兰，常晓俊主编. 现代数控加工设备. 北京：机械工业出版社，2005.

［23］ 李世国. Pro/TOOLKIT程序设计. 北京：机械工业出版社. 2003.

［24］ 张继春. Pro/ENGINEER二次开发实用教程. 北京：北京大学出版社，2003.

［25］ 二代龙震工作室. Pro/SHEETMETALWildfire钣金设计. 北京：电子工业出版社，2004.

［26］ 二代龙震工作室. Pro/TOOLKITWildfire2.0插件设计. 北京：电子工业出版社，2005.

［27］ 李凤华编著. AutoCAD2002/2000VBA开发指南. 北京：清华大学出版社，2001.

［28］ 李学志编著. AutoCAD2000定制与VisualLISP开发技术. 北京：清华大学出版社，2001.

［29］ 周开明，冯梅. 销售包装结构设计. 北京：化学工业出版社，2004.

［30］ 王亮申，戚宁主编. 计算机绘图. 北京：清华大学出版社、北京交通大学版

社，2005.

[31] 杨鹏起等编著. AutoCAD2000i 中文版实用教程. 北京：机械工业出版社，2001.

[32] 林清安. Pro/ENGINEER2001 钣金设计. 北京：清华大学出版社，2003.

[33] 陈永常主编. 瓦楞纸箱的印刷与成型. 北京：化学工业出版社，2005.

[34] 飞思科技产品研发中心 Pro/ENGINEERwildfire 中文版钣金设计. 北京：电子工业出版社，2004.

[35] 张立科等. VisualC++6.0MFC 类库参考手册. 北京：人民邮电出版社，2002.

[36] 第一时间工作室. VisualC++6.0 技能百练. 北京：中国铁道出版社，2004.

[37] 黄维通，姚瑞霞. VisualC++程序设计教程. 北京：机械工业出版社，2003.

[38] 段兴. VisualC++实用程序 100 例. 北京：人民邮电出版社，2002.

[39] 许文才. 折叠纸盒 CAM 技术的发展. 包装工程，2002（6）.

[40] 王德忠，苟进胜，方健. 模切版留桥、钻孔 CAM 程序设计. 包装工程，2003（6）.

[41] 张新昌，冯建华等. 基于 CAXA 电子图板的包装纸盒图形参数化. 包装工程，2002（4）.

[42] LI Qiqige，WU Jian－xin，HEXiang－xin. THE TECHNOLOGY OF THE PROGRAMRE－DEVELOP ON PRO/ENGINEER JOURNAL OF INNER MONGOLIA POLYTECHNIC UNIVERSITY Vol. 22No. 2 2003.

[43] Pro/ENGINEER 2001Pro/TOOLKIT User's Guide：Dimensions and Relations（V2001）. Parametric Technology Corporation，2001.

[44] 刘小静. 常规纸盒二维平面图及三维立体图参数化设计. 包装工程，2004（5）.

[45] 李勇，曹炬等. 矩形件排样优化的十字线法［J］. 锻压装备与制造技术，2004（6）.

[46] 许文才. 纸盒印后加工技术. 印刷杂志，2003（6）.

[47] 刘乘，卢杰. 缓冲包装智能 CAD 系统的设计与研发. 包装工程，2004（5）.

[48] 彭文利，陈淑如等. 优化排料算法的研究现状与趋势. 模具工业，2006 年（8）.

[49] 卢杰等. 基于知识库的智能缓冲包装 CAD 系统. 武汉理工大学学报 2006（8）.

[50] 杨文杰，刘浩学. 包装盒形拼版的实现. 包装工程，2005（4）.

[51] 顾祖莉，张华良. 纸盒包装 CAD［J］. 包装工程，2003（2）.

[52] 沈培玉等. AutoCAD 动态块在包装纸盒参数化设计中的应用. 包装工程，2007（7）.

[53] 段瑞侠等. 基于 AutoCAD 开发折叠纸盒结构设计系统的研究. 包装工程，2006（8）.

[54] 文彩印，李康. 包装设计软件 EPACK 与 ArtiosCAD 谁好用？印刷世界，2007（1）.

[55] 王冬梅. 包装 CAD 在纸盒设计与制作中的应用. 包装工程，2003（1）.

[56] 文彩印. 专业包装结构设计软件 ArtiosCAD. 今日印刷. 2006（10）.

[57] 高佳宏等. 包装纸盒盒型参数化设计应用程序的开发与实现. 包装工程，2006（1）.

[58] 和克智等. 基于 Pro/TOOLKIT 的包装容器 CAD/CAM 系统研究. 包装工程，2006（2）.

[59] 王焱梅，胡慧仁，孙诚等. 折叠纸盒专业设计软件的开发要点. 包装工程，2005（5）.

[60] 杨萍，韩飞等. 基于 PRO/E 二次开发的钣金件设计. 兰州理工大学报，2005（4）.

[61] 陈博等. 基于 PRO/E 二次开发实现复杂钣金件的展开设计. 甘肃科学学报，2005（4）.

［62］段青山等. 基于 VBA 环境下的折叠纸盒结构设计系统的研究. 包装工程，2008（4）.

［63］谢洁飞，方丹. 基于对象的参数化钣金展开放样系统研究. 机床与液压，2004（4）.

［64］高佳宏等. 包装纸盒盒型参数化设计应用程序的开发与实现. 包装工程，2006（1）.

［65］舒童等. 海尔 LC－1910D 型平板电视的绿色缓冲包装设计. 湖南工业大学学报，2007（6）.

［66］宋忻，张新昌. 纸盒（箱）型 CAD 技术及国内外常用软件［J］. 机电信息，2004（5）.

［67］陈龙等. 基于 ProTOOLKIT 二次开发的滚动轴承工程图自动输出. 轴承，2005（4）.

［68］梅建平等. 平板显示产品缓冲包装方法及其设计要领. 中国包装工业，2005 年（6）.

［69］詹铁柱等. 基于 AutoCAD 的 VBA 组件的包装结构自动设计实现. 包装工程，2006（6）.

［70］刘东华. 激光加工的原理与器件. 激光杂志，1992，13（2）.

［71］周惠兰，周新建等. ProE 与 VisualC＋＋之间的通讯技术. 机床与液压，2004（9）.

［72］鄂玉萍等. 海尔 DTA1481 型组合电视的绿色包装解决方案. 包装工程，2007（6）.

［73］和克智，马春娟. 包装纸盒 CAD 系统的设计研究. 包装工程，2007（4）.

［74］杨明明. CAD 系统在包装纸盒中的应用初探. 技术与市场，2008（6）.

［75］王翠香等. 基于 VisualC＋＋6.0 的 Pro/E 注塑模架三维标准库的开发研究. 模具技术，2004（2）.

［76］Marshall Brain，Lance Lovette. MFC 开发人员指南. 北京：机械工业出版社，1999.

［77］Kate Gregory 著. VisualC＋＋6.0 开发使用手册. 北京：机械工业出版社，1999.

［78］郭朝勇等. AutoCAD R14 二次开发技术. 北京：清华大学出版社，1999.

［79］孙江宏等. AutoCAD ob jectARX 开发工具及应用. 北京：清华大学出版社，1999.

［80］王钰. 用 VBA 开发 AutoCAD2000 应用程序. 北京：人民邮电出版社，1999.

［81］梁雪春，崔洪斌等. AutoLISP 实用教程［M］. 北京：人民邮电出版社，1998.

［82］李建平著. 计算机图形学原理教程. 成都：电子科技大学出版社. 1998 年.

［83］解可新、韩立兴等. 最优化方法. 天津：天津大学出版社，1997.

［84］陆润民编著。C 语言绘图教程。北京：清华大学出版社，1996.

［85］杨钟藩等编著. 新编微型计算机绘图及其程序设计. 北京：中国物资出版社，1994.

［86］姚传治编. 计算机绘图. 西安：西安电子科技大学出版社，1992.

［87］张济川主编. 机械最优化设计及应用实例. 北京：新时代出版社，1990.

［88］周济. 机械设计优化方法及应用. 北京：高等教育出版社，1989.

［89］戚昌滋. 现代设计法. 北京：中国建筑工业出版社，1985.